图 1-43　设置关节活动角度

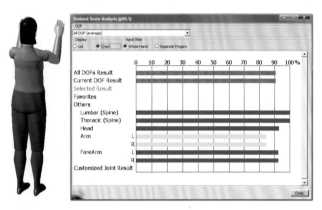

图 1-47　晾毛巾的姿态评分

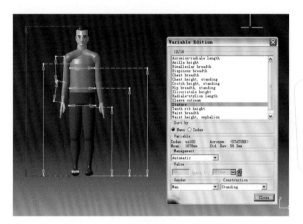

图 2-17　中国成年人人体数字模型

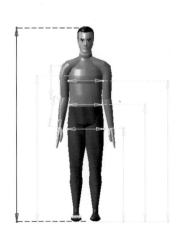
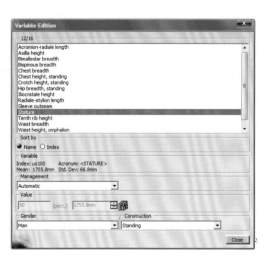

图 2-19　变量编辑对话框

表 3-4　OWAS 法工作姿势的行动等级 AC

背	手臂	腿																			
		1			2			3			4			5			6			7		
		重量与施力																				
		1	2	3	1	2	3	1	2	3	1	2	3	1	2	3	1	2	3	1	2	3
1	1																					
	2																					
	3																					
2	1																					
	2																					
	3																					
3	1																					
	2																					
	3																					
4	1																					
	2																					
	3																					

■ 正常姿势（AC1）　　■ 身体姿势明显引起劳累（AC3）

■ 身体姿势引起劳累（AC2）　　■ 身体姿势明显引起高度劳累（AC4）

(a) 正常人交谈　　　　　　　　(b) 孤独症患者交谈

图 7-39　孤独症的诊断

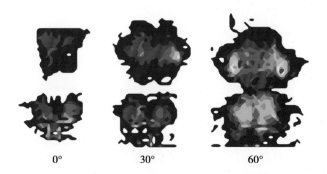

0°　　　　　　　30°　　　　　　　60°

图 8-46　靠背倾角测试的压力分布二维轮廓图

360mm　　　　　420mm　　　　　480mm

图 8-47　坐垫高度测试的压力分布二维轮廓图

人机工程学
原理及应用

陈 波 邓 丽 樊春明 主 编
李 陵 朱浩铭 魏 峰 副主编

Principles

and

Applications

of

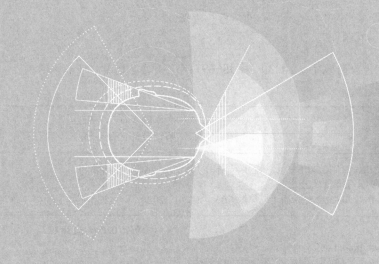

Ergonomics

化学工业出版社

·北京·

内容简介

人机工程学应用于现代制造、航空航天、深海深地探索、智能化数字产品等领域以及人们日常生活各个方面，其作用日益凸显。《人机工程学原理及应用》作为高等院校工业设计、产品设计专业的本科生和研究生教材，从实用的角度介绍了人机工程学有关理论和方法。本书分为两篇。第一篇"人机工程学原理"分为七章。首先概述人机工程学的定义、起源与发展、学科体系及有关技术标准、方法。其次介绍人的基本特性，以此为基础讲解人在作业时如何协调人造物与人的特性关系，并应用于工位和界面设计。考虑到人的认知在很大程度上影响着人机关系，还介绍了人因可靠性分析和人机系统设计，用于研究生深入学习。最后介绍人机工程学近年来的一些发展动态。第二篇"人机工程学应用"分为两章，包括装备类、生活类产品设计案例。其目的是为读者提供一些应用人机工程学的方法和思路，有助于读者从系统的角度了解如何应用人机工程学原理解决实际问题。

本书以案例的形式介绍运用人机工程理论解决实际问题的方法，每章有学习要点和思考题，并配置有关示例电子文件，便于读者自学和复习。本书适用于48～56学时的课程，学校可根据自己的教学大纲选学教材内容。

本书可供高等学校工业设计、产品设计本科生、研究生教学使用，也可供从事产品设计相关工作的科技人员参考。

图书在版编目（CIP）数据

人机工程学原理及应用／陈波，邓丽，樊春明主编
. —北京：化学工业出版社，2023.8
ISBN 978-7-122-43483-8

Ⅰ.①人… Ⅱ.①陈… ②邓… ③樊… Ⅲ.①工效学-
高等学校-教材 Ⅳ.①TB18

中国国家版本馆 CIP 数据核字（2023）第 086697 号

责任编辑：李玉晖　金　杰　　　　　　　文字编辑：孙月蓉
责任校对：李　爽　　　　　　　　　　　装帧设计：张　辉

出版发行：化学工业出版社（北京市东城区青年湖南街 13 号　邮政编码 100011）
印　　装：大厂聚鑫印刷有限责任公司
880mm×1230mm　1/16　印张 23　彩插 1　字数 706 千字　2024 年 1 月北京第 1 版第 1 次印刷

购书咨询：010-64518888　　　　　　　售后服务：010-64518899
网　　址：http://www.cip.com.cn
凡购买本书，如有缺损质量问题，本社销售中心负责调换。

定　　价：78.00 元

人机工程学是运用生理学、心理学等有关知识，研究组成人机系统的人造物和人的相互关系，以提高整个系统工效的科学。近年来随着信息技术的迅速发展，人机工程学开始朝着信息化、智能化的方向发展。从核电、石油化工、机械等大型设备设计到日常生活、工作需要的小型产品设计，正确处理人与机的关系是任何设计都无法回避的。让机器及工作和生活环境的设计适合人的生理心理特点，使得人能够在更加舒适和便捷的条件下工作和生活，人机工程学就是为了解决这样的问题而产生的。

人机工程学研究人-机-环境的最佳匹配、人-机-环境系统的优化问题。而设计一切器物都要以人的特性为基础，考虑人们生活和工作的安全性、舒适性和高效性，已成为系统设计的理论支柱。在设计和制造时都必须把"人的因素"作为一个重要的条件来考虑，建立人与机之间的和谐关系，最大限度地挖掘人的潜能，综合平衡地使用人的机能，保护人体健康，从而提高作业效率。自 20 世纪 60 年代以来，科学技术的飞速发展和计算机技术的应用，使得人造系统越来越复杂，出现了一些因忽略人的认知特性引发的灾难事故。认知科学的引入为人机工程学的研究与应用注入了新的活力。近年来，计算机软硬件技术日新月异，计算机图形学、高性能图形系统、虚拟现实、人工智能等技术进一步发展，人机工程学的理论与方法已发生了质的飞跃。计算机技术的引入不仅为人机工程学的研究提供了新的方法，更重要的是为其在实际生产生活中的应用提供了强有力的支持。

目前很多高等院校的工科专业开设了"人机工程学"课程，由于各自学校行业背景不同其内容有各自的侧重点。人机工程学内容涉及很多方面，现有教材和书籍主要是从科学研究成果得出的规范、原则，更像设计手册，缺乏从学生认知角度进行脉络梳理，特别是介绍如何使用这些理论、知识具体解决实际问题的教材。

本教材主要面向高等院校工业设计、产品设计专业的本科生和研究生，从实用的角度介绍人机工程学有关理论和方法。本书分为理论与应用两部分。理论部分以人的基本特性为基础，通过作业姿势构建与人匹配的作业空间和工位，再构建人机界面（物理人机界面和数字化人机界面）；系统地介绍人因可靠性有关理论与方法；最后介绍人机系统设计与分析。应用部分是结合编者参加的一些科研项目编写的应用案例。本书以 CATIA 作为工具穿插在各知识点中，同时提供若干可操作的分析案例。

为了便于学生学习，本书以案例的形式介绍如何运用人机工程理论解决实际问题的方法，附学习要点和思考题，并配置有关示例电子文件，一些操作方法介绍比较详细。各学校行业背景不同，可以选择本书中的教学案例进行教学。具体讲授内容和时间分配根据本科生、研究生培养方案需要，按照各自制订的教学大纲确定，建议教学学时为 48～56 学时。

本书由西南石油大学和中石油国家油气钻井装备工程技术研究中心有限公司合作完成，受 2019 年西南石油大学研究生教材建设项目资助（编号：19YJC09）。编者为高校教师和企业工程师。编者结合多年装备类设计教学和科研工作体会，研读多部国内、外人机工程学书籍后，对各个知识点进行梳理，建立人体特性—作业空间、作业姿势和工位设计—人机界面设计—人因可靠性分析的知识架构，并以能传授给学生能用的方法为导向，达到满足本科生、研究生学习需求的目的。

全书由西南石油大学陈波、邓丽和中石油国家油气钻井装备工程技术研究中心有限公司樊春明主编，李陵、朱浩铭、魏峰为副主编。其中陈波撰写第1、5章，邓丽、李陵、朱浩铭撰写第2章，邓丽撰写第3、4章，樊春明撰写第6章，邓丽、李陵、魏峰、朱浩铭撰写第7章，第8、9章及附录由所有编者合作完成。图表处理由李陵、刘瑞颖完成，许阳双、庞茜月和李冬屹参加部分章节编写、校对，全书由陈波策划统稿。

本书的编写参考了相关著作，在此向参考文献作者表示深深的敬意。本书编写得到宝鸡石油机械有限责任公司栾苏、张茄新、戴启平等的帮助，在此，对提供帮助的朋友一并感谢。

由于时间仓促，加之编者水平有限，书中不足之处在所难免，敬请广大读者批评指正！

编　者

2023 年 3 月于成都

第1篇　人机工程学原理

3 作业空间与工位设计   092

4 人机界面设计   144

5　人因可靠性分析　　181

6　人机系统设计及分析　　206

7 发展中的人机工程学   243

第 2 篇　人机工程学应用

附录 **333**

参考文献 **355**

第1篇

人机工程学原理

1

人机工程学概论

  人类的历史是劳动的历史，人类的劳动是从制造工具开始的，人类为了自身生存，不断地创造、生产工具，拓展自己的能力，同大自然搏斗，改变自然，同时改变自身。这个过程使我们被众多的人造物（产品）包围，它们构成了文化的一部分，既代表人的物质需要，又体现了人类的精神寄托，形成人类的文明史。设计作为人类生物性与社会性的生存方式，其渊源是伴随"制造工具的人"的产生而产生的。

  公元前 5 世纪古希腊智者普罗泰戈拉（如图 1-1）的著名哲学命题最早见于柏拉图的对话《泰阿泰德篇》，文中提到："人是万物的尺度，是存在的事物存在的尺度，也是不存在的事物不存在的尺度。"意思是说，事物的存在是相对于人而言的。这一人本主义的思想，抛开其中的主观唯心主义成分，从设计的角度理解，说明各种人造器物应该与人的生理、心理特性相匹配。由此可见，设计一开始就是围绕人的因素（人的生理、心理因素），满足人的需要而进行的创造性活动。

图 1-1 普罗泰戈拉

  休威尔·莫雷尔（Hywel Murrell）教授于 1949 年 7 月在成立有关人与工作环境问题的协会会议上首次提出人机工程学（ergonomics）一词。ergonomics 来源于希腊词根"ergon"（工作、劳动）和"nomos"（规律、规则）。国际人机工程学会（International Ergonomics Association，IEA）对人机工程学的定义为：人机工程学是研究人和其他系统要素之间相互作用的一门学科；人机工程学专业通过利用相关理论、原则、数据和方法来设计应用，以改善人类的健康状况和提高整个系统的工作效率。从该定义中可以看出：人机工程学研究对象是工作环境中的解剖学、生理学和心理学等方面的各种因素；研究内容是人-机-环境的最佳匹配；研究目的是设计的一切器物要考虑人们生活、工作的安全、舒适、高效。2000 年 8 月 IEA 给出人机工程学新定义是：人机工程学是研究系统中人与其他要素的相互关系的科学，是关于如何实现人与整个系统最优化的理论、数据及设计方法的科学。其本质是研究人与系统组成部分的交互关系的一门科学。其中：人——指操作者或使用者；机——泛指人造物（人操作或使用的物），可以是机器，也可以是用具、工具或设施、设备等；环境——是指人、机所处的周围环境，如作业场所和空间、物理化学环境和社会环境等；人-机-环境系统——是指由共处于同一时间和空间的人与其所使用的机以及它们所处的周围环境所构成的系统，简称人-机系统。

图 1-2 钱学森

  1981 年，在著名科学家钱学森院士（图 1-2）的亲自指导下，一门综合性边缘技术科学人-机-环境系统工程（man-machine-environment system engineering，MMESE）在我国诞生，这也是我国全面系统地开展人机工程学研究与应用的开始。钱老亲自指导人-机-环境系统工程的及时创立，强调人-机-环境系统工程的重要作用，促进人-机-环境系统工程的蓬勃发展，明确人-机-环境系统工程的应用领域并展望了人-机-环境系统工程的光辉前景等。

1.1 器物与人的因素相适应

1.1.1 引例

西游记故事为大家所熟识，唐三藏（玄奘）骑着一匹白马，随行的还有保镖和探路者（孙悟空）、杂务扛夫（八戒）和牵马者（沙僧），经历九九八十一难，终于到达西天印度，取回真经。但真实的情况是，

唐僧的旅程有单人步行，也有骑马和跟随商队。在西安碑林，有一石碑刻着玄奘步行时的装备，反映了大约公元七世纪时"背负健行"的装备（如图1-3）。当年的玄奘约三十岁，正是精力体力最充沛的时候，背上一个30～40kg的背包，大致不成问题。

下面简单分析其装备特点。竹制的外架式背包，主要受力点位于两肩，便于分解重力。曲形背包整体中心位于肩部，使得人在背负背包时可以使用扛力，即人体脊椎骨处于正常施力状态，人体本身感觉舒适、轻松。背包底部有支脚，垂直时可用来靠背，下部长度位于腰部，不影响走路。竹架伸到头部上方，可以遮太阳，架上挂了一个照明灯，以便晚上赶路，将架平放在地上便可以作床之用。脚穿草鞋，以便通风，防止有脚臭的产生。宽大的衣服，可使空气流通，汗水蒸发。由于利用肩与背就可以保持背包稳定，腾出的双手可以做其他事情，故唐僧左手拿着竹制的定位装置，右手拿着毛做的掸子来赶走飞虫和作扇子之用，轻松上路。从上述示例中可以看出，人们设计的器物首先应该满足人的生理、心理需求，尺度应该与人体尺寸相匹配。这也是早期人们的设计思想，包含了现代人机工程学的理念。

图1-3 玄奘取经图

图1-4中的专业照相机从造型上看远不如一些傻瓜相机好看，但是从操作的角度看，专业相机的造型是最适合人使用的。伸缩式镜头既便于长距离调整焦距，也便于左手托住相机起到稳定作用；相机右侧突出部分符合右手抓握相机的姿势，调焦和快门按钮位于右手拇指和食指。这也是这种造型成为专业相机经典造型的原因。

(a) 专业相机

(b) 使用专业相机照相姿势

图1-4 专业相机

1.1.2 人机工程学在设计中的作用

人机工程学与人的生活、工作密切相关，这里主要从设计、研究的角度概括以下几方面作用。

（1）从人的使用、认知方面发现问题

图1-5（a）是一工人在安装石油压裂车部件，从图中可以看出由于只是考虑工程设计，没有留下足够的作业空间，造成工人在作业时以极不舒适的姿势进行工作，由此，发现在设计压裂车时其作业空间没有考虑人的活动空间。图1-5（b）是洗漱台，其上水龙头开关为圆柱旋钮形式，但是操作却是左右扳动，初次操作的人极其不适应，经常要试多次才能打开水龙头。这些都是在设计上没有考虑人的生理、心理认知需求，一味考虑工程、美观所致，这些恰恰是设计的起点，通过调研分析，了解人的特性和需求，才能提供好的设计。

(a) 工人作业　　　　　　　　　　　(b) 水龙头开关操作

图1-5　工作、生活中的人机问题

（2）由人的需求、使用方式提供设计切入点和依据

目前以人为本的设计价值观普遍得到认可，从设计的角度理解以人为本，就是在设计过程中充分考虑被设计的"人造物"在制造、使用、维护、回收等全生命周期中始终围绕和满足人的使用需求，满足人-人造物-环境的协调发展。

图1-6（a）中可以看出人们在使用传统键盘时，手腕产生不同的尺侧偏，长时间操作会对人产生伤害。故此，在人手腕顺直的前提下规划键盘形态，如图1-6（b）所示。

(a) 传统键盘　　　　　　　　　　　(b) 人性化键盘

图1-6　计算机键盘

在设计之初充分调研分析，探讨人的生活方式，了解人的认知、期待，让人肢体保持舒适的作业姿势，与之匹配的人造物形态自然就产生了（如图1-7）。

（3）为设计提供与人匹配的科学依据

用户（人）操作和控制工具（产品）来实现特定的功能，人能否舒适、方便地操作和使用产品，很大程度上取决人的生理能力（手脚控制范围、视觉认读能力、听觉语言沟通能力），这些能力都受到人体尺寸的限制。例如，图1-8中不论是小车床，还是大的加工中心，其操作和观察部分的尺寸都必须与人体身高尺寸相匹配。

针对不同年龄范围的用户，在产品设计中必须考虑相应的人体尺寸数据。例如针对儿童设计的产品与针对成年人使用的产品在尺寸上相差很大，在产品设计中必须分别考虑。

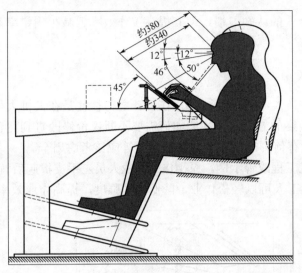

(a) 人的舒适坐姿

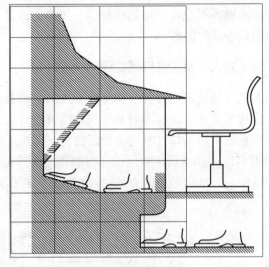

(b) 与之匹配的人造物形态

图1-7　人的使用方式决定人造物形态

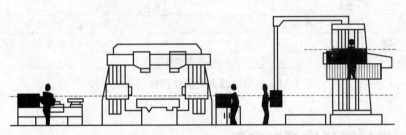

图1-8　机床操作部分的尺寸与人体尺寸匹配

　　一般将机（人造物）上实现人与机相互交流、沟通的部分称为人机界面（如图1-9），包括机器上与人操作有关的显示器、控制器等实体（硬界面），也包括人控制机的软件操作界面（软界面）。例如驾驶汽车的转向盘、自行车的把手是"握的界面"，座椅是"坐的界面"，上网使用的浏览器、软件的操作界面是人与计算机"交流的界面"。

　　在图1-9中，用户通过手脚操纵控制器，机器按照人指令工作的同时，将其运行状态通过显示器显示出来，人的眼耳等器官接收信息并传递给大脑，大脑经过分析判断，再指挥手脚进行操作。显然显示器和控制器是人（用户）和机器（产品）之间实现信息交流的界面，属于人机界面。

　　图1-10是某核电站控制室的操作界面设计，从图中可以看到，显示器和控制器布局太密，显示装置和控制装置之间的关系不容易体现，且控制元件太多。特别是人需要踩凳子或踮脚才能操作，当人处于应急状态或疲劳状态时容易产生误操作，导致因身体无意接触而触动其他控制装置，造成重大事故。

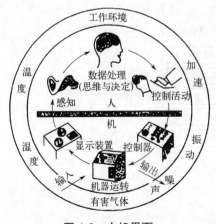

图1-9　人机界面

图1-10　某核电站控制室

在人机界面设计中如何使显示、操纵方式符合人的认知习惯，使其提高工作效率、减少出错率是设计中非常重要的问题。

（4）对人机系统进行测试评价

人机系统是指由人、机和环境组成的复杂系统（人-机-环境系统）。在设计之初往往是在人机大框架下进行规划设计，而后再对具体局部展开设计。最终的方案整体性能如何需要不断评价修改直到完善。在人机系统中，人与机的功能分配如何、机对环境有何影响、环境如何适应人等应该考虑周全。

图 1-11 是某现场作业用的半自动助力装置人机工程改善示例。原操作是作业人员左手支撑起后背门，右手操作。改进后增加助力吊钩拉起后背门，作业工人可以轻松作业，降低劳动强度，提高作业效率。

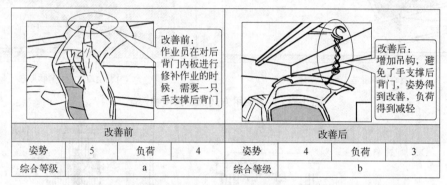

改善前			改善后		
姿势	5	负荷	4	姿势	4	负荷	3
综合等级	a		综合等级	b	

图 1-11　半自动助力装置使用前后人机评价

1.2　人机工程学的学科体系与应用

人机工程学（工效学）是一个由多个传统学科综合而成的交叉学科，其命名也因研究领域的侧重点不同和各国学者的定义角度不同而有许多其他命名。ergonomics 最早在世界上被称为人类工效学；美国称其为人因工程学，侧重工程和人际关系；苏联称其为工程心理学，注重心理方面的研究；日本称其为人间工学，侧重宜人性研究；法国侧重劳动生理学；保加利亚偏重人体测量；捷克、印度等注重劳动卫生学。国际标准化组织 IEA 已经正式采纳 ergonomics（人机工程学）的概念。

人机工程学从人文科学和技术科学的各个领域中吸取知识，包括人体测量学、人体力学、生理学、心理学、环境科学、机械工程、工业设计、信息技术和管理等（如图 1-12）。学科体系主干为技术科学，人体科学、环境科学是人机工程学的左膀右臂。通过借鉴与融合，将从这些领域中吸取来的知识汇集在了一起，并在应用时采用了具体的方法和技术。

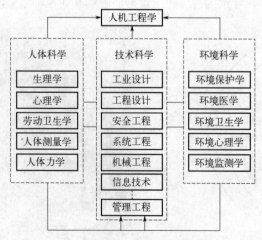

图 1-12　人机工程学学科体系

人机工程学研究的方法手段具有跨学科性，涉及许多不同的领域；同时还具有实用性，即通过设计来改善工作场所或环境以适应人，而不是反过来，让人去适应工作场所和环境。

　　在日常工作与生活的应用中，人机工程学强调"以人为本"，它通过考虑人体和心理的承受能力以及人的局限性等问题，来避免任何不安全、不卫生、不舒适或效率低下情况的发生。到目前为止，工业设计学科还没有完全形成自己系统的核心理论，而人机工程学为工业设计提供了必要的理论依据，指明了发展方向，如现在出现的交互设计、通用设计、体验设计等都是从"以人为本"的角度满足人的需求。一个优良的产品设计应该具有安全性、高效性、使用性、耐用性、服务性、合理的价格和优美的外观等基本特征，这些基本特征几乎每项都和人机相关，人的因素影响到和产品相关的各个环节层面。具体来说，人机工程学为工业设计提供人体尺度参数，为人造物的功能合理性提供科学的依据，为环境因素提供设计准则，为人-机-环境系统设计提供理论依据。反过来说，工业设计推动了人机工程学的发展，工业设计师在设计实践过程中需要用到人的因素的不同理论和数据，这也促使人机工程学者进一步深入研究。人机工程学研究内容与应用见表1-1。

表1-1　人机工程学研究内容与应用

项目	微观人机工程学（简单人机系统）		宏观人机工程学 （复杂人机系统）
关系	人-机关系，人-环境关系		人-人关系
领域	人体人机工程学	认知人机工程学	组织人机工程学
研究内容	人体解剖学，人体测量学，生理学，生物力学	思维过程：理解，记忆，推理，神经反应等影响人与系统其他部分交互的因素	组织结构，政策，程序
人的因素	人的结构特征，人的物理特征，人的生理特征，人的生物力学，人的环境适应性		人的信息感知、处理，人的心理特征
设计问题	工作姿势，材料处理，反复运动，肌肉和骨骼的失调，工作场所布局，安全与健康	精神负荷，决策，操作技能，人-机交互，人机的可靠性，工作载荷和训练等与系统设计相关的因素	通信，人力资源管理，工作设计，工作时间设计，联合作业，共享设计，团体工效，合作，新作业示范，虚拟组织，远程作业，质量管理
人机设计	空间设计，交互设计（人机界面设计——信息与显示设计，控制设计，软件界面设计，交互方式设计），物理环境设计，辅助设计，作业设计，体验设计，安全性设计，无障碍设计，可靠性设计，人机系统设计程序与方法		组织设计，管理系统

　　总之，人机工程学与工业设计是互相支持、互相促进的，对工业设计师来说学习和应用应注意掌握学科思想、基本理论和方法等精髓。至于相关学科，以及人机工程学浩瀚繁多的数据资料、图表，则要求能结合具体研究的课题，学会查找、收集、分析和运用。本学科的知识形态是面状（网状、散点状）结构的，分布很广，互相之间不一定有密切联系，用到什么，就应该能去钻研什么。

1.3　人机工程学的起源与发展

1.3.1　人机工程学起源

　　一切人造工具自诞生以来，都是出于一个共同的观念和目标，即为了让人更好、更方便、更安全地使用人造工具从事各种活动。砾石是山上的岩石，经河流冲击、带动，沉积到低平的河滩上，形状一般呈椭圆形，故称河卵石。在北京猿人遗址发现的石器制品中，几乎所有的石器都是选择砾石作原料，这是因为砾石光润、对称、流畅的形式符合人类美的视觉尺度（如图1-13）。

　　原始先民选择砾石是因为它比自然岩石更好用，打制一头形成锋利的尖棱刃口用来切割，完成其功能作用；而另一端保留圆滑形态便于手握，适合人的操作，可见原始先民在制作工具的时候就考虑方便操作的问题了。

(a)"北京猿人"的砾石工具　　　　　　(b)"北京猿人"以锤击法和碰砧法打制石片

图1-13　"北京猿人"使用的石器工具

　　战国初期的《考工记》是我国所见最古老的一部科技汇编名著（如图1-14），其对车舆、工事、兵器、农具以及礼乐诸器的制作方法与技术做了详细的记载。例如用于劈杀的兵器大刀、剑戟，使用中有方向性，需避免容易转动的弊病（如图1-15），因此它的握柄截面做成椭圆形，使用中凭手握柄杆所感知的信息，无须眼看，便可掌握刀刃、钩头的方向。用于刺杀的兵器，例如枪矛，使用中只有前向运动，为避免握柄在某一扁薄方向挠曲，它的截面应该做成圆形（如图1-16）。

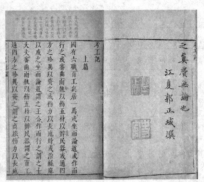

图1-14　《考工记》

图1-15　劈杀用大刀　　　　　　　　　　　　　图1-16　刺杀用扎枪

　　明代科学家宋应星所著《天工开物》，以丰富插图形式记录了我国农业和手工业生产技术等方面的卓越成就，具有重要的科学价值。图1-17中表现的生产作业场景，人们的工作、劳动姿态自然、舒展，没有强迫体位下的工作姿势或者扭曲不当的劳动动作。作业姿势自然舒展，表示劳动工具、生产设备与人体尺寸的适应性好。

　　图1-17中的风箱下面还有个底盘，有了底盘才能使风箱把手达到与人的胸、肘部位平齐的位置，而这正是立姿下推拉施力的最适宜高度，足以说明这是"刻意设计"的结果。铸币台的高度正与操作者上臂放松时的高度平齐，说明古人在设计工作环境时考虑到省力、提高工作效率等问题。

　　古希腊人相信死亡后灵魂会去另一世界，为了他们的死亡之旅及来世舒适一些，他们在坟墓中放置器物之类的个人物品，其尺寸与死者的年龄和身材相匹配。

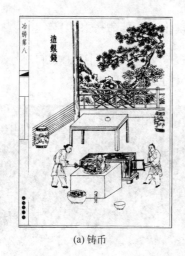

(a) 铸币　　　　　　　　　　　　　　　(b) 铸鼎

图 1-17　《天工开物》插图

在早期的建筑中人们不知道选择什么样的比例关系为美，古希腊人就利用人体各部分比例关系作为设计的基本比例。例如希腊神庙圆柱子的高度是其柱脚直径的 8 倍 [如图 1-18（a）]，这大约是希腊女人身高与脚长之比 [如图 1-18（b）]。

(a) 希腊神庙　　　　　　　　　　　　　　(b) 希腊女人

图 1-18　希腊神庙

以上事例说明人们在开始进行设计、制作工具时，就有强烈的器物与人相协调的人机设计思想。

1.3.2　人机工程学发展

Hollnagel 对人机工程学研究与应用的成果进行总结，给出了比较明晰的人机工程学发展过程，同时也指出了发展方向（如图 1-19）。从图 1-19 中可以看出人机工程学大致经历了以下几个发展阶段。

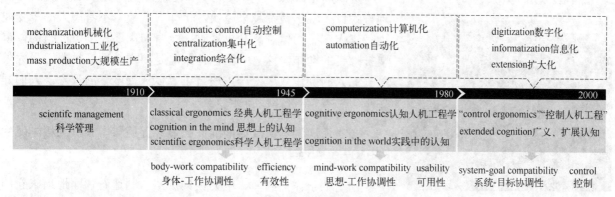

图 1-19　人机工程学发展过程

（1）对劳动工效的苛刻追求孕育了经验人机工程学（工业革命—1910 年）

自工业革命以来为了适应机械化大生产的要求，提高效率是人们追求的目标。19 世纪末到 20 世纪初，人们采用科学的方法系统地研究人的能力与其使用的工具之间的关系。

图 1-20　F.W.泰勒与伯利恒钢铁厂

1898 年美国工程师 F.W.泰勒（Frederick Winslow Taylor）在伯利恒钢铁厂对铁锹铲煤作业进行了系统的研究（如图 1-20），包括铁锹铲上合理负荷、铲的形状以及最好的原料装锹方法。同时，剔除了多余不合理的动作，制定最省力高效的操作方法和工时定额，极大地提高了工作效率。例如，他进行了著名的"铁铲实验"，分析了 6lb、10lb、17lb 和 30lb 的四种不同铁铲（说明：1lb≈0.4536kg），以确定多大铲量的铁铲工作效率最大，实验表明 10lb 作业效率最高。

1911 年吉尔布雷斯夫妇（Frank Bunker Gilbreth；Lillian Moller）用当时新发明的高速摄影机拍摄砌砖工的工作过程（如图 1-21），从中分析哪些动作是必须完成的，哪些动作是多余的，将砌砖动作由 17 个减到 4.5 个，作业效率提高了一倍多。

图 1-21　吉尔布雷斯夫妇与动作研究

图 1-22 为电影《摩登时代》中工人劳动的场景。电影中主人公在老板的监视下在生产线上连续不断地拧螺钉，工作节奏越来越快，工作方式根本不考虑人的承受能力。工人在工间休息离开机器时，全身肌肉还在不停地扭动，重复拧螺钉的动作。这一阶段总体来看是要求人适应机器，最大限度提高人的操作效率，严重违背了"以人为本"的理念，人们开始重新思考人与机器之间的关系。

图 1-22　《摩登时代》中工作场景

（2）两次世界大战期间的武器设计促使科学人机工程学诞生（1910—1945 年）

由于战争需要高效、威力大的武器，制造者片面地追求新的武器功能，忽略使用者——人的因素，因操作者失误出现重大事故的情况屡见不鲜。

美国在研发喷气式飞机时，发现新飞机试飞时经常出现事故，经过技术人员检验，发现问题不是出在机器本身的设计上，而是出在飞机的显示、操纵装置设计上（如图1-23）。飞行员在飞行中既要在复杂多变的气象、地理环境下识别敌方，又要随时根据飞机仪表显示信息操纵飞机，显示操纵元件众多，即使经过严格选拔培训的优秀飞行员也照顾不过来，导致飞机失事。

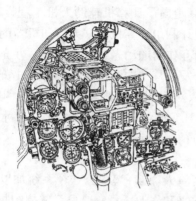

图 1-23　飞机座舱

由于制造技术的发展，自动控制趋向于集中化、综合化，而最初的设计没有顾及人自身生理和心理特点。大量教训使得人们明白，仅一味追求飞机性能优越，而不能使飞机设计与人的生理、心理相匹配，就不能发挥设计的预期功能。为了使武器设计更能符合士兵的生理特点，武器工程师不得不与解剖学家、生理学家和心理学家共同为武器的操纵方式进行研究和设计。军事领域对人的因素的研究和利用，使得科学人机工程学应运而生。

（3）向民用领域拓展促使现代人机工程学成熟（1945—1980年）

二战结束以后，人机工程学迅速地延伸到广阔的民用领域，主要有：家具、家用电器、室内设计、医疗器械、汽车与民航客机、飞船宇航员生活舱、计算机设备与软件、生产设备与工具、事故与灾害分析，消费者伤害的诉讼分析等。二十世纪五六十年代以来，人机工程学的学科思想在继承中又有新的发展。图1-24是《时代》周刊上的美国工业设计之父罗维（Raymond Loewy），当时面对如何使宇航员在座舱内感到舒适、方便，减少孤独感这一工业设计新课题，他大胆开设能远眺地球的舷窗，为宇航员能在飞船生活长达90天做出了贡献，为此，宇航员从太空向罗维发来电报，感谢他的完美设计。设计中重视人的因素固然仍是正确的原则，但若单方面地过于强调机器适应于人，过于强调让操作者"舒适""付出最小"，在理论上也是不全面的。与人机工程学建立之初强调"机器设计必须适合人的因素"不同，IEA的定义阐明的观念是人机（以及环境）系统的优化，人与机器应该互相适应，人机之间应该合理分工。在这一阶段重视工业和工程设计中人的因素，力求使机器适应于人，在提高人自身身体和工作协调性方面做了大量研究工作，人机工程学理论趋于成熟。

DESIGNER RAYMOND LOEWY
He streamlines the sales curve.

图 1-24　美国工业设计之父罗维

（4）利用先进科学技术的认知人机工程学（1980—2000年）

1979年3月28日凌晨四时半，美国宾州三英里岛（Three Mile Island）核电站95万千瓦压水堆电站二号反应堆主水泵停转，而辅助水泵一道阀门在此前的例行检修中没有按规定打开，回路冷却水外溢排出造成堆心温度上升，堆心燃料的47%融毁并发生泄漏。1986年4月26日凌晨苏联Chernobyl核电站发生事故。事故发生前夕，反应堆的不稳定状态在控制板没有任何显示，而后反应堆功率急剧增加进而产生爆炸，造成 300 人死亡，带来长期的环境影响。这两起大事故原因之一都是系统信息反馈不到位，造成人因失误。当人们处于危急情境的条件下，复杂系统对人的要求和完成任务时所具备的不完善的能力之间的矛盾变得明显。必须将人的意识、感知、认知等融入人机分析当中，研究人的意识与工作的协调性。

随着计算机技术，尤其是计算机图形学、虚拟现实技术和高性能图形技术的突破，人机工程学逐步从理论公式计算、经验资料积累以及简单的应用计算走向了计算机辅助人机工程设计（computer-aided ergonomics design，CAED）。计算机辅助人机工程设计利用计算机建立人体和机器的计算模型，融入人体生理特征，模拟人操作机器的各种动作，把人机相互作用的动态过程可视化，并充分利用人机工程学的各种评价标准和算法以及人机实验设备，对产品开发过程中的人机因素进行量化分析和评价。保证人的因素贯彻在产品设计开发的全生命周期之中，尽早、尽可能全面地考虑人的因素,实现人机工程学学科与其他学科的集成协作，在最短时间内、最低成本消耗等的情况下,进行高品质、高水平的产品设计。

（5）控制人机工程学（2000 年至今）

采用智能化、数字化、信息化技术从宏观的角度将人-机-环境作为一个系统加以研究，提高复杂社会-技术性制造系统的劳动生产率、健康水平、安全水平和作业质量，追求系统控制与目标的协调性，使系统中人、机、环境因素获得最佳匹配以保证系统整体工效最优。

1.4 人机工程设计与技术标准

1.4.1 研究方法简介

（1）调查法

调查法是获取有关研究对象资料的一种基本方法。它具体包括访谈法、考察法和问卷法。

访谈法是研究者通过询问交谈来收集有关资料的方法。访谈可以是有严密计划的，也可以是随意的。无论采取哪种方式，都要求做到与被调查者进行良好的沟通和配合，引导谈话围绕主题展开，并尽量客观真实［如图 1-25（a）］。

(a) 调查访谈　　　　(b) 观测法

图 1-25　调查法与观测法

考察法是发现现实的人-机-环境系统中存在的问题，为进一步开展分析、实验和模拟提供背景资料。为了做好实地考察，要求研究者熟悉实际情况，并有实际经验，善于在人、机、环境各因素的复杂关系中发现问题和解决问题。

问卷法是以问卷的形式挖掘与设计、制造有关信息的方法，目的是在人群中获取整体系统信息。问卷法的关键是如何设计有价值的调查问卷，问卷应首先从全局的角度考虑提出哪些方面的问题，其次，考虑如何得到比较真实、全面的信息，了解到稳定、一致的情况（即调查的效度和信度）。

（2）观测法

观测法是研究者通过观察、测定和记录自然情境下发生的现象来认识研究对象的一种方法[如图 1-25（b）]。这种方法是在不影响事件的情况下进行的，观测者不介入研究对象的活动中，因此能避免对研究对象的影响，可以保证研究的自然性和真实性。例如，观测作业的时间消耗、流水线生产节奏是否合理、工作间的时间利用情况等。进行这类研究，需要借助仪器设备，如脑电设备、眼动仪、计时器、录像机等。应用观测法时，研究者要事先确定观测目的并制订具体计划，避免发生误观测和漏观测的现象。为了保证客观事物的正确全面感知，研究者不但要坚持客观性、系统性原则，还需要认真细心地做好观测的准备工作。

（3）实验法

实验法是在人为控制的条件下，排除无关因素的影响，系统地改变一定变量因素，以引起研究对象相应变化来进行因果推论和变化预测的一种研究方法。

在人机工程学研究中这是一种很重要的方法［如图 1-26（a）］。它的特点是可以系统控制变量，使所研究的现象重复发生，反复观察，不必像观测法那样等待事件自然发生，使研究结果容易验证，并且可对各种无关因素进行控制。

 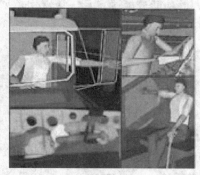

(a) 实验法　　　　　　　　　　　　　(b) 计算机仿真

图 1-26　实验法与计算机仿真

实验法分为两种，实验室实验和自然实验。实验室实验是借助专门的实验设备，在对实验条件严加控制的情况下进行的。由于对实验条件严格控制，该种方法有助于发现事件的因果关系，并允许人们对实验结果进行反复验证。缺点是需要严格控制实验条件，使实验情境带有极大的人为性质，被试者意识到正在接受实验，可能干扰实验结果的客观性。一旦实验条件控制不够严格，则很难得到精密的结果。

（4）计算机仿真

计算机仿真是应用电子计算机对系统的结构、功能和行为以及参与系统控制的人的思维过程和行为进行动态性的比较逼真的模仿［如图 1-26（b）]。它具有高效、安全、受环境条件的约束较少、可改变时间比例尺等优点，已成为分析、设计、运行、评价、培训系统（尤其是复杂系统）的重要工具。随着图形学和计算机技术的发展，目前已出现如 ErgoForms、Jack、PeopleSize、SafeWork Pro、CATIA 等计算机辅助人机设计软件可以对人的操作姿势、效率等因素进行分析，大大提高设计工效和降低设计成本。

1.4.2　人机工程设计概述

人机工程学的研究，除对学科的理论进行基础研究外，大量的研究还是对与人直接相关的产品、作业、环境和管理等进行设计和改进。虽然所设计和改进的内容不同，但都应用人–机–环境系统整体优化的处理程序和方法。产品类（包括机械、器具、设备设施等）人机工程设计步骤如下：

① 发现问题。人进行的一切活动都是有目的性的，而人在使用人造物时常常会发现存在很多不如意的问题（如操作不舒适、不易识别、出错等），这些问题恰恰是设计的起点，先针对这些问题理出主要问题和次要问题，结合上述介绍的研究方法找出问题的本质确立设计课题。

② 确定目的及功能。首先确定设计和改进人造物的目的，然后找出实现目的的手段，即赋予机具一定的功能，这一过程被称为概念设计。所谓概念是真实世界现象与过程的逻辑关系的描述，设计方案（概念模型）越多，选择余地越大，在一定的限制条件下，容易得到更优的方案。因此，应将目的定得高一些，从广阔的视野下设想出多种方案。

③ 人与产品的功能分配。整个系统的功能确定后，就要考虑在人与产品之间如何进行功能分配。人机功能分配，是产品设计首要和顶层的问题。如果这个问题处理得不恰当，其后的设计无论怎么好，也会存在着根本性的缺陷。人与机器各有所长。

根据实现目的的要求，对人与机器的能力进行具体分析，合理地进行功能分配。有时人分担的功能减少，机器的功能就相应增加；人分担的功能增加，机器的功能就相应减少。例如，汽车的手动变速变成了自动化，照相机的光圈和对焦实现了自动化，从而减少了人分担的功能。衣服上多些口袋来携带工具等，就会扩展手的功能。在大规模系统、运输系统以及安全、防灾设备中，应纠正单纯追求机械化、自动化的倾向，必须考虑充分发挥人的功能。

④ 模型描述。人机功能分配确定后，接着用模型对系统进行具体的描述，以揭示系统的本质。模型描述一般分为语言（逻辑）模型描述、图示模型描述和数学模型描述等，它们可单独或组合使用。语言

图 1-27　图示模型

模型可描述任何一种系统，但不够具体；数学模型很具体，便于分析和设计，但在表现实际系统时受到限制，多用于描述整个系统中的一部分；图示模型应用广泛，而且在其中可以加入语言模型和数学模型进行说明（如图 1-27）。

⑤ 分析。结合描述模型，对人的特性、人造物的特性和系统的特性进行分析。人的特性包括基本特性，如形态特性、功能特性，还包括复杂特性，如人为失误和情绪等，在分析时要进行必要的检测和数据处理。人造物的特性包括性能、标准和经济性等。整个系统的特性包括功能、制造容易性、使用简单性、维修方便性、安全性和社会效益等。

⑥ 模型的实验。如果需要更详细的设计或改进数据时，可以在上述分析数据的基础上制作出人造物的模型，再由人使用该模型，反复实验研究。这样可以取得更具体的数据资料或从多个方案中选择最优方案。

⑦ 人造物的设计与改进。最优方案是根据上述分析实验结果进行评价确定的。设计和改进完成后，甚至试制品出来后，还要继续进行评价和改进，以求更加完善。其中特别重要的是人造物与人的功能配合是否合理的评价，因此经常应用由人直接参与的感觉评价法。

1.4.3　国际技术标准

国际人机工程学标准化委员会（代号 ISO/TC-159）是国际标准化组织（International Organization for Standardization，ISO）的一个下属组织。其活动范围有以下 5 方面：

① 制定与人的基础特点（物理的、生理的、心理的、社会的）有关的标准。
② 制定对人有影响的与物理因素有关的标准。
③ 制定与人在操作中、在过程和系统中的功能有关的标准。
④ 制定人机工程学的实验方法及其数据处理的标准。

⑤ 协调与 ISO 其他技术委员会的工作。

国际人机工程学标准化委员会的工作目的有以下 3 个：

① 促进与人的基本特性有关的基础标准的发展，包括系统设计时必须使用的心理学、生理学、卫生学、社会学及其他有关学科的一般原则。

② 给出基本的完整的测量数据，如人体测量、感觉能力及其阈值，人对环境的可耐受界限及其变化规则等。

③ 促进人机工程学的知识与经验在 ISO 的其他委员会中的应用，提供他们所需要的资料，并对现行标准进行补充。

ISO/TC-159 已制定出一批人机工程相关的正式国际技术标准、标准草案或建议，并已发布多个正式标准。

在中国国家标准委领导下，全国人类工效学标准化技术委员会于 1980 年建立，下设 8 个分技术委员会：基础分委员会、人体测量和生物力学分委员会、控制与显示分委员会、劳动环境分委员会、工作系统的工效学要求分委员会、颜色分委员会、照明分委员会、劳动安全分委员会。由全国人类工效学标准化技术委员会提出（或提出并归纳），已经制定、发布了几十个人机工程的技术标准（见附录 A）。这些国标的内容，在技术上与对应的国际标准有着较好的一致性或等效性。

学习人机工程学，应该了解人机工程的技术标准；应用人机工程学，更脱离不了人机工程的技术标准。我国已经发布的部分人机工程国家标准中，部分重要和基本的标准，将在本教材的后面作详细或简略的说明介绍。多数标准仅为提供信息，以便必要时查找参照。在我国的标准文献分类中，属于人机工程学（人类工效学）技术标准的大分类号为"A25"。但是还有更多有关人机工程学的标准，是分别放在机械、建筑、轻工、环境等门类的技术标准里面的，这一点在查找时应予以注意。

1.5 计算机辅助人机分析方法简介

CATIA 的集成化技术覆盖所有产品开发与设计的全过程，包括三维建模、零件装配、工业产品渲染、机构运动与仿真、工程分析、模具设计、NC（数控）加工、逆向工程、人机工程设计与分析以及电气设备和支架造型设计等，能满足各行业、各类型企业的工业设计需求。本节从学生需要掌握的知识点出发，选择 CATIA 中人机分析模块为工具，利用所学习的人机知识对产品进行分析，先使学生整体了解应用人机工程学知识解决问题的全过程。

首先简要介绍 CATIA 软件所涵盖的模块和相应的功能，介绍 CATIA 软件的界面和基本操作，让读者对该软件有一个整体的认识。接下来，通过某大学学生公寓洗漱间为例进行人机分析，让读者初步了解 CATIA 软件的人机工程学设计与分析模组的功能，以及如何运用 CATIA 中人机分析模块对人体姿势舒适度进行分析。

1.5.1 CATIA 界面简介

CATIA 主要包含以下功能模块，学习本门课程要求重点掌握机械设计模组和人机工程学模组。启动 CATIA 便进入 CATIA 主界面（如图 1-28）。

选择 Start（开始）→Mechanical Design（机械设计）→Part Design（零件设计）命令，弹出 New Part（新零件）对话框，输入零件名称，单击 OK（确定）按钮，进入零件设计工作界面。零件设计主界面包括标题栏、菜单栏、工具栏、绘图区、罗盘、模型树等部分。

（1）文件的基本操作

CATIA 文件的类型很多，如零件、曲面和组件等，若要创建一个 CATIA 零件，则必须知道设计零件的类型。以 Part Design（零件设计）平台为例，介绍创建一个 CATIA 文件的操作方法。

① 在菜单栏选择 Start（开始）→Mechanical Design（机械设计）→Part Design（零件设计），如图 1-29 所示。

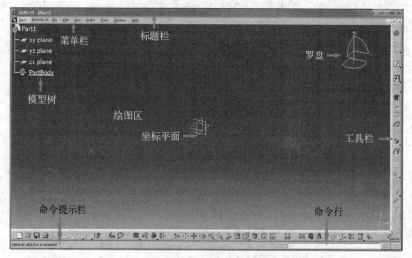

图 1-28   零件设计主界面

② 弹出"New Part"（新零件）对话框（如图 1-30）。

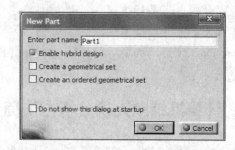

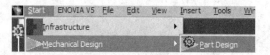

图 1-29   系统菜单

图 1-30   New Part（新零件）对话框

输入文件名选项，可以接受系统指定的名称 Part1，也可以另指定一个文件名称，单击 OK（确定）按钮，进入零件设计工作界面。

注意：①系统默认的第一个零件名为 Part1，如果再创建一个新文件，则系统以 Part2 命名，依次类推。②如果给文件另行指定一个名称，文件名称中不能有汉字出现，可以是英文字母、数字或其组合。③CATIA 软件支持中文路径，也就是保存零部件的文件夹可以是中文名称。

（2）视图及模型显示基本操作

① 视图。一般情况下，可以直接点击工具栏中的快速查看按钮选择视图的状态（如图 1-31）。

② 模型显示。模型的显示模式是指模型的着色/消隐方式，也就是模型以着色状态显示还是以线框方式显示出来。图 1-32 所示工具栏中包含了模型显示模式的所有类型。

图 1-31   快速查看工具栏

图 1-32   模型显示工具栏

③ 常见功能键。

实体对象放大、缩小：Ctrl+鼠标中键。

实体对象移动：Alt+鼠标中键。

实体对象旋转：鼠标中键+右键。

（3）屏幕定制

屏幕定制是用户根据自己的实际需要定制一个个性化的工作平台。操作方式是选择 Tools（工具）→Customize（定制）命令，弹出 Customize（定制）对话框（如图 1-33）。

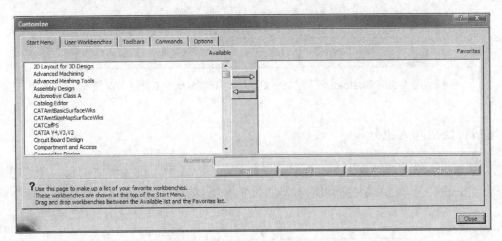

图 1-33　Customize（定制）对话框

如图 1-34 所示，用户可在多种界面语言之间切换，选择完毕后单击 Close（关闭）按钮，系统提示 Restart session to take settings into account（重新启动会话以使设置生效）。

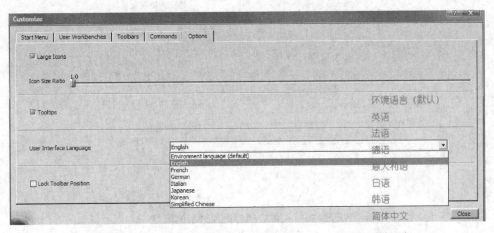

图 1-34　Customize（定制）对话框的 Options（选项）选项卡

说明：初学者若不习惯英文菜单可以采用上述方法进行中文菜单定制，但若要对 CATIA 系统二次开发，只能采用英文菜单。

当工具栏中的按钮位置混乱或者某些图标找不到的时候，可以点击图 1-35 所示的 Restore all contents（恢复所有内容）和 Restore position（恢复位置）按钮来恢复工具栏的内容和位置。

当进入 CATIA 系统时，自动缺省加载若干菜单。若需要的菜单工具栏没有出现在界面上，可以进行加载。

具体办法如下：按照上述方法进入定制工具栏对话框（如图 1-35），选择 Toolbars 选项卡，在左侧对话框中选择相应菜单工具栏，选取新建工具栏项，CATIA 屏幕上就自动加载该工具栏菜单。

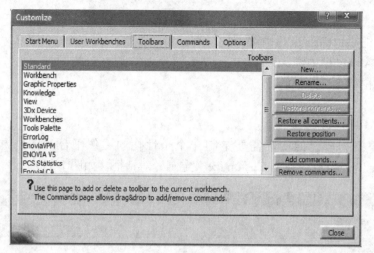

图 1-35 Customize（定制）对话框的 Toolbars（工具栏）选项卡

1.5.2 学生宿舍洗漱间人机分析

现以某大学学生公寓的洗漱间为例，说明如何以 CATIA V5 中人机分析模块为工具，利用人机工程学理论进行人机分析评价，目的是使读者对计算机人机分析具有总体了解。图 1-36 是人体姿势舒适度分析的流程。

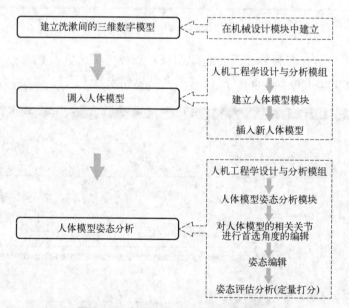

图 1-36 人体姿势舒适度分析的流程

首先利用 CATIA 中机械设计模块或其他软件，根据某高校洗漱间的实际尺寸建立洗漱间的三维数字模型（具体操作参照有关 CATIA 造型的书籍）。再根据 GB 10000—1988《中国成年人人体尺寸》建立中国数字人体模型，并将数字人体模型和洗漱间模型装配在一起（其他软件通过 IGES 文件格式导入）。参照人在洗漱间平时的动作和完成的功能，调整人体模型的姿势。依据人机工程学中有关人体关节活动的范围设置关节的活动区域，系统就会自动对人体模型的各种姿势舒适度打出分值，并以不同的颜色显示人体不同部位的舒适度。

（1）调入分析对象和人体模型

点击文件 xsj，打开按照实际尺寸建立的洗漱间模型（图 1-37）。在下拉菜单栏中逐次单击 Start（开始）→Ergonomics Design & Analysis（人机工程学设计与分析）→Human Builder（建立人体模型），进入创建人体模型（图 1-38）设计界面。

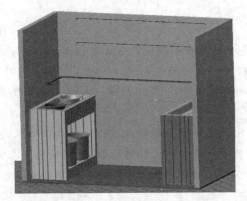

图 1-37　某大学学生公寓洗漱间模型

图 1-38　P₅₀女性人体模型

在屏幕右侧工具栏中点击 Inserts a new manikin（插入新人体模型）按钮，在弹出的 New Manikin（新建人体模型）对话框中，有 Manikin 和 Optional 两个选项栏，按照图 1-39 进行选项设置（设置 Father product 选项，点击模型树 xsj），单击 OK 插入一个 50 百分位数的女性人体模型（如图 1-40）。

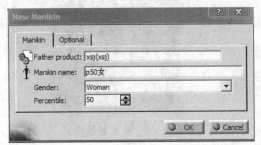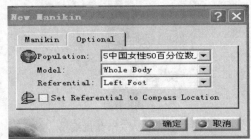

图 1-39　新建人体模型对话框

将屏幕画面右上方罗盘拖到人体模型的脚上，使用 Place Mode（放置功能）将人体模型放置到合适的位置（如图 1-41），使用罗盘调正人体模型方位。

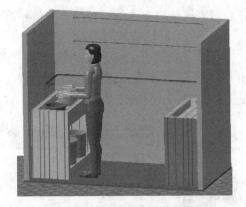

图 1-40　调入人体模型

图 1-41　放置在合适的位置

（2）人体模型姿态分析

在菜单栏中逐次单击选项 Start（开始）→Ergonomics Design & Analysis（人机工程学设计与分析）→Human Posture Analysis（人体模型姿态分析），单击人体模型任意部位后，系统自动进入人体模型姿态分析界面。

在屏幕右侧工具栏上点击 Edits the angular limitations and the preferred angles（编辑角度界限和首选角度）按钮，选中要编辑的部位上臂（如图 1-42），系统自动为该部位的编辑提供最佳视角，同时显示编辑部位的活动范围。

右击灰色区域打开快捷菜单，选择 Add（添加）项，参考人体活动部位的活动方向与角度范围在活动区域内划分舒适、次舒适、不舒适区域，并对划分的区域编辑特性（如彩插图 1-43）。在舒适的运动角度下（A 区），设定分值为 90 分，颜色显示为蓝色；次舒适区域为 80 分，显示黄色（B 区）；不舒适区域为 60 分，显示红色（C 区）。本例分别对人体模型的头部、上臂、前臂、胸和腰首选角度进行编辑。

注意：在人机评价中，不仅可以通过身体姿势得分说明当前姿势舒适度，还可直接按照图 1-43 舒适范围呈现的颜色直观显示舒适度，这需要在评价前进行下列设置。选择图 1-28 中模型树中人体，单击右键打开属性菜单，选择 Coloring 选项，在 Show Color 选择 All，在 Elements to color 选择 Surface，在 Degree of Freedom 选择 Worst DOF 即可。

图 1-42　进入关节角度编辑

图 1-44　洗衣服的姿态

单击工具栏中的 Posture Editor（姿态编辑）按钮，将人体模型的姿态编辑成如图 1-44 所示的洗衣服的姿态。在工具栏上单击按钮，打开 Postural Score Analysis（姿态评估分析）对话框（如图 1-45）。

在 Selected Result（所选择部位的评定值）中显示了之前所设定的人体模型的 5 个部位的得分。在 All DOFs Result（所有自由度的评定值）中显示了整个人体模型在所有自由度上的评定分值。对话框中显示分数用来衡量姿态的舒适程度，分值越高代表越舒适。数字人体相应部位也会通过颜色直观表明舒适度。

同理对图 1-46 所示的人体模型晾毛巾的姿态进行作业姿势评价。在工具栏上单击按钮，弹出如彩插图 1-47 所示的 Postural Score Analysis（姿态评估分析）对话框，对话框以图表的形式显示晾毛巾的姿态下人体模型作业舒适度的评分。从图 1-47 中看出前臂颜色为黄色，表明次舒适。

图 1-45　洗衣服的姿态评分

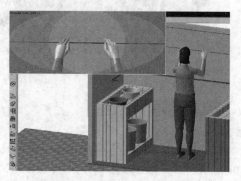

图 1-46　晾毛巾的姿态

总而言之，模仿真人在洗漱间洗衣服、晾毛巾等姿态，基于 CATIA 人机分析模块评价人在不同姿态下的舒适度。通过人体模型表面皮肤的颜色变化，直观地看出人在某个姿态下是否舒适，并对整个人体模型的姿态进行定量的分析，检验人体在当前姿态下身体各部位的舒适程度，并打出姿态评估的分数，以验证洗漱间的设计是否符合"以人为本"的设计理念，同时也为设计者提供有效的人机参考数据。

本章学习要点

　　本章针对人机工程学的概念内涵、作用、标准进行了说明，同时，对人机工程学的起源发展进行了简述，最后以一案例形式介绍一种对动作姿势的评价方法，以使学生初步了解人机应用框架。通过本章学习应该掌握以下要点：

　　1. 明确人机工程学定义及内涵，理解在设计中人和人造物（机）是什么关系，明确身边出现的人机问题的实质是什么。

　　2. 从人机工程学的发展历史明确人机工程学在不同时期研究的对象，分析促进人机工程学在不同时期发展的因素。

　　3. 了解人机工程学的学科体系、标准、主要研究方法和人机工程设计基本步骤。

　　4. 明确人机工程学与设计的关系。

　　5. 了解有关人机工程学国际标准、国家标准来源及作用。

　　6. 了解人机系统和人机界面的概念及作用。

　　7. 思考软件 CATIA 中人机分析模块在人机工程设计中有何作用，了解对作业姿势的大致评价过程。

　　8. 思考人机工程学对所学专业有何意义。

思考题

　　1. 人机工程学的英文名称是什么？研究对象、研究内容、研究目的分别是什么？

　　2. 不同时期的人机工程学发展对人机工程学体系的完善起到什么作用？

　　3. 了解人机工程学学科体系、标准有什么意义？

　　4. 举例说明人机工程学与产品设计之间的关系。

　　5. 人机工程学的研究方法有哪些？如何进行人机工程设计？请自己查阅资料了解人机工程学的研究方法，以 PPT 形式作出总结。

　　6. 人机工程学为什么制定很多标准？

　　7. 我们如何将国外人机工程学的研究成果运用到产品设计中？

　　8. 举例说明在日常生活中遇到的不符合人机工程学的问题，以 PPT 形式表达。

　　9. 采用 PPT 形式评价一个感兴趣的产品，找出其中存在的人机工程学问题。

　　10. 以学生寝室存在的人机问题为例，阐述人机工程设计的方法步骤以及 CATIA 评价步骤。

2

人的基本特性

2.1 人的物理特性

2.1.1 人体的几何特性

2.1.1.1 人体静态几何尺寸（测量、百分位等）

人体静态几何特性又称静态人体测量尺寸，如人体的长度、宽度、高度、围度等。

（1）相关标准

为了保证测量方法统一、测试项目和尺寸实用，ISO（国际标准化组织）制定了相应标准，等效于我国 GB/T 5703—2010《用于技术设计的人体尺寸测量基础项目》、GB/T 5704—2008《人体测量仪器》。

（2）测量基准和测量方法

① 测量基准面。如图 2-1 所示：沿身体中线对称地把身体切成左右两半的铅垂平面，称为正中矢状面（正中面）；与正中矢状面平行的一切平面都称为矢状面；冠状面指垂直于矢状面，通过铅垂轴将身体切成前、后两部分的平面；水平面指垂直于矢状面和冠状面的平面；水平面将身体分成上、下两个部分。眼耳平面——通过左右耳屏点及右眼眶下点的平面，又称法兰克福平面。

② 测量基准轴。铅垂轴指通过各关节中心并垂直于水平面的一切轴线；矢状轴指通过各关节中心并垂直于冠状面的一切轴线；冠状轴指通过各关节中心并垂直于矢状面的一切轴线。

人体尺寸测量均在测量基准面内、沿测量基准轴的方向进行。人体各部分测量方法如图 2-2，常规人体肢体功能测量方法如图 2-3 所示。

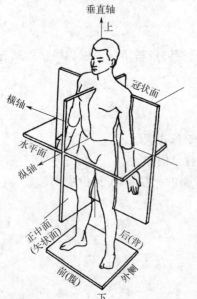

图 2-1　人体尺寸基准面与基准轴

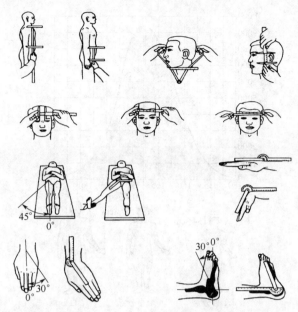

图 2-2 人体各部位尺寸常规测量方法

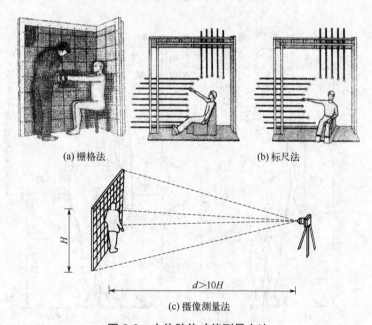

(a) 栅格法　　　　　　　(b) 标尺法

(c) 摄像测量法

图 2-3 人体肢体功能测量方法

（3）人体尺寸的表达

　　人的高矮、胖瘦各不相同；任何一项人体尺寸都有大的、中等的、小的等各种情况。本书主要研究讨论中国成年人人体尺寸情况，要全面完整地显示，就要描述清楚对于每一项人体尺寸，具有多大数值的人占多大的比例，即人体尺寸的"分布状况"。

　　① 人体尺寸特性。人体尺寸测量学者研究人体尺寸数据之后发现有如下一些特性：

　　a. 群体的人体尺寸数据近似服从正态分布规律。如图 2-4 所示，从正态分布曲线可以推断出人体尺寸数据的一些近似特性：具有中等尺寸的人数最多；随着对中等尺寸偏离值的加大，人数越来越少；人体尺寸的中值就是它的平均值；等等。

　　b. 各人体尺寸之间一般具有线性相关性。身高、体重、手长等是基本的人体尺寸数据。研究表明，人体各基本结构尺寸与身高具有近似的比例关系（如图 2-5 和附表 B-1）。

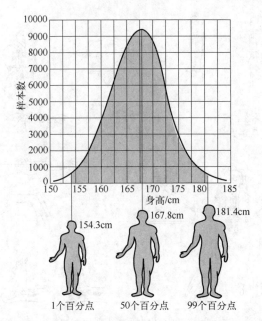

图 2-4　中国男性身高尺寸分布

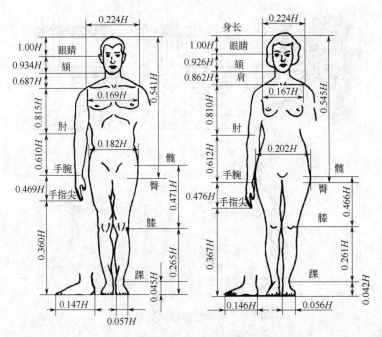

图 2-5　中国成年男女人体尺寸比例

H—身高

c. 人体尺寸各部位比例关系因不同种族、民族、国家的人群而不同。各国人体尺寸与身高近似比例如图 2-6 和附表 B-2。

② 人体尺寸分布描述。产品尺寸所适合的使用人群占总使用人群的百分率，称为满足度。满足度通过人体尺寸的百分位数来界定。百分位通过符合要求的人体尺寸的百分率表示，称为"第几百分位"。例如，50%的人称为第 50 百分位。人体尺寸的百分位数是指第几百分位对应的人体尺寸。百分位数是一种位置指标、一个界值，K 百分位数 P_K 将群体或样本的全部人体尺寸观测值分为两部分，有 K%的人体尺寸等于和小于它，有(100-K)%的人体尺寸大于它。例如：图 2-7（b）是 10 百分位数中国成年男子身高 1604mm，说明有 10%的中国成年男子身高小于 1604mm，有 90%的中国成年男子身高大于 1604mm。

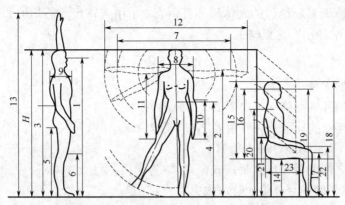

图 2-6 世界人体尺寸与身高近似比例（尺寸序号见附表 B-2）

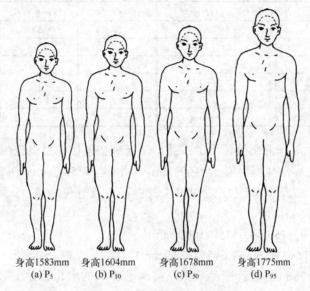

身高1583mm 身高1604mm 身高1678mm 身高1775mm
(a) P_5 (b) P_{10} (c) P_{50} (d) P_{95}

图 2-7 中国成年男子身高

GB 10000—1988 中每一项人体尺寸都给出 7 个百分位数的数据，这 7 个百分位数分别是 1 百分位数、5 百分位数、10 百分位数、50 百分位数、90 百分位数、95 百分位数和 99 百分位数。常用符号 P_1、P_5、P_{10}、P_{50}、P_{90}、P_{95}、P_{99} 来分别表示它们。其中前 3 个叫作小百分位数，后 3 个叫作大百分位数，50 百分位数则称为中百分位数。

第二种描述方法是给出人体尺寸均值和标准差。这是 GB 10000—1988 描述人体尺寸分布状况的补充方法，只对 6 个地区（华北和东北、西北、东南、华中、华南、西南）中国人的身高、体重、胸围 3 个人体尺寸，男 18～60 岁、女 18～55 岁各一个年龄段的人体尺寸给出了均值和标准差（见表 2-1）。

表 2-1 中国 6 个地区成年人体重、身高和胸围（GB 10000—1988）

项目		东北、华北		西北		东南		华中		华南		西南	
		均值	标准差	均值	标准差	均值	标准差	均值	标准差	均值	标准差	均值	标准差
男 （18～60 岁）	体重/kg	64	8.2	60	7.6	59	7.7	57	6.9	56	6.9	55	6.8
	身高/mm	1693	56.6	1684	53.7	1686	55.2	1669	56.3	1650	57.1	1647	56.7
	胸围/mm	888	55.5	880	51.5	865	52	853	47.2	851	48.9	855	48.3
女 （18～55 岁）	体重/kg	55	7.7	52	7.1	51	7.2	50	6.8	49	6.5	50	6.9
	身高/mm	1586	51.8	1575	51.9	1575	50.8	1560	50.7	1549	47.7	1546	53.9
	胸围/mm	848	66.4	837	55.9	831	57.8	820	55.8	819	57.6	809	58.8

设计产品尺寸时若需要某一地区的人体尺寸可由表 2-1 中人体尺寸的均值和标准差代入式（2-1）确定。式（2-1）可由统计学导出，这里略去。

$$P_K = M \pm Sk \tag{2-1}$$

式中　P_K——人体尺寸的 K 百分位数；

　　　M——相应人体尺寸的均值（可由表 2-1 中查得）；

　　　S——相应人体尺寸的标准差（可由表 2-1 中查得）；

　　　k——转换系数（可由表 2-2 中查得）。

当求 1~50 百分位之间的百分位数时，式中取"−"号；

当求 51~99 百分位之间的百分位数时，式中取"+"号。

表 2-2　计算百分位数的转换系数

百分位数	转换系数 k	百分位数	转换系数 k	百分位数	转换系数 k	百分位数	转换系数 k
0.5	2.576	20	0.842	70	0.524	97.5	1.960
1.0	2.326	25	0.674	75	0.674	98	2.05
2.5	1.960	30	0.524	80	0.842	99	2.326
5	1.645	40	0.25	85	1.036	99.5	2.576
10	1.282	50	0.00	90	1.282		
15	1.036	60	0.25	95	1.645		

例 2-1　设计适用于 90%华北男性使用的产品，试问应按怎样的身高范围设计该产品尺寸？

解：由表 2-1 查知华北男性身高均值 M=1693mm，标准差 S=56.6mm。

要求产品适用于 90%的人，即满足度是 90%，故以第 5 百分位和第 95 百分位确定尺寸的界限值，由表 2-2 查得变换系数 k=1.645，即

第 5 百分位数为 P_5=1693−(56.6×1.645)=1600(mm)

第 95 百分位数为 P_{95}=1693+(56.6×1.645)=1786(mm)

结论：按身高 1600~1786mm 设计产品尺寸，将满足 90%的华北男性使用。

③ 国标 GB 中部分尺寸在设计中应用。GB 10000—1988 中共列出 7 组、47 项静态人体尺寸数据（见附录 C），分别是：

人体主要尺寸 6 项　　　　立姿主要人体尺寸 6 项　　　　坐姿主要人体尺寸 11 项

人体坐姿水平尺寸 10 项　　人体头部尺寸 7 项　　　　　　人体手部尺寸 5 项

人体足部尺寸 2 项

现以图 2-8 中几个尺寸说明部分人体尺寸在产品设计中的作用。

a．立姿眼高 2.1。说明：图 2-8（a）、图 2-8（b）中的所有无下部尺寸界限的标号都是以地面为参考面。

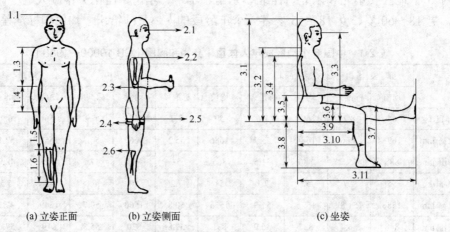

(a) 立姿正面　　　　(b) 立姿侧面　　　　　　　　(c) 坐姿

图 2-8　国标中人体各个部位尺寸项目（尺寸序号见附录 C）

立姿眼高 2.1 指立姿眼高度到地面距离，立姿下需要视线通过，或需要隔断视线的场合。例如病房、监护室、值班岗亭门上玻璃面的高度、一般屏风及开敞式大办公室隔板的高度等，商品陈列橱窗、展台展板及广告布置等。

b．立姿肘高 2.3。立姿下，上臂下垂、前臂大体举平时，手的高度略低于肘高，这是立姿下手操作工作的最适宜高度。因此设计中非常重要，轮船驾驶、机床操作、厨房里洗菜、切菜、炒菜以及教室讲台高度等都要考虑它。

c．坐高 3.1。双层床、客轮双层铺、火车卧铺的设计，复式跃层住宅的空间利用等与它有关［如图 2-8（c）］。

d．坐姿眼高 3.3。坐姿下需要视线通过，或需要隔断视线的场合。例如：影剧院、阶梯教室的坡度设计，汽车驾驶［如图 2-8（c）］。

2.1.1.2　人体动态几何尺寸

人体动态几何尺寸又称动态人体测量尺寸，例如人体活动时的各种尺寸度量。动态人体尺寸测量的重点是测量人在执行某种动作时的身体特征。

图 2-9 给出了驾驶车辆时人的静态图和动态图。静态图强调驾驶员的驾驶座位、转向盘、仪表等的物理距离；动态图则强调驾驶员身体各部位的动作关系。

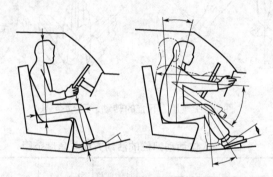

图 2-9　驾驶车辆时人的静态图与动态图

动态人体尺寸测量通常是对手、上肢、下肢、脚所及的范围，以及各关节能达到的距离和能转动的角度进行测量，如图 2-10 所示。

动态人体尺寸尺寸测量的特点是，在任何一种身体活动中，身体各部位的动作并不是独立无关的，而是协调一致的，具有活动性与连贯性。例如手臂可及的极限并非唯一由手臂长度所决定，它还受到肩部运动、躯干的扭转、背部的弯曲以及操作本身所带来的影响。

表 2-3 给出了人体活动部位数据。《工作空间人体尺寸》（GB/T 13547—1992）提供了我国成年人立、坐、跪、卧、爬等常取姿势时的功能尺寸数据，经整理归纳后列于附录 C。表中所列数据均为裸体测量结果，使用时应增加适当的修正余量。

另外，图 2-11 给出了人体各部位的活动范围，当然，为了保证测量数据的有效性，应该采用国家标准中所规定的测量仪器。人体并不是一块刚体，在很多场合下可以视为由多个节段组成的复合刚体。体节是从动力学角度将人体划分为的若干个节段，每个节段可以看作理想的刚体。以此建立人体动力学模型，每个节段便是一个模块。

常用的模型有 14 个模块，如图 2-12 所示。在这个模型中人体被分解成头、躯干、左上臂、右上臂、左前臂、右前臂、左手、右手、左大腿、右大腿、左小腿、右小腿、左足与右足共 14 个节段。将两个体节连接起来，并保持两者之间可以相对运动的生理结构称为关节。在这里，关节的含义与解剖学上的关节含义有些不同。在解剖学上，人体全身关节共有 200 多个，而图 2-12 中的人体模型中只有 14 个关节。

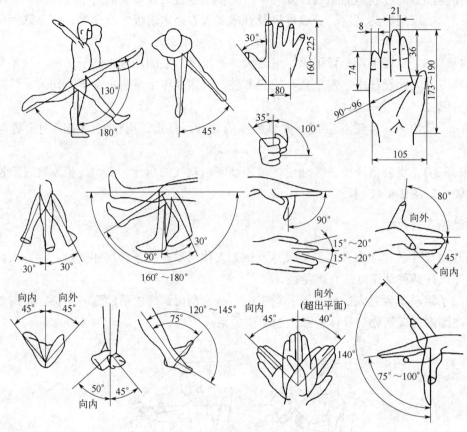

图 2-10　上、下肢的转动、移动范围

表 2-3　人体活动部位的活动方向与角度范围

身体部位	移动关节	动作方向	动作角度		身体部位	移动关节	动作方向	动作角度	
			代号	（°）				代号	（°）
头	脊柱	向右转	1	55	手	腕（枢轴关节）	背屈曲	18	65
		向左转	2	55			掌屈曲	19	75
		屈曲	3	40			内收	20	30
		极度伸展	4	50			外展	21	15
		向一侧弯曲	5	40			掌心朝上	22	90
		向一侧弯曲	6	40			掌心朝下	23	80
					肩胛骨	脊柱	向右转	7	40
							向左转	8	40
臂	肩关节	外展	9	90	大腿	髋关节	内收	24	40
		抬高	10	40			外展	25	45
		屈曲	11	90			屈曲	26	120
		向前抬高	12	90			极度伸展	27	45
		极度伸展	13	45			屈曲时回转（外观）	28	30
		内收	14	140			屈曲时回转（内观）	29	35
		极度伸展	15	40	小腿	膝关节	屈曲	30	135
		外展旋转（外观）	16	90			内收	31	45
		外展旋转（内观）	17	90	足	踝关节	外展	32	50

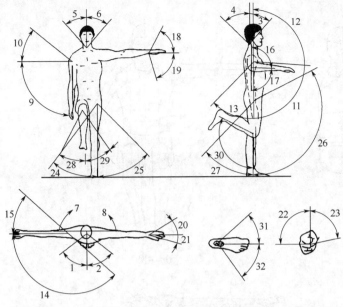

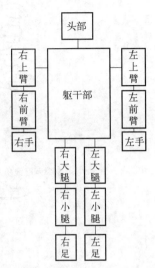

图 2-11　人体各部位的活动范围（尺寸代号与表 2-3 对应）　　　图 2-12　人体的 14 节段模型

2.1.1.3　人体模型

以人体参数为基础建立的人体模型，是描述人体形态特性与力学特性的有效工具，是研究、分析、设计、评价、试验人机系统不可缺少的辅助手段。根据使用的目的不同，人体模型的用途、功能、构造方法也有所不同。例如按用途来分，有分析工作姿势用的人体模型，有分析动作用的人体模型，有用于运动学分析用的人体模型，有用于动力学分析的人体模型，有研究人机界面匹配评价用的人体模型等。

（1）人体模板

依据 GB/T 14779—1993《坐姿人体模板功能设计要求》，二维人体模板要求采用密实的板材制作，尺寸比例和各个关节活动幅度符合人体实际情况，人体模板的制作比例一般是 1∶1、1∶5 和 1∶10。各取 P_5、P_{50}、P_{95} 代表小身材、中等身材、大身材男子和女子，其身高已经考虑穿鞋修正量。

如图 2-13 是坐姿人体模板按照成年男女分别制作成主视图、俯视图和右视图，图中参数及各部分活动角度见附表 D-1。人体模板主要应用于人机工程辅助设计中，在应用中要考虑尺寸修正量等问题（如图 2-14）。

（2）数字人体模型建立

人体模型是进行人机工效学分析的度量、效验工具。为了适合不同的人种进行工效分析，CATIA 软件中共提供五种不同的人体模型，分别是美国、加拿大、法国、韩国和日本，没有中国人的人体数据。设计人员只能用韩国人体模型或日本人体模型代替中国人体模型进行人机工程分析评价，这样必然会得到不合理的分析结果。因此在使用 CATIA 时有必要在 CATIA 中建立中国人体数字模型。

考虑到中国成年人人体尺寸缺少 CATIA 中需要的部分尺寸，故对缺少的尺寸采取参照韩国和日本人体测量数据，按照经验进行选取。而国标中提供了重要的人体尺寸，因此这些按经验选取的数据不会对人体模型的建立产生影响。

以 GB 10000—1988《中国成年人人体尺寸》为依据，参考 CATIA 中数字人体文件格式，建立中国人体模型尺寸数据文件，在 CATIA 中加载后便可使用中国数字人体模型。

下面介绍如何进入创建人体模型设计界面，建立标准人体模型以及进行人体模型姿态编辑（如图 2-15）。

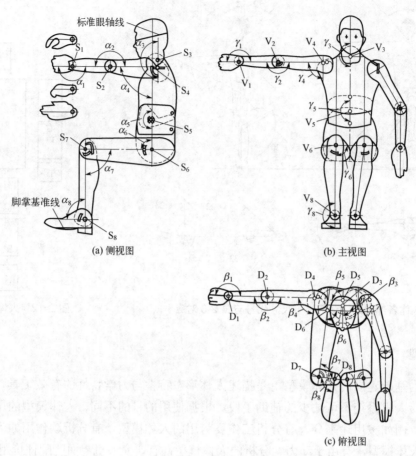

图 2-13　GB/T 14779—1993 中坐姿人体模板

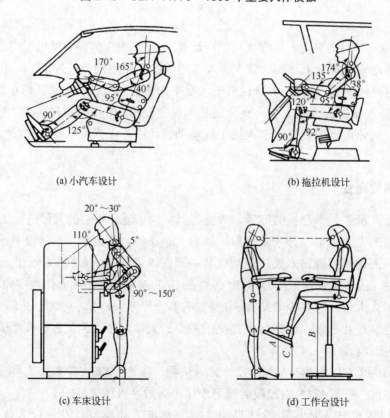

图 2-14　二维人体模板在产品设计中应用

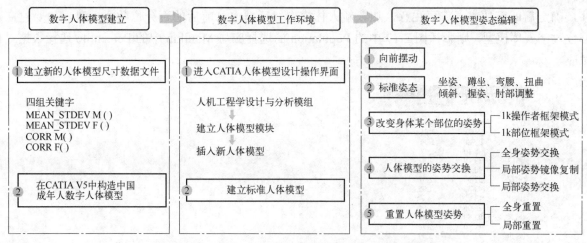

图 2-15 CATIA 建立人体模型和姿态编辑的流程

① 建立新的人体模型尺寸数据文件。创建一个可以使用的新的人体尺寸模型数据文件必须遵循一定的形式。一个人群文件包含四个段，用到四组关键字：

- MEAN_STDEV M（） 该段列出男性各部分尺寸；
- MEAN_STDEV F（） 该段列出女性各部分尺寸；
- CORR M（） 该段列出男性各部分尺寸变量间相互关联的数值；
- CORR F（） 该段列出女性各部分尺寸变量间相互关联的数值。

MEAN_STDEV 段中，需要提供中国成年人人体尺寸的每一个测量数值，包括平均数和标准差，每一个条目占一行，并以"＜变量＞＜均值＞＜标准差＞"的方式描述一个变量。均值系统默认应以厘米为单位，标准差是建立在厘米单位基础上得出的数据。

CORR 段中，需要提供任意对变量间的相互关联的数值，两个变量间的相关性被定义在-1.0～1.0 范围之间的一个数值。它表示了两个变量之间的相关依赖性，相关绝对值越高，变量间的彼此依赖性就越高。在定义相关性的时候，每一个栏目必须有一行，并且每个栏目必须描述一对变量间的一个相关性。例如：＜变量 1＞＜变量 2＞＜相关性＞。该段可参照韩国和日本尺寸数据库中相应的段进行编辑，其相关性文件可在 CATIA V5 R16 中文帮助中查找。

具体路径为：CATIA V5 R16 中文帮助\CATIA\CATIA_V5R16_ONLINE\Simplified_Chinese\online\Simplified_Chinese\hmeug_C2\samples。（本书所使用的 CATIA 软件版本为 CATIA V5 R16）

将中国国标 GB 10000—1988 中人体尺寸数据按照上述格式顺序编写，一个完整的人体尺寸数据库文件就可建立。文件以.sws 作为扩展名，可在 CATIA 的用户自定义人群数据库中进行加载。

② 计算中国人体尺寸各部分标准差。从人体尺寸模型数据文件中可以看出，构造中国数字人体模型需要相应尺寸的标准差。由于我国国标中提供的成年人人体各部分尺寸是按照百分位的形式列出的，要建立中国成年人人体对应的数据库，需要将各人体变量的对应的标准差计算出来，相应部位尺寸平均值按照 50 百分位数尺寸计算。

按照式（2-1）计算出不同部位、不同百分位数尺寸标准差。例如，根据男子身高的 10 百分位数求身高对应的标准差为$(X-\mathrm{P}_{10})/1.282=(167.8-160.4)/1.282=5.77$，根据男子身高的 90 百分位数求身高对应的标准差为$(\mathrm{P}_{90}-X)/1.282=(175.4-167.8)/1.282=5.93$。因此，根据已知尺寸计算出的标准差的值并不是一个，建立不同百分位数的数字人，标准差应取相应的值。

③ 在 CATIA V5 中构造中国成年人数字人体模型。通过上述方法建立数据文件如图 2-16，不同的百分位应对应一个单独数据文件，每一个数据文件的格式、变量序号和均值均相同，唯一不同的是标准差，每一个百分位人体对应一个标准差。运用数据文件时需将每一个数据文件在 CATIA 中独立加载。

加载时在打开的 CATIA V5 界面主菜单中逐级点选工具→选项，在对话框中添加已经建立好的数据文件，确定后即可加载。需要注意，加载新人体模型对话框中，前后的百分位数要一致，如要建立 10 百分位数字人体模型，则彩插图 2-17 中的 Population 的选择应与 Manikin 中的 Percentile 选择数据"10"相对应。

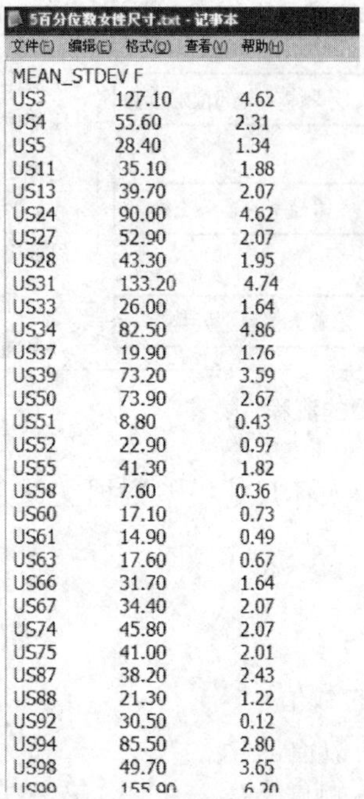

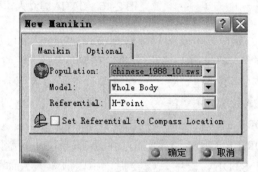

图 2-16　P₅中国女性人体模型
尺寸数据文件部分参数

图 2-18　加载新人体模型对话框图

在 CATIA V5 中加载后便可实现中国成年人人体模型的可视化，图 2-18 为对数据文件加载后建立的中国成年人人体数字模型。该中国成年人人体模型可以实现软件中人体模型的所有功能，可用在各类产品的人机工效分析及作业评价中。

④ 编辑人体测量变量。

a．显示变量列表。此项描述如何展示和修改所有的人体测量变量。

依次拾取菜单 Start（开始）→Ergonomics Design & Analysis（人机工程学设计与分析）→Human Measurements Editor（人体尺寸编辑）。在工具栏中选择 Displays the variable list（显示变量列表）按钮。弹出如彩插图 2-19 所示的变量编辑对话框，选择任意一个变量显示其数值并且激活对话框中所有的项，选中的变量就会在人体测量编辑界面中显示，而且颜色由黄色变为紫色。图 2-19 为人体模型的身高变量被选定后的结果。

b．添加或删除自定义的人群。CATIA 软件提供了 5 种人体模型：American（美国人）、Canadian（加拿大人）、French（法国人）、Japanese（日本人）、Korean（韩国人）。除此之外也可以选择自己定义的人群。若要添加自定义的人群，选择主菜单逐级点选 Tools（工具）→Options（选项）菜单栏，弹出选项对话框（如图 2-20）。

选择 Add（添加）标签，弹出一个 Open a population file（打开一个人群文件）的对话框，用户可以选择一个人群类型文件。如果文件被顺利读取，那么相应的人群就会被添加到列表中，否则就会出现错误的信息。添加结束后就可以用刚才添加的人群类型创建一个新的人体模型。在人体模型工作台中，点击 Inserts a new manikin（插入新人体模型）按钮，在 Optional（选项）中的 Population（人群）一栏就可以选择刚才定义的人体模型（如图 2-21）。删除自定义的人群时，只需在图 2-20 所示的对话框中选择要删除的自定义人群，然后选择 Remove（删除）即可。

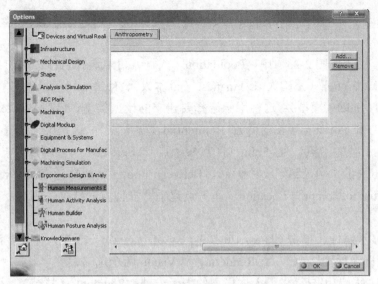

图 2-20　在选项中添加或删除人体模型

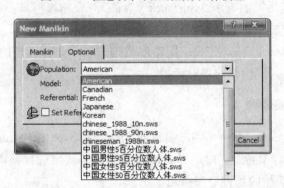

图 2-21　选择添加的人群

（3）数字人体模型工作环境

① 进入 CATIA 人体模型设计操作界面。在菜单栏中逐次单击选项 Start（开始）→Ergonomics Design & Analysis（人机工程学设计与分析）→Human Builder（建立人体模型），进入创建人体模型设计界面。

② 建立标准人体模型。在工具栏中点击 Inserts a new manikin（插入新人体模型）按钮，在弹出的 New Manikin（新建人体模型）对话框中（如图 2-22），有 Manikin（人体模型）和 Optional（选项）两个选项栏（如图 2-23）。

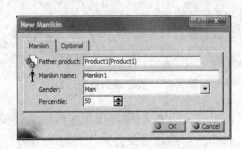

图 2-22　新建人体模型对话框

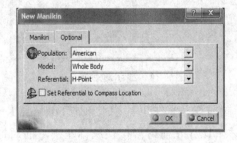

图 2-23　Optional 选项栏

在 Manikin（人体模型）栏中，Father product（父系产品）指应用 CATIA 建立的零件或设施的文件，这个选项栏用来帮助用户选择新建人体模型时所依赖的位置、地面、设施等元素。需要在树状目录中点选，比如系统给出的 Product1。Manikin name（人体模型名）：该名称可以由用户自己确定。Gender（性别）：这栏用于选择 Man（男性）或 Woman（女性）。Percentile（百分位数）：这栏用于确定人体模型的百分位数。

Optional（选项）栏（如图 2-23）中，Population（人群）可以选择软件提供的 American（美国人）、Canadian（加拿大人）、French（法国人）、Japanese（日本人）、Korean（韩国人），也可以选择自己定义的人群（如前所述）。Model（模型）：这栏用于选择要建立的模型类型，包括 Whole Body（全身）、Right Forearm（右前臂）、Left Forearm（左前臂）。Referential（参考点）：这栏用于选择建立人体模型的基准点，包括 Eye Point（眼睛参考点）、H-Point（H 点参考点）、Left Foot（左脚参考点）、Right Foot（右脚参考点）、H-Point Projection（H 点投影参考点）、Between Foot（足间参考点）、Crotch（胯部参考点）。如果激活 Set Referential to Compass Location（参考点建于罗盘位置）选项，则建立的人体模型就会位于罗盘的位置。

③ 人体模型的显示属性。单击 Changes the display of manikin（改变人体模型显示）❓按钮，弹出 Display（显示）对话框（如图 2-24），有 Rendering 和 Vision 两个选项栏。

Rendering（描述）栏为用户提供了人体模型的表示方法。Segments（枝节）：人体模型用枝节表示。Ellipses（椭圆形）：人体模型用椭圆表示。Surfaces（表面）：人体模型只显示模型表面。

Vision（视觉）栏为用户提供选择人体模型的视觉范围。Line of sight（直线型）：用直线表示人体模型的视觉范围。Peripheral cone（锥形范围）：用锥形范围来表示人体模型的视觉范围。Central cone（锥形中心）：用锥形中心来表示人体模型的视觉范围。

（4）数字人体模型姿态编辑器

选中人体模型，单击 Posture Editor（姿态编辑器）🕺按钮，弹出 Posture Editor（姿态编辑器）对话框（如图 2-25）。在 Segments（部位）栏内选择人体模型的某个部位进行编辑。在 Predefined Postures（预置姿态）栏中，给出了人体模型的预置姿态供用户选择。

图 2-24　显示对话框

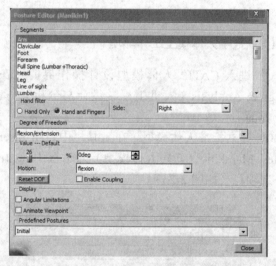

图 2-25　姿态编辑器对话框

① 向前摆动。在工具栏上单击 Forward Kinematics（向前摆动）🔧按键，在工作区内选择要进行摆动的肢体，比如左前臂。按住鼠标左键，前后拖动，则左前臂就会沿着箭头方向绕着肘关节前后摆动。

按照人的生理特点，人体模型的肢体运动有相应的极限位置，图 2-26 所示是左前臂前后运动的极限位置。同理可设置头部、手部、脚部等的摆动。如果需要左、右摆动，在人体模型的某一部位上单击右键，弹出如图 2-27 所示的下拉菜单。在菜单中选择 DOF 2（abduction/adduction）[自由度 2（外展/内收）]，然后就可实现左右摆动。

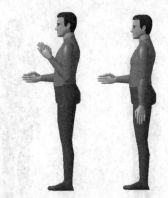

图 2-26 左前臂向上、向下摆动的极限位置

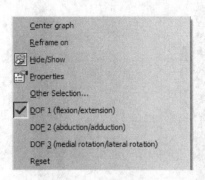

图 2-27 下拉菜单

② 标准姿态。单击 Standard Pose（标准姿态）按钮，选中人体模型，弹出如图 2-28 所示的标准姿态对话框。对话框中列出了 7 种标准姿态供用户选择：Sit（坐姿）、Squat（蹲坐）、Stoop（弯腰）、Twist（扭曲）、Lean（倾斜）、Hand Grasp（握姿）、Adjust Elbow（肘部调整）。同时还给出了调整高度和角度的调整栏。

如果已经对人体模型进行了处理，现要对其恢复直立标准姿态，可进行下列操作。在树状目录上的人体模型名上右击，弹出下拉菜单（如图 2-29），在菜单中逐次选择 Posture（姿态）→Reset Posture（姿态重置），则人体模型就会恢复为直立标准姿态。如果要恢复标准坐姿，则在菜单中选择 Sit（坐姿）。如果要恢复初始姿态，则在菜单中选择 Initial（初始）。

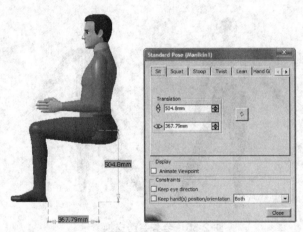

图 2-28 标准姿态对话框

图 2-29 菜单选择（一）

③ 改变身体某个部位的姿势。修改人体模型姿势时，先将罗盘移至需要定位的位置，即在该处建立运动基点，可以采用 IK 操作者框架模式或者 IK 部位框架模式。

a．IK 操作者框架模式。在工具栏内单击 Inverse Kinematics Worker Frame Mode（IK 操作者框架模式）按钮，在需要建立基点的部位（比如左手）单击，则罗盘被移至左手（如图 2-30）。

拖动罗盘上的某个方向标，就可以实现左手的某个姿势（如图 2-31）。再次单击按钮，姿势被确定。

注意：如果某个操作部位超过了人体尺寸的限制，本模块还可以使该部位脱离人体，单独表示该部位的状态，即双部位表示方法（如图 2-32）。

b．IK 部位框架模式。单击 Inverse Kinematics Segments Frame Mode（IK 部位框架模式）按钮，在需要建立基点的部位（如左手）单击，则罗盘被移至左手（如图 2-30）。拖动罗盘上的某个方向标，就可以实现左手的某个姿势（如图 2-31）。再次单击按钮，姿势被确定（如图 2-32、图 2-33）。

注意：IK 操作者框架模式和 IK 部位框架模式的区别在于应用罗盘定位时的方向有所不同。

图 2-30　建立基点

图 2-31　实现左手的
某个姿势

图 2-32　双部位
表示方法

图 2-33　IK 部位
框架模式的结果

④ 人体模型的姿势交换。

a. 全身姿势交换。如果要将一个人体模型的全身姿势进行左右交换，在树状目录中的 Body（人体）项上右击，出现图 2-34 所示的下拉菜单，选择 Posture（姿态）→Swap Posture（交换姿态），则图 2-35 中的人体模型的姿势就会左右交换。

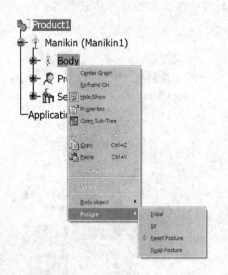

图 2-34　菜单选择（二）

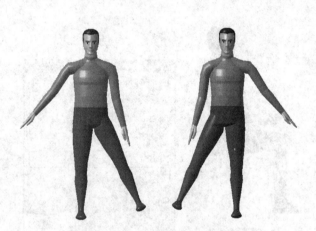

图 2-35　全身姿势交换

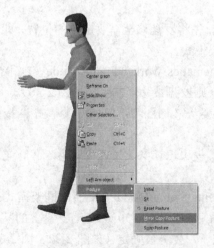

图 2-36　菜单选择（三）

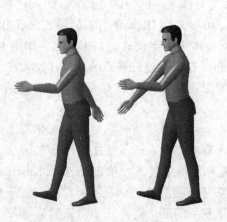

图 2-37　局部姿势镜像复制

b.局部姿势镜像复制。如果需要对人体模型的某个局部姿势相对于冠状面镜像复制，选中该部位（如左上臂）使其高亮，右击出现如图2-36所示的下拉菜单，选择Posture（姿态）→Mirror Copy Posture（镜像复制）菜单，则选中的人体模型的左上臂会相对于冠状面镜像复制（如图2-37）。

c.局部姿势交换。在CATIA中，人体模型的局部姿势是可以相对于冠状面交换的。如图2-38中的人体模型的左、右上臂，如果要进行姿势交换，可以选中其一右击，然后在下拉菜单中选择Posture（姿势）→Swap Posture（交换）菜单，则左、右上臂的姿势就交换了（如图2-39）。

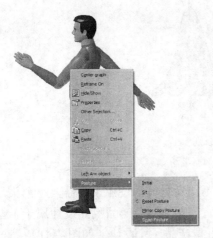

图2-38　菜单选择（四）

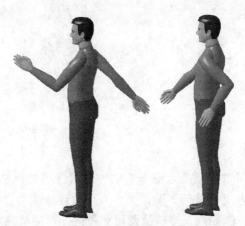

图2-39　局部姿势交换

⑤ 重置人体模型姿势。

a.全身重置。当用户进行了一些有关于人体模型的操作后，要将其恢复到原始状态，可以在树状目录中的Body（人体）项上右击，在弹出的下拉菜单中选择Posture（姿势）→Reset Posture（重置），则人体模型就恢复到原始状态。

b.局部重置。选中需重置部位使其高亮，右击弹出下拉菜单，选择Posture（姿势）→Reset Posture（重置），则人体模型的局部就恢复到原始状态。

2.1.1.4　人体尺寸测量与应用

（1）人体尺寸的应用原则与应用方法

① 产品尺寸的应用原则。在具体的尺寸设计中，人体尺寸的百分位是按照一定的原则选取的，这些原则有以下4个：

a.取中原则。取P_{50}百分位的人体尺寸数据作为设计依据，如门把手的高度设计，这样会使两个极端的人不方便，但特定人群的大多数处于较合适的状态［如图2-40（a）］。

b.极限原则。使用较高（如P_{95}）或较低（如P_5）百分位的人体尺寸数据［如图2-40（b）、（c）］，这是最常用的原则。如控制台下的膝空间高度的设计，取P_{95}百分位的坐姿膝高作为参考，那么膝高小于此值的人（占特定人群的95%）均能以正常姿势操作。

c.可调原则。使某些结构尺寸可调以适应特定人群的每一个人［如图2-40（d）］，在可能的情况下这是最好的选择，如可调整高度的汽车驾驶座椅。

d.全范围原则。有些安全性要求较高的特殊场合，要求结构尺寸要适合所有人，如安全通道的尺寸［如图2-40（e）］。

② 产品尺寸设计类型。在产品设计中设计师到底以大个头人体尺寸设计，还是以小个头人体尺寸设计？这需要根据产品的功能特性确定产品尺寸设计的类型，依据产品尺寸应用原则，确定产品尺寸设计需用的人体尺寸的百分位数。

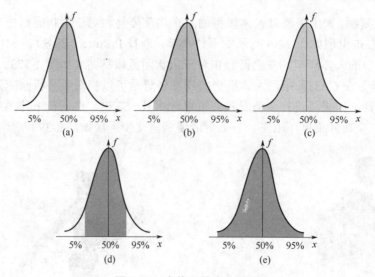

图 2-40　人体尺寸应用原则

x—人体尺寸百分位；f—人体尺寸分布比例

a．Ⅰ型产品尺寸设计。若产品尺寸需要调节，才能满足不同身材人的使用，即需要小个头尺寸百分位数作为尺寸设计下限，大个头尺寸百分位数作为尺寸设计的上限，这类产品尺寸设计属于Ⅰ型产品尺寸设计。例如汽车座椅位置尺寸和自行车座椅高度尺寸属于Ⅰ型产品尺寸设计（如图 2-41）。

图 2-41　Ⅰ型产品尺寸设计

b．Ⅱ型产品尺寸设计。若只需要一个人体尺寸作为尺寸设计的上限或者下限，这类尺寸设计属于Ⅱ型产品尺寸设计。

ⅡA型产品尺寸设计：只需要一个人体尺寸百分位数作为设计尺寸的上限，也称为大尺寸设计。例如，热水器的把手孔圈大小若满足大个头人使用，小个头人一定可以抓握热水器把手；礼堂座椅宽度若满足大个头使用，就一定满足小个头使用（如图 2-42）。

图 2-42　ⅡA型产品尺寸设计

ⅡB型产品尺寸设计：只需要一个人体尺寸百分位数作为设计尺寸的下限，也称为小尺寸设计。例如：公共汽车踏步的高度设计属于ⅡB型产品尺寸设计，满足小个头人体尺寸，必然满足大个头人使用；图书馆阅览室上层高度若满足小个头拿到书，就一定满足大个头人使用（如图 2-43）。

图 2-43　ⅡB型产品尺寸设计

c. Ⅲ型产品尺寸设计。若产品尺寸与使用者身材大小关系不大，或不适宜分别考虑时，一般取第 50 百分位数人体尺寸作为产品尺寸设计依据，这类产品尺寸设计属于Ⅲ型产品尺寸设计，也称平均尺寸设计。

图 2-44　Ⅲ型产品尺寸设计

如图 2-44 公园座椅高度、门的把手和锁孔高度应该满足男女都能使用，因此以相应尺寸$(P_{50男}+P_{50女})/2$ 作为尺寸设计依据。

③ 选择产品设计时人体尺寸的百分位数。由前面阐述已经明确，对于不同产品尺寸设计，需要不同的人体尺寸百分位数作为设计依据。但是具体选择多少百分位数，需要考虑满足度要求。在产品设计中选择人体尺寸百分位数的一般原则总结见表 2-4。

表 2-4　人体尺寸百分位数选择表

产品类型	产品重要程度	百分位数的选择	满足度
Ⅰ型产品	涉及人的健康、安全的产品 一般工业产品	上限值 P_{99}，下限值 P_1 上限值 P_{95}，下限值 P_5	98% 90%
ⅡA型产品	涉及人的健康、安全的产品 一般工业产品	上限值 P_{99} 或 P_{95} 上限值 P_{90}	99%或95% 90%
ⅡB型产品	涉及人的健康、安全的产品 一般工业产品	下限值 P_1 或 P_5 下限值 P_{10}	99%或95% 90%
Ⅲ型产品	一般工业产品	P_{50}	通用
成年男女通用Ⅰ型、Ⅱ型产品	各种工业产品	上限值：男性的 P_{99}、P_{95} 或 P_{90} 下限值：女性的 P_1、P_5 或 P_{10}	通用
成年男女通用Ⅲ型产品	各种工业产品	$(P_{50男}+P_{50女})/2$	通用

一般情况下，产品设计的目标是希望达到较大的满足度，但是满足度过大会引起其他不合理因素，因此，需要综合考虑具体问题。

（2）修正人体尺寸

为了在实际产品设计中合理使用国标提供的人体尺寸，需要对人体尺寸数据进行修正。尺寸修正量包括功能修正量和心理修正量。

① 尺寸功能修正量。为保证实现产品功能进行修正的尺寸修正量，包括：穿着修正量、姿势修正量和操作修正量。

a. 穿着修正量。穿着修正主要包括各种穿鞋和着衣裤修正量，常见的尺寸修正量见表2-5。在一些资料中，为了便于应用修正量，将修正量分得较细，如：

穿鞋修正量（指工作或劳动中穿平底鞋时）：立姿身高、眼高、肩高、肘高、手功能高、会阴高等尺寸：男子+25mm；女子+20mm。

着衣裤修正量：坐姿坐高、眼高、肩高、肘高等+6mm；肩宽、臀宽等+13mm，胸厚+18mm，臀膝距+20mm。

表 2-5　中国成年人着装人体尺寸修正　　　　　　　　　　　　　　单位：mm

项目	尺寸修正量	修正原因	项目	尺寸修正量	修正原因
站姿高	25～38	鞋高	两肘肩宽	20	测试
坐姿高	6	裤厚	肩—肘	8	手臂弯曲时，肩肘部衣服压紧
站姿眼高	36	鞋高	肩—手	5	测试
坐姿眼高	3	裤厚	两手叉腰	8	测试
肩宽	13	衣	大腿厚	13	测试
胸宽	8	衣	膝宽	8	测试
胸厚	18	衣	膝高	33	测试
腹厚	23	衣	臀—膝	5	测试
立姿臀宽	13	衣	足宽	13～20	测试
坐姿臀宽	13	衣	足长	30～38	测试
肩高	10	衣（包括坐高3及肩7）	足后跟	25～38	测试

b. 姿势修正量。人们在正常工作、生活中，全身采取自然放松的姿势，必然引起尺寸变化，需要修正。

立姿身高、眼高、肩高和肘高等尺寸，-10mm；

坐姿坐高、眼高、肩高和肘高等尺寸，-44mm。

c. 操作修正量。操作时可能使用上肢或下肢，当人在操作时，人的肢体处于弯曲放松状态，因此，一些尺寸需要通过减少尺寸进行修正。

在按按钮时，上肢前展长-12mm；在推滑板、推钮或扳钮时-25mm；在取卡或票证时-20mm。

在设计中若没有相应尺寸修正量时，需要根据实际情况实测得到。

② 尺寸心理修正量。为了消除空间压抑感、恐惧感或为了美观等心理因素而进行的尺寸修正量。一般通过设计实际场景，记录被测试者主观评价，经过统计分析得到。

例 2-2　设计公共汽车顶棚扶手高度。

解：如果在公共汽车顶棚安装一个横杆作为扶手，供乘客抓握，应该满足大个头人不碰头，小个头人能抓住扶手。因此，要考虑两个方面的问题：

a. 保证小个头乘客抓得住。

该问题属于一般工业产品小尺寸设计（ⅡB 型男女通用尺寸设计），图 2-45 中上举功能高 4.1.2 是立姿抓握的尺寸依据，考虑女子尺寸一般小于男子，因此，扶手高度应该小于 10 百分位数女子上举功能高加上穿鞋修正量。

$$H_{max} \leqslant H_{10\,女} + X_{女}$$

式中 H_{max}——扶手横杆最大高度；

$H_{10\,女}$——10 百分位女子上举功能高；

$X_{女}$——女子穿鞋修正量。

查表得到 $H_{10\,女}$ 为 1766mm，$X_{女}$ 为 20mm，代入上式得到：$H_{max}\leqslant1766mm+20mm=1786mm$。

b．保证大个头乘客不碰头。

该问题属于涉及安全大尺寸设计（ⅡA 型男女通用尺寸设计），参考图 2-45 选择男子 99 百分位数身高 1.1 作为不碰头设计依据。

$$H_{min}\geqslant H_{99\,男}+X_{男}+r$$

式中 H_{min}——扶手横杆最小高度；

$H_{99\,男}$——99 百分位男子身高；

$X_{男}$——男子穿鞋修正量；

r——扶手横杆半径。

设置 r=15mm，查表得 $H_{99\,男}$ 为 1814mm，$X_{男}$ 为 25mm，代入上式得到：$H_{min}\geqslant1814mm+25mm+15mm=1854mm$。

通过分析发现公共汽车扶手横杆要大于 1854mm，还要小于 1786mm，这本身是矛盾的，解决办法是在横杆上设置吊环便于小个头乘客抓握（如图 2-46、图 2-47）。

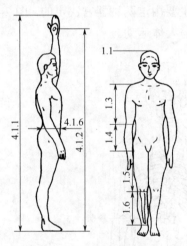

图 2-45　与公共汽车顶棚扶手
设计有关的人体尺寸

图 2-46　公共汽车顶棚扶手

③ 产品功能尺寸。正确合理选择人体尺寸百分位数和尺寸修正量以后，就可以设定产品的功能尺寸。产品功能尺寸是为了保证产品实现某项功能所确定的基本尺寸。

产品功能尺寸分为产品最小功能尺寸和产品最佳功能尺寸。

最小功能尺寸=人体尺寸百分位数+功能修正量

最佳功能尺寸=人体尺寸百分位数+功能修正量+心理修正量

例 2-3　确定客轮（图 2-48）层高的最小功能尺寸和最佳功能尺寸。

图 2-47　公共汽车顶棚扶手最终解决方案

图 2-48　多层客轮

解： 设计客轮层高尺寸应该属于涉及健康 II A 型尺寸设计，故选择 95 百分位数男子身高作为设计依据，考虑到穿鞋修正量和走路起伏高度影响，客轮层高最小功能尺寸

$$H_{min}=H_{95男}+X_男+f$$

式中　H_{min}——客轮层高最小功能尺寸；

　　　$H_{95男}$——95 百分位男子身高，查表是 1775mm；

　　　$X_男$——男子穿鞋修正量，为 25mm；

　　　f——走路起伏量，设置为 f=90mm。

代入上式得到：H_{min}=1775mm+25mm+90mm=1890mm。

客轮层高最佳功能尺寸：

$$H_{opt}=H_{min}+X_{心理}$$

式中　H_{opt}——客轮层高最佳功能尺寸；

　　　$X_{心理}$——心理修正量，实验测得 115mm；

代入上式得到：H_{opt}=1890mm+115mm=2005mm。

2.1.2　人体的力学特性

人的骨骼和肌肉是人体的主要运动器官，人体的力学特性也主要由这两种器官决定的。图 2-49 给出了人体骨骼分布图。人体骨骼共有 206 块，其中有 177 块直接参与人体运动。

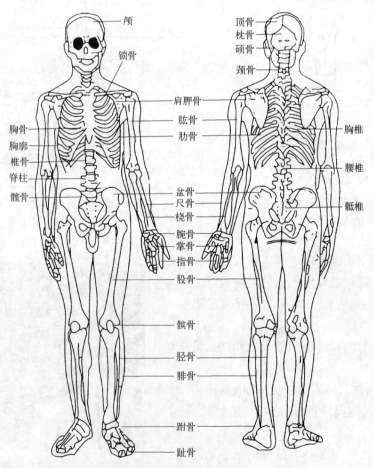

图 2-49　人体骨骼分布图

2.1.2.1 人体生物力学特性

生物力学是研究生物系统运动规律的科学。生物系统包括有机整体与有机整体的联合体。有机整体是由各种器官和组织及其中的液体和气体组成的整体；有机整体的联合体是由生物体的各部分，例如头、躯干、四肢及内脏等组成的有机整体联合体。人体生物力学侧重研究人体各部分的力量、活动范围、速度，人体组织对于不同阻力所发挥出的力量等问题。人体的主要肢体骨均属于密质骨。密质骨可视为胡克弹性体，表 2-6 给出了人体主要骨骼的力学特性。

表 2-6 人体主要骨骼的力学特性

力学特性	股骨	胫骨	肱骨	桡骨
抗拉强度极限/MPa	124±1.1	174±1.2	125±0.8	152±1.4
最大伸长百分率/%	1.41	1.50	1.43	1.50
拉伸时的弹性模量/GPa	17.6	18.4	17.5	18.9
抗压强度极限/MPa	170±4.3	—	—	—
最大压缩百分率/%	1.85±0.04	—	—	—
拉伸时抗剪强度极限/MPa	54±0.6	—	—	—
扭转弹性模量/GPa	3.2			

人体中的肌肉可分为 3 类，即骨骼肌、心肌和平滑肌。人体的运动和力量主要来自骨骼肌。人体全身共有大小骨骼肌 600 多块，总质量约占全身质量的 35%~40%；人体产生的力量是骨骼肌收缩时表现出的一种力学特性。人体在日常作业中，最常用的力量是握力、推打力、蹬力和提拉力。一般男子的握力相当于自身重力的 47%~58%，女子的握力相当于自身重力的 40%~48%；手做左右运动时，则推力大于拉力，最大推力约为 392N；手做前后运动时，拉力明显大于推力，瞬时动作的最大拉力可达 1078N，连续操作的拉力约为 294N；在垂直方向，手臂的向下拉力也要明显大于向上拉力。腿的蹬力是腿部肌肉产生伸展运动时的力量，右腿最大蹬力平均可达 2568N，左腿可达 2362N。

肌肉收缩的力学特性可用三元件简化力学模型加以描述，如图 2-50 所示。图 2-50 中 C.C 表示收缩元件；S.C 表示串联顺应元件，相当于串联的无阻尼弹性元件；P.C 表示并联顺应元件，相当于并联的无阻尼弹性元件。三个元件构成的性质共同决定了肌肉的力学特性。图 2-51 给出了肌肉的收缩速度与肌肉的功率之间的关系。由图 2-51 上可以看出：在中等程度的后负荷作用下，肌肉收缩产生的张力与它收缩时的初速度大致呈反比关系。

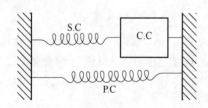

图 2-50 肌肉的三元件简化力学模型

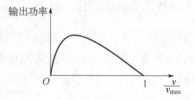

图 2-51 肌肉的功率-收缩速度曲线

事实上，著名的希尔（Hill）方程给出了肌肉收缩速度 v 与张力 P 之间的数学描述，即

$$P = \frac{(P_0 + a)b}{v + b} - a \tag{2-2}$$

$$v = \frac{(P_0 + a)b}{P + a} - b \tag{2-3}$$

式中，P 为肌肉张力；v 为肌肉收缩速度；P_0 为肌肉的初张力；a 与 b 为常数。

值得注意的是，上述速度与张力之间的曲线是在前负荷固定于某一数值而改变后负荷时肌肉所表现的收缩形式和速度、张力间的变化关系。肌肉的输出功率由张力与缩短速度的乘积决定，由图 2-51 可知，当肌肉缩短速度为（0.2～0.3）v_{max} 时，其输出功率最大。

肌肉收缩是由肌肉的动作电位引起的，记录肌肉动作电位变化的曲线称为肌电图（Electromyogram，EMG）。肌电图的形状可反映肌肉本身机能的变化，反映了人体局部肌肉的负荷情况，对客观、直接地判断肌肉的神经支配状况及运动器官的机能状态具有重要意义。另外，在人机工程学上，也常用肌电图的电压幅值和收缩频率来评价作业设计、作业姿势，以及工具设计的人性化与合理化。

人体所能产生的最大功率可以用如下近似公式给出，即

$$W = 0.47(tQ_1 + \Delta Q_2)/t \tag{2-4}$$

$$Q_1 = (56.592 - 0.398A)M \times 10^{-3} \tag{2-5}$$

式中，W 为人体运动所产生的功率，kW；t 为运动时间，min；Q_1 为最大耗氧量，L/min；ΔQ_2 为超过最大耗氧量的氧需量，又称为氧债，L；A 为人的年龄；M 为人的体重，kg。

表 2-7 给出了人体在不同工作时间内所产生的最大功率。

表 2-7 人体在不同工作时间内所产生的最大功率

性别	年龄	身高/cm	体重/kg	人体表面积/m²	Q_1/(L/min)	ΔQ_2/L	不同工作时间内的最大功率/kW				
							15s	60s	4min	30min	150min
男	15	154	45	1.416	2.230	3.689	5.87	2.04	1.05	0.82	0.78
	16	158	49	1.489	2.382	4.072	6.45	2.26	1.18	0.87	0.83
	17	160	52	1.536	2.481	4.370	6.89	2.37	1.24	0.90	0.87
	18	161	53	1.565	2.551	4.578	7.21	2.46	1.28	0.93	0.89
女	15	149	43	1.353	1.678	2.205	3.63	1.35	0.77	0.60	0.59
	16	150	46	1.390	1.724	2.266	3.73	1.38	0.80	0.625	0.60
	17	151	47	1.411	1.760	2.314	3.80	1.40	0.81	0.632	0.61
	18	152	48	1.422	1.764	2.332	3.83	1.42	0.82	0.65	0.62

2.1.2.2 人的热力学特性

在一定的环境温度范围内，人体是一个具有复杂热调节系统并且温度基本维持恒定的热力学系统。当外界环境温度在一定范围内变动时，人体热调节系统可以通过各种调节手段去维持体内温度的相对稳定，从而保证人类生命活动的正常进行。

（1）人体热调节系统的控制框图

人体温度调节系统是由许多器官和组织构成的（如图 2-52）。感受器是人体系统的测量元件，感受器将感受到的体温变化传送到体温调节中枢；体温调节中枢把收到的温度信息进行综合处理，而后向体温调节效应器发出相应的启动指令；效应器则根据不同的控制指令进行相应的控制活动，包括：血管扩

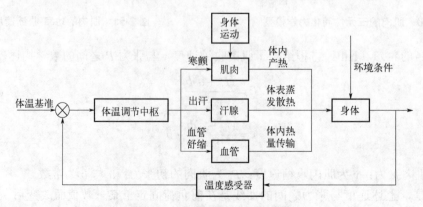

图 2-52 人体温度调节系统简图

张与收缩运动、汗腺活动、肌肉运动等。效应器的这些活动将控制身体产热和散热的动态平衡，从而保证体温的相对稳定。

人体热调节控制系统由控制分系统和被控分系统两部分组成（如图 2-53）。控制分系统由温度感受器、控制器及效应器组成；被控分系统是指温度感受器、控制器及效应器以外的人体部分。可见，人体热调节系统是一个带有负反馈的自动调节系统。

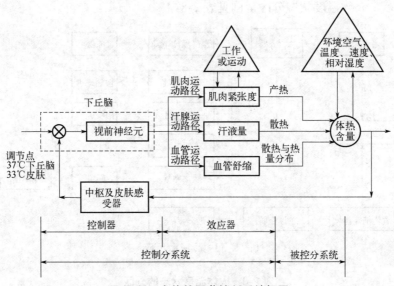

图 2-53　人体热调节控制系统框图

（2）热应激与冷应激时的人体生理反应

在温度应激环境下，正常的热平衡受到破坏，人体将产生一系列复杂的生理和心理变化，称为应激反应或紧张。

热应激环境下产生的热紧张主要由于散热不足而引起，其过程大致可分为代偿、耐受、热病、热损伤四个阶段。若热应激反应发展到一定阶段，人体血管将高度收缩，排汗停止，核心体温呈被动式快速上升，可达到或超过 41℃，将会对身体，特别是对大脑产生不可逆的严重损失，甚至危及生命。热应激反应的过程如图 2-54 所示。

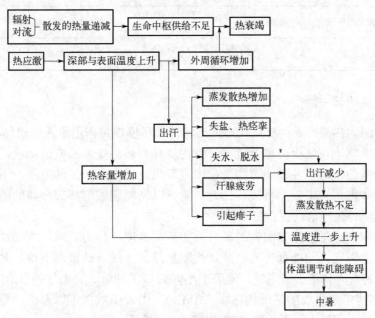

图 2-54　热应激反应

与热环境产生的热紧张类似，人在冷环境下产生的冷紧张（冷应激反应），其过程也可分为冷应激、皮温下降、深部温度下降和冻僵四个阶段。

当环境温度低于舒适要求时，由于体表散热大于体内产热，热平衡受到破坏，引起冷紧张。随着冷紧张的加剧，在临近或达到耐受终点（核心体温约低于 35℃）时，身体将会发生一系列功能性病变。若冷紧张继续发展（体温约低于 30℃后）将产生严重的意识丧失和心房纤颤，机体面临死亡。冷应激反应的过程如图 2-55 所示。人体温度状态分区范围见表 2-8。

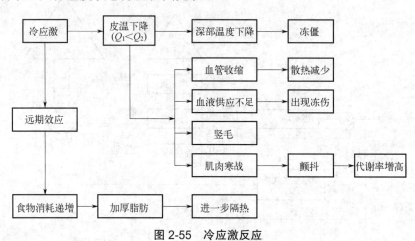

图 2-55 冷应激反应

表 2-8 人体温度状态的分区

温度状态			温度负荷	体温调节特点	过程特点	代偿能力	主观感觉	工作能力	可持续时间/h
舒适			无	维持正常的热平衡，无温度紧张	稳态	不需	良好	正常	不限
局部性温度紧张			低	调节正常，有局部性温度紧张和不舒感	稳态	有效代偿	稍温或稍凉	基本正常	6~8
全身性温度紧张		Ⅰ紧张（相对舒适）	低	通过有效调节达到新的热平衡	稳态	有效代偿	温或凉	工效维持	4~6
	耐受区	Ⅱ紧张（轻度耐受）	中	温度负荷超过调节能力，热平衡不能保持	暂态	部分代偿	热或冷	工效允许	2~4
		Ⅲ紧张（重度耐受）	高	调节机能逐步被抑制，温度负荷不断加重	暂态	代偿障碍	很热或很冷	显著下降	1~2
		Ⅳ紧张（耐受极限）	极度	调节机能接近丧失，体温急剧变化	暂态	代偿无力	极热或极冷	严重受损	<0.5
病变损伤			超	调节机能完全丧失，体温被动式变化		代偿丧失		完成丧失	

（3）人体的热交换和热平衡

人体受到两种来源的热能：人的机体代谢产热和外界环境热量作用于人的机体。

新陈代谢是所有生物不可缺少的重要特征。生物从外界环境获取必要的物质，排泄不必要的代谢产物，同时也进行了能量的代谢。各种能源物质在体内氧化过程中所产生的能量，不足一半被肌体以高能磷酸键的形式存储于体内，一半以上直接转化为热能。以高能磷酸键形式存储的能量可为人体完成肌肉收缩、舒张、腺体分泌等生理活动提供能量。

人体的能量代谢和产热量受诸多因素的影响，如环境温度、体力负荷、饮食结构、精神状态，甚至某些内分泌疾病都可能影响人的能量代谢。基础代谢量是人体在基础状态下单位时间内测出的能量代谢量。所谓基础状态，是指人体清晨进食前，静卧半小时后水平仰卧、肌肉松弛、清醒而精神放松的状态。

表 2-9 给出了不同年龄男女的基础代谢率（BMR）。由表中数据可以看出：随着年龄的增长，基础代谢率在逐渐减小；对于同龄人，女性的基础代谢率比男性低。

表 2-9　不同年龄、性别人的基础代谢率

年龄	男性基础代谢率/[kJ/(m² · h)]	女性基础代谢率/[kJ/(m² · h)]
15	175	159
20	162	148
25	157	147
30	154	147
35	153	147
40	152	146
45	151	144
50	150	142
55	148	139
60	146	137
65	144	135

　　另外，体力负荷对人体的能量代谢和产热量有非常明显的影响。例如，当活动强度加大时，耗氧量和能量代谢便显著增加，可达到安静状态下的 10~20 倍。这时肌肉是人体的主要产热器官，其产热量占总产热量的 90% 以上，表 2-10 给出了人体不同类型活动下的能量代谢率。

表 2-10　人体不同类型活动下的能量代谢率

人体活动状态	能量代谢率/[kJ/(m² · min)]	人体活动状态	能量代谢率/[kJ/(m² · min)]
静卧	2.73	清扫	11.37
开会	3.40	打排球	17.05
擦窗	8.30	打篮球	24.22
洗衣	7.89	踢足球	24.98

　　代谢活动在人体内表现为一系列的生化反应，而温度是保证生化反应正常进行的一个重要因素。体温过高或过低都会对体内的生化反应产生严重的影响。但是，对于人体来讲，各部分的温度并不相同。体表的温度称为体表温度或皮肤温度；人体深部的温度，包括颅腔、胸腔和腹腔内部的温度，称为核心温度。在环境温度为 23℃ 时，人体躯干的体表温度为 32℃，额部为 33~34℃，手部为 30℃，足部为 27℃；人体核心温度不易测量，通常临床用较易测定的腋下、口腔或直肠温度代替核心温度，简称体温（腋下温度的正常值为 36.0~37.4℃，口腔温度为 36.6~37.7℃，直肠温度为 36.9~37.9℃）。

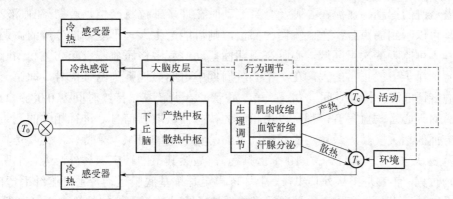

图 2-56　人体温度调节负反馈控制系统

　　体温的相对稳定是依赖人体复杂的体温调节系统来保证的，下丘脑是体温生理调节的神经中枢，它能感受局部脑组织 0.1℃ 温度的变化。人体的体温调节机制可分为生理性调节与行为性调节两类，其调节系统是个复杂的负反馈控制系统，如图 2-56 所示，图中 T_c 与 T_s 分别表示核心温度与皮肤温度，T_0 为基准温度（其调定点为：核心温度为 37.0℃，皮肤温度为 33.3℃）。

　　人体与环境之间的热交换主要有 4 种形式：辐射、传导、对流和蒸发。

① 辐射热交换主要取决于物体间的温度差、有效辐射面积以及物体表面的反射特性和吸收特性，其关系式为

$$q_r = \sigma[(\overline{T}_s)^4 - (\overline{T}_r)^4]A_r \tag{2-6}$$

式中，q_r 为辐射热；σ 为斯特藩-玻耳兹曼（Stefan-Boltzmann）常数；$\overline{T}_s$ 与 $\overline{T}_r$ 分别为物体表面平均温度与环境的平均辐射温度；A_r 为有效辐射面积。

② 人体与环境间的导热热流率为

$$q_k = \lambda(T_1 - T_2) \tag{2-7}$$

式中，λ 为热导率；T_1 与 T_2 分别为两物体的表面温度。

③ 人体与环境间的对流热交换为

$$q_c = \alpha(\overline{T}_s - \overline{T}_a) \tag{2-8}$$

式中，α 为对流换热中的表面换热系数；$\overline{T}_s$ 与 $\overline{T}_a$ 分别为物体表面平均温度与流体介质平均温度。对于不同的环境条件，α 的取值是不同的，其相应的取值可参考传热学方面的书籍。

④ 蒸发换热是人体与环境进行的另一种形式的热交换，它是人体通过汗液蒸发、利用相变的形式向环境散发热量。蒸发时，人体表面的水分由液态变为气态，因此，水的汽化潜热是导致人体蒸发散热的实质。蒸发热交换主要取决于人体表皮肤的 p_{sk} 值和环境的 p_a 值，其关系式为

$$q_E = \alpha_e(p_{sk} - p_a) \tag{2-9}$$

式中，q_E 为蒸发热；p_{sk} 为皮肤温度下水的饱和蒸汽压；p_a 为环境空气中水的饱和蒸汽压；α_e 为蒸发换热系数。当然，人体蒸发散热还要受到风速、气压、湿度等环境条件的影响。环境流场的计算，可以借助于流体力学的方法进行预测与模拟。

2.1.2.3 人的声学特性

人语言的频率范围较宽，其中对语言可懂度有贡献的频谱范围覆盖了 200～7000Hz，而且 300～3400Hz 这一范围对听取和理解语言的作用最大。在人们日常对面交谈中，人口部辐射的声功率为 10mW，在离人嘴部前 1m 远处，长时间谈话的有效声压级平均为 65dB（其中男性为 67dB，女性为 63dB）左右。语言的峰值声压级比平均值约高 12dB，最小值比平均值约低 18dB。

另外，随着心脏的搏动，血流在心脏及全身流动时在许多部位将产生"声"。在血液流速快的部位，有可能产生人耳可以听到的声音；在血流慢的部位，则可能产生人耳不能直接分辨的微弱声强或者频率范围已进入人耳不可监听的次声区域。心脏在周期性搏动过程中挤压血液引起心脏和动脉管壁的弹性变形，产生声信号。对于一般正常的人，在一个心脏周期中可明显地听到两个信号，即第一心音和第二心音。第一心音的音调低沉，持续时间为 0.2s；第二心音的音调较高，持续时间为 0.08s；心音的频率范围为 40～300Hz。对于心音与血管音，都可以用相应的传感器获取其信号，进行相关的测量，对此可参阅生物医学测量方面的相关文献。最后还应指出，人的听觉系统的组织十分特殊，尤其是耳。正常人可感受声音的频率范围是 20～20000Hz（约 10 个倍频程），显然其范围较广。另外，人体的听觉通常可分为声学过程与生理过程，前者是指从外耳集声、中耳传声至耳蜗基底膜运动及毛细胞纤毛弯曲等机械活动；后者指毛细胞受刺激后引起电变化、化学递质释放、神经冲动传至中枢的信息中心等生理活动。

2.1.2.4 人的光学特性

人体辐射出的电磁波谱分布范围较宽，但强度很弱，必须用专门的仪器才能感知其存在。从辐射的电磁波成分上看，可分为可见光辐射与红外线辐射。前者反映了人的肤色，后者主要反映于人体热成像图。人的肤色主要有黄、白、黑、棕四种肤色，不同的肤色对辐射能的反射与吸收有差异。例如，对于波长为 0.3～0.4μm 的太阳光来说，白色皮肤的吸收系数为 0.6，黑色皮肤为 0.8。另外，还应当指出，人

体的红外辐射是人体电磁辐射中最重要与最显著的部分，它的波谱大约在 3～16μm，因此借助于红外线热成像仪可以监测到红外辐射的信号。这一技术常常被用于夜间发现敌人目标的军事侦察上。

2.1.2.5　人的磁学特性

人体组织本身是非磁性的、磁化率很小。但是，体内生命过程产生生物电的同时也就会产生生物磁场。肌细胞或神经细胞的兴奋在体内都产生离子电流，这些电流可产生外部磁场。例如心脏的电活动、脑的生物电活动等都会分别产生磁场。人体磁场属弱磁场，它的强度十分微弱，例如：脑的磁感应强度为 10^{-12}～10^{-14}T，仅为地磁强度的十亿分之一；心脏的磁感应强度稍高，为 10^{-10}～10^{-12}T，但与地磁强度相比仍是小量。

2.1.2.6　微气候环境与人

微气候又称生产环境的气候条件、小环境气候、热环境等，是指生产环境局部的气温、湿度、气流速度以及工作场所中的设备、产品、零件和原料的热辐射条件。微气候条件直接影响到操作者的体温调节、水盐代谢、循环系统、消化系统、神经系统、内分泌系统、泌尿系统等生理机能和情绪、思维反应等心理状态的变化。

（1）微气候影响因素

① 空气温度。空气的冷热程度称为空气温度，简称气温。气温是评价操作环境气候条件的主要指标。根据有关测定，气温在 15.6～21℃时，是温热环境的舒适区段。在这个区段里，体力消耗最小，工作效率最高，最适于人们的生活和工作。不过，对不同性质的工作和有不同习惯的人，这个区段值有所不同。如法国的高速列车车厢温度常年设定为 21℃，这反映了法国人的生活习惯及注重环境品质。而同为发达国家的日本要求夏季室内空调舒适温度为 28℃，这里面自然有节能的要求。但从人的出汗实验可知：环境温度从较低温度逐渐升到 28℃时，人体出汗是在身体的局部范围且量很少；当环境温度从 28℃往上升时，人体出汗的范围和量都将急剧上升。对习惯于空调环境下工作的人的测定表明，最佳有效温度是 27.6℃（有效温度是指人在不同温度、湿度和风速的综合作用下所产生热感觉指标）。当有效温度为 30℃时（空气温度约为 35℃），工作效率将显著下降。但是，对于不习惯于空调环境下工作的人，他们的最佳工作效率却出现在有效温度 18～21℃的时候；而当有效温度为 27.2～30℃时，工作效率明显下降。

② 空气相对湿度。空气的干湿程度称为湿度，用以衡量空气中所含水分的多少。湿度分为绝对湿度和相对湿度。操作环境的湿度通常用相对湿度来表示。空气相对湿度对人体的热平衡和温热感有重大的作用，特别是在高温或低温的条件下，高湿对人体的作用就更明显。在高温高湿的情况下，人体散热困难，使人感到透不过气来，如湿度降低就能促使人体散热而感到凉爽；在低温高湿的情况下，人会感到更加阴冷，如湿度降低就会增加温的感觉。在一般情况下，相对湿度在 30%～70% 之间为宜。

③ 气流速度。空气流动的速度称为气流速度，也叫风速。气流主要是在温度差形成的热压力作用下产生的。空气的流动可促使人体散热，这在炎热的夏天则可使人感到舒适。但当气温高于人体皮肤温度时，空气流动的结果是促使人体从外界环境吸收更多的热，这对人体热平衡往往产生不良影响。在寒冷的冬季气流则使人感到更加寒冷；特别在低温高湿环境中，如果气流速度大，则会因为人体散热过多而引起冻伤。风速是温热环境中的一个重要的指标。人体周围因空气温度和皮肤温度的不同产生的自然对流，使人体周围常产生 0.1～0.15m/s 的气流。由于人体对这种气流的适应性而感觉不到其存在，故常将其作为无感气流。在空调房间内人体周围的风速低于 0.13m/s 时，人的感觉是舒适的。但这一结论并非风速越低越好，当室内风速为零时人也会有憋闷的感觉。室内风速与室内温度的关系甚密，但当风速过大，特别是直接吹到人的身上时也会令人感到不舒服。

④ 热辐射。物体在热力学温度大于 0K 时的辐射能量，称为热辐射，这是一种红外辐射。热辐射不

直接加热空气，但能加热周围物体。任何两种不同温度的物体之间都有热辐射存在，不受空气影响，热量总是从温度较高的物体向温度较低的物体辐射，直到物体的温度达到动平衡为止。热辐射包括太阳辐射和人体与周围环境之间的辐射。当物体温度高于人体皮肤温度时，热量从物体向人体辐射而使人体受热，这种辐射一般称为正辐射；反之，当热量从人体向物体辐射时，使人体散热，称为负辐射。人体对负辐射的反射性调节不很灵敏，往往一时感觉不到，因此，在寒冷季节容易因负辐射而丧失大量热量进而受凉，产生感冒等症状。

（2）微气候的主观感受与评价标准

① 人体对微气候环境的主观舒适感受。影响微气候舒适环境的主要因素有：与人有关的两个，即人的新陈代谢和服装；与环境有关的四个，即空气的干球温度、空气中的水蒸气分压力、空气流速以及室内物体和壁面辐射温度。评价微气候环境的舒适程度是相当困难的，通常以人的主观感觉作为标准的舒适度。

a. 人体舒适的空气温度与允许温度。空气温度对人体热调节起主要作用。人主观感到舒适的空气温度可称为舒适温度。人主观感到舒适的空气温度与许多因素有关。从环境条件看，空气相对湿度越大，气流速度越低，则舒适温度越低；反之则越高。从人的主观条件看，年龄、性别、种族、服装、体质、劳动强度、热适应等情况都对舒适温度有重要影响。表2-11是在室内湿度为50%时某些劳动的舒适温度指标。通常将基本上不影响人的工作效率、身心健康和安全的温度范围称作允许温度。允许温度范围一般是舒适温度±(3～5)℃，若空气相对湿度有一定的变化，则舒适温度也随之改变。

表2-11　不同劳动条件下的舒适温度指标（室内湿度为50%）

作业姿势	作业性质	工作举例	舒适温度/℃
坐姿	脑力劳动	办公室、调度室工作	18～24
坐姿	轻体力劳动	操作，小零件分类	18～23
立姿	轻体力劳动	车工，铣工	17～22
立姿	重体力劳动	沉重零件安装	15～21
立姿	很重的体力劳动	伐木	14～20

b. 人体舒适的空气湿度。空气湿度对人体热平衡有重要作用，在高温时更明显。舒适的空气湿度一般为40%～60%。空气湿度在70%以上为高气湿，在30%以下为低气湿。在不同的空气湿度下，人的感觉不同，温度越高，高湿度的空气对人的感觉和工作效率的消极影响越大。舒伯特和希尔经过大量的研究证明，室内空气湿度 ψ（%）与室内气温 t（℃）的关系应为

$$\psi=188-7.2t \tag{2-10}$$

式中，12.2℃＜t＜26℃。

对于不同空气湿度，人的主观感觉状态见表2-12。

表2-12　不同空气湿度下人的感觉

温度/℃	相对湿度/%	感觉状态	温度/℃	相对湿度/%	感觉状态
20	40	最舒适状态	24	100	重体力劳动困难
	75	没有不适感觉	30	25	没有不适感觉
	85	良好的安静状态		50	正常效率
	91	疲劳、压抑状态		65	重体力劳动困难
24	20	没有不适感觉		81	体温升高
	65	稍有不适感觉		90	对健康有危害
	80	有不适感觉			

c. 人体舒适的空气流速。在人数较少的工作间里，空气的最佳流动速度为 0.3m/s；而在人员较拥挤的房间里约为 0.4m/s。室内温度与相对湿度很高时，空气流速最好是 1～2m/s。不同季节最适宜的空气流速见表 2-13。

表 2-13　不同季节推荐的空气流速　　　　　　　　　　　　　　单位：m/s

季节	最佳气流速度	不适当的气流速度
春、秋	0.30～0.40	<0.02 或>1.16
夏	0.40～0.50	<0.03 或>1.50
冬	0.20～0.30	<0.01 或>1.00

我国采暖通风和空调设计规范中规定的操作场所空气流速见表 2-14。

表 2-14　操作场所允许的空气流速

室内温度湿度基数	温度/℃	18	20	22	24	26
	湿度/%	40～60	40～60	40～60	40～60	40～60
允许空气流速/(m/s)		0.2	0.25	0.3	0.4	0.5

② 微气候环境的综合评价标准。

a. 微气候环境评价标准的依据。微气候环境使人体产生的主观感觉是评价微气候环境条件的主要依据，所有的微气候环境评价标准都是在研究被调查者的主观感觉基础上制定的。当调查人数足够多而且方法适当时，所获得的资料可以作为主观评价的依据。表 2-15 是对上海地区工厂工人的调查结果，表 2-16 是对广州地区居民的调查结果，可供评价热环境时参考。

表 2-15　在不同气温下工厂工人的不同主观感觉人数占比　　　　　　单位：%

主观感受	17.6～20.0℃	20.1～22.5℃	22.6～25.0℃	25.1～27.5℃	27.6～30.0℃	30.1～32.5℃	32.6～35.0℃	35.1～37.5℃	37.6～40.0℃	40.1～42.5℃	42.6～45.0℃
热	0	0	0	0	6.2	16.8	27.5	46.3	55.0	56.0	100
尚可	16.6	22.5	50.0	52.0	63.8	64.7	58.2	47.0	45.0	44.0	0
舒适	83.4	77.5	50.0	48.0	30.0	18.5	14.3	6.7	0	0	0

表 2-16　热环境对人体舒适感影响的主观评价

空气温度/℃	25.1～27.0	27.1～29.0	29.1～31.0	31.1～32.0	32.1～33.0
热辐射温度/℃	25.6～27.8	27.8～29.7	29.7～32.0	32.5～32.7	33.4～33.5
空气相对湿度/%	85～92	84～90	76～80	74～79	74～76
气流速度/(m·s⁻¹)	0.05～0.1	0.05～0.2	0.1～0.2	0.2～0.3	0.2～0.4
人体温度/℃	36.0～36.4	36.0～36.5	36.2～36.4	36.3～36.6	36.4～36.8
皮肤温度/℃	27.7～27.9	27.7～32.1	33.1～33.9	33.8～34.6	34.5～35.0
出汗情况	无	无	无	微少	较多
人体活动特征	可穿外衣，工作愉快，有微风时清凉，无微风工作仍适宜，吃饭不出汗，夜间睡眠舒适	可穿衬衣，有微风时工作舒适，无微风时感到微热，但不出汗，夜间睡眠仍舒适	稍感到热，有微风时工作尚可，无微风时出微汗，夜间不易睡眠，蒸发散热增加	有风时勉强工作，但较干燥，较热，口渴；无微风时仍出微汗，夜间难睡眠，主要靠蒸发散热	皮肤出汗，木质工具表面发热，感到闷热，工作困难，虽有风，工作仍感困难
主观评价	凉爽，愉快	舒适	稍热，尚可	较热，勉强	过热，难受

b. 人体对空气温度的耐受标准。以人体不能耐受的温度作为界限，则上限与下限之间的温度称为可耐温度，如图 2-57。图中曲线 1 是高温可耐限，曲线 2 是低温可耐限，两曲线的中间区域，是人对温度的主诉可耐区。

c. 安全标准。对人体不造成危害或伤害的极限标准温度，称为温度的安全限度，如图 2-58。图中区域 1 是低温安全限度，区域 2、3、4、5 分别为空气相对湿度为 100%、50%、25%、10% 时的高温安全限度。当温度超过安全限度时，将出现高温或低温对人体的危害或伤害。但在操作条件下，高温安全限度要比图示数值稍低。

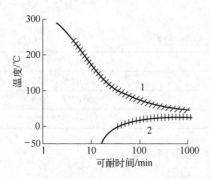

图 2-57　人对高温和低温的可耐温度

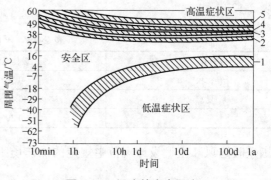

图 2-58　温度的安全限度

h—小时；d—天；a—年

d. 不影响工作效率的温度范围。以保持操作者工作效率的温度为界限，即可确定不影响工作效率的温度范围，图 2-59（a）、（b）分别为不影响工作效率的允许温度和温度范围。图 2-59（a）中曲线 1 为不影响复杂工作效率的限度；曲线 2 为不影响智力工作效率的限度；曲线 3 为生理可耐限度；曲线 4 为出现虚脱危险的限度。图 2-59（b）中 A 为不影响工作效率的温度范围，B 为生理可耐限度。

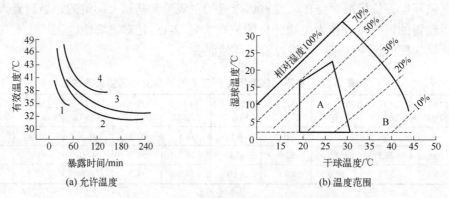

（a）允许温度　　　　　　　　　　　　（b）温度范围

图 2-59　不影响工作效率的允许温度和温度范围

2.1.2.7　噪声环境与人

噪声是指环境中起干扰作用的声音、人们感到吵闹和不需要的声音。环境中的噪声会影响作业者的听觉和感知，造成人生理和心理的伤害，干扰沟通，分散注意力。噪声的衡量指标是声压级，单位为 dB（分贝）。

对于噪声，假如一天工作 8h，平均噪声超过 85dB 将损害听力。如果每周工作 5 天，每天工作 8h，工作时噪声持续发出，噪声以不超过 85dB 为宜，如果每天工作超过 8h，工作时噪声持续发出，则噪声峰值降低 3dB 为宜；若噪声值是变化的，则需要根据各项噪声的值来计算平均噪声值。在机器设计中应将任何时间的噪声峰值控制在 85dB 以下。在思考和交谈时，产生干扰的噪声应大大低于 85dB，高音量的噪声尽管未达到破坏听力的程度，却会让人非常烦躁。尽管目的是控制噪声在最大允许值之下，但最大允许值不应低于 30dB，否则房间里的任何声音都会显得非常明显和突然。目前我国已制订噪声防治标准，如 GB 3096—2018《声环境质量标准》、GB 12348—2008《工业企业厂界环境噪声排放标准》等，见附表 E-3、附表 E-4 等。

（1）噪声的分类

噪声的种类有很多，其中人为的噪声主要有交通噪声、工业噪声、建筑施工噪声和社会噪声，如图 2-60。

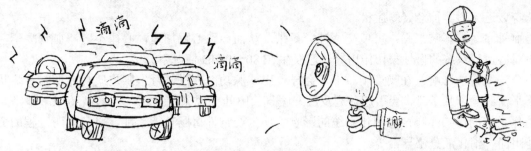

图 2-60 各种噪声

① 交通噪声。交通噪声主要指飞机、火车、汽车和船舶等各类运输工具发出的噪声。汽车噪声包括发动机机械噪声、进排气噪声、传动系统噪声等自身的噪声，还包括汽车在行进过程中的轮胎声和鸣笛声，据统计分析，汽车鸣笛声通常提高噪声级 3～6dB。随着交通的日益发达，飞机、火车的噪声污染也越来越严重。

② 工业噪声。工业噪声一般是指在工业生产中，机械设备运转而发出的声音，主要包括机械噪声、空气动力噪声和电磁噪声。机械噪声，由机械转动、撞击、摩擦等而产生的声音，如轧机、破碎机、球磨机、电锯等发出的声音；空气动力噪声，气流受空气动力扰动产生局部的压力脉动，并以波的形式通过周围的空气向外传播而形成的噪声如鼓风机、汽笛、锅炉气体排放等发出的声音；电磁噪声，由于电磁交变力相互作用而产生的声音，如发电机、变压器等发出的声音。

③ 建筑施工噪声。建筑施工噪声强度很高，又是露天作业，因此污染非常严重。有检测结果表明，建筑基地打桩声能传到数公里以外。

④ 社会噪声。社会噪声包括生活噪声及其他噪声，如电视机声音、录音机声音、乐器声、自来水管路噪声、楼板的敲击声、走步声、门窗关闭撞击声；等等。

（2）噪声的影响

① 对语言通信的影响。在一些工作场所，由于噪声过强，不能充分地进行语言交流，甚至根本不可能进行语言交流，500～2000Hz 的噪声对语言干扰最大。电话通信的一般语言强度为 60～70dB。在 55dB 的噪声环境下通话，通话清楚；在 65dB 时，通话稍有困难；在 85dB 时，几乎不能通话。

② 对工作效率的影响。在嘈杂的环境里，人们心情烦躁、注意力不集中、反应慢、易疲劳，这些都直接影响工作效率、质量和安全，尤其是对一些非重复性的劳动影响更为明显。通过实验得知，在高噪声下工作，心算速度降低，遗漏和错误增加，反应时间延长，总的效率降低，因此，降低噪声给人带来舒适感，使人精神轻松，工作失误减少，精确度提高。例如，对打字员做过的实验表明，把噪声从 60dB 降低到 40dB，工作效率提高 30%；对速记、校对等工种进行的调查发现，随着噪声级增高，错字率迅速上升。

③ 对听力的影响。听力疲劳：在噪声作用下，听觉敏感度会下降。如果长时间处在强噪声的环境中，离开噪声后，恢复至原来听觉敏感度的时间也较长，这种现象称为听力疲劳。噪声引起的听力疲劳不仅取决于噪声的声级，还取决于噪声的频谱组成，频率越高，引起的疲劳程度越重。长期处于这种高噪声的环境中，听力难以恢复。

噪声性耳聋：长期在噪声环境中工作使得听觉敏感度下降，在休息时间内又来不及完全恢复，时间长了就可能发生持久性听力损失，即永久性听阈位移。通常，当永久性听阈位移达到 25～40dB，为轻度耳聋；当永久性听阈位移提高到 40～60dB，为中度耳聋，讲话一般不能听清。当永久性听阈位移达到 60～80dB 或更高，低、中、高频的听觉敏感度都严重下降，称为重度耳聋。

④ 对人体的其他影响。90dB 以上的噪声，对神经系统、心血管系统等有明显的影响。

对神经系统的影响：噪声作用于人的中枢神经系统，使大脑皮层的兴奋和抑制平衡失调，导致条件反射异常，使人的脑血管张力遭到损害。长时间会产生头痛、昏晕、耳鸣、多梦、失眠、心慌、记忆力衰退和全身疲乏无力等神经衰弱症状。

对心血管系统的影响：噪声可使交感神经紧张，从而导致心跳加速，心律不齐，血管痉挛，血压升高。噪声对心血管系统的慢性损伤作用，一般发生在80～90dB情况下。

对内分泌系统的影响：在噪声刺激下，会导致甲状腺功能亢进，肾上腺皮质功能增强等症状。长时间受到不平衡的噪声刺激时，会引起前庭反应、嗳气、呕吐等现象发生。

对消化系统的影响：噪声对消化系统的影响表现为经常性胃肠功能紊乱，引起代谢过程的变化，如肠胃机能阻滞、消化液分泌异常等。

⑤ 对心理的影响。在噪声的影响下，可能对人产生一些心理效应，如厌烦、不舒适、不能集中精神、激怒、昏昏欲睡等，既而使人产生烦恼、焦急、厌烦、生气等不愉快的情绪。此外，35dB（A）以下的噪声还会影响人的休息和睡眠。噪声引起的烦恼与声强、频率及噪声的稳定性都有直接关系。噪声强度越大，引起烦恼的可能性越大。不同地区的环境噪声使居民引起烦恼的反应是不同的。在住宅区，60dB的噪声级即可引起相当多人的不满，但在工业区，噪声级可能要高一些，90dB的噪声引起的烦恼在办公室里可能比在车间里严重。

⑥ 对仪器设备的影响。噪声可使仪器设备受到干扰，影响其正常工作。在噪声场中，有的仪器设备会失去工作能力，但在噪声消失后又能恢复工作。另外，噪声激发的振动可能造成仪器设备的破坏而不能使用。对于电子仪器，噪声超过135dB就可能对电子元器件或对噪声及振动敏感的部件造成影响。例如，电子管会产生电噪声，输出虚假信号；继电器会抖动或断路，使电路不稳定；加速度计的某些频率输出会增强；引线会脱焊；微调电容器会失调；印制电路板或板的连接部分会接触不良或断裂。一般说来，电阻、电容器和晶体管等只有处于150dB以上的噪声场中才会受到影响。

（3）降噪措施

① 对噪声源头进行控制。

a. 降低机械噪声。选用噪声小的材料。一般金属材料的内阻尼、内摩擦较小，消耗振动能量小。用这些材料做成的零件，在振动力作用下，会发出较强的噪声。若用内耗大的高阻尼合金或高分子材料就可获得降低噪声的效果。改变传动方式。带传动比齿轮传动噪声低，在较好的情况下，用带传动代替齿轮传动，可降低噪声3～10dB（A）。在齿轮传动装置中，齿轮的线速度对噪声影响很大。选用合适的传动比，减少齿轮的线速度，可取得更好的降低噪声效果。另外，若选用非整数齿轮传动比，对降噪也有利。改进设备结构，提高箱体或机壳的刚度，或将大平面改成小平面，如加筋或采用阻尼减振措施来减弱机器表面的振动，可降低机械辐射噪声。改进工艺和操作方法。采用噪声小的工艺，如用电火花加工代替切削、用焊接代替铆接、用液压机代替锤锻机等均能显著降低噪声，提高加工精度和装配质量。减少机械零件的振动、撞击和摩擦，调整旋转部件的平衡，都可降低噪声。例如，提高齿轮的加工精度，可使运动平稳，这样就可降低噪声。

b. 降低空气动力噪声。空气动力噪声主要由气体涡流、压力急骤变化和高速流动造成。降低空气动力性噪声的主要措施有降低气流速度、减少压力脉冲、减少涡流。如降低双钢轮振动压路机噪声，可优化风扇参数和进风通道结构来降低噪声。冷却风扇是冷却系统的重要组成部分，冷却风扇所产生的噪声主要由旋转噪声和紊流噪声组成。叶片夹角是影响风扇噪声频谱组成的重要原因之一，合理布置风扇叶片夹角可以降低噪声（如图2-61）。如将风扇的叶片等夹角分布改为110°、70°、110°、70°分布时［如图2-61（b）］，既能降低风扇噪声中那些突出的频率成分，使噪声的频谱变得较为平滑，又能保证风扇的空气动力性能。

c. 优化风扇进风通道。为了形成冷却风扇的进风通道，并防止发动机舱内的热风回流，可将机罩与散热器之间的进风通道通过挡板和密封条紧密连接在一起，以增大有效通风量、提高冷却效率，在保证冷却性能的前提下降低风扇转速及噪声（如图2-62）。

d. 机械设备的选择与保养。选择或购买机器设备时，考虑正常使用时可能出现的噪声，应购置低噪声的机器、工具和配件。由于机器设备使用时间过久，装配不紧、偏心或者不对称都会引起振动、磨损和噪声，需要定期对机器设备进行维护保养。

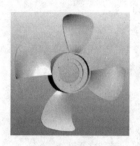
(a)叶片等夹角分布

(b)叶片110°、70°、110°、70°分布

图 2-61　风扇叶片布局

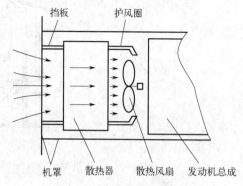

图 2-62　风扇进风通道示意

② 控制噪声的传播。

a．工厂总体布局要合理。在设计时，应充分预估厂区环境噪声情况，将高噪声车间与低噪声车间、生活区分开设置。高噪车间应设置在离办公区、宿舍区较远的位置，使噪声级最大限度地随距离自然衰减，如图 2-63。

b．改变声源出口方向。如图 2-64 所示，把声源出口引向无人区域。

图 2-63　合理布局

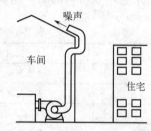

图 2-64　改变声源出口方向

c．充分利用地形。如图 2-65 所示，通过利用地形的坡度变化、种植的树木和建筑物，阻挡部分噪声的传播。在噪声严重的工厂、施工现场或交通道路的两旁设置足够高的围墙或屏障，可以减弱声音传播。

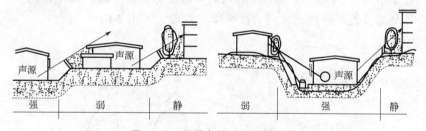

图 2-65　利用自然地形阻挡噪声

d．采用吸声、隔声、消声等措施。吸声是指在车间天花板和墙壁表面装饰吸声材料，制成吸声结构，或在空间悬挂吸声体、设置吸声屏，将部分声能吸收掉，使反射声能减弱。经吸声处理的房间，可降噪声 7～15dB（A）。隔声是通过把噪声隔绝起来控制噪声。隔绝声音的办法一般是将噪声大的设备全部密封起来，做成隔间或隔声罩。隔声材料要求密实而厚重，如钢板、砖、混凝土、木板等。比如把机器封闭在一个声音绝缘的围墙中，就可以明显降低噪声。在设计时要整体考虑，便于操作和维护，及材料的进出，并提供良好的通风条件。消声是利用装置在气流通道上的消声器来降低空气动力性噪声。以解决各种风机、空压机、内燃机等进排气噪声的干扰。如图 2-66 所示，车间采用吸声材料和吸声结构，降低反射声。吸声材料具有表面气孔，声波在气孔中传播时，空气分子与孔壁摩擦，大量消耗能量。

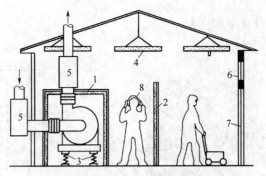

图 2-66　车间噪声控制

1—风机隔声罩；2—隔声屏；3—减振弹簧；4—空间吸声体；5—消声器；6—隔声窗；7—隔声门；8—防声耳罩

e. 采用隔振与减振措施。噪声除了通过空气传播外，还能通过地板、墙、地基、金属结构等固体传播。降低噪声的基本措施是隔振和减振。对金属结构，可采用高阻尼合金，或在金属表面涂阻尼材料减振。隔振使用的隔振材料或隔振元件常用的材料，有弹簧、橡胶、软木和毡类，将隔振材料制成的隔振器安装在产生振动的机器上吸收振动，可以降低噪声。如图 2-66，在风机下端安装了减振弹簧，以降低振动产生的噪声。

③ 个体防护。听觉防护一般用于其他降噪效果不好的场合，长期在噪声下工作的人员还可以采用戴耳塞、耳罩、防噪声帽、防声棉（加上蜡或凡士林）等的方法来保护听力，这些用具可以降低噪声 20～30dB。表 2-17 所示为不同材料的防护用具对不同频率噪声的衰减作用。

表 2-17　几种防护用具对噪声的衰减作用

名称	说明	质量/g	衰减/dB(A)
棉花	塞在耳内	1～5	5～10
棉花涂蜡	塞在耳内	1～5	10～20
伞形耳塞	塑料或人造橡胶	1～5	15～30
柱形耳塞	聚乙烯套充蜡	1～5	20～30
耳罩	罩壳内衬海绵	250～300	20～40
防声头盔	头盔内加耳塞	约 1500	30～50

耳塞设计要考虑戴取方便和卫生，爱出汗的人戴耳塞会感到不舒服，戴眼镜的人不适合戴耳罩。另外，要考虑耳罩与耳朵结合处严密性，否则会影响隔声效果（如图 2-67）。

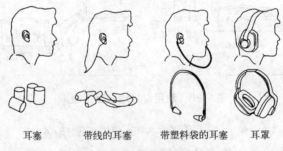

　　耳塞　　　带线的耳塞　　带塑料袋的耳塞　　　耳罩

图 2-67　听觉防护

2.1.2.8　照明与人

人在自然条件下，通过视觉获得的信息量约占 80% 以上。照明是视觉感知的必要条件，照明条件的优劣直接影响视觉获得信息的质量与速率。照明条件与工作效率、工作质量、安全以及人的舒适程度、视力和健康有着密切关系，是工作环境的重要因素之一。

（1）照明与疲劳

人的眼睛能够适应从 $10^{-3} \sim 10^5$lx 的照度范围。合适的照明能提高视力。亮光下瞳孔缩小，视网膜上成像更为清晰，视物清楚。当照明不良时，需反复努力辨认，易使视觉疲劳，工作不能持久。实验表明，照度从 10lx 增加到 1000lx 时，视力可以提高 70%。当周围环境亮度与中心亮度相等或者周围环境稍暗时，视力最好。当照明不良时，人的视觉易疲劳。视觉疲劳可以通过闪光融合频率和反应时间等方法来测定。

（2）照明与工作效率

合适的照明可增加人对目标的识别速度，有利于提高工作效率。舒适的光线条件，不仅对手工劳动有利，而且有助于提高要求高的记忆、逻辑思维的脑力劳动的工作效率。值得注意的是，照度要合适，太高可能引起目眩，这会使工作效率下降。图 2-68 给出了视疲劳、生产率随着照度变化的曲线。

日本一家纺织公司，将白炽灯（60lx）改成荧光灯后，在耗电量相同的情况下，可获得 150lx 的照度，产量增加了 10%。人眼因为长期进化，对日光产生了最佳适应，日光照明时的显色性最好，最容易发现产品的瑕疵，所以选用接近日光色的照明灯具有利于提高检验工的工作效率。而照度值过高或过低、照度不均匀、显色性差都会使检验人员的视觉功能下降，眼睛产生不适感觉，降低工作效率，增加漏检率。

年龄增加将会导致眼睛调节时间延长，如果所从事的是视觉特别紧张的工作，则高龄人的工作效率比青年人更加依赖于照明。以某些目视作业为例，如果以 20 岁的适宜照度为标准，40 岁的人应提高 1.5 倍，50 岁的人应提高 2.5 倍，60 岁的人则应提高 7 倍。

（3）照明与事故

事故的发生次数与工作环境的照明条件有密切关系。适度的照明可以增加眼睛辨色的能力，减少识别物体、色彩的错误率，增强物体、轮廓的立体视觉，有利于辨认物体的大小、深浅、前后、远近等相关位置，降低工作失误率。图 2-69 给出了英国事故发生次数与人工照明时长关系的统计曲线。

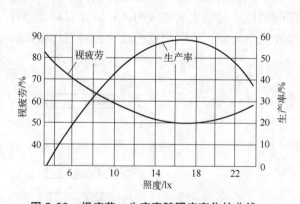

图 2-68 视疲劳、生产率随照度变化的曲线

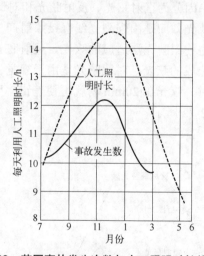

图 2-69 英国事故发生次数与人工照明时长关系曲线

我国大部分地区冬季白天短，因此在冬季的三个月里，工作场所人工照明时间增加。与天然光线照明相比，人工照明的照度值较低，因此事故发生的次数在冬季最多。调查资料还表明，在机械、造船、建筑、纺织等领域，人工照明的事故比在自然光照明条件下增加 25%，其中由于跌倒引起的事故增加 74%。

图 2-70（a）是改善照明和粉刷工作场所墙壁后而减少事故发生率的统计资料。从中可以看出，仅

仅改善照明一项，现场事故就减少了 32%，全厂事故减少了 16.5%；若同时改善照明环境和粉刷墙壁，事故的减少就更为显著。图 2-70（b）说明良好的照明使事故次数、出错件数、因疲劳而缺勤人数明显减少。

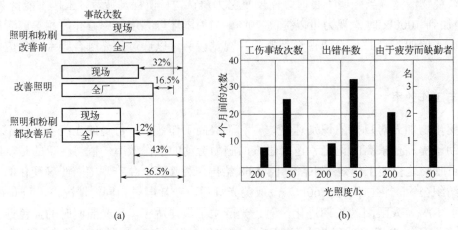

图 2-70　照明与事故发生率的关系

（4）照明与情绪

根据医学研究得知，照明会改变人的情绪，适宜的照明会使人产生兴奋和积极作用，从而影响工作效率。在明亮房间里会令人愉快，如果让操作者在不同照度的房间中选择工作场所，一般都会选择较明亮的地方。

（5）眩光

眩光也称眩目，是由于现场中的物体表面或亮区产生刺眼和耀眼的强烈光线，从而引起视觉器官不舒适和视觉功能下降的一种现象。眩目光线会使人感到不舒服，操作者应尽量避免眩光和反射光。眩光按其产生原因分为直射眩光、反射眩光和对比眩光。

直射眩光效应是由强烈光线直接照射产生，与光源位置有关，如图 2-71 所示。工作面上的直射太阳光常常产生使眼睛无法适应的眩光。反射眩光是强光照射过于光亮的表面（如电镀抛光表面）后再反射到人眼所造成的眩光。对比眩光是由于视觉目标与背景明暗对比度相差太大造成的。有研究表明，进行精密操作时，眩光在 20min 内就可使差错率明显上升，操作效率下降。不同位置的眩光源对操作效率的影响如图 2-72 所示。

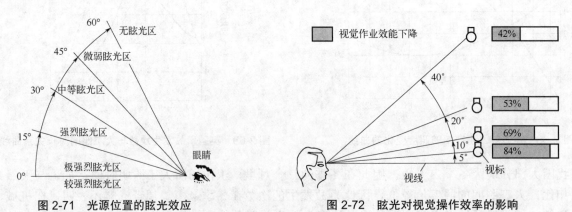

图 2-71　光源位置的眩光效应　　　　图 2-72　眩光对视觉操作效率的影响

防止和减轻眩光的主要措施有：限制光源亮度；合理分布光源；改变光源或工作面的位置；使光线转为散射；选择合理的照度等。

2.2 人的生理特性

2.2.1 视觉器官特性

（1）人眼构成与视觉过程

① 人眼睛构成。人获得的80%以上的信息是由人的视觉得到，即所谓"眼见为实"。眼睛是人的视觉感受器官，为直径21～25mm的球体。人眼的视网膜内有上亿个感觉细胞（如图2-73、图2-74）。一种是视锥细胞，起明视作用，容易觉察颜色、明度和很细微的东西；另一种是视杆细胞，起暗视作用，对光的感受很敏感。

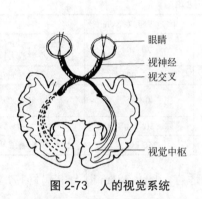

图2-73　人的视觉系统

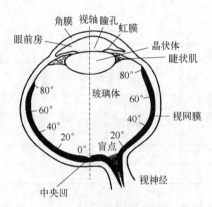

图2-74　人眼睛的构造

在视锥细胞最集中的地方，是人的视觉分辨能力最强的地方，称为黄斑，它位于视网膜的中心。人在注视时，会本能地转动眼球，将物像落在黄斑上。视网膜相当于感光胶片，角膜和晶状体相当于调焦距系统，瞳孔相当于光圈，虹膜调节瞳孔大小，入射的光线通过角膜和晶状体折射，聚焦在视网膜上形成图像。

② 视觉过程。来自物体的光线通过瞳孔投射到视网膜上，视网膜上的感光细胞将光线转换为神经冲动，通过视神经传递到大脑，从而产生了人们所感受到的外部世界的"像"。眼睛的控制中枢根据神经冲动控制瞳孔大小、水晶体曲率和眼肌运动，使眼球能保持对目标的注视，以便更好地观察物体。

（2）视觉要素

① 视角与视距。一个不大的物体，放在远的地方看不清楚，而移得很近也同样看不清楚，这说明，一定条件下人们能否看清物体，并不取决于物体的尺寸本身，而取决于它对应的视角。

视角是指从被视对象上两端点到眼球瞳孔中心的两条视线间的夹角（如图2-75）。图中 D 是被视对象上两端点间的距离；L 是眼睛到被视对象之间的距离，称为视距；α 是视角。

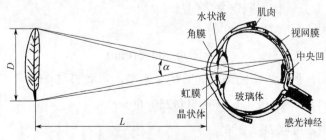

图2-75　视角与视距关系

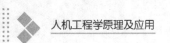
从图 2-75 中可知

$$\frac{\alpha}{2} \approx \tan\frac{\alpha}{2} = \frac{D/2}{L} = \frac{D}{2L}$$

$$\alpha = \frac{D}{L}$$

即   (2-11)

将 α 单位从弧度（rad）转化为分（'），则

$$D = \left(\frac{\alpha}{3438}\right)L$$

                                                                                                                               (2-12)

视距是指人在操作过程中进行正常观察的距离。观察各种装置时，视距过远或过近都会影响认读的速度和准确性。观察距离与工作的精确程度密切相关，应根据具体任务的要求来选择最佳的视距（见表 2-18）。

表 2-18　不同工作任务的视距

任务要求	举例	视距/cm	固定视野直径/cm	备注
最精细工作	安装最小部件	12～15	20~40	完全坐着，部分依靠视觉辅助手段（小型放大镜、显微器）
精细工作	安装收音机、电视机	25～35，一般 30～32	40~60	坐着或站着
中等粗活	在印刷机、钻井机、加工机床旁工作	50 以下	80 以下	坐着或站着
粗活	包装、粗磨	50～150	30~250	多为站着
远看	看黑板、开汽车	150 以上	250 以上	坐着或站着

一般情况下，视距范围为 38～76cm。其中，56cm 处最为适宜，低于 38cm 时会引起目眩，超过 78cm 时看不清细节。

下面以此为依据说明如何确定文字尺寸。文字是最常见视觉信息的载体，文字的合理尺寸涉及的因素很多，主要有观看距离（视距）的远近、光照度的高低、字符的清晰度、可辨性、要求识别的速度快慢等。其中清晰度、可辨性又与字体、笔画粗细、文字与背景的色彩搭配对比等有关。上述这些因素不同，文字的合理尺寸可以相差很大。所以各种特定、具体条件下的合理字符尺寸，常需要通过实际测试才能确定。经验表明大写字母的高度至少应该是阅读距离的 1/200。在 20m 长的会议室里的屏幕上显示字母至少应该 10cm 高。在计算机显示器上，大写字母应该不小于 3mm 高。

经人机学家测定，在一般条件 [中等光照强度；字符基本清晰可辨（不要求有特别高的清晰度，但也不是模糊不清）；稍作定睛凝视即可看清] 下，字符的（高度）尺寸：

$$D = \frac{1}{200}L \sim \frac{1}{300}L$$

                                                                                                                               (2-13)

例 2-4　确定邮局、营业厅等室内墙上提供信息的告示文字尺寸。

解：因为这种告示的文字都是清晰的，人们可在此驻足观看（而非匆匆一瞥），视距则可设定为 $L=1.5$m。

告示处的光照条件可分三种情况确定文字的尺寸大小：

a. 有专设的局部照明，可取 $D=L/300$。

$$D=1500/300=5(\text{mm})$$

b. 无专设的局部照明，但贴告示的地方光照情况不错，可取 $D=L/250$。

$$D=1500/250=6(\text{mm})$$

c. 贴告示处光线灰暗，可取 $D=L/200$。

$$D=1500/200=7.5(\text{mm})$$

② 视敏度与视力。视敏度是指对相邻目标或目标细节的分辨能力。它可用眼睛恰好能区分的两条线或两点间的临界视角的倒数来表示（摘自 GB/T 12984）。

$$视敏度 = \frac{1}{临界视角}$$

$$(2-14)$$

式中临界视角是指对目标或目标细节刚能区分和不能区分的临界状态下的视角，单位：分（'）。

一般采用视力的概念来说明一个人视力好或差，所谓视力是指在明确规定的条件下，测出来的视敏度。人机学测试视力，常在规定的照度下，取视距 L=5m=5000mm，采用图 2-76 所示白底黑环的缺口圆环视标进行测试。

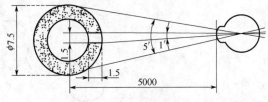

图 2-76　缺口圆环视标

测试中要求分辨的目标细节是圆环的缺口，由图 2-76 知缺口尺寸 D=1.5mm，代入式（2-12），有

$$1.5 = \frac{\alpha}{3438} \times 5000$$

计算得到：α=1'。

若某人在此规定的标准条件下刚能分辨此缺口，那么此人在该标准条件下的临界视角就是 α=1'，此人的视力（相应的视敏度）：$1/\alpha$=1.0。

通常将"视力=1.0"作为正常视力。视力值大，眼睛好；视力值小，眼睛差。

视网膜不同部位的视力不同，中央凹的地方视力较高，而离中央凹越远，视力越低。视力随年龄的增长而改变，视力一般在 14～20 岁时最高，40 岁之后开始下降，60 岁之后的视力只有 20 岁视力的 1/4～1/3。通常视力会随环境亮度的增加而升高，但视力随亮度的变化并非线性关系，两者亮度对比度越大，物体越易被看清。人眼看静止事物的视力要高于看运动的事物，随着年龄增大，看运动事物的能力越低。

人的正常视线在水平线之下，人的垂直视野最佳值相对水平线不对称，水平视野最佳值都是左右对称的（如图 2-77）。考虑人在观察时头部、眼睛转动，常将人眼视野划分为直接视野、眼动视野和观察视野。

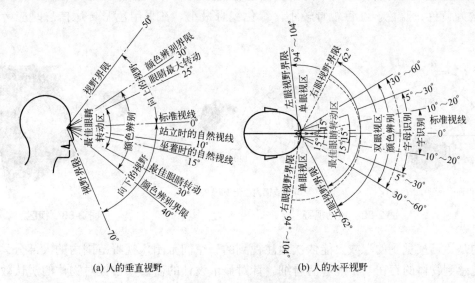

(a) 人的垂直视野　　　　　　(b) 人的水平视野

图 2-77　人眼的视野

③ 视野与视区。正常视线是指头部和两眼都处于放松状态，头部与眼睛轴线的夹角约为105°～110°时的视线，该视线在水平视线之下约 25°～35°（如图 2-78）。视野是头部和眼睛在规定的条件下，人眼可觉察到的水平面与铅垂面内所有的空间范围。

直接视野是指当头部与两眼静止不动时，人眼可觉察到的水平面与铅垂面内所有的空间范围（如图 2-79）。眼动视野是指头部保持在固定的位置，眼睛为了注视目标而移动时，能依次地注视到的水平面与铅垂面内所有的空间范围（如图 2-80），可分为单眼和双眼眼动视野。观察视野是指身体保持在固定的位置，头部与眼睛转动注视目标时，能依次地注视到的水平面与铅垂面内所有的空间范围（如图 2-81）。

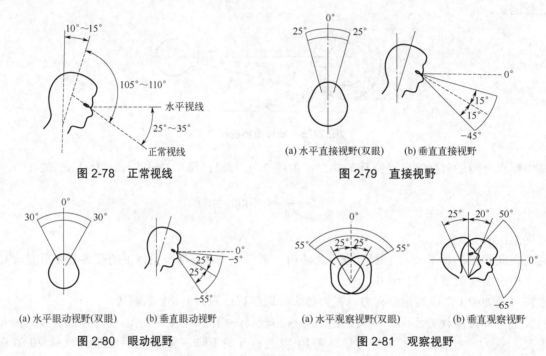

图 2-78　正常视线　　　　　　图 2-79　直接视野

(a) 水平直接视野(双眼)　(b) 垂直直接视野

(a) 水平眼动视野(双眼)　(b) 垂直眼动视野

图 2-80　眼动视野

(a) 水平观察视野(双眼)　(b) 垂直观察视野

图 2-81　观察视野

三种视野的最佳值之间有以下简单关系：

眼动视野最佳值=直接视野最佳值+眼球可轻松偏转的角度（头部不动）

观察视野最佳值=眼动视野最佳值+头部可轻松偏转的角度（躯干不动）

由于不同颜色对人眼的刺激有所不同，所以色觉视野也不同。由图 2-82 可以看出，白色的视野最大，接着依次为黄色、蓝色，红色视野较小，绿色视野最小。在采用色彩传达信息时应考虑色觉视野的范围。

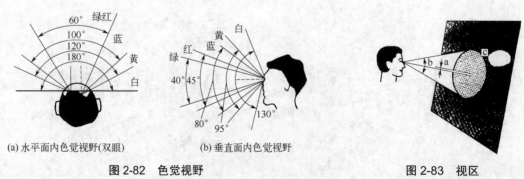

(a) 水平面内色觉视野(双眼)　　(b) 垂直面内色觉视野

图 2-82　色觉视野　　　　　　图 2-83　视区

视野指的是"可察觉到的"或"能依次地注视到的"空间范围，视野范围内的大部分只是人眼的余光所及，仅能感到物体的存在，不能看清看细。针对显示设计的需要，常按对物体的辨认效果（辨认的清晰程度和辨认速度）提出视区概念（如图 2-83）。

按照辨认效果将视区分为中心视区、最佳视区、有效视区和最大视区（见表 2-19）。中心视区指人瞬时就能清楚辨认形体的区域和细节的视区，在水平和铅垂两个方向上都只有 1.5°～3°。人眼要看清被视对象上更大的范围，需要靠目光的移动进行巡视。

表 2-19　视区划分及辨认效果

视区		范围		辨认效果
		铅垂方向	水平方向	
中心视区	a	1.5°～3°	1.5°～3°	辨别形体最清楚
最佳视区	b	视水平线下 15°	20°	在短时间内能辨认清楚形体
有效视区		上 10°，下 30°	30°	需集中精力，才能辨认清楚形体
最大视区	c	上 60°，下 70°	120°	可感到形体存在，但轮廓辨认不清楚

（3）视觉特性

由于人眼在瞬时能看清的范围很小，因此人们观察事物多依赖目光的巡视。人们总会遵循一些特定的规律去观看事物，这些特性包括目光巡视特性、视觉适应特性和视错觉。在界面设计时有效地利用这些特性会使人们更容易、更快捷地看到或理解眼前的事物。

① 目光巡视特性（视觉运动特性）。

a. 人习惯于从左到右、从上到下和沿顺时针方向观察事物，目光巡视运动是点点跳跃（如袋鼠）而非连续移动（如蛇行）的。通常仪表的刻度方向遵循这一规律进行设计。

b. 眼睛沿水平方向运动比沿垂直方向运动快而且不易疲劳，对水平方向上尺寸与比例的估测，对水平方向上节拍的分辨，都比对铅垂方向的准确。经过测试，水平式仪表的误读率（28%）比垂直式仪表的误读率（35%）低。

c. 当眼睛偏离视中心时，在偏离距离相等的情况下，人眼对左上限的观察最优，依次为右上限、左下限，而右下限最差。因此，左上部和上中部被称为"最佳视域"，例如，报头、商品名、展览名称等重要的信息，一般都放在左上角。这种划分也受文化因素的影响，比如阿拉伯文字是从右向左书写的，这时最佳视域就是右上部。

d. 两眼总是协调地同时注视一处，两眼很难分别看两处。只要不是遮挡一眼或故意闭住一眼，一般不可能一只眼睛看东西而另一只眼睛不看，所以设计中常以双眼视野为依据。

e. 颜色对比与人眼辨色能力有一定关系。当人从远处辨认前方的多种不同颜色时，其易辨认的顺序是红、绿、黄、白，即红色最先被看到。所以，停车、危险等信号标志都采用红色。

② 视觉适应特性。人眼随视觉环境中光刺激变化而感受性发生变化的特性称为视觉适应，人眼视觉适应与视网膜包含视杆细胞和视锥细胞的变化有很大的关系。视觉适应的种类一般分为暗适应和明适应两种。

a. 暗适应。当人们从明亮的环境转入灰暗的环境中时，一开始什么都看不清楚，而经过一段时间之后才慢慢看清物体，这种现象称为视觉的暗适应。暗适应过程开始时，瞳孔开始放大，使得进入眼睛里的光通量增加。与之同时，对弱刺激敏感的视杆细胞逐渐进入工作状态，即眼睛的感受性提高。暗适应开始的 1～2min 之内发展很快，但完全的暗适应却需要 30min 以上。

b. 明适应。与暗适应相反，当人由暗环境转入明亮的环境中，开始时瞳孔变小，使得进入眼睛中的光通量减少，即眼的感受性降低。同时，视杆细胞停止工作，而视锥细胞的数量迅速增加。由于视锥细胞反应较快，明适应在最初 30s 内进行得很快，然后渐慢，约 1～2min 即可完全适应。

人眼虽然具有适应性的特点，但当视野内明暗急剧变化时，眼睛却不能很好适应，不仅会引起视力下降，还会影响工作效率甚至引起事故。因此，在一般的工作环境中，工作面的光亮度要求均匀而且不产生阴影。

③ 视错觉。由于物体受到光、形、色、背景等因素的干扰，以及人的生理和心理方面的原因，人在感知客观物体的形状时会发生印象与真实情况存在差异的现象，称为视错觉。视错觉有形状错觉、色彩错觉、物体运动错觉三类。其中形状错觉又有（线段）长短错觉、大小错觉、对比错觉、方向方位错觉、分割错觉、透视错觉、变形错觉等（如图2-84）。

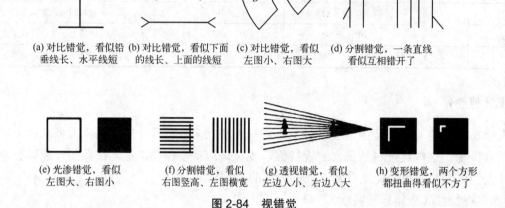

(a) 对比错觉，看似铅 (b) 对比错觉，看似下面 (c) 对比错觉，看似 (d) 分割错觉，一条直线
垂线长、水平线短　　的线长、上面的线短　　左图小、右图大　　　看似互相错开了

(e) 光渗错觉，看似 (f) 分割错觉，看似 (g) 透视错觉，看似 (h) 变形错觉，两个方形
左图大、右图小　　右图竖高、左图横宽　　左边人小、右边人大　都扭曲得看似不方了

图2-84　视错觉

在设计中有的情况下要避免视错觉的发生，有的情况下又可利用视错觉减少在形态、结构上无法消除的厚重感。

图2-85（a）的字母"L"，若一竖一横一样粗，由于视错觉会看似短横比长竖要粗些，字形不好看，把短横笔画粗细减少1/10，看起来横竖粗细才显得协调。图2-85（a）的字母"S"，若上半部和下半部一样大，由于视错觉会看似上大下小，字形有死板和失衡的感觉，把上半部略微缩小一些，看起来就显得生动稳定了。普通机械式手表的总厚度实际上常常达到10mm左右，为了避免笨重感，看上去能显得精致、轻巧，利用了图2-85（b）所示的视错觉的手法：往边沿一级一级地减薄下去，到最边缘处只有2～3mm，让人们感觉不到手表的真实厚度。

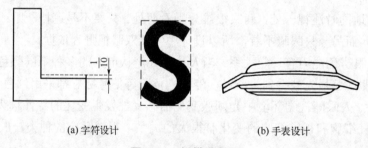

(a) 字符设计　　　　　　　　　　　　　(b) 手表设计

图2-85　视错觉利用

（4）数字人体的视野功能

CATIA提供了视野功能，通过视野功能可以看到在仿真状态下数字人是否在可视域内轻松看到操作的界面（控制台、显示仪表、操纵件等），以此来判断设计的产品是否满足人的视觉要求。

① 视野窗口的建立及相关设置。为了利用计算机辅助进行人机分析，需要对人体模型的视野属性进行设置和编辑。

例如运用CATIA的视野功能对司钻员的观察进行仿真，单击CATIA工具栏中的Open Vision Window（打开视野窗口）　按钮，使其高亮，或在树状目录的Vision（视野）条目上双击，随后就会在左上角出现一个视野窗口（如图2-86），在视野窗口显示出该数字人在头部没有转动的情况下可以看到钻井平台上的井口，说明显示台面高度满足设计需要。

在视野窗口上点击右键，弹出视野窗口的菜单（如图 2-87）。Capture（捕捉）：以图像文件的形式输出，单击 Capture（捕捉）菜单，会出现 Capture（捕捉）对话框，可以进行删除、保存、打印、复制等等操作。Edit（编辑）：以对话框的形式编辑视野窗口。Close（关闭）：关闭视野窗口。

图 2-86　视野窗口

单击 Edit（编辑）菜单，出现 Vision window display（视野窗口显示）对话框（如图 2-88）。单击 View modes（视野模式）按钮，出现图 2-89 所示的 Customize View Mode（定制视野模式）对话框。

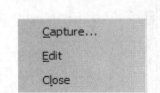

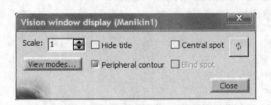

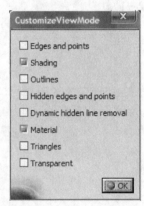

图 2-87　关于视野窗口的菜单　　　　图 2-88　视野窗口显示对话框　　　图 2-89　定制视野模式对话框

各项定制如下：

Edges and points（边和点）：显示图像的棱边和边点；

Shading（阴影）：用明暗方式显示图像的立体感；

Outlines（最外轮廓）：只显示物体的最外轮廓；

Hidden edges and points（隐藏边和点）：隐去物体的棱边和角点；

Dynamic hidden line removal（动态隐藏线消除）：前三种方式同时生效，此时动态隐藏线消除；

Material（材料）：显示物体的材料；

Triangles（三角形）：用三角形表示物体表面；

Transparent（透明）：物体呈透明状态。

② 视野的类型。在画面左上方树状目录上点击 Vision（视野）条目，在弹出的菜单上选择 Properties（属性）菜单，随之弹出 Properties（属性）对话框（如图 2-90）。在对话框中的 Type（类型）栏列出了 5 种类型供用户选择：

Binocular（双眼）；

Ambinocular（左、右眼合一）；

Monocular right（右眼）；

Monocular left（左眼）；

Stereo（立体）。

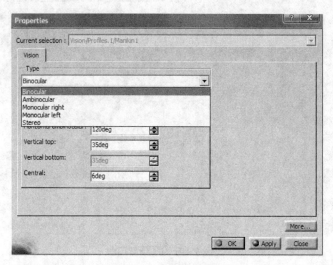

图 2-90　属性对话框

③ 视野的范围。在属性对话框中，Field Of View（视野范围）栏提供了有关视野范围的各个选项（如图 2-91）。

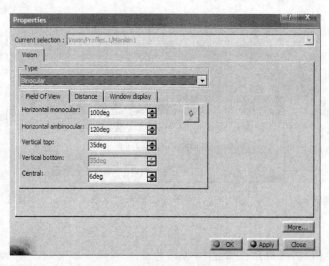

图 2-91　视野范围设置对话框

Horizontal monocular（单眼水平方向）：可以对单眼水平方向的视野范围进行 60°～120°范围的设置。

Horizontal ambinocular（左右眼合一水平方向）：可以对双眼合一水平方向的视野范围进行 0°～179°范围的设置。

Vertical top（铅垂方向上方）：可以对铅垂方向上方 0°～50°的视野范围进行设置。

Vertical bottom（铅垂方向下方）：可以对铅垂方向下方 0°～50°的视野范围进行设置。

Central（中部）：可以对视觉中心的 0°～20°的视野范围进行设置。

④ 视野的距离。在属性对话框中，Distance（视野距离）栏提供了有关视野距离的选项，其中常用的 Focus distance（焦点距离）栏内可以设置焦点距离（如图 2-92）。

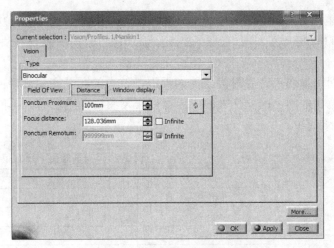

图 2-92　视野的距离设置对话框

2.2.2　听觉器官特性

（1）听觉机制

在接受外部信息时，听觉仅次于视觉。人的听觉器官耳朵包括外耳、中耳、内耳三部分（如图 2-93）。其中只有内耳的耳蜗起听觉作用，而中耳和外耳只起辅助作用。外耳包括耳廓和外耳道，是使外来声波按一定方向进入耳的通道。中耳包括鼓膜和鼓室，鼓室中有锤骨、砧骨、镫骨三块听小骨，它们与相连的听小肌组成听骨链；还有一条通向喉部的耳咽管，起维持中耳内部和外界气压平衡的作用，以保持正常的听力。内耳中的耳蜗是感音器官，它是前庭阶、蜗管和鼓阶三个并排盘旋的管道，声波通过外耳道传入引起鼓膜振动，经听骨链传递，引起耳蜗里的淋巴液和基底膜振动，使耳蜗里的听觉细胞——科蒂器（螺旋器）中的毛细胞兴奋，声波的机械能使这里听神经纤维产生神经冲动，不同频率和形式的神经冲动经过组合编码，传导到大脑皮层的听觉中枢，从而产生听觉。

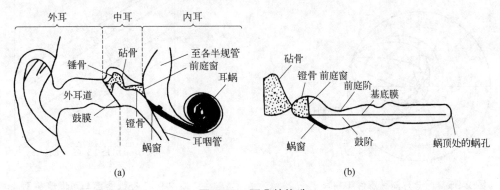

图 2-93　耳朵的构造

在声音传递的同时，有一部分神经冲动传递到了一个叫作"网状激活系统"的部分，这个系统可以提高整个大脑皮层的觉醒程度，从而使人兴奋。人在遇到危险的时候，可以通过听觉意识到，从而提高人的觉醒状态，并作出相应的反应。在设计时应合理运用听觉系统的报警功能提高人的感知程度。

（2）听觉范围

影响听觉的物理因素主要有声波的频率和声波的强度。成年人能够感受的声波频率一般在 20～20000Hz。随着年龄增大，对高频率声波的感受能力逐渐衰减，但对 2000Hz 以下低频声波的感受能力变化不大。人们最敏感的频率范围是 1000～3000Hz，一般人讲话发声的频率基本在此范围及略低的范围内。

度量声波强度的物理量有声压（单位：Pa）、声强（单位：W/m²）、声压级（单位：dB）三种，国际上将人刚能听到的声压（即 0.00002Pa）对应的声压级定义为 1dB（分贝），人能接受的声域是 20～60dB，平时说话在 20～60dB。

人的听觉能够感受到的最弱声音界限值，称为听阈。使人的耳朵产生难耐的刺痛感的高强度声音的界限值，称为痛阈。听阈和痛阈之间就是人的听觉可以正常感受的范围。人耳能正常感受的频率范围和声压级范围如图 2-94 和表 2-20。

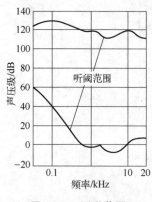

图 2-94 听觉范围

表 2-20 人耳感受声压级范围

声压级/dB	人耳感受	对人体健康影响
0～9	刚能听到	安全
10～29	很安静	安全
30～49	安静	安全
50～69	感觉正常	安全
70～89	逐渐感到吵闹	安全
90～109	吵闹到很吵闹	听觉慢性损伤
110～129	痛苦	听觉慢性损伤
130～149	很痛苦	其他生理受损
150～169	无法忍受	其他生理受损

（3）听觉特性

① 声音的音调、音强和音色。声波的频率决定音调，声波的振幅决定音强，声波的波形决定音色。人对音调的感觉很灵敏，对音强的感觉次之。频率小于 500Hz 或大于 4000Hz 时，频率差达 1%时，就能分辨出来；频率在 500～4000Hz 时，频率相差 3%即可分辨出来。

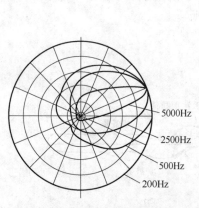

图 2-95 听觉方向敏感性（右耳）

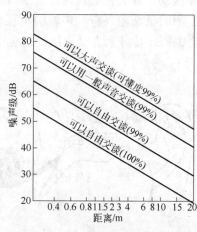

图 2-96 交谈距离与可懂度关系

② 声音的方位和远近。声源发出的声音到达两耳的距离不同或传播途中的屏障条件不同，声波传入两耳的时间先后和强度也不同，这种现象称为"双耳效应"。图 2-95 是右耳与声音频率的关系，可以看出人在 200Hz（低频）时基本不能凭听觉分辨声源方位；在 500Hz 以上容易辨别声源方位。人耳对于高频声主要依据声音强度差判断，低频声主要依据时间差来判断。

③ 听觉的适应性。听觉的适应是指声音较长时间作用于听觉器官时，它的感受性降低，其重要的表现是对刺激的声音及频率相近似的声音的感受性降低。在设计中，需要使用听觉传示的场所应避开现场的声音频率。

④ 听觉的屏蔽效应。一个声音（主体声）被另一个声音（遮蔽声）掩盖的现象，称为遮蔽。主体声

的听阈因遮蔽声的遮蔽作用而提高的效应，称为遮蔽效应。遮蔽声强，遮蔽声的频率与主体声的频率接近，都使遮蔽效应加大。低频遮蔽声对高频主体声的遮蔽效应较大，反之，高频遮蔽声对低频主体声的遮蔽效应较小。噪声对语言的遮蔽使听阈提高，影响语言清晰度。图 2-96 是不同噪声下人们交谈距离与可懂度关系。

2.2.3 其他感觉器官特性

（1）肤觉

人体的肤觉可以感知物体的形状、大小、温度，材料的软硬，对于在人体视觉负担较大的场合使用的产品，可以利用人体的肤觉特性对产品操作部分的形状、材料进行设计，以便于识别。肤觉包括触觉、温度觉、痛觉。触觉由外界的刺激与皮肤浅层的触觉器组成；温度觉由冷、热温度感受器组成；痛觉是人体器官、组织内一些游离神经末梢在刺激达到极限时的反应。例如飞机的操纵手柄、盲文、盲道等。

（2）味觉

味觉主要由甜、酸、苦、咸组成，其余味道可由这四种味道组合而成。味觉是人的舌头上的味蕾被唾液溶解的物质刺激而引起的反应。

（3）嗅觉

人能分辨上千种气味，主要是人的鼻内嗅觉细胞组成的嗅觉感应器发生作用。人的嗅觉具有适应性特点，长时间连续嗅一种气味，人们会逐渐闻不到这种气味。

（4）平衡觉

平衡觉感受器位于耳前庭系统，平衡觉是人对自己头部位置变化和身体平衡状态的感觉。不常有的姿势、酒精、恐惧等因素会影响人体平衡觉，甚至失去平衡。

2.2.4 人的生理适应性

当外界环境变化时，人体将不断地调整体内各部分的功能及其相互关系，以维持正常的生命活动。人体所具有的这种根据外界环境的情况对自身内部机能进行调节的功能称为适应性。当然，条件反射也是实现机能调节和适应性的重要方面之一。另外，疲劳也是人生理适应性的一种特殊表现形式。

（1）人体的生理调节

人体的内部细胞、组织和器官所处的环境称为内环境，并以此去区别人体本身所处的外部环境。外部环境的条件一般不满足人体生命运动所需要的温度，为了保证体内生命活动的正常进行，必须使人体内环境保持一定的稳定性。例如，外环境的温度可由零下几十摄氏度变化到零上几十摄氏度，而人体内的温度始终在 37℃ 左右。同样，内环境的压力、酸碱度等其他理化参数也保持相对稳定，不随外环境变化。这种体内环境相对稳定不随外环境变化的机制称为生理稳态。人体的生理稳态是通过一系列生理调节过程来实现的（例如外环境温度过高时，人体则通过排汗散发体内的余热以维持体温的稳定）。生理调节方式主要有神经调节、内分泌调节和自身调节。以下对这三种调节方式略做介绍。

① 神经调节是人体生理调节的最主要手段，其基本方式是采取神经反射。神经反射是在中枢神经系统的参与下，机体对内外环境刺激所作的规律性反应。神经反射的基本结构单元是反射弧，它由感受器、传入神经、神经中枢、传出神经和效应器组成。感受器是将外界刺激能量转化为神经脉冲，神经冲动经传入神经纤维到达中枢神经系统，在中枢神经系统经过加工处理之后再以神经脉冲方式经特定的传出神经纤维传至效应器，最后由效应器作出适当的反应（例如引起肌肉的收缩或体液的分泌等）。

② 体液调节是指人体通过某一器官或组织分泌某种化学物质达到调节的功能。这类具有生理调节功能的化学物质统称为激素，分泌激素的器官或组织称为内分泌腺。各内分泌腺组成内分泌系统，调节全身许多重要器官的功能活动（如甲状腺分泌甲状腺素调节全身的能量代谢）。

③ 人体组织器官的有些调节并不依赖于神经调节与体液调节，而是通过自身固有的机制进行调节，这种调节在一定情况下起着保护作用（例如当回流到心脏的血流量突然增加时，心肌被拉长，心肌的收缩力会自动加大，排出更多的血液，使心脏不至于过度扩张）。

（2）条件反射

巴甫洛夫认为，条件刺激与非条件反射在大脑皮层建立的暂时联系是产生条件反射的机理。正是由于条件反射是机体经过后天学习而建立的反射，所以机体就可以通过学习将环境中的种种有关刺激作为条件刺激和非条件刺激结合起来，从而使机体对环境的适应性大大提高。

（3）疲劳及相应的生理与心理表现

过度的刺激与工作负荷可引起人体的疲劳。机体的疲劳有多种形式：反复或过度的机械性负荷可引起肌肉的疲劳；反复或过度的感觉刺激可引起神经的疲劳；脑力和心理上的过分负担还可引起精神的疲劳。肌肉疲劳表现为承担过度机械负荷的肌肉群酸痛，收缩力减弱，有时还发生痉挛，生物化学检查可发现血液中乳酸含量增加，生物电检查可发现肌电图异常。神经疲劳可表现为过度使用的神经疼痛，对感觉刺激的阈值提高。视觉疲劳可引起视锐度下降，闪光融合频率提高；听觉疲劳可引起暂时性听阈偏移。生物电检查可发现诱发电位的变化及自发脑电图中低副慢波的增加。疲劳时心理的变化是多方面的，精神疲劳是其主要特征。精神疲劳首先是自我感觉全身不适，即有疲劳感；对外界刺激反应淡漠，兴趣降低，情绪低落，精神感到压抑，嗜睡；在工作中变现为注意力不集中，操作错误增多，工作效率明显下降。所以长期疲劳往往是导致事故发生的主要原因之一。

2.3　人的心理特性

人的心理活动始终存在于人的日常生活与完成工作任务的全过程中（普遍性），既有有意识的自觉反应形式，也有无意识的自发反应形式，既有个体感觉与行为水平上的反映，也有群体社会水平上的反映（复杂性）。人的心理特征包括心理过程和个性心理两个方面（图2-97）。

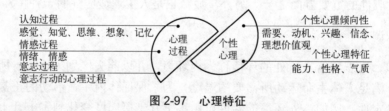

图 2-97　心理特征

2.3.1　人的心理过程

人的心理过程是指在客观事物的作用下，心理活动在一定时间内发生、发展的过程。人的心理过程分为认知过程、情感过程和意志过程。其中，认知过程是最基本的心理过程，情感过程和意志过程是在认知过程基础上产生的。

（1）认知过程

认知是指人们获得知识或应用知识的过程，或信息加工的过程，这是人的最基本的心理过程。它包括感觉、知觉、记忆、思维、想象和语言等。

人脑接受外界输入的信息，经过头脑的加工处理，转换成内在的心理活动，进而支配人的行为，这个过程就是信息加工的过程，也就是认知过程（如图 2-98）。

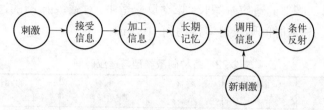

图 2-98 人的认知过程

① 感觉。人体的感知系统与运动系统直接影响到人类的行为。人的感觉器官受到外界刺激，刺激经由传入神经传至大脑神经中枢，这一时间为适应时间（反应时）。神经中枢综合处理发出反应指令，指令经由传出神经传至肌肉，直至肌肉收缩开始反应运动，这一时间称为动作时间（运动时）。人在受到外部信息刺激后作出一定反应称为人的感知过程（如图 2-99）。人的感觉器官（包括视觉、听觉、味觉、触觉和痛觉等）把外界的刺激传递给大脑，大脑解释这些信息，并把这些信息和先前已有的信息进行对比，形成知觉，从而使人获得对外部客观事物的认知和理解。

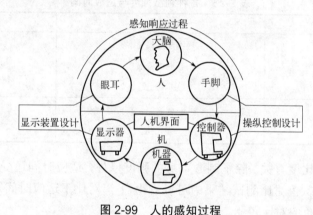

图 2-99 人的感知过程

人体通过视觉、听觉、肤觉、味觉、嗅觉、平衡觉等获取外部刺激信息，人体的感知运动特性是人机界面设计时需要考虑的重要因素。人的感觉类型与感觉器官见表 2-21。

表 2-21 人的感觉类型与感觉器官

感觉类型	感觉器官	刺激类型	感觉、识别的信息
视觉	眼睛	一定频率范围的电磁波	形状、位置、色彩、明暗
听觉	耳朵	一定频率范围的声波	声音的强弱、高低，音色
嗅觉	鼻子	某些挥发或飞散的物质微粒	香、臭、酸、焦等
味觉	舌头	某些被唾液溶解的物质	甜、咸、酸、苦、辣等
肤觉	皮肤及皮下组织	温度、湿度、对皮肤的触压、某些物质对皮肤的作用	冷热、干湿、触压、疼痛、光滑或粗糙等
平衡觉	半规管	肌体的直线加速度、旋转加速度	人体的旋转加速度、直线加速度
运动觉	肌体神经及关节	肌体的转动、移动和位置变化	人体的运动、姿势、重力等

感觉是人脑对直接作用于感觉器官的客观事物个别属性的反映。例如，人们第一次接触香蕉时，对其感觉是弯曲的条状，皮软，果实乳白软糯，味道香甜。感觉按照刺激源可分为外部感觉和内部感觉。外部感觉是人的感觉器官（眼、耳、鼻、舌等）对外界刺激的反映；内部感觉是人对身体内部环境刺激的反映，包括平衡觉、运动觉、机体觉。感觉具有不同的感觉器官适应时间不同、适应时间与刺激强度

有关和适应时间与刺激对比度有关等特性。

a. 不同感觉器官的适应时间不同。表 2-22 是各类感觉器官对不同刺激的适应时间。肤觉、听觉和视觉适应时间比较短，味觉和深部感觉适应时间比较长。肤觉适应时间与接受刺激的人体部位有关，脸部、手指的适应时间短，腿部脚部的适应时间长。味觉反应适中，对咸、甜、酸的适应时间分别约为 308ms、446ms 和 536ms，而对苦的适应时间则长得多，约为 1082ms。

表 2-22　各种刺激类型与适应时间　　单位：ms

项目	肤觉（触压、冷热）	听觉（声音）	视觉（光色）	嗅觉（物质微粒）	味觉（唾液可溶物）	深部感觉（撞击、重力）
感觉器官	皮肤、皮下组织	耳朵	眼睛	鼻子	舌头	肌肉神经和关节
适应时间	110～230	120～160	150～220	210～390	330～1100	400～1000

b. 适应时间与刺激强度有关。任何一种外界刺激都要达到一定的强度才能被人感受到，这一强度下的刺激量值称为该种感觉的感觉阈值。一般的变化规律是刺激很弱、刚刚达到阈值的条件下，适应时间比正常值长得多；随着刺激强度加大，适应时间逐渐缩短，但变化越来越小；到达一定的刺激强度以后，适应时间就基本稳定不再缩短了（见表 2-23）。

表 2-23　各种刺激强度与适应时间　　单位：ms

刺激类型	刺激强度	适应时间
听觉声刺激	刚超过阈值	779
	较弱的强度	184
	中等强度	119
视觉光刺激	弱光照	205
	强光照	162

c. 适应时间与刺激对比度有关。除了刺激本身的强度以外，适应时间还受刺激量值与背景量值对比度的影响。例如表 2-24 中颜色对比测试结果中可以看出白-黑对比下适应时间短，红-橙颜色对比下适应时间较长，是因为红-橙颜色的对比较弱。

表 2-24　颜色与适应时间　　单位：ms

颜色对比	白-黑	红-绿	红-黄	红-橙
简单反应时间	197	208	217	246

② 知觉。知觉是人脑对直接作用于感觉器官的客观事物整体属性的反映，是多个感觉信息的整合。例如人们提到香蕉，马上会建立起其形状、颜色、味道等特性的整体信息。知觉分为空间知觉、时间知觉和运动知觉。空间知觉是对物体的形状、大小、远近、方位等空间特性获得的知觉；时间知觉是对时间的长短、快慢等变化的感受与判断；运动知觉是对空间物体运动特性的知觉。知觉具有知觉整体性、知觉理解性、知觉选择性、知觉恒常性特性（图 2-100）。

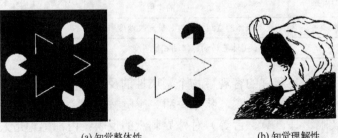

(a) 知觉整体性　　　　　　　　(b) 知觉理解性

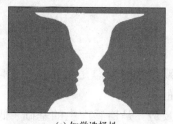
(c) 知觉选择性

(d) 知觉恒常性

图 2-100　知觉特性

③ 思维。思维是人脑对现实事物间接的、概括的加工形式。与感觉、知觉不同，具有间接性、概括性特征。思维分为形象思维、抽象思维和动作思维。

思维模型（心智模型）是指一个人对某事物运作方式的思维过程，即一个人对周围世界的理解。思维模型的基础是不完整的现实、过去的经验甚至是直觉感知。作为设计依据，它有助于形成人的动作和行为，影响人在复杂情况下的关注点，并确定人们是如何着手解决问题的。

人在观察时大脑会解析眼睛看到的所有信息，例如：人们看到图 2-101 时，虽然是几个缺角的实心圆，但会不自觉地依据图形提示看到三角形和长方形；如图 2-102 依据色彩块理解会有 2 个截然不同的含义。

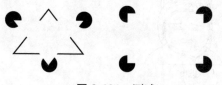

图 2-101　测试 1

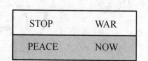

图 2-102　测试 2

人在识别物体时会寻找规律（大脑倾向于发现规律）。研究表明，人观察物体时，会识别一些基本形状，并以此识别物体，即符合几何离子理论（如图 2-103）。

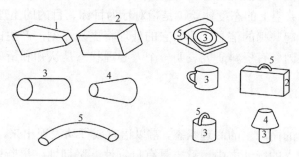

图 2-103　几何离子理论示意图

④ 记忆。记忆是由识记、保持、重现构成的复杂心理过程。记忆分为瞬时记忆（感觉记忆）、短时间记忆（工作记忆）、长时间记忆、永久记忆。

工作记忆与集中注意力：只有一部分人能顺利保留短时间的工作记忆。工作记忆的信息容易受到干扰，工作记忆取决于人集中注意力的能力。要保留工作记忆中的信息，必须全神贯注。

如果人能够集中注意力，其信息处理过程也不受干扰，那么其工作记忆中能保存 3~4 项事物，即四项事物法则。为了改善不稳定的工作记忆，人们会采取一些有趣的策略，其中之一就是将信息“组块记忆”。美国的电话号码具有下面这种形式是有原因的，例如 712-567-4532。

George Mandler（1969）指出：人们能分门别类地记住信息，并且如果每个记忆类别里只有 1~3 条信息，那么人们能够出色地回忆起来。当每类超过 3 条信息时，记忆效果就会相应下降，每类有 4~6 条信息时，人能记住 80%；储存信息条数越多，记住的比例就越低，当每类有 80 条信息时，人只能记住 20%。

总之，人的感官将外界刺激传递给大脑，经大脑解析，并与先前已有信息对比，形成知觉，从而获得对外部客观事物的认知和理解。

（2）情感过程

情感过程是人对外界事物所持态度。人们在认识客观事物时，总是带有某种倾向性，表现出鲜明的态度体验，充满着感情的色彩。包括情感、情绪两个层面。

情绪是客观事物与人的需要是否符合而产生的心理反应，是情感产生的基础（低级）。如图 2-104 所示，Poul Ekmon 研究提出存在六种不同的普遍情绪（快乐、悲伤、愤怒、厌恶、惊讶、恐惧）；现代心理学提出八种情绪（高兴、悲伤、愤怒、恐惧、警戒、惊愕、憎恶、接受）。情绪更倾向于个体基本需求欲望上的态度体验，是指对行为过程的生理评价反应。研究表明情绪对人的工作效率和身体健康有着重要的影响，产生事故的心理因素之一是心理机制失调，包括人的动机、情绪、个体心理特征等因素失调，其中情绪是变化最大、影响深刻的因素。

| 快乐 | 悲伤 | 愤怒 |
| 厌恶 | 惊讶 | 恐惧 |

图 2-104 Poul Ekmon 的六种普遍情绪

情感是态度在生理上一种较复杂而又稳定的生理评价和体验。是同人的高级社会性需要相联系的体验方式，具有情景性和稳固性。包括道德感、价值感，具体表现为爱情、幸福、仇恨、厌恶、美感；等等。情感更倾向于社会需求欲望上的态度体验，是指对行为目标、目的的生理评价反应。

提供可以激发情感和引起共鸣的信息，那么它的处理将更为深刻，产生的记忆也更为持久，这就是故事比数据更有说服力的原因。有资料研究表明一个人心理状态是认知和情感的结合，是两个连续、平行、互相影响的过程。

（3）意志过程

意志指决定达到某种目的而产生的心理状态，常以语言或行动表现出来，积极调解行动以实现目的。意志属于大脑机能，表现于人的行动之中。意志具有自觉性、坚韧性、果断性和自制力等特性。意志过程是指人在自己的活动中设置一定的目标，按计划不断地克服内部和外部困难并力求实现目标的心理过程，是人脑对于自身行为的价值率高差的主观反映，主要体现在决策阶段和执行阶段。注意是意志过程的一种表现，注意是指心理活动指向或集中于某一事物，伴随一切心理活动而存在的一种心理状态，注意力最多维持 10 分钟。

认知、情感、意志的区别：认知一般是以抽象的、精确的、逻辑推理的形式出现，主要是关于"是如何"的认识；情感一般是以直观的、模糊的、非逻辑的形式出现，主要是关于"应如何"的认识；意志一般是以潜意识的、随意的、能动的形式出现，主要是关于"怎么办"的认识。

2.3.2 人的个性心理

个性是人所具有的个人意识倾向性和比较稳定的心理特点的总称。个性包括个性心理倾向性和个性心理特征两方面，个性心理倾向性包括需要、动机、价值观、兴趣、理想与信念等；个性心理特征主要包括气质、能力与性格。个性是在家庭、社会潜移默化下长时间形成的。

（1）个性心理倾向性

需要是个体的生理或心理的某种缺乏或不平衡状态。美国社会心理学家马斯洛（A.H.Maslow）提出需求层次理论，他将人的需要分为生理需要、安全需要、归属和爱的需要、尊重的需要和自我实现的需要（如图2-105）。

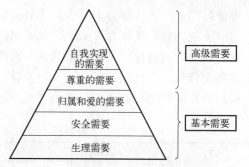

图2-105　马斯洛需求层次理论

生理需要包括呼吸、水、食物、睡眠、生理平衡、性的需要；安全需要包括健康保障、资源所有性、财产所有性、道德保障、工作职位保障、家庭安全；归属和爱的需要包括友情、爱情、性亲密的需要；尊重的需要包括自我尊重、信心、成就、他人尊重的需要；自我实现的需要包括创造力、自觉性、问题解决能力、公正度、接受现实能力的需要。

有什么样的需求，就会有什么样的动机。动机是指由特定需要引起的，欲满足各种需要的特殊心理状态和意愿。动机是激发、指引并维持人们从事某项活动，并使活动朝着某个目标进行的内部动力。人越接近目标越容易被激励，比起已经做了什么，人们更关注还剩下什么没做。人体内多巴胺系统促使人行动，让人满足，不可预知性刺激多巴胺系统，驱动人不断寻找。因此，对于学习和工作，设置目标不要太远，变动的奖励、进步、掌握和控制感常常会触发人的动机。

价值观是基于人的一定的思维感官而作出的认知、理解、判断或抉择，也就是人认定事物、辨别是非的一种思维或取向，从而体现出人、事、物一定的价值或作用。通常指人的信仰、信念、理想、品质、人生经验。

兴趣是指个人对研究某种事物或从事某项活动积极的心理倾向性。兴趣是在需要的基础上，在社会实践的过程中形成和发展起来的，反映人的需要，成为人对事物认识和对知识获取的心理倾向。

（2）个性心理特征

能力标志着人在完成某种活动时的潜在可能性上的特征。能力包括：一般能力、特殊能力、再造能力、创造能力、认知能力、元认知能力和超能力。能力水平四个等级：能力低下、能力一般、才能、天才。提升个人能力的方法包括：①从知识结构上进行合理、优化与提升；②结合职业和工作需要去"补短板"；③从行动上约束自己。

气质是表现在心理活动的强度、速度、灵活性与指向性等方面的一种稳定的心理特征。气质是人的个性心理特征之一，它是指在人的认知、情感、言语、行动中，心理活动发生时力量的强弱、变化的快慢和均衡程度等稳定的动力特征。气质在社会所表现的，是一个人从内到外的一种内在的人格魅力，以及一个人内在魅力的质量的升华。所指的人格魅力有很多的方面，比如修养、品德、举止行为、待人接物、说话的感觉；等等，所表现的有高雅、高洁、恬静、温文尔雅、豪放大气、不拘小节等。

性格是一个人对现实的稳定的态度，以及与这种态度相应的，习惯化了的行为方式中表现出来的人格特征。性格一经形成便比较稳定，但是并非一成不变，而是可塑性的。性格不同于气质，更多体现了人格的社会属性，个体之间的人格差异的核心是性格的差异。在心理学界，1994年D. Watson等人将性格解析为：神经性（neuroticism）、外向性（extroversion）、尽责性（conscientiousness）、亲和性（agreebleness）和开放性（openness）。

2.4　作业时人体特性

2.4.1　施力特性

人体施力均来源于人体肌肉收缩所产生的力，即肌力。在工作和生活中，人们使用工具、操纵机器所使用的力称为操纵力。操纵力主要是肢体的臂力、握力、指力、腿力或脚力，有时也用到腰力、背力等躯干的力量。操纵力与施力的人体部位、施力方向和指向（转向）、施力时人的体位姿势、施力的位置以及施力时对速度、频率、耐久性、准确性的要求等多种因素有关。表 2-25 给出了 20～30 岁中等体力的男女青年人身体主要肌力。一般女性的肌力比男性低 20%～30%。右利者右手肌力比左手约高 10%；左利者左手肌力比右手约高 6%～7%。

表 2-25　20～30 岁中等体力的男女青年人身体主要肌力大小

肌肉的部位		力/N		肌肉的部位		力/N	
		男	女			男	女
手臂肌肉	左	370	200	手臂伸直时的肌肉	左	210	170
	右	390	220		右	230	180
肱二头肌	左	280	130	拇指肌肉	左	100	80
	右	290	130		右	120	90
手臂弯曲时的肌肉	左	280	200	背部肌肉（躯干屈伸的肌肉）		1220	710
	右	290	210				

（1）坐姿施力

坐姿是一种重要的工作姿势，在坐姿下人体施力的大小和方向受到人体生理上的限制，这一点必须清楚。

① 坐姿手臂操纵力。在坐姿工作时，手臂在不同角度、不同方向上的操纵力是不同的（如图 2-106 和表 2-26），从中可以总结如下特点：

　　a. 在前后方向和左右方向上，都是向着身体方向的操纵力大于背离身体方向的操纵力；

　　b. 在上下方向上，向下的操纵力一般大于向上的操纵力；

　　c. 对于右利者，右手操纵力大于左手操纵力；对于左利者，情况应该相反。

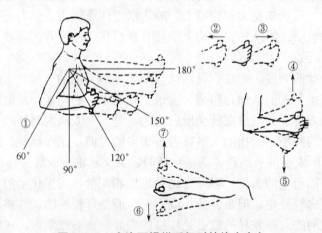

图 2-106　坐姿下操纵手柄时的施力方向

表 2-26　坐姿下 5 百分位数男子手臂施力（右手利者）　　　　　　　　单位：N

肘部弯曲程度/(°)	①拉		②推		③向上		④向下		⑤向内		⑥向外		⑦
	左	右	左	右	左	右	左	右	左	右	左	右	
180	222	231	187	222	40	62	58	76	58	89	36	62	
150	187	249	133	187	67	80	80	89	67	89	36	67	
120	151	187	116	160	76	107	93	116	89	98	45	67	
90	142	165	98	160	76	89	93	116	71	80	45	71	
60	116	107	96	151	67	89	80	89	76	89	53	71	

② 坐姿脚蹬力。图 2-107 是坐姿下不同方向脚蹬力的分布情况，脚蹬操纵力的大小与施力点位置、施力方向有关。由于靠背对接近水平的施力方向能提供最有利的支承，所以能够达到最大的脚蹬操纵力。但工作时把脚举得过高，腿部肌肉将难以长久坚持，因此，实际上图 2-107 中粗线箭头所画、与铅垂线约成 70°的方向才是最适宜的脚蹬方向。此时大腿并不完全水平，而是前端膝部略有上抬，大小腿在膝部的夹角在 140°～150°之间。在有靠背的座椅上，由于靠背的支承，可以发挥较大的脚蹬操纵力。

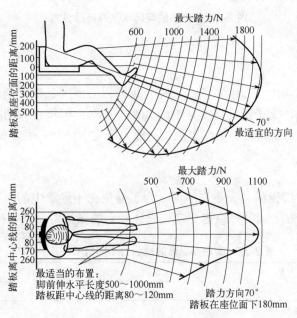

图 2-107　坐姿下不同方向的脚蹬力

（2）立姿施力

① 立姿屈臂操纵力。实验研究了立姿屈臂从手钩向肩部方向的操纵力与前臂、上臂间夹角的关系，从图 2-108 中可以看出：前臂、上臂间夹角约为 70°时，具有最大的操纵力。像风镐、凿岩机之类需手持的较重器具，及大型闸门开启装置等设施设计时，都应注意适应人体屈臂操纵力的这种特性；在这个角度出拳，力最大，因为除了手臂的力，还可以借助腰力（如图 2-109）。

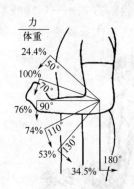

图 2-108　立姿屈臂操纵力

图 2-109　拳击

② 立姿的前臂基本水平操纵力。立姿男子、女子的平均瞬时向后的拉力分别约为 690N 和 380N；男子连续操作的向后拉力约为 300N；向前的推力比向后的拉力小一些 [如图 2-110（a）]。在图 2-110（b）所示的内外方向拉推，则向内的推力大于向外的拉力，男子平均瞬时推力可达 395N。

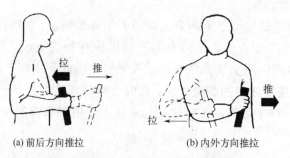

(a) 前后方向推拉　　　　　(b) 内外方向推拉

图 2-110　立姿的前臂水平方向操纵力

（3）握力

在两臂自然下垂、手掌向内（即手掌朝向大腿）执握握力器的条件下测试，一般男子优势手的握力约为自身体重的 47%～58%，女子约为自身体重的 40%～48%。但年轻人的瞬时最大握力常高于这个水平。非优势手的握力小于优势手。若手掌朝上测试，握力值增大一些；手掌朝下测试，握力值减小一些。

（4）脚操纵力

对应的人体姿势不同，脚操纵力大小也不同。为了避免在不经意中的误碰触发，脚动操纵器的操纵力应较大；停歇时脚可能放在上面的操纵器更应该设计较大的操纵力，具体推荐值见表 2-27。

表 2-27　脚动操纵器的操纵力（摘自 GB/T 14775—1993）　　　　　单位：N

操纵方式	作用力	
	最小	最大
停歇时脚放在操纵器上	45	90
停歇时脚不放在操纵器上	45	90
仅踝关节运动	—	45
整个腿部运动	45	750

2.4.2　作业姿势与施力

有的作业需要全身运动，往往需要同时向外施力，这种运动可能会引起较高的局部机械压力，在一定时间后可能会导致身体酸痛。运动还会使人感觉肌肉、心脏和肺部活动压力。

图 2-111 所示是两种收割姿势，图 2-111（a）所示是我国传统收割方式——弯腰收割，脸朝黄土背朝天，弯腰超过 90°，左手抓住庄稼，右手挥动镰刀割断庄稼杆，这种作业姿势很累，属于静态施力，

(a) 弯腰收割　　　　　　　　(b) 直立推铲

图 2-111　两种收割姿势对比

时间一长就得直腰休息一下。图2-111（b）所示是我国少数民族和国外的收割方式，手把足够长，直身向前左右挥舞镰刀，铲断的庄稼便整齐依次向一侧倒下，可以大大减轻劳动强度，并提高工效。

由此可见，作业姿势与施力以及施力效率有关。在这里我们就抬起、搬运、拉和推送等作业姿势的合理性进行讨论。

（1）抬起物品

尽管有机械化和自动化的设备，仍然有许多工作经常需要用到人力抬起，而满足一定的人机工程学要求的人力抬起姿势才是可以接受的。美国国家职业安全与健康研究所（National Institute for Occupational Safety and Health，NIOSH）研究表明，在某种环境优化条件下，一个人可能提升最大物体的质量不超过23kg。然而，抬起条件实际上几乎不可能最优，在这种情况下最大允许重量就要大大减少。图2-112是手提5kg重物到身体距离与腰部负荷的关系，如果要在身体前面远离身体的地方提起搬运物，在垂直方向上移动距离较大时，质量不应超过几千克。

① 建立正确的抬起动作。有时一个人多多少少能够自由地选择抬起的动作。在这样的情况下，之前的训练将确保在抬起活动时采取最好的、可能的姿势。另一方面，不应该过高地估计信息和训练的益处。在实践中，由于工作地点的限制，改良的抬起技术通常是不可行的。经过训练和不断地重复后，根深蒂固的习惯和动作才能改变。具体可以从下面几个方面对人进行训练，以建立良好的习惯。

a．评定搬运物和确定它的运动路线，考虑寻求其他人的帮助或者使用抬起工具。

b．在没有任何其他额外帮助而搬运物又必须被抬起的地方，直接站在搬运物的前面，确保脚站在了稳定的位置，令搬运物尽可能地靠近自己的身体，用双手抓紧重物，一定要用整只手而不是仅用几根手指。

c．当抬起时，保持搬运物尽可能近地靠近身体，以免增加腰部负荷（如图2-112）。直着身体平稳地移动，避免扭转躯干。

当抬起负载时必须避免扭转身体，可以通过托起搬运物或者挪动脚步来代替扭转身体（如图2-113）。

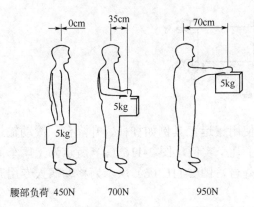

腰部负荷 450N　　700N　　950N

图 2-112　腰部负荷与手到身体的距离

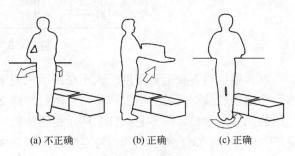

(a) 不正确　　(b) 正确　　(c) 正确

图 2-113　扭转动作

② 抬起重物。突然的运动和施加外力能够产生短期极大的压力，这么大的压力是由加速运动造成的。众所周知，突然举起重物可引起急性背部损伤。因此弯腰抬重物应尽可能缓慢、平稳地进行。在施加较大的力之前，精心的准备是十分必要的。

图2-114是两种抬重姿势对比，图2-114（a）中弯腰状态下，整个脊柱受力属于弯曲变形，椎间盘内侧（腹侧）压力远远大于外侧（背侧）压力，增加30%的后背压力。抬重时需要脊柱外侧肌腱收缩力完成，这种抬重状态很容易受伤。图2-114（b）所示状态下脊柱属于轴向受压，椎间盘压力基本均衡，主要靠腿力、胳膊、手力抬起重物，不容易使腰部受伤。因此，在设计时增高手柄高度或使抬箱位于一定高度都可改善工效。表2-28给出了施力点适宜高度建议值。

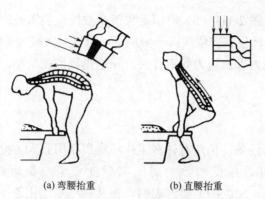

(a) 弯腰抬重　　　　　　(b) 直腰抬重

图 2-114　两种抬重姿势对比

表 2-28　中等身材成年男子施力点适宜高度

项目	双手提起重物	用手扳动杠杆	向下施加压力	手摇摇柄手轮	向下锤打	水平方向锤打	水平方向拉拽	向下拉拽
图示								
适宜高度 H/mm	500~600	≈750	400~700	800~900	400~800	900~1000	850~950	1200~1700

　　如果搬运物太重，不能由一个人抬起时，应该由几个人配合完成。合作者必须有相近的高度、力量，并且必须能够很好地合作（如图 2-115）。合作搬运时必须协调抬起活动，这将避免意外情况的发生。

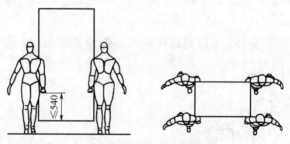

图 2-115　多人搬运重物

　　有大量的设备和工具帮助时人不必用手完成搬运，可以使用搬运工具例如杠杆、升降台、滚动输送器、输送带、装有脚轮的小车和移动升降台。图 2-116 给出了几个实例，图 2-116（a）所示为工厂车间使用的简易起重机，图 2-116（b）所示是抬重物用的平行升降台，图 2-116（c）所示为移动病人专用升降机，图 2-116（d）所示为利用特定装置抬起石块的独轮车。

　　③ 被抬起物品形状应便于抓抱。

　　a. 搬运物的外形与尺寸应与人体尺寸相匹配。搬运物的尺寸必须尽可能小以便它能够靠近身体。如果搬运物必须从地板上抬起，必须确保搬运物能够在两膝盖之间移动。搬运物不应该有任何锋利的边角，触摸起来也不能太热或太冷。对于特殊的搬运物，例如危险液体的容器或者医院病人，在抬起时应该额外注意，例如采取特殊安全预防措施和设计抬起操作。如果一个人抬起一个重量未知的物体，理想的方法是事先给重物贴上标签，指示重量和提出警告。

　　b. 搬运物应设计合适的把手。搬运物应该有两个合适的把手以便双手能够抓紧和抬起，应该避免用手指抓紧搬运物（如图 2-117），因为这样使不上劲。手柄布置的位置应该保证在抬起时搬运物不会扭曲。

　　④ 单个搬运物的重量应适当。必须谨慎地选择搬运物的重量（例如，包装的单位重量）。一方面，在正常情况下不应该超过 NIOSH 的推荐值；另一方面，搬运物的重量也不能太轻，否则更多、更频繁

的抬起就会必不可少。如果单一搬运物太轻，就可能出现多个搬运物被同时举起的情况，这也是危险的。

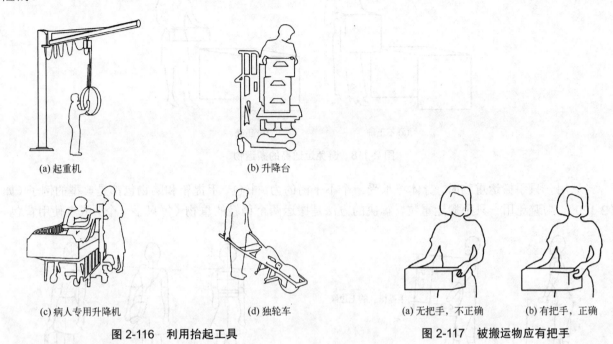

(a) 起重机

(b) 升降台

(c) 病人专用升降机

(d) 独轮车

图 2-116 利用抬起工具

(a) 无把手，不正确

(b) 有把手，正确

图 2-117 被搬运物应有把手

（2）搬运物品

抬起重物后，有时必须用手搬运。通常，搬着重物行走是既受机械压力又需要用力。搬着重物的结果就是肌肉会承受持续的机械压力，这特别会影响胳膊和背部的肌肉，移动整个身体和重物都会消耗能量。运送搬运物要考虑抬起重量和搬运物的重量，几种搬运方式能耗对比见表 2-29。表中相对值指相对第一种搬运方式能量消耗百分比。

表 2-29　几种搬运方式能耗对比

项目	一前一后 跨肩负荷	头顶	背在后背	背包带 套挂前额	用手拽住 背包	扁担挑	双手提
图示							
能量消耗/kJ	23.5	24	26	27	29	30	34
相对值/%	100	102	111	115	123	128	145

注：1. 负重30kg，行走1000m。

　2. 另有文献指出用扁担肩挑行走时能具有较好的节奏性，因而有利于减少能耗，缓解疲劳。

为了减少机械压力和能量消耗，搬运物必须与身体尽可能地保持靠近。所以小的、紧凑的搬运物比大的更好。使用诸如背包和轭状物的工具有可能使搬运物离身体更近。搬运物应该有设计合理的、没有锋利棱角的把手，作为选择，可以使用吊钩这样的工具。

一个人抬起高的搬运物将曲臂以避免重物碰到自己的腿，这将导致手臂、肩膀和后背肌肉额外的疲劳。所以，必须限制搬运物高度上的尺寸（如图 2-118）。

若必须搬运高的搬运物，应在物品下部设计把手，同时，限定物体的高度尺寸，不能遮住搬运者的眼睛（如图 2-119）。

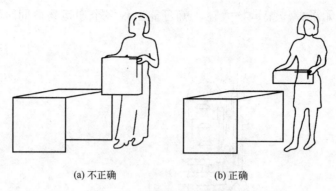

(a) 不正确　　　　　　　(b) 正确

图 2-118　避免运送高的搬运物

当只用一只手搬运重物时，身体将承受一个不平衡的力。书包、手提箱和购物包都是典型的例子（如图 2-120）。为避免用一只手搬运重物，解决的方法是搬运两个稍轻的重物（每只手一个）或者使用背包。

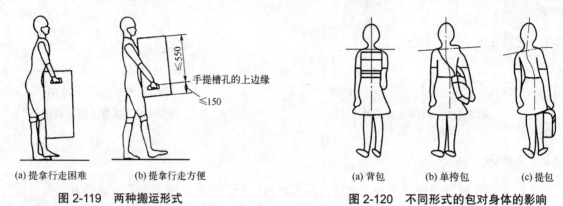

(a) 提拿行走困难　　(b) 提拿行走方便

图 2-119　两种搬运形式

(a) 背包　　(b) 单挎包　　(c) 提包

图 2-120　不同形式的包对身体的影响

（3）拉和推送物品

推拉动作主要由手臂、肩膀和背部施力完成。当推时，身体应该向前倾，而拉时则应该向后仰。地面和鞋之间必须有足够大的摩擦力以便实现推拉，也必须有足够大的空间允许腿保持如图 2-121 所示的姿势。在推拉时，脚踝最后部和手的水平距离至少为 120cm。正确的推拉姿势是利用自己身体的重量。

推拉物品时最好利用小车完成工作，小车的设计必须注意下面几个问题：

a．限制推和拉的力。当推一小车使其运动时，施加的力不应该超过 200N，以防止背部产生较大的机械压力。如果推车保持运动超过 1min，可允许的推力或拉力降到 100N。

b．有足够的容脚空间。当拉时，小车的下面也必须有足够的空间用来放置手正下方的前脚（如图 2-121）。

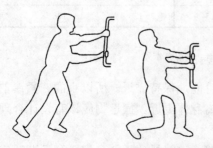

图 2-121　推拉小车时利用身体的重量

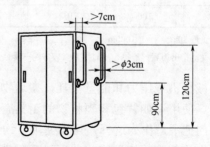

图 2-122　小车把手尺寸推荐值

c．在小车上安装把手。小车应该装有合适的把手以便双手能够充分施力。用于推拉的把手的尺寸如图 2-122 所示。把手必须是圆筒状的。竖直的把手的理想高度在 90～120cm，为了当保持正确的推拉姿势时双手能够处在合适的高度。

d．小车应该安装旋转车轮。在硬地表面使用的小车必须安装大的、硬的车轮，因为它能限制由于地面不平引起的阻力。应该安装 2 个旋转车轮以实现较好的机动性，车轮应该安置在被推拉的一边，也就是说安装把手的地方。安装 4 个旋转车轮是不明智的，因为这样要连续不断地掌控方向。装满货物的小车高度不应该超过 130cm，以便大多数人在推拉时能够查看货物。

e．确保地面坚硬和平整。如果可能的话，避免抬起小车越过任何凸起的地方，例如路边。如果不可避免，小车应该安装水平把手，并且抬起的重量不应该超过前面抬起物品时限制的重。在实践中，小车总重（包括载重）达到 700kg 或更多时不应该用手来推拉。允许的重量取决于小车的类型、地板种类、车轮等。另外也可以选择使用各种类型的机动化小车。

2.4.3　运动特性

从人的外部反应运动开始到运动完成的时间间隔随着人体运动部位、运动形式、运动距离、阻力、准确度、难度等的不同而不同，影响因素非常多，在界面设计时必须考虑人的运动特性才能使人机匹配。

（1）人的运动速度与频率

① 人体运动部位、运动形式与运动速度。表 2-30 是人体不同部位、不同形式和条件下运动的最少平均时间，在具体运用时需要考虑具体运动距离、运动角度、阻力、阻力矩有关的运动时间数据。

表 2-30　人完成一次动作的最少平均时间 单位：ms

人体运动部位	运动形式和条件	最少平均时间
手	直线运动　抓取	70
	曲线运动　抓取	220
	极微小的阻力矩　旋转	220
	有一定的阻力矩　旋转	720
腿脚	向前方、极小阻力　踩踏	360
	向前方、一定阻力　踩踏	720
	向侧方、一定阻力　踩踏	720～1460
躯干	向前或后　弯曲	720～1620
	向左或后　侧弯	1260

② 运动方向与运动速度。由于人体结构的原因，人的肢体在某些方向上的运动快于另一些方向。图 2-123 是右手在水平面内运动实验测试结果，实验结果表明：右手在 55°～235°方向，即在右上—左下方向运动较快；而在 145°～325°方向，即在左上—右下方向运动较慢。

③ 运动负荷与运动速度。肢体各种运动的速度都随运动中阻力的增大而减小。表 2-31 是掌心向上持握一个物体，在物体的三个不同质量等级下，测定记录手掌旋转一定角度所需要的时间。

④ 运动轨迹与运动速度。

a．人手在水平面内的运动快于铅垂面内的运动，前后的纵向运动快于左右的横向运动，从上往下的运动快于从下往上的运动，顺时针转向的运动快于逆时针转向的运动。

b．人手向着身体方向的运动（向里拉）比背离身体方向的运动（向外推）准确度高。多数右利者右手向右的运动快于左手向左的运动，多数左利者左手向左的运动快于右手向右的运动。

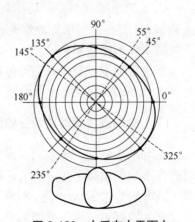

图 2-123　右手在水平面内
8 个方向上运动时间

表 2-31　运动负荷与手掌转动角度和时间　　　　　　　　　　　　　　单位：ms

持握的质量/kg	转动角度					
	30°	60°	90°	120°	150°	180°
≤0.9	110	150	190	240	290	340
1.0～4.5	160	230	310	380	460	550
4.6～16	300	440	580	730	870	1020

c. 单手可以在此手一侧偏离正中 60° 的范围之内较快地自如运动，如图 2-124（a）；而双手同时运动，则只在正中左、右各 30° 的范围以内能较快地自如运动。当然，正中方向及其附近是单手和双手能较快自如运动的区域 [如图 2-124（b）]。

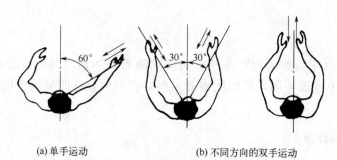

(a) 单手运动　　　　　　　　　(b) 不同方向的双手运动

图 2-124　单、双手快速自如运动区域

d. 连续改变方向的曲线运动快于突然改变方向的折线运动。

⑤ 运动频率。

表 2-32　人体各部位最高运动频率　　　　　　　　　　　　　　单位：次/s

运动部位	运动形式	最高频率	运动部位	运动形式	最高频率
身体	转动	0.72～1.62	食指	敲击	4.7
前臂	伸曲	4.7	无名指	敲击	4.1
上臂	前后摆动	3.7	中指	敲击	4.6
手	拍打	9.5	小指	敲击	3.7
	推压	6.7	脚	抬放	5.8
	旋转	4.8		以脚跟为支点踩蹬	5.7

表 2-32 实验条件是：运动阻力（或阻力矩）极为微小，运动行程（或转动角度）很小，由优势手或优势脚进行测试。表所列数据是一般人运动能达到的上限值，工作时适宜的操作频率应该小于这个数值，长时间工作的操作频率只能更小。

在进行界面设计时，需要考虑人自身动作频率的最高限，从而确定操纵元件的执行时间。若在设计时设置过多的操纵元件，并要求人在同一时间完成，就会使人手忙脚乱，出现错误。

（2）影响肢体运动准确性的因素

运动准确性是人体运动输出质量的重要指标。准确操作是人机系统正常运行的基本要求；快速操作只有在准确的前提下才有意义。操作运动准确性要求主要包括以下几个方面：运动方向的准确性；运动量（操纵量），如运动距离、旋转角度的准确性；操作运动速度的准确性（一般操作都要求实现平稳的速度变化，跟踪调节操作则要求更准确的操作速度）；操纵力的准确性（在有一定阻力或阻力矩的操作中，准确的操纵量通常依赖准确的操纵力才能达到）。

除了人们种种先天性的个体差异、当时的健康和觉醒水平、培训练习状况以外，运动准确性与运动本身的速度、方向、类型等因素有关。

① 运动速度与准确性。随着运动速度加快，准确性通常会降低。图 2-125 表明在曲线 A 点的附近，

运动速度变化对准确性的影响很小，因此降低速度对提高准确性并无明显作用。速度高到一定数值以后，曲线下降明显，表明运动准确性加速降低。因此在图 2-125 中 A 点附近选点，能兼顾到速度和准确性两方面的要求。

② 运动方向与准确性。图 2-126 是手臂运动方向对准确性影响的实验，让受试者手握细杆沿图示的几种槽缝中运动，记录细杆触碰槽壁的次数，触碰次数多表示细杆在槽中运动准确性低。四种运动方向的触碰次数已标注在图 2-126（a）、（b）、（c）、（d）各分图下面，触碰次数之比为 247∶202∶45∶32。可见手臂在左右方向的运动准确性高，上下方向次之，而前后方向的运动准确性差，而且互相对比的差别是相当明显的。

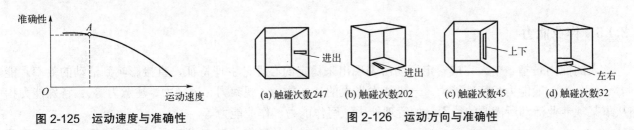

图 2-125　运动速度与准确性　　　　　图 2-126　运动方向与准确性

③ 运动类型与准确性。人的生理条件决定特点，肢体控制不同类型动作的准确性、灵活性是不同的。

图 2-127 给出了优劣不同的三组对比：上面三个图所示操作的准确性，均优于对应的下图。图 2-127（a）上图为在水平面内的转动操作，其准确性优于下图所画的在铅垂面内的转动操作；图 2-127（b）上图为对水平面的按压操作，其准确性优于下图所画对铅垂面的按压操作；图 2-127（c）上图为手握弯曲把手由大小臂控制的绕轴转动，其准确性优于下图所画手抓球体由手腕控制的绕轴转动。

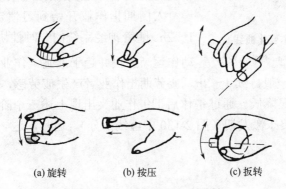

(a) 旋转　　　　　(b) 按压　　　　　(c) 扳转

图 2-127　动作类型与准确性

④ 运动量与准确性。准确性一般还与运动量大小有关，例如手臂伸出和收回的移动量较小（如 100mm 以内）时，常有移动距离超出的倾向，相对误差较大；移动量较大时，则常有移动距离不足的倾向，相对误差较小。旋转运动量与准确性的关系与此类似。

2.4.4　持续警觉特性

现代很多核电站、石油炼化工程、自动化生产线都是采用仪表监控，要求作业者长时间保持警觉状态。信号漏报是衡量持续警觉作业效能下降的指标，随着作业时间增加，信号漏报比例增高。

图 2-128 是信号频率（单位时间出现的信号次数）与作业效能（人发现信号的频率）曲线，由图可见，信号频率存在一个最佳值（100～300 信号数/30min）。作业时，信号频率低于最佳值时，作业者观察处于警觉降低状态；信号频率高于最佳值时，作业者观察处于信息超负荷状态。图 2-129 是人机工程学重要的觉醒-效能曲线，借助该曲线可以得到与人的最高作业效能相对应的觉醒状态（最佳觉醒状态）。影响持续警觉作业效能下降的主要因素有：不良的作业环境、信号强度弱、信号频率不适宜、作业者主观状态差等。其中，信号出现时间无规律性是造成信号漏脱的重要原因。

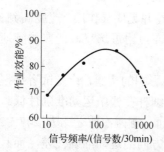

图 2-128　信号频率与作业效能曲线

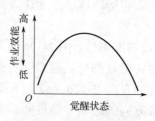

图 2-129　觉醒-效能曲线

2.4.5　作业能力

　　人的能力是指一个人完成一定活动所表现出来稳定的心理、生理特征，直接影响到活动的效率。能力一般分为一般能力和特殊能力。一般能力指人的认知能力（观察力、记忆力、注意力等）；特殊能力指从事某项专业活动所需要的能力，如管理能力、写作能力、作业能力等。

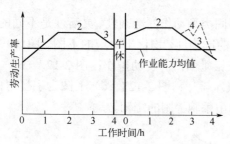

图 2-130　体力作业能力动态变化曲线

1—入门期；2—稳定期；3—疲劳期；4—终末激发期

　　作业能力是指作业者完成某项作业所具备的生理、心理特性和专业技能等综合素质，蕴含着作业者内在潜力。在实际生产过程中，作业成果（除去产量、质量）受到作业能力和作业动机的影响。图 2-130 体力作业典型动态变化规律给出入门期、稳定期、疲劳期、终末激发期曲线。在作业动机不变的情况下，作业成果波动主要反应为作业能力上的变化。

　　入门期指作业开始到习惯定型这一段时间，一般持续 1～2h。随着神经系统的一时性协调功能从建立到加强，作业动作逐渐加快并趋于准确，作业效率迅速提高。稳定期是指作业效率稳定在最好水平，一般持续 1～2h。疲劳期指作业者产生疲劳感，注意力分散。这一时期操作速度、准确性和作业效率明显降低。通过午休后下午作业又出现上述三个阶段，有时在作业快结束时出现作业效率提高的现象——终末激发期（图 2-130 中虚线部分）。通常，这一时期时间很短。

2.4.6　作业疲劳

　　疲劳是人体内分解代谢与合成代谢不能维持平衡，即作业机能衰退、作业能力下降的状态。疲劳一般分为：①个别器官疲劳（肘痛、眼疲劳等）；②全身性疲劳（繁重体力劳动）；③智力疲劳（长时间脑力劳动）；④技术性疲劳（驾驶作业需要体力和脑力）；⑤心理疲劳（单调作业，若被批评，更加疲劳）。

（1）疲劳机理与规律

　　对于疲劳机理的解析有：①疲劳物质累积机理（无氧代谢、乳酸堆积）；②糖原耗竭机理（转化能量肌糖原不足）；③中枢系统变化机理（大脑皮层细胞储能迅速消耗）；④生化变化机理（体内平衡紊乱，如血糖降低、体温升高）；⑤局部血流阻断机理（肌肉收缩阻滞血流）。可以采用生化法、生理心理测试法等方法测试。

　　疲劳有七点规律：①青年疲劳小于老年疲劳；②疲劳可以恢复；③疲劳有累计效应；④人对疲劳有适应性；⑤生理周期内疲劳自我感受重；⑥环境因素直接影响疲劳产生；⑦工作单调导致疲劳。

（2）肌肉疲劳

　　作业疲劳主要是肌肉疲劳。由于长期保持一种姿势或重复某个动作而使人体某些肌肉持续受力，会导致局部肌肉疲劳、肌肉不适以及肌肉性能的下降。因此，不能始终保持一种姿势或动作。人体在所有的施力状态下，力量的大小都与持续的时间有关。随着施力持续时间加长，力量逐渐减小。肌肉施力越大，坚持的时间就越短（如图2-131），图中显示出肌肉施力效率（施加的力除以施力最大值的百分比）与可能的持续最长时间（min）之间的关系。大多数人能保持肌肉的最大力量不超过几秒，保持50%的肌肉力量约1min，因为持续施力会造成肌肉疲劳。

作业疲劳可使作业者产生一系列精神症状、身体症状和意识症状，必然会引起不安全行为。具体表现：①睡眠不足、困倦；②反应和动作迟钝；③省能心理；④疲劳心理；⑤环境因素加倍疲劳效应。

（3）防止肌肉疲劳

① 合理分配工作和休息时间。如果肌肉疲劳，它将需要相当长的时间恢复，因此我们要防止肌肉疲劳。图2-132所示的是肌肉经过持续施力后，部分或全部疲劳后的恢复曲线。从图中可以看出疲劳肌肉需要休息30min才能恢复不到90%的力量。半疲劳状态（曲线3）的肌肉在休息15min后可恢复到同等水平，而肌肉完全恢复则需要好几个小时。

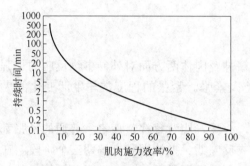

图 2-131　施力效率与持续时间关系

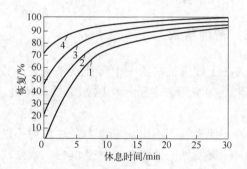

图 2-132　肌肉经过持续施力后，疲劳（曲线1）
或部分疲劳（曲线2～曲线4）后的恢复曲线

频繁的短时间休息好于一次长时间的休息，可以通过合理分配工作过程中的休息时间来减轻肌肉疲劳。但直到结束一天的工作或一项任务才开始放松休息，是不明智的。

② 限制在任务中的能量消耗。大多数人在进行一项长期工作的时候，只要这项任务所需的能量（每人每单位时间所消耗的能量）不超过250W（1W=0.06kJ/min=0.0143cal/min），一般就不会造成人全身疲劳。这一数字包括了人身体在休息时所需的能量，大约80W。能量消耗在这个水平范围的工作，是不太繁重的，而且不需要采用特别的措施，如休息或交替做一些轻闲的活动，即可达到恢复体力的目的。能量需求小于250W的活动有写作、打字、熨烫、装配轻质材料、操作机器、散步或悠闲地骑车。表2-33给出了不同运动形式与能量消耗的关系。

表 2-33　常见能量需求大于 250W 的能量消耗运动

运动形式	负载	运动速度	消耗能量
负载步行	40kg	4km/h	370W
快速抬举	1kg	1 次/s	600W
跑步		10km/h	670W
骑车		20km/h	670W
爬楼梯（30°）		14km/h	960W

③ 完成繁重任务后需要休息。如果一项工作所需能量超过250W，有必要用更多的时间来休息以恢复体力。休息的形式可以是间歇或减少工作量。工作量的减少必须使一个工作日平均能量需求不超过250W。

在工作中，如果不是将时间攒在一起，等到一天工作结束后再休息，而是将总的休息时间有规律地分配成多个间隔休息时间，那么这样的休息是最有效的。此外，提高人生理、心理素质和技术水平以及改善作业环境、设备、工具和作业方法有利于降低作业疲劳。

2.5 人体自然倾向性

2.5.1 习惯

习惯是指长久养成的生活方式，今泛指一地方的风俗、社会习俗、道德传统等通过实践或经验与人适应。习惯分为个人习惯和群体习惯。群体习惯指在一个国家或者一个民族内部，人们有着共同认识，并形成共同一致的习惯。例如，顺时针拧紧螺栓，逆时针放松螺栓；逆时针关闭水龙头，顺时针打开水龙头。这些是世界各地几乎相同的。大多数人右手习惯操作各种工具和施加力（右手利者），5%～6%的人习惯用左手操作。

2.5.2 精神紧张

人在工作繁忙时常处于精神紧张状态。紧张是人体在精神及肉体两方面对外界事物反应的加强。好的变化，如结婚、生子，坏的如离婚、待业，日久都会使人紧张。紧张的程度常与生活变化的大小成比例。

紧张使人睡眠不安，思考力及注意力不能集中，头痛，心悸，腹背疼痛，疲累。普通的紧张都是暂时性的。突发性的紧张是一种恐惧感。紧张状态一般有警戒反应期、抵抗期和衰竭期三个阶段。在不超过衰竭期的紧张状态下，人的工作能力还可能提高。例如，人在短期需要完成自己感兴趣的任务，责任心、紧迫感使人满怀激情作业，提高作业积极性。表 2-34 给出紧张程度与作业之间关系。

表 2-34 紧张程度与作业之间关系

事项	紧张度大←→紧张度小
能量消耗	大←→小
作业速度	快←→慢
作业精密度	精密←→粗糙
作业对象的种类	多←→少
作业对象的变化	变化←→不变化
作业对象的复杂程度	复杂←→简单
是否需要判断	需要判断←→机械式地进行
人所受限制	限制很多←→限制很少
作业姿势	要求做勉强姿势←→可采取自由姿势
危险程度	危险感多←→危险感少
注意力集中程度	高度集中注意力←→不需要集中注意力
人际关系	复杂←→简单
作业范围	广←→窄
作业密度	大←→小

慌张是指作业者在某种心理状态下所表现出来的一种工作状态，变现为工作急于求成，忙中出错。其原因有个人主观性格因素，也有其他种种原因。表 2-35 给出作业者在慌张和平静状态下动作对比。

表 2-35　慌张与平静状态下动作对比

动作	着急慌忙	平静正常
动作的次数	20.7	6.7
每次动作平均时间/s	8.5	36.4
无效动作次数	15.4	1.6
有秩序有计划的动作/%	13.3	63.7
转来转去的动作/%	37.4	17.2
无意义的动作/%	28.2	1.4
自以为是的动作/%	31.4	1.8
看错、想错的次数	4.2	0.2

在异常情况下，尤其在紧急状态下，多数人心理会骤然发生变化，内心十分慌张，一时失去判断能力，行动失去常态。

2.5.3　动作躲闪

动作躲闪是人遇到有物来袭时本能反应。表 2-36 所示是对人躲闪方向进行统计结果，向左侧躲闪的人数大致是向右侧躲闪的 2 倍。这是因为人体重心偏右，右脚比左脚有力。因此，在作业空间设计时应在工作位置左侧留出安全地带。对于上方落物，人们采取躲避动作见表 2-37。实验表明人对来自上方的危险物体表现得无能为力。

表 2-36　静立时躲闪方向

躲闪方向	落下物飞来方向			
	由左前方	由正面	由右前方	总计
左侧/%	17.0	15.6	16.1	50.7
呆立不动/%	3.0	10.5	7.3	20.8
右侧/%	11.3	7.3	7.9	28.5
左右侧比值	1.68	2.14	1.62	1.77

表 2-37　躲避下落物体动作

防御与否	行动特征	比率/%
采取防御姿势	1. 抱住头部	3
	2. 想在头部接住落下物	28
	3. 上身向后仰，想接住落下物	10
不采取防御姿势	1. 不采取行动（僵直，呆立不动）	24
	2. 采取微小行动（只动手）	10
	3. 脚不动，只转头部	7
	4. 想尽快逃离（离开中心）	18

本章学习要点

作为重要的人机工程学的基础，本章从人的物理特性、生理特性、心理特性和作业时人体特性阐述人的能力界限，为产品系统设计提供人的边界条件。物理特性主要介绍人自身的静态、动态尺寸特点以及在设计中如何运用人体尺寸确定产品功能尺寸；其次，介绍人的力学特性，人在作业施力时受到的限制；最后介绍人承受热、声、光等环境因素受限原因和条件。

通过本章学习应该掌握以下要点：

1. 了解国标中人体尺寸来源、测量方法，与实际人体尺寸差异以及在实际应用中修正方法。

2. 掌握人体尺寸百分位、人体尺寸百分位数的概念，针对具体设计问题时，明确产品尺寸类型，正确选用人体百分位确定产品功能尺寸。

3. 明确两种人体尺寸表达方法使用场合。

4. 掌握CATIA中人机评价的方法步骤。

5. 了解人产生力的机理，掌握人体主要关节自由度、活动角度范围以及舒适度范围，了解人体各类施力特性及范围，避免静态施力。

6. 了解人体的热调节、热交换和热平衡机理，以及不同温度对人的具体影响。

7. 了解噪声、微气候、磁、光、照明对人的具体影响。

8. 查阅资料分析眩光对人的影响，了解克服眩光的方法。

9. 掌握被观察物体与视角、视距的关系，并能用于确定被观察物体大小。

10. 掌握视野、视区的基本概念，明确视野和视区划分区域范围，以及应用场合。

11. 掌握视觉特性（目光巡视特性、视觉适应特性和视错觉），并能够在具体问题分析中应用。

12. 了解听觉机制和听觉范围，掌握听觉特性，并能够在具体问题分析中应用。

13. 了解肤觉、味觉、嗅觉和平衡觉特性，并能够在具体问题分析中应用。

14. 了解人的生理适应性，思考在何种场合需要考虑人的生理适应性。

15. 了解人的心理现象，感知与认知差异，以及人认知客观事物的规律、特征。

16. 掌握人的认知过程特点，认知、情感、意志的区别与联系。特别是人如何感知外部信息，思考人的认知与界面设计的关系。

17. 了解人的情感过程和意志过程，思考其对人行为影响。

18. 了解人的个性心理倾向性和个性心理特征，思考人的个性心理对认知的影响。

19. 了解人在作业时施力特性以及作业姿势和施力的关系，熟悉各种情况下人的施力界限。

20. 了解人的运动特性，特别是一些测试的运动特性结果，思考人的运动特性与人机界面设计的关系。

21. 了解人的持续警觉特性、作业能力、作业疲劳以及人的自然倾向性，思考人的这些特性是如何影响人机交互的。

思考题

1. 在产品设计中为何要考虑人体尺寸？是否可以都采用P_{50}人体尺寸来设计？为什么？

2. 如何依据工况确定产品尺寸设计类型？如何依据产品尺寸满足度选取人体尺寸百分位？如何计算产品功能尺寸？

3. 在进行产品功能尺寸设计时，应考虑哪些影响因素来对国标人体尺寸进行修正？

4. 采用百分位或者人体比例确定产品功能尺寸结果有何区别？人体尺寸百分位与均值方差表达方法有何不同？各用于什么场合？

5. 人体模型在人机分析中有何意义？CATIA中人机分析模块适合解决人机分析中什么问题？

6. 在CATIA分析时，若采用一个人体模型进行评价，是否存在缺陷？你认为如何消除这个缺陷？

7. 人体尺寸应用的原则和方法是什么？产品尺寸类型与人体尺寸百分位有何关系？

8. 根据产品的功能确定以下产品的尺寸设计类型：门把手离地面的高度、公共场所休息椅凳的高度、屏风的高度、手表表带的长短。

9. 在设计中如何利用人体输出力的范围？

10. 依据人体热力学特性以及微气候与人的关系，在设计人的舒适作业环境时需要考虑哪些问题？

11．在人机环境设计中如何综合考虑声、光、磁、噪声的影响？

12．人看清楚物体的关键因素是什么？视角、视距和被观察物体大小有何关系？人的视角如何确定？

13．人的视觉特性（目光巡视特性、视觉适应特性和视错觉）有哪些？用于处理哪些人机问题？

14．听觉、肤觉、味觉、嗅觉和平衡觉特性在人机设计方面如何运用？

15．在哪些人机问题分析中需要考虑人的生理适应性？

16．人的心理过程包括哪三个过程？在设计中如何运用人的心理过程设计出满足人心理需求的产品？

17．在设计中为何要研究人的认知过程？人如何认知外部事物？人如何思维？人的记忆有何特征？

18．如何运用人的个性心理倾向性和个性心理特征设计出满足作业者思维模型的产品？

19．在研究人的作业问题时，如何考虑施力特性和作业姿势？

20．如何运用人的运动特性设计产品？

21．人的持续警觉特性、作业能力、作业疲劳以及人的自然倾向性用于解决哪些人机问题？

22．图 2-133 所示为学生宿舍衣柜及作业姿势，请计算衣柜上隔板最低高度 A、底层板高度 B、最大柜深 C。

23．试计算图 2-134 中学生淋浴室喷头高度 A、水龙头高度 B、放物台面 C。

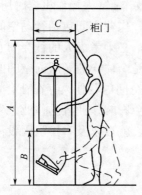

图 2-133　学生宿舍衣柜

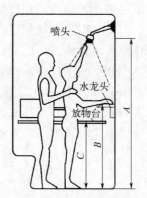

图 2-134　学生淋浴室

3

作业空间与工位设计

作业空间要满足作业者的心理和行动需要、保证作业者高效作业，人操作机器时所需的活动空间，加上机器、设备、工具、用具、被加工物件所占有空间的总和。作业空间包括行动空间和心理空间，作业空间设计包括作业场所设计、工位设计。在作业空间设计时，必须考虑人的社会和心理因素。当多个作业者在同一总体作业空间工作时，作业空间的设计就不仅仅是个体作业场所内空间的物理设计与布置问题（行动空间），作业者不仅与机器设备发生联系，还和总体空间内其他人存在社会性联系。作业空间设计者若不考虑人与人之间的联系环节与作业者的社会要求，会影响作业者的作业效率、安全性与舒适感。若在设计之初以系统设计理念，及早考虑人机因素的影响，就可以及时排除因设计导致作业者姿势不良的可能性。

3.1 作业空间

3.1.1 行动空间

在作业空间中，行动空间是人在作业时，为保证信息交流通畅、方便而需要的空间。行动空间主要由人体尺寸确定的产品功能尺寸决定，还要考虑作业姿势等因素的影响，及作业者之间以及作业者与机器之间交互关系，保证信息（视觉、听觉、触觉等）交流通畅。图 1-7（a）是一坐姿印刷电路板操作工人的作业姿势，图 1-7（b）在总体空间划出作业空间后留下的阴影部分就是控制台面的形态和尺寸。一般来说，坐姿工作最小行动空间是 $12m^3$，立姿工作最小行动空间是 $15m^3$，重体力工作最小行动空间是 $18m^3$。

通过分析可以看出产品的形态其实在很大程度上是由用户使用方式和状态决定的，产品设计应该根据用户设计调查和人机工程学理论知识先设计使用方式和使用状态，再以人体尺寸为参照确定作业空间、抓握空间等，而得到的除去操作空间的部分就是对应产品的形态，也就得到了产品的功能尺寸。

3.1.2 心理空间

一般来说，人的心理空间要求大于操作空间要求。当人的心理空间要求受到限制或者侵扰时，会产生不愉快的消极反应或回避反应，作业者难以保持良好的心理状态进行工作。个人心理空间是指环绕一个人周围并按其心理尺寸要求的空间。如图 3-1 所示，通常把人心理空间分为四个范围，即紧身区（亲密距离）、近身区（个人距离）、社交区（社交距离）、公共区（公共距离）。

表 3-1 给出了人际交往心理距离。紧身区是最靠近人体的区域，一般不容许别人侵入，特别是 150mm 以内的内层紧身区，更不允许侵入。近身区是同人进行友好交谈的距离。社交区是一般社交活动的心理空间范围，在办公室或家中接待客人一般保持在这一空间范围。社交区外为公共区，它超出个人间直接接触交往的空间范围。人际交往的距离除与个人心理有关外，还与亲密程度、性别、民族、季节和环境条件有关系。

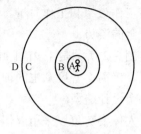

图 3-1　人心理的空间区域
A—紧身区；B—近身区；
C—社交区；D—公共区

近身空间还具有方向性。当干扰者接近作业者时，若无视线的影响，为避免干扰者对作业者的心理压力，作业者的个人后方空间应大于前方；若存在正面视线交错时，则前方空间应大于后方空间。试验表明，直视或从背后接近被试者所造成的不安感大于可视而非直视条件下的接近。例如，当有人从正面接近某个体时，在较远处该个体即会感到不安；而如从其后部接近，在该个体已感知的情况下，感受到侵犯的距离稍短些；从侧面接近时，感到不安的距离会更短。

表 3-1　人际交往心理距离　　　　　　　　　　　　　　　　单位：cm

区域名称和状态			距离	说明
亲密距离	指与他人身体密切接近的距离	接近状态	0～15	亲密者之间的爱抚、安慰、保护、接触等交流的距离
		正常状态	15～45	指头、脚部互不相碰，但手能相握或抚触对方的距离
个人距离	指与朋友、同事之间交往时所保持的距离	接近状态	45～75	允许熟人进入而不发生为难、躲避的距离
		正常状态	75～120	两人相对而立，指尖刚刚相接触的距离，即正常社交区
社交距离	参加社会活动时所保持的距离	接近状态	120～210	一起工作时的距离，上级与下级说话时保持的距离
		正常状态	210～360	业务接触的通行距离，正式会谈、礼仪等多按此距离进行
公共距离	指在演说、演出等公共场合所保持的距离	接近状态	360～750	需提高声音说话，能看清对方的活动的距离
		正常状态	750 以上	已分不清表情、声音的细微部分，要用夸张的手势大声喊叫才能交流的距离

人们对正面要求较大，而侧面要求较少。因此，有必要通过工作场所的布局设计，使工作岗位具有足够的、相对独立的个人空间，并预先对外来参观人员的通行区域作出恰当的规划。有些座椅设计虽然考虑了人的舒适性和使用效率，但由于放置的位置和排列不当，总体使用效率并不高。例如长排放置的多人座椅，中间不加分隔，即使落座者旁边有空位，人们通常也不愿意坐上去，如果加上扶手或隔开座椅，就可以提高座椅利用率。

个人作业空间的大小和形状的影响因素很多，如性别、环境、社会地位、地域等。个人作业空间在现代物质条件下难以得到完全的满足，经常由于人员堵塞，人们工作时难以处于良好的心理状态，工作效率受到影响。可以采取的解决办法就是给个体布置作业场所一定的自由，使其能按自己的意愿安排工作空间，建立自己的心理地域，避免与他人互相干扰。如隔间式办公场所的设计、玻璃门的设计等就是基于这一思想，既方便了工作，又满足了作业者心理空间需求。

安全作业空间是作业的物理空间加上作业人员心理需求的富裕空间。在设计上，作业空间应该是安全空间，如果设计错误或者使用不当，安全空间就变成危险空间。在一些工程设备工作区域可列出危险区域，如石油压裂设备作业区域、大型机台旋转部分附近的区域等。

3.2　作业姿势

以人机工程学的观点来解释，姿势是人体各种准静态的生物力学性定位，即身体各部分的状态。作业姿势在研究产品设计、作业空间等方面有着重要的作用。人体作业姿势决定作业岗位类型，决定作业空间的大小，决定产品相应的显示、操纵界面位置尺寸。作业时体位正确，可以减少静态疲劳，有利于提高工作效率和工作质量。因此，在作业空间设计时，应能保证在正常作业时，作业者具有舒适、方便和安全的姿势。

图 3-2 所示是 1991 年挪威优秀设计奖作品——禅座，设计理念是为冥想者而设计，灵感来自深远、空无、极简、普度众生的禅宗思想。设计师以僧人坐禅的姿势勾画出禅座的轮廓，相互对称的两部分构成整个设计造型。

人体姿势可以采用人体各部分关节点坐标、身体各段运动角度等几何参数来描述。通过身体姿势的角度分析，借鉴以往的研究资料就可以进行舒适性分析。

早在 17 世纪就有人采用绘图或照片的形式以及文字说明的方式进行作业姿势的研究。自 1974 年普里尔采用"姿势图"方式以来，出现了观察性法、仪器记录法、被测试者评价反馈法以及计算机仿真法等。

图 3-3 是 16 种不同姿势下脊柱形态，从图中可以看到人体处于侧卧姿势时的腰椎弯曲弧线是放松的，属于正常腰曲弧线（D 姿势）。当人体舒适地侧卧时，躯干、大腿夹角和膝部角度约 135°时，腰椎弯曲弧线处于正常位置。而在其他姿势下，人体的腰椎都承受一定压力。弯腰拾取物品时，腰椎压力最大。

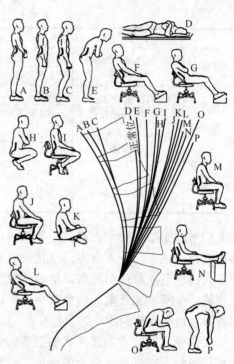

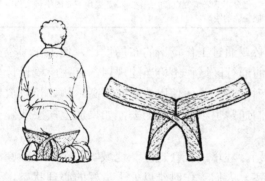

图 3-2　1991 年挪威优秀设计奖作品——禅座

图 3-3　16 种不同姿势下脊柱形态

3.2.1　常见作业姿势

在日常工作中常采取立姿、坐姿、跪姿、卧姿工作等状态，在各种作业姿势下作业范围是由人体尺寸决定的，这里介绍一些常见作业姿势下人体尺寸。

（1）立姿

立姿通常是指人站立时上体前屈角小于 30°时所保持的姿势。GB/T 13547—1992 给出的立姿人体尺寸有 6 项，其名称、意义及数据参看图 3-4 与附表 C-5。

立姿作业的优点及缺点如下：

① 立姿作业的优点。可活动的空间较大，适合需经常改变体位的作业；手的力量较大，即人体能输出较大的操作力；减少作业空间，在没有座位的场所，以及显示器、控制器配置在墙壁上的情况，立姿较好。

② 立姿作业的缺点。不易进行精确和细致的作业；不易转换操作；立姿时肌肉要做更大的功来支持体重，容易引起疲劳；长期站立容易引起下肢静脉曲张等。对于需经常改变体位的作业，工作地的控制装置布置分散，需要手、足活动幅度较大的作业，没有容膝空间的机台旁作业，用力较大的作业，单调的作业，应采用立姿。

（2）坐姿

人体最常用的作业姿势就是坐姿，GB/T 13547—1992 给出的工作空间坐姿人体尺寸有 5 项，其名称、意义及数据参看图 3-5 与附表 C-6。据统计，目前西方发达国家中坐着工作的人已大大超过站着工作的人，有关资料表明在那里人们 2/3 的工作是坐姿下完成。坐姿是指身躯伸直或稍向前倾角为 10°～15°，上腿平放，下腿一般垂直地面或稍向前倾斜着地，身体处于舒适状态的体位。坐姿时，可免除人体的足踝、腰部、臀部和脊椎等关节部位受到静肌力，减少人体能耗，消除疲劳，坐姿比站姿更有利于血液循环，而且有利于保持身体的稳定。图 3-6 给出人体的 6 种基本坐姿，在设计初期应根据具体的工作性质和工作环境对坐姿进行设计，这也是工位设计的基础。

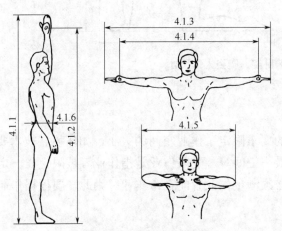

图 3-4　立姿人体尺寸

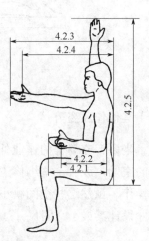

图 3-5　坐姿人体尺寸

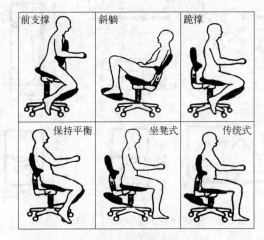

图 3-6　6 种基本坐姿

坐姿作业的优点是：不易疲劳，持续工作时间长；身体稳定性好，操作精度高；手脚可以并用作业；脚蹬范围广，能正确操作。坐姿作业的缺点：活动范围小；长期坐着工作也带来了很多问题，如使人腹肌松弛、肥胖等。

精细而准确的作业、持续时间较长的作业、施力较小的作业、需要手和足并用的作业适合采用坐姿作业。

（3）跪姿、俯卧姿和爬姿

GB/T 13547—1992 给出的跪姿、俯卧姿、爬姿人体尺寸共 6 项，其名称、意义及数据参看图 3-7 与附表 C-10、附表 C-11。

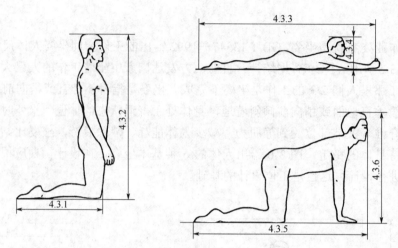

图 3-7　跪姿、俯卧姿、爬姿人体尺寸

（4）其他作业姿势

除了坐姿、立姿等的作业外，还有许多特殊的要求限定了作业空间的大小，如环境、技术要求限定作业者的空间，或者一些维修工具的使用限定了最小空间等。受限作业是指作业者被限定在一定的空间内进行操作。虽然这些空间狭小，但设计时还是必须满足作业者能正常作业。为此，要根据作业特点和人体尺寸设计其最小空间尺寸（如图 3-8）。

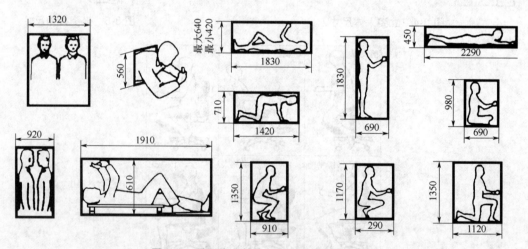

图 3-8　受限作业的空间尺寸（单位：mm）

3.2.2　数字人体姿势编辑

CATIA 中 Human Posture Analysis（HPA，人体模型姿态分析）模块可以定性和定量地分析人的各种姿态。数字人的整个身体及各种姿态可以从各个方面被全面、系统地反复检验和分析，并可以与已公布的舒适性数据库中的数据进行比较，确定相关人体的舒适度和可操作性。

通过分析可快速发现有问题的区域，进行姿态优化。HPA 允许设计人员根据自己的实际应用，建立起自己的舒适度和强度数据库设计，来满足不同的需要。具体操作步骤如图 3-9，本节将详细介绍如何进行人体模型姿态评估与优化。

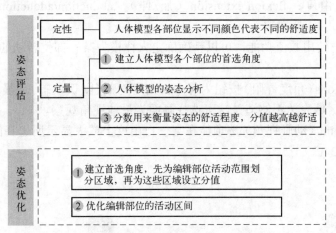

图 3-9　人体模型姿态评估与优化步骤

3.2.2.1　数字人体模型基本姿势

创建人体模型或打开要编辑的人体模型文件。在菜单栏中逐次单击下拉菜单中的选项：Start（开始）→ Ergonomics Design & Analysis（人机工程学设计与分析）→Human Posture Analysis（人体模型姿态分析）选项，单击要编辑的人体模型任意部位后，系统自动进入人体模型姿态分析界面。该界面只显示编辑的人体模型，其他隐藏。

选中人体模型，单击 Posture Editor（姿态编辑器）按钮，弹出 Posture Editor 姿态编辑器对话框（如图 3-10）。在 Segments（部位）栏内选择人体模型的某个部位进行编辑。在 Predefined Postures（预置姿态）栏中，给出了人体模型的预置姿态供用户选择。

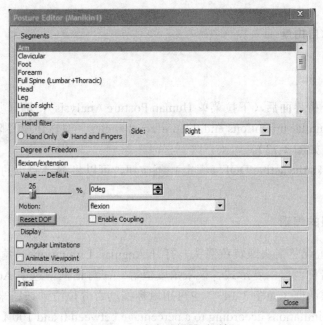

图 3-10　姿态编辑器对话框

Segments（部位）：在 Segments（部位）栏中可以设定预编辑的部位，也可以在人体模型上直接单击选择要编辑的部位。在列表中选择具有对称结构的部位时，在 Side（侧）项中，选择 Right（右）或 Left（左）。

Degree of Freedom（自由度）：人体模型的每一部位都有自由度，部位不同，自由度数和自由度的运动形式也不同，一个部位最多有三个自由度。如果选中人体模型的右上臂，在 Degree of Freedom（自由度）项中显示了三个自由度：flexion/extension（屈/伸）、abduction/adduction（外展/内收）、medial rotation/lateral rotation（内旋/外旋）。

Value（数值）：用户使用数值功能，可以精确确定人体模型某一部位转动的角度。

Display（显示）：

● Angular Limitations（角度界限）按钮为每个自由度隐藏（默认状态）或显示角度界限（如图 3-11）。因视角对上肢活动角度区域表达不够清楚，可选择画面为最佳视角观察。

● Animate Viewpoint（动画视角）选项能在某一自由度上放大显示所选择的部位，并能给该自由度提供最佳的视角（如图 3-12）。

图 3-11　显示角度界限

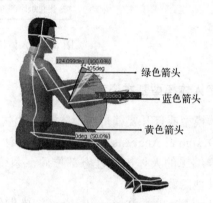

图 3-12　为所选择的右前臂提供最佳视角

其中，绿色箭头表示旋转角度的上极限，黄色箭头表示旋转角度的下限，蓝色箭头表示该编辑部位的当前位置。

3.2.2.2　数字人体的肢体自由度

（1）自由度的选择

进入人体模型姿态分析界面后（下拉菜单 Human Posture Analysis），选择要编辑的部位，如左前臂，在工具栏点击 Edits the angular limitations and the preferred angles（编辑角度界限和首选角度）按钮，左前臂会显示角度界限（如图 3-13）。

选择工具栏中的 Locks the active DOF（锁定）按钮，可以将编辑完毕的部位的一个自由度或多个自由度进行锁定。

（2）自由度角度界限的编辑

如图 3-13 所示，双击绿色箭头或黄色箭头，打开 Angular Limitations（角度界限）对话框，对话框中显示了所编辑部位的名称、自由度形式、极限角度值等。在对话框中选中 Activate manipulation（激活操作）选项，可激活该对话框（如图 3-14），也可用鼠标拖动百分位滑动按钮来重设角度的上下限。

点击 Set the angular limitations according to a percentage between 0 and 100（通过百分位数设置角度界限）按钮可以同时对人体模型的一个或多个部位进行角度界限的设定。

如图 3-15 所示选中预编辑的部位，可以按住 Ctrl 键不放，选择另外的部位进行多选。单击按钮，打开设置角度界限的对话框，选择自由度并在 Percentage（百分位）项重新设定百分位数值，单击 OK。编辑部位所在的自由度方向上，角度的上限、下限自动更新为同一百分位数。

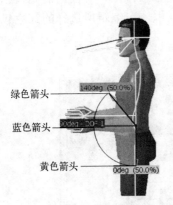

绿色箭头

蓝色箭头

黄色箭头

图 3-13　进入角度界限的编辑状态

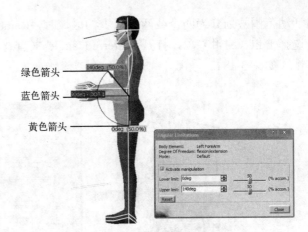

绿色箭头

蓝色箭头

黄色箭头

图 3-14　激活后的对话框

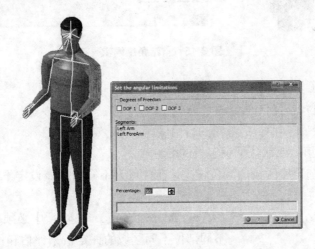

图 3-15　设置角度界限对话框

（3）首选角度编辑

在一定的 Degree of Freedom（DOF，即自由度）下，人体模型任何部位的活动范围都可以被划分为几个区域，这样系统就可对当前姿态进行整体和局部的合理评定。首选角度编辑器可使用户在各个 DOF 上划分区域。

① 首选角度编辑器（Preferred Angles）。在工具栏点击 Edits the angular limitations and the preferred angles（编辑角度界限和首选角度）█ 按钮，选中要编辑的部位（以左上臂为例），系统自动为该部位的编辑提供最佳视角，同时显示编辑部位的活动范围（如图 3-16）。右击上肢活动的灰色区域打开快捷菜单（如图 3-17），选择 Add（添加）项，可添加划分区域，并对添加的区域编辑特性。

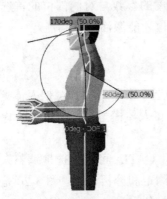

图 3-16　首选角度的待编辑状态

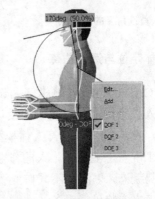

图 3-17　打开快捷菜单

当活动范围被划分为两个或两个以上的区域时，Remove（移除）项被激活，可根据需要移除划分的区域。选择 Edit（编辑）项，打开 Preferred angles（首选角度）对话框，可编辑所选择的红色包围的区域的特性（如图 3-18）。

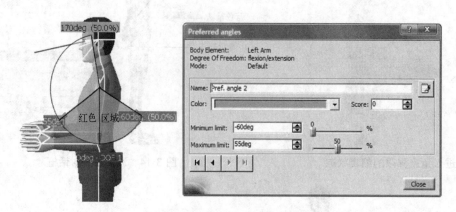

图 3-18　首选角度编辑

在首选角度编辑对话框中包括了以下内容：

● Body Element（部位）：激活部位的名称。

● Degree Of Freedom（自由度）：激活的自由度。

● Name（名称）：可填入或默认编辑区域的名称。

● Color（颜色）：首选角度区域的颜色设定，在此可为不同的区域设定不同的颜色，便于用户进行姿态优化。

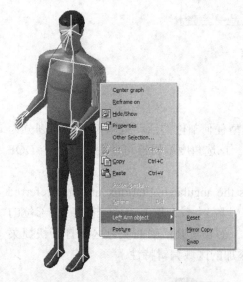

图 3-19　进入首选角度的高级操作

● Score（分值）：在该项中必须填入评定值，系统要根据不同部位不同区域的评定值来评估和优化人体模型的姿态。

● Minimum/Maximum limit（最小/最大界限）：编辑区域的极限设定。

② 首选角度高级操作。在一个部位上右击，打开快捷菜单（如图 3-19），即可进入首选角度的高级操作。

● Reset（恢复）项：可使编辑部位（在其所有自由度的方向上）的首选角度恢复到默认状态。

● Mirror Copy（镜像复制）项：可使编辑部位（在其所有自由度的方向上）的首选角度参数被复制到对侧部位。注意：具有对称部位才能激活此项功能。

● Swap（交换）项：可使编辑部位（在其所有自由度的方向上）的首选角度的参数与对侧部位的首选角度参数对换。注意：具有对称部位才能激活此项功能。

3.2.2.3　数字人体定位与运动仿真

作为成熟的 CAD/CAM（计算机辅助设计/计算机辅助制造）软件，CATIA 把人体测量学中的各种知识和理论直接嵌入程序内部，在实际的设计过程中，只需要将人体模型直接放入所考虑的机械设备或工程设计之中即可。表 3-2 是 CATIA 人体模型的高级功能设置。

对于不同的工况与工业设备，人的作业姿势也不尽相同。CATIA 可以便捷地调整人体模型在不同的作业工况下的姿势姿态，以满足不同作业姿态下的空间尺寸测定和分析评价。图 3-20 是飞机作业仿真评价，左图为作业工人安装机器设备，右图是整个作业空间布局分析。

表 3-2　CATIA 中人体模型的高级功能设置

CATIA 人体模型高级设置		功能
人体及肢体定位	人体定位	应用 Place Mode（放置功能），可以将人体模型放置到任意位置
	肢体定位	运用 Reach Modes（定位模式）工具栏可进行肢体定位。分为 Reach（position only）（位置定位）和 Reach（position & orientation）（位置及方向定位）两种方式
绑定与解除		绑定功能是建立人体模型肢体的某个部位与一个或几个目标之间的单向绑定关系
人体模型的约束	接触约束（Contact Constraint）	所选的两个接触点重合
	重合约束（Coincidence Constraint）	建立人体模型某部位与物体的线或面之间的约束
	锁定（Fix Constraint）	指锁定人体模型的某个部位在空间的当前位置和方向（有时仅锁定方向或位置），是约束的一种形式
	锁定于（Fix On Constraint）	指将人体模型的某个部位相对于空间的某个物体于当前位置和方向锁定（有时仅锁定方向或位置），这是锁定约束的另外一种形式
干涉检验		在人机工程设计过程中，往往需要将人和机器设计在同一个空间，为了确定二者的相互位置，避免干涉，就需要进行检验
人体运动仿真		按轨迹运动是使人体模型的某个部位按照设定的轨迹运动

图 3-20　CATIA 作业仿真

（1）人体定位

假设存在一个人体模型（参考点在右脚）站在地板的一角（如图 3-21），应用 Place Mode（放置功能），可以将人体模型放置到任意位置。在工具栏上单击 Place Mode（放置功能）按钮，使其高亮，将罗盘移动到需要的位置（如图 3-22）。

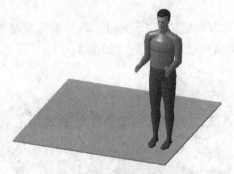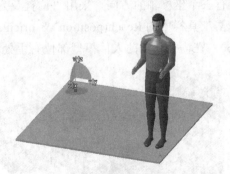

图 3-21　地板上的人体模型　　　　　图 3-22　移动罗盘

单击人体模型，则人体模型移动到罗盘所在的位置（如图 3-23）。拖动罗盘上的方向指示，可以对人体模型进行各个方向的移动或转动（如图 3-24）。再次单击按钮，人体模型放置完毕。

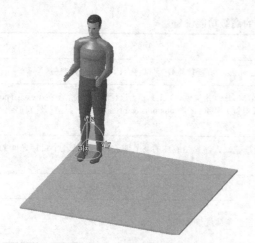

图 3-23　人体模型移动至罗盘处　　　　　图 3-24　转动人体模型

（2）肢体定位

在工作区域有一个工人和一台设备（如图 3-25），现想要把工人的右手置于设备的刹把处，选择 Reach Modes（定位模式）■■ ■■，定位模式包括"位置定位"和"位置及方向定位"两种。

① Reach(position only)（位置定位）。人体模型某个部位的最终定位仅仅取决于罗盘的 x 轴、y 轴或 z 轴时，采用"位置定位"。

单击工具栏中的 Reach(position only)（位置定位）■■ 按钮，将罗盘移至刹把处（如图 3-26），在需要移动的人体模型部位右手处单击，该部位自动移至刹把处（如图 3-27）。如果还需要对其他部位进行定位，可重复以上动作。再次单击 ■■ 按钮结束定位。

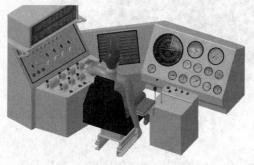

图 3-25　司钻员和直流电动钻机司钻控制台　　　　图 3-26　移动罗盘至刹把

② Reach(position & orientation)（位置及方向定位）。若人体模型的某个部位的最终定位仅取决于罗盘的所有三个坐标轴的方向，采用"位置及方向定位"。

单击工具栏中的 Reach(position & orientation)（位置及方向定位）■■ 按钮，将罗盘移至刹把处（如图 3-26），在需要移动的人体模型部位右手处单击，该部位自动移至刹把处（如图 3-28）。

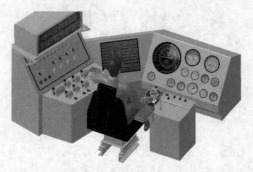

图 3-27　位置定位　　　　　　　　　图 3-28　位置及方向定位

注意：两种定位模式主要在定位方向上有差别。

（3）绑定与解除

绑定功能是建立人体模型肢体的某个部位与一个或几个目标之间的单向绑定关系，人体是主体，目标是从体。所谓单向绑定是指目标只能随人体动，反之无效。人体部位与目标一旦绑定，则目标将随着人体部位一起移动（如图 3-29 和图 3-30）。当需要人体某个部位与某个物体一起运动，或要求在设计空间位置时保持同一状态和位置，就要应用绑定功能。

① 绑定。在工具栏上单击 Attach/Detach（绑定/解除）按钮，选择要与人体模型某个部位绑定的物体，即在该物体上单击（以圆棒为例），然后选中人体模型上需要与物体绑定的部位，本例中是人体模型的右手，随后弹出绑定提示对话框（如图 3-31），提示圆棒将要与人体模型的右手绑定，单击对话框中的 OK 按钮，则绑定完成。当运用人体模型姿态的编辑功能对其编辑时，会发现二者将一起运动。如图 3-30 中人体模型伸展右臂，圆棒也随之移动。

② 解除。如果需要解除绑定，再次单击 Attach/Detach（绑定/解除）按钮，然后在物体（圆棒）上单击，出现如图 3-32 所示的提示对话框，单击 Detach Object（解除绑定物体）按钮，会再次出现提示对话框（如图 3-33），提示解除成功，单击确定按钮，则绑定解除（如图 3-34）。在此情况下，对人体模型进行编辑，圆棒不再随手臂的运动而运动。

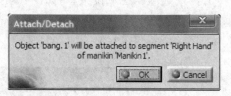

图 3-31　绑定提示对话框

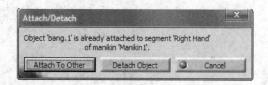

图 3-29　右手与圆棒绑定　　图 3-30　伸展手臂　　　　图 3-32　提示对话框

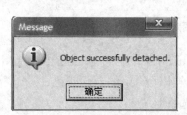

图 3-33　绑定解除提示对话框　　　　图 3-34　解除绑定

（4）人体模型约束

约束是建立人体模型与被研究对象之间的关系，CATIA 中约束包括"点与点约束"和"线与面约束"。约束菜单需要加载才能使用，在下拉菜单选取 Tools（工具）→Customize（定制）菜单→Toolbars（工具条），出现图 3-35 左方菜单。点击 New 出现 New Toolbar（新建工具栏）对话框，按图中选择后画面弹出约束图标菜单（见图 3-35 右上方）。

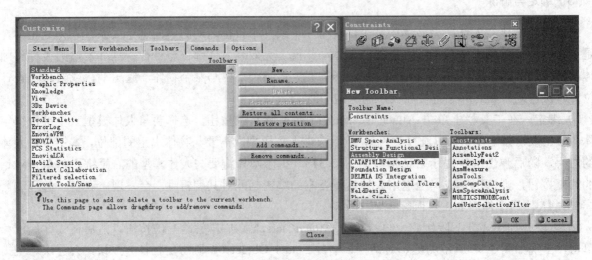

图 3-35　人体模型约束

① 常规选项。在下拉菜单打开 Tools（工具）→Options（选项）菜单，然后在 Options（选项）对话框左侧树状目录中选择 Ergonomics Design & Analysis（人机工程学设计与分析）→Human Builder（建立人体模型）（如图 3-36）。

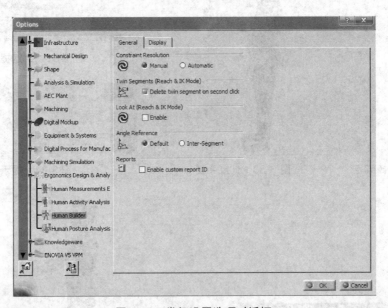

图 3-36　常规设置选项对话框

在 Constraint Resolution（约束的确定）栏提供了 Manual（手动）和 Automatic（自动）两种刷新方案。在默认情况下，图 3-37 所示的 Constraints（约束）栏给出了约束的显示颜色。

如果需要改变，可以在下列某一项中的下拉颜色表中选择。

- Updated and Resolved（刷新和确认）：默认绿色，显示约束被确认。
- Updated and Not Resolved（刷新和不确认）：默认红色，显示约束未被确认。
- Not Updated（未刷新）：默认黑色，显示约束还未被刷新。
- Inactive（休眠）：默认黄色，显示约束不再是激活状态。
- Temporary（暂时）：默认橘红色，显示约束是暂时的。
- Normal vectors（法向向量）：默认绿色，显示约束的法向向量。

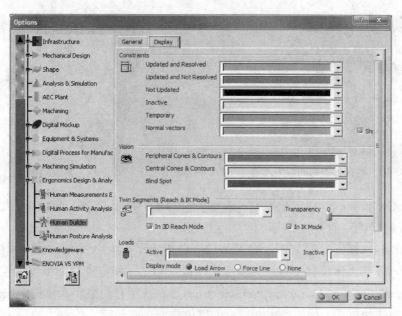

图 3-37 约束的显示颜色

应用人体模型的约束功能，可以使人体模型在 IK 模式中，精确地达到用户要求的姿态。

② 接触约束（Contact Constraint）。单击工具栏中的 Contact Constraint（接触约束）按钮，在人体模型上选中要与物体接触的一点（本例为左脚掌），在物体上选择一个接触点（本例为台阶上的一点），此时工作区域内显示出两点间的距离（如图 3-38）。单击 Updates all Constraints and Manikin Representations（刷新所有约束和人体模型表述）按钮，确认约束，则所选的两个接触点重合，接触约束完成（如图 3-39）。

图 3-38 选择接触点

图 3-39 接触约束

③ 重合约束（Coincidence Constraint）。重合约束是建立人体模型某部位与物体的线或面之间的约束。在建立约束时，假设物体的线是无限长的，面也是无限大的，当约束建立后，只要选中的人体模型的部位末端的法向与线或面的法向的方向一致，则认为是"重合"的。

单击工具栏中的 Coincidence Constraint（重合约束）按钮，如图 3-40 所示，选择人体模型的某一部位（本例选择右手掌），然后选择物体上的一条边或者一个面（本例选择一个面）。单击 Updates all Constraints and Manikin Representations（刷新所有约束和人体模型表述）按钮，确认约束，重合约束完成（如图 3-41）。

图 3-40　选择被约束的两个元素

图 3-41　重合约束

④ 锁定（Fix Constraint）。锁定是指锁定人体模型的某个部位在空间的当前位置和方向（有时仅锁定方向或位置），是锁定约束的一种形式。

单击 Fix Constraint（锁定）按钮，如图 3-42（a）所示，选中锁定的部位（本例选择左手掌），在锁定约束确认之前，改变人体模型姿势，人体部位锁定点与空间锁定点有一黑线相连［如图 3-42（b）］。单击 Updates all Constraints and Manikin Representations（刷新所有约束和人体模型表述）按钮，确认约束，锁定完成。确认约束后人体模型需要锁定的部位将回到起初锁定位置［如图 3-42（c）］。

⑤ 锁定于（Fix On Constraint）。锁定于是指将人体模型的某个部位相对于空间的某个物体于当前位置和方向锁定（有时仅锁定方向或位置），这是锁定约束的另外一种形式。

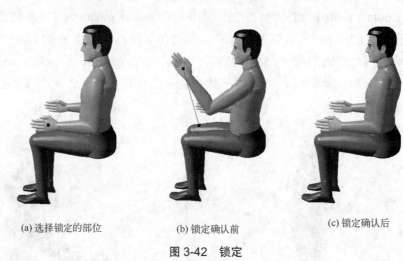

(a) 选择锁定的部位　　　　　　　(b) 锁定确认前　　　　　　　(c) 锁定确认后

图 3-42　锁定

单击 Fix On Constraint（锁定于）按钮［如图 3-43（a）］，选中锁定的部位（本例为右手掌），再选中与右手保持位置不变的物体，在锁定约束确认之前，移动人体模型，人体部位锁定点与空间锁定点间有一黑线相连［如图 3-43（b）］。单击 Updates all Constraints and Manikin Representations（刷新所有约束和人体模型表述）按钮，确认约束，锁定完成。确认约束后人体模型需要锁定的部位将回到起初锁定位置［如图 3-43（c）］。

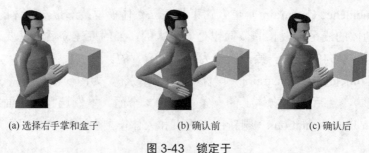

(a) 选择右手掌和盒子　　　　　　(b) 确认前　　　　　　　(c) 确认后

图 3-43　锁定于

（5）干涉检查

在人机工程设计过程中，往往需要将人和机器设计在同一个空间，为了确定二者的相互位置，避免干涉，就需要进行检验。CATIA 提供了 Clash Detection（干涉检验）功能。在进行检验前首先要进行必要的设置。

在主菜单中逐次选中 Tools（工具）→Options（选项）菜单，弹出 Options（选项）对话框，在左侧的树状目录中选中 Digital Mockup（数字模型）→DMU Fitting（DMU 配置），右侧展开，在 DMU Manipulation（DMU 处理）栏内的 Clash Feedback（干涉反馈）选项栏中激活 Clash Beep（干涉提示），如图 3-44 所示。

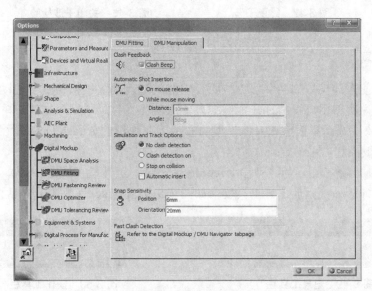

图 3-44　选项对话框

假设存在如图 3-45 所示的人体模型和设备，单击 Clash Detection(On)（打开干涉检验）按钮，移动人体模型使之与设备出现重合部分，则干涉部分出现高亮轮廓（如图 3-46）。

如果要使图 3-46 中的人体模型和设备在设计中避免干涉，并且在相互接触时停止移动，可应用 Clash Detection(Stop)（终止干涉）功能。

图 3-45　人体模型和设备　　　　图 3-46　打开干涉检验

单击按钮，拖动人体模型向设备靠近，当人体模型与设备接触时，人体就不会再往前移动。如果继续移动罗盘，则只显示干涉部分的高亮轮廓（如图 3-47）。

如果在干涉检验后，不需要再进行干涉检验了，单击 Clash Detection(Off)（关闭干涉检验）按钮，再拖动人体模型，干涉部分不再显示（如图 3-48）。

图 3-47　终止干涉　　　　　　　　图 3-48　关闭干涉检验

（6）人体运动仿真

人体运动仿真是使人体模型的某个部位按照设定的轨迹运动，模拟仿真一些动作。下面以一个人用右手擦黑板的仿真来说明使用过程。打开范例中人体运动仿真目录中 chb 文件，单击 Attach/Detach（绑定/解除）按钮，依次选择黑板擦和人体模型的右手。在弹出的 Attach/Detach（绑定/解除）提示栏中单击 OK 按钮，将黑板擦和右手绑定。

单击 Track（轨迹）按钮，随之弹出 Recorder（记录）工具栏（如图 3-49）、Manipulation（操作）工具栏（如图 3-50）、Player（播放器）工具栏（如图 3-51）和 Track（轨迹）对话框（如图 3-52）。

图 3-49　记录工具栏　　　　　　　　图 3-50　操作工具栏

图 3-51　播放器工具栏

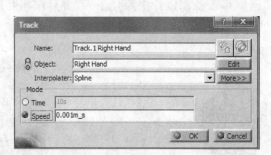

图 3-52　轨迹对话框

在轨迹对话框中的 Object（目标）栏中选中需要移动的人体模型部位（本例选择右手），在 Interpolater 中选择移动的形式［本例选择 Spline（曲线）］。在 Mode 栏可以设置运动的 Time（时间）和 Speed（速度）。

在右手的罗盘处点击鼠标右键，如图 3-53 在弹出的菜单中选择 Make Privileged Plane Most Visible（使特殊平面视野最佳）。双击 Record（记录）按钮，使该按钮高亮。将光标置于罗盘内部（不应点击中间红点），按住鼠标左键拖动罗盘，右手和黑板擦将随之运动，移动的轨迹将成为仿真运动的轨迹。单击 Record（记录）按钮，操作播放器的播放按钮，即可播放图 3-54 所示被记忆的仿真运动轨迹。

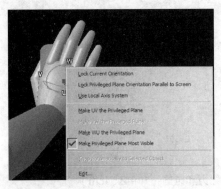

图 3-53　菜单选择

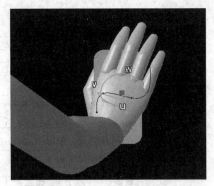

图 3-54　仿真运动轨迹

3.2.3　伸及域与作业范围

（1）伸及域

伸及域位于作业者前方，是作业者无须向前倾身或前伸就能伸及的一个三维空间范围（如图 3-55）。经常操作或触及的对象（操纵元件、工具等）应布置在伸及域内，且尽可能靠近作业者身体。正常作业范围是指上臂自然下垂，以肘关节为中心，前臂做回旋运动时手指所触及的范围。经常使用的操纵元件应该布置在伸及域内。

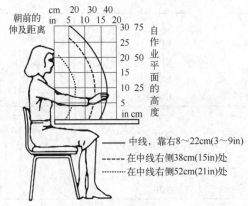

图 3-55　坐姿女性 P_5 伸及域

（2）坐姿状态手、脚操作区域

① 巴恩斯和斯夸尔斯水平操作伸及域。巴恩斯以 P_{50} 男子为例进行伸及域分析。正常作业区域是假设上臂不伸展，且以肘部保持一固定点位置，前臂掠扫的范围；最大操作区域是整个上肢从肩部向外伸展时的掠扫范围（如图 3-56）。巴恩斯确定的正常区域是以肘部保持一固定点为前提的。

斯夸尔斯认为前臂由里侧向外侧做回转运动时，肘部位置发生一定的相随运动，手指伸及点组成的轨迹不是圆弧，是外摆线（如图 3-56）。

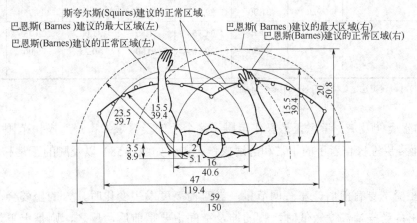

图 3-56　男子 P_{50} 在作业面上正常和最大伸及范围

上方数据单位是英寸，下方数据单位是厘米

② 伊斯雷尔斯基的坐姿伸及域。伊斯雷尔斯基测试了 P_5 男性在坐姿下右手最大伸及域（如图 3-57、表 3-3），表中的数据是男性在着装较少情况下测得的，对于着装较多的实际操作需要数据修正，一般乘以 0.8，对于女性操作者乘以 0.9。

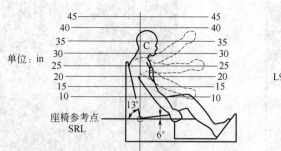
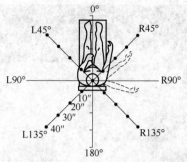

图 3-57　男子 P_5 在坐姿下右手最大伸及能力和范围（1in=2.54cm）

SRL 为座椅基准面（seat reference level）

表 3-3　坐姿下 P_5 男子右手伸及域

偏左（L）或偏右（R）的角度/(°)	自座椅参考点（SRP）算起的不同平面高度右手伸及距离/in							
	10in	15in	20in	25in	30in	35in	40in	45in
L165								10.50
L150								8.75
L135								7.75
L120						10.75	11.25	7.50
L105						12.25	11.75	7.25
L90						13.75	12.25	7.25
L75						15.00	12.50	7.50
L60			17.50	18.25	17.25	16.00	13.25	7.75
L45		19.00	19.50	20.00	19.00	17.25	14.00	8.50
L30		21.75	21.50	22.50	21.50	19.25	15.50	9.50
L15		23.25	23.50	24.00	23.75	21.00	17.00	11.00
0		24.75	25.50	26.25	25.50	22.25	19.00	12.75
R15		26.50	28.00	28.25	27.25	24.75	21.00	15.50
R30	27.00	28.50	30.00	30.25	29.00	26.75	22.75	17.50
R45	28.25	30.00	31.00	31.00	30.25	28.25	24.75	19.00
R60	29.00	31.00	32.00	31.50	31.00	29.00	25.50	20.50
R75	29.25	31.50	32.25	32.00	31.25	29.50	26.00	20.50
R90	29.25	31.00	32.25	32.25	31.25	29.75	26.25	21.00
R105	28.75	30.75	31.75	31.50	31.00	29.75	26.75	21.50
R120	27.75	29.50	30.50	30.50	30.25	29.00	26.25	21.25
R135	26.25							20.00

注：in 为长度单位英寸，我国法定单位使用 cm，1in=2.54cm。

③ 科罗默的坐姿伸及域。考虑正常操作范围（整个手伸及区域）和舒适操作范围差异，科罗默通过实验测试给出了坐姿男性操作者手的正常和舒适操作范围（如图 3-58）以及脚的正常和舒适操作范围（如图 3-59）。

一般来说，座椅本身有前后、左右调节量，当座椅高度发生变化时，人的坐姿会产生很大差异。科罗默通过实验得出：当座椅高度较低时，脚的伸及空间主要是前后，反之，则是上下。施力大小受到脚操作空间限制。

（3）立姿下手操作区域

图 3-60 是立姿男性 P_5 单臂、双臂伸及范围，图中各种线型是相对正中矢状面一定距离的最大伸及域。从图中明显看到相对正中矢状面距离不同，最大伸及域则不同，双臂最大伸及域比单臂最大伸及域小。

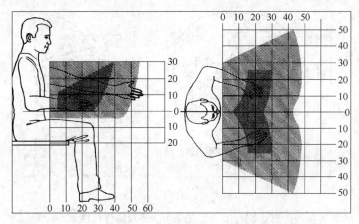

图 3-58 坐姿下男性手正常操作和舒适操作范围（单位：cm）

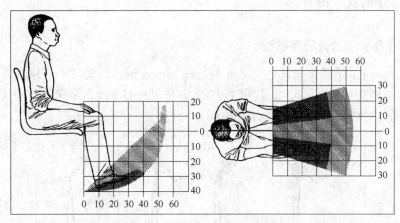

图 3-59 坐姿下男性脚正常操作和舒适操作范围（单位：cm）

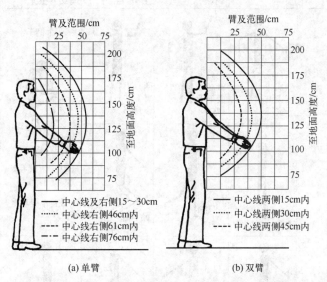

(a) 单臂　　　　　　　　　　(b) 双臂

图 3-60 立姿男性 P_5 单臂、双臂最大伸及范围

　　以成年男子 P_{50} 为例（身高 1678mm），在不计鞋底厚度、标准姿势的条件下，测试手臂操作范围（如图 3-61）。图 3-61（a）中粗实线是最大握取范围，是以肩关节为中心，以肩关节到手掌心为半径确定的区域。肩关节到肘部区域是人体最舒适操作区域，同时也便于视力观察，采用剖面线绘制。图 3-61（b）中细实线是指尖触及范围，即最大伸及域。由于图中尺寸是在一定条件下测试的，故在具体应用时应作适当修正。

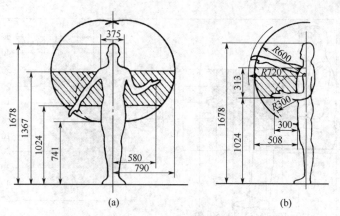

图 3-61 立姿下男性 P₅₀ 手臂操作范围

3.2.4 作业姿势与舒适度评价方法

（1）OWAS 法（作业姿势分析系统法）

OWAS 法是芬兰 Ovako 钢铁公司与芬兰职业健康研究所对钢铁公司各个岗位工人的作业姿势进行研究，记录了 14 种常见姿势（如图 3-62），提出 OWAS 方法记录整个身体姿势、躯干姿势、上肢姿势、下肢姿势，可以定性描述身体姿势状态，帮助识别不良作业姿势。

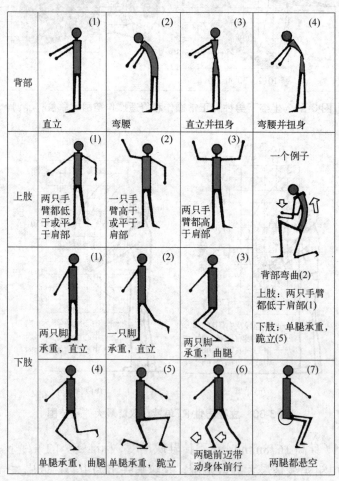

图 3-62 OWAS 法中定义的常见姿势

该方法是根据人当前姿势按照图 3-63 对姿势进行四位数编码（背部+上肢+下肢+载荷），查找彩插表 3-4 中的行动等级 AC（actiong categories，AC）。若在 AC1 正常区域内属于可以接受；AC2 为身体姿势引起劳累，尚能接受；AC3 为身体姿势明显引起劳累，需要重视并加以改进；AC4 为身体姿势明显引起高度劳累，必须马上改正。

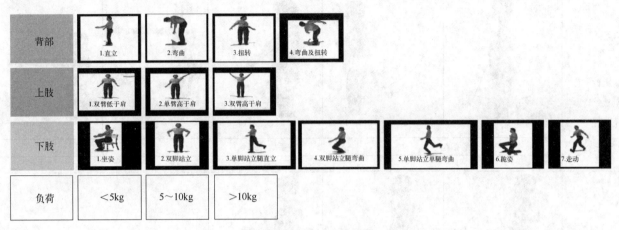

图 3-63　OWAS 编码图

例 3-1：粉刷天花板工作姿势。

解：① 观察图 3-64 中工人背部、手臂、腿部与重量负荷姿势，依据图 3-63 确定工作姿势编码。

背部：扭转 3；上肢：单臂高于肩 2；下肢：双脚站立 2；负荷：<5kg。

② 确定工作姿势等级。依据表 3-4 查找该作业姿势的行动等级为 AC1。

③ 行动处理方案。AC1 属于正常作业，该作业姿势可以接受。

（2）RULA 法（上肢快速评估法）

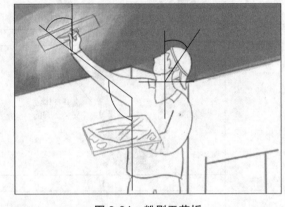

图 3-64　粉刷天花板

上肢快速评估法是由 McAtamney 和 Corlett 提出的一种以工作姿势为对象的研究方法。主要用于评估肌肉骨骼系统负荷率和颈部、上肢工伤风险的工具。研究时应选用最频繁使用关节，或最不舒适姿势，依据关节当前角度对各关节打分，得到的最终分数为评价值（如图 3-65）。

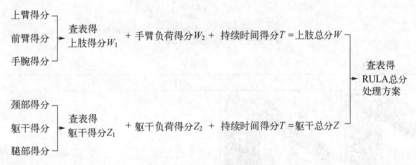

图 3-65　RULA 分析流程

RULA 法是对作业者当前姿势进行上肢、躯干评分，查表求得 RULA 总分，确定作业姿势等级，给出该处理意见。

方法步骤：

① 计算上肢总分 W。

a. 分别对上肢的上臂、前臂、手腕评分。对作业者当前姿势依据表 3-5 分别对上臂、前臂、手腕评分。

表 3-5　RULA 上肢评分表

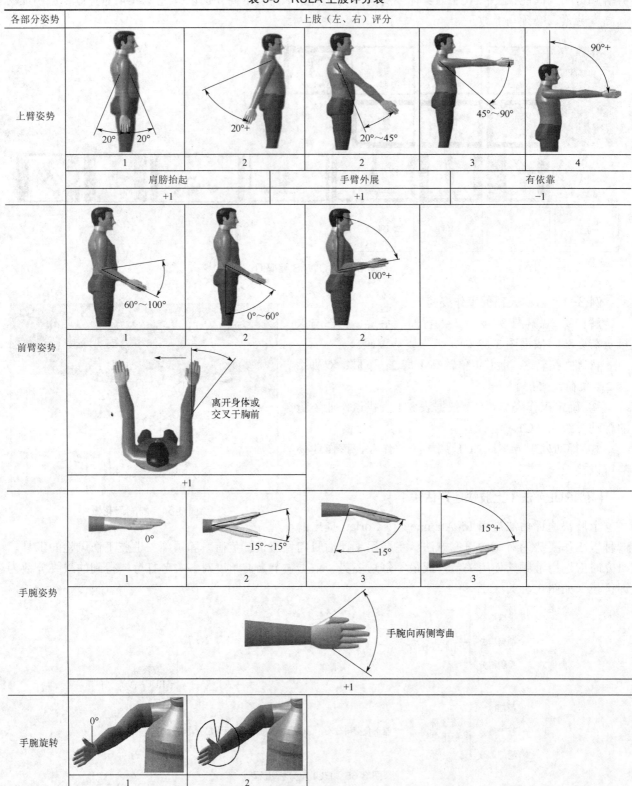

注：例如，若上臂姿势为 1 分，同时上臂肩部处于抬起状态，则需要上臂得分+1，即为 2 分，其他同理。

b．得到上肢得分 W_1。在表 3-6 按照上臂、前臂、手腕分值找出 W_1 分值。

c．查询表 3-7 确定手部负荷得分 W_2、持续时间得分 T。

d．计算上肢总分 W。

$$W=W_1+W_2+T \qquad (3-1)$$

表 3-6　RULA 上肢得分 W_1

上臂及前臂得分		手腕得分							
		1		2		3		4	
上臂姿势	前臂姿势	腕旋转		腕旋转		腕旋转		腕旋转	
		1	2	1	2	1	2	1	2
1	1	1	2	2	2	2	3	3	3
	2	2	2	2	2	3	3	3	3
	3	2	3	2	3	3	3	4	4
2	1	2	2	2	3	3	3	4	4
	2	2	2	2	3	3	3	4	4
	3	2	3	3	3	3	4	4	5
3	1	2	3	3	3	4	4	5	5
	2	2	3	3	3	4	4	5	5
	3	2	3	3	4	4	4	5	5
4	1	3	4	4	4	4	4	5	5
	2	3	4	4	4	4	4	5	5
	3	3	4	4	5	5	5	6	6
5	1	5	5	5	5	5	6	6	7
	2	5	6	6	6	6	7	7	7
	3	6	6	6	7	7	7	7	8
6	1	7	7	7	7	7	8	8	9
	2	7	8	8	8	8	9	9	9
	3	9	9	9	9	9	9	9	9

表 3-7　RULA 手部负荷得分 W_2、持续时间得分 T

手部负荷得分 W_2	无负荷，或者小于 2kg 临时负荷	2～10kg 临时负荷	2～10kg 重复或持续负荷，10kg 以上临时负荷	10kg 以上重复或持续负荷，冲击
	0	1	2	3
持续时间得分 T	经常改变姿势		姿势保持静止，单次持续 1min 或至少为 4 次/min	
	0		1	

② 计算躯干总分 Z。

a. 分别对颈部、躯干、腿部评分。对作业者当前姿势依据表 3-8 分别对颈部、躯干、腿部评分。

表 3-8　RULA 躯干评分表

各部分姿势		躯干评分			
	基本姿势	0°～10°	10°～20°	20°	
		1	2	3	4
颈部姿势	颈旋转	0°			
		0	+1		
	颈侧旋转	0°			
		0	+1		

各部分姿势		躯干评分			
躯干姿势	基本姿势	0° 1	0°~20° 2	20°~60° 3	60°+ 4
	躯干旋转	0° 0	+1		
	躯干侧弯	0	+1		
腿部姿势	基本姿势	良好支撑姿势平衡 1		无支撑不平衡 2	

b. 得到躯干姿势得分 Z_1。在表 3-9 按照颈部、躯干、腿部分值找出躯干姿势得分 Z_1。

c. 查询表 3-10 确定躯干负荷得分 Z_2、持续时间得分 T。

d. 计算躯干总分 Z。

$$Z=Z_1+Z_2+T \tag{3-2}$$

表 3-9　RULA 躯干姿势得分 Z_1

颈部得分	躯干得分											
	1		2		3		4		5		6	
	腿部得分											
	1	2	1	2	1	2	1	2	1	2	1	2
1	1	3	2	3	3	4	5	5	6	6	7	7
2	2	3	2	3	4	5	5	5	6	7	7	7
3	3	3	3	4	4	5	5	6	6	7	7	7
4	5	5	5	6	6	7	7	7	7	7	8	8
5	7	7	7	7	7	8	8	8	8	8	8	8
6	8	8	8	8	8	8	8	9	9	9	9	9

表 3-10　躯干负荷得分 Z_2、持续时间得分 T

躯干负荷得分 Z_2	无负荷，或者小于 2kg 临时负荷	2~10kg 临时负荷	2~10kg 重复或持续负荷，10kg 以上临时负荷	10kg 以上重复或持续负荷，冲击
	0	1	2	3
持续时间得分 T	经常改变姿势		姿势保持静止，单次持续 1min 或至少为 4 次/min	
	0		1	

③ 计算 RULA 总分。依据上肢总分 W、躯干总分 Z 在表 3-11 中查得 RULA 总积分。

表 3-11　RULA 总积分

上肢总分 W	躯干总分 Z						
	1	2	3	4	5	6	7+
1	1	2	3	3	4	5	5
2	2	2	3	4	4	5	5
3	3	3	3	4	4	5	6
4	3	3	3	4	5	6	6
5	4	4	4	5	6	7	7
6	4	4	5	6	6	7	7
7	5	5	6	6	7	7	7
8+	5	5	6	7	7	7	7

④ RULA 处理方案。针对当前姿势依据 RULA 总分查表 3-12 得到处理方案。

作业时，导致上肢不适的因素很多，除了作业姿势因素（整个身体姿势、手腕姿势、手臂姿势等），还受到关节使用频率、上肢施力大小、在整个作业周期内姿势变动情况等因素影响。

表 3-12　RULA 处理等级

级别	RULA 总分	RULA 处理方案
I	1～2	较舒适。若不保持过长的时间，姿势可以接受
II	3～4	稍有不适。有进一步调查研究的必要，如有必要可改动姿势
III	5～6	较不舒适。需尽快进行调查研究，改善姿势
IV	7	非常不舒适。应立即进行调查研究，改变姿势

（3）REBA 法（全身快速评估法）

全身快速评估法由 McAtamney 和 Hignett 提出，是评估工作过程中不合理姿势。对上肢和躯干打分，得到的最终分数为评价值，具体流程见图 3-66。

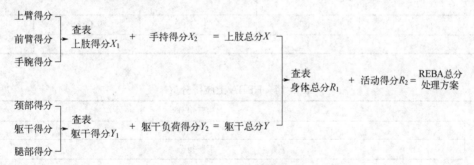

图 3-66　REBA 分析流程

REBA 法主要用于工作空间全身人机评价（静态、动态、不稳定）。一般选用重复频率最高的姿势、保持时间最长的姿势、需要最大肌力的姿势、产生不适的姿势、最不稳定的姿势做分析。

方法步骤：

① 计算上肢总分 X。

a. 分别对上肢的上臂、前臂、手腕评分。对作业者当前姿势依据表 3-13 分别对上臂、前臂、手腕评分。

b. 得到上肢得分 X_1。在表 3-14 按照上臂、前臂、手腕分值得到 X_1 分值。

c. 查询手持得分 X_2。在表 3-13 查询手持得分 X_2。

d. 计算上肢总分 X。

$$X=X_1+X_2 \tag{3-3}$$

表 3-13　REBA 上肢评分表

各部分姿势	上肢（左、右）评分				
上臂姿势	+1 20° 20°	+2 20°+	+2 20°~45°	+3 45°~90°	90°+ +4
	1	2	2	3	4
	肩膀抬起		手臂外展		有依靠
	+1		+1		−1
前臂姿势	+1 60°~100°	+2 0°~60°	100°+ +2		
	1	2	2		
手腕姿势	+1 −15°~15°	+2 −15°	15°+ +2		
	1	2	2		
	手腕向两侧弯曲				
	+1				
手持	很稳定	一般	有些不稳定	很不稳定	
	0	1	2	3	

表 3-14　REBA 上肢得分 X_1

上臂得分	前臂得分					
	1			2		
	手腕得分					
	1	2	3	1	2	3
1	1	2	2	1	2	3
2	1	2	3	2	3	4
3	3	4	5	4	5	5
4	4	5	5	5	6	7
5	6	7	8	7	8	8
6	7	8	8	8	9	9

② 计算躯干总分 Y。

a. 在表 3-15 查询躯干负荷得分 Y_2。

表 3-15　REBA 躯干负荷得分 Y_2

躯干负荷得分 Y_2	小于 5kg	5~10kg	大于 10kg
	0	1	2
	冲击或快速用力		
	+1		

b. 分别对颈部、躯干、颈部评分 Y_i。对作业者当前姿势依据表 3-16 分别对颈部、躯干、腿部评分。

表 3-16　REBA 躯干评分表

各部分姿势	躯干			
颈部姿势				
	1	2	2	
	颈侧弯	颈旋转		
	+1	+1		
躯干姿势				
	1	2	2	3	4
	躯干侧弯		躯干旋转		
	+1		+1		
腿部姿势				
	1		2		
	膝关节弯曲 30°~60°		膝关节弯曲超过 60°		
	+1		+2		

c. 查询 REBA 躯干姿势得分 Y_1。依据颈部、躯干、腿部评分在表 3-17 得到躯干姿势得分 Y_1。

d. 计算躯干总得分 Y。

$$Y=Y_2+Y_1 \tag{3-4}$$

③ 计算 REBA 身体得分 R_1。依据上肢总分、躯干总分查表 3-18 得到身体得分 R_1。

④ 查询活动得分 R_2。依据表 3-19 查询活动得分 R_2。

⑤ 计算 REBA 总分 R。

$$R=R_1+R_2 \tag{3-5}$$

表 3-17 REBA 躯干姿势得分 Y₁

颈		1				2				3			
躯干		腿				腿				腿			
		1	2	3	4	1	2	3	4	1	2	3	4
1		1	2	3	4	1	2	3	4	3	3	5	6
2		2	3	4	5	3	4	5	6	4	5	6	7
3		2	4	5	6	4	5	6	7	5	6	7	8
4		3	5	6	7	5	6	7	8	6	7	8	9
5		4	6	7	8	6	7	8	9	7	8	9	9

表 3-18 REBA 身体得分 R₁

躯干总分 Y	上肢总分 X											
	1	2	3	4	5	6	7	8	9	10	11	12
1	1	1	1	2	3	3	4	5	6	7	7	7
2	1	2	2	3	4	4	5	6	6	7	7	8
3	2	3	3	3	4	5	6	7	7	8	8	8
4	3	4	4	4	5	6	7	8	8	9	9	9
5	4	4	4	5	6	7	8	8	9	9	9	9
6	6	6	6	7	8	8	9	9	10	10	10	10
7	7	7	7	8	9	9	9	10	10	11	11	11
8	8	8	8	9	10	10	10	10	10	11	11	11
9	9	9	9	10	10	10	11	11	11	12	12	12
10	10	10	10	11	11	11	11	12	12	12	12	12
11	11	11	11	11	12	12	12	12	12	12	12	12
12	12	12	12	12	12	12	12	12	12	12	12	12

表 3-19 REBA 活动得分 R₂

活动得分	保持姿势持续 1min 以上	经常动作（每分钟 4 次以上）大于 10kg	姿势大幅度快速改变
	1	1	1

⑥ REBA 处理方案。针对当前姿势依据 REBA 总分查表 3-20 得到该姿势的作业等级，给出相应的处理意见。

表 3-20 REBA 处理方案

级别	REBA 总分	REBA 处理方案
Ⅰ	1	无工伤风险
Ⅱ	2~3	低风险，可能需要改善
Ⅲ	4~7	中度风险，需要进一步调查，尽快改变
Ⅳ	8~10	高风险，立即调查，着手改变
Ⅴ	>11	超高风险，立即实施改变

（4）其他方法

其他研究方法有 Priel 法（普里尔法）、姿势靶标定位法（科勒特法）、Gill 法（吉尔法）、NIOSH 提升分析法、仪器测试法和主观评价反馈法等。

Priel 法（普里尔法）是研究人员通过观察分析，将作业姿势绘制成草图，在 3 个正交参考面体系中分析对比 14 个肢体段工作位置（双手、双前臂、双上臂、双大腿、双小腿、双脚、颈部、头部位置），找出活动最频繁的肢体段与其活动范围。该方法不适于记录动态活动。

姿势靶标定位法（科勒特法）是针对高度重复性工作进行分析，以 4 个同心圆描述头部、颈部、上下肢在作业周期中位置，相对于标准姿势变化量记录得到作业人体活动范围。

Gill 法（吉尔法）是以 15° 为增量记录矢状面上躯干、大腿、小腿、上臂之间角度，分析姿势对舒适度的影响。

NIOSH 提升分析法主要针对工人双手搬起重物作业，对如何避免或减轻工人背部损伤进行研究，用提升方程计算式对工人举升重物能力进行评估。提升方程的输出结果为 RWL（许用负载极限）和 LI（LI是被举升物体质量与许用负载极限之比）。RWL 值适用于男性和 90% 女性工人的负载极限。在理想状况下，若所有的风险系数均为 1.0，则 RWL 值通常指定为 23kg。LI 是对被分析的提升任务有关的体力强度的相对估计。设计人员根据风险系数的值来计算提升分析的 RWL 值，使得设计人员在设计一项任务时确保被举升重物在工人能够承重的范围之内。

早期记录姿势主要通过纸笔，现在可以借助计算机和人机实验仪器动态捕捉姿势进行分析研究。结合计算机、光学扫描系统、声波电磁系统、脑电事件相关电位（EEG/ERP）分析系统，可以用来研究各种姿势对舒适度的影响。

舒适度研究除了采用脑电事件相关电位（EEG/ERP）分析系统，还可以采用被测试者反馈各种姿势舒适度的主观评价方法，具体包括提问法、问卷法等。

3.3 工位设计

工位（工作岗位）设计是保证单个作业者获得省力、高效和舒适的作业空间、作业机具和作业环境的设计。工位设计包括作业区域布局设计、作业台面设计。工位尺寸应该满足作业者进行各种器件操作所需要的必要活动范围，结合人在不同姿势下的活动范围，GB/T 16251 给出了工作空间设计的一般原则：

① 操作高度适合于操作者的身体尺寸及工作类型，座位、工作面（工作台）保证躯干自然直立的身体姿势，身体重量得到适当支撑，两肘置于身体两侧，前臂呈水平状；

② 座位调节到适合于人的解剖、生理特点；

③ 身体、头、手臂、手、腿、脚有足够的活动空间；

④ 操纵装置设置在肌体功能易达或可及的空间中，显示装置按功能重要性和使用频度布置在最佳或有效视区内；

⑤ 把手和手柄适合于手功能的解剖学特性。

3.3.1 工位姿势选择

在工位设计之前应该设计或选择工位姿势。众所周知，在作业时长期保持一个姿势会导致肌肉和关节疼痛，而工位姿势的选择要考虑工作本身特点。

图 3-67 是一款用户可以根据自身习惯、特点调节高度、伸及域的专业操作计算机座椅，配上可以升降的计算机托架，用户可以方便地调节工位姿势（坐姿、立姿、坐立交替姿），缓解局部肌肉疲劳，提高工作效率。

常见的工位姿势有坐姿、站姿、坐立交替姿势、其他特殊作业姿势等。坐立交替的作业姿势有利于人的健康和减轻局部肌肉疲劳，是优先采用的工位姿势。

图 3-68 给出工位姿势选择的流程。根据工作类型是否需要移动选择站姿或其他工作姿势，再根据工作本身轻重选择是否配置高脚凳，最后根据有无容脚空间和站立次数多少决定坐姿还是坐立交替姿势。

在上述基本原则的基础上，对于长时间工作、集中精力思考工作、精细工作，手脚同时需要参加工作，经常需要完成的前伸高于工作面 41cm 的工作，或高于工作面 15cm 的重复操作，尽量设计为坐姿工作。坐姿工位一般适于操纵范围和操纵力不大、精细的或需稳定连续进行的工作。对于计算机操作人员、控制管理人员等多数采用坐姿作业。

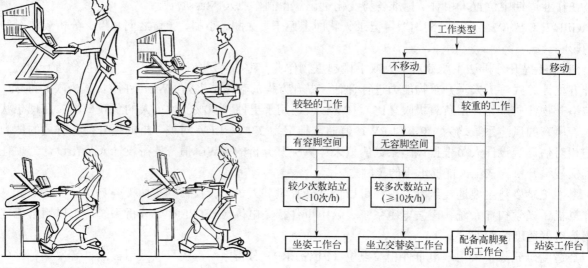

图 3-67　适于坐立交替作业姿势的工作椅　　　　图 3-68　工位姿势选择流程

立姿作业适于在较大作业场所频繁走动，操纵范围和操纵力大，非连续的短时间工作。例如工厂装配工人、航空客运部门工作人员多采用立姿作业。

因工作任务的性质不同，要求操作者在作业过程中采用不同的工位姿势来完成时，例如，既要求体位稳定以提高操作的精确度，又要求体位易于改变，可以采用坐立交替作业姿势。

一般来说，对于坐姿工作人员每个人至少要保证 $12m^3$ 以上的空间，不以坐姿为主的作业人员要有 $15m^3$ 以上的空间，重体力作业者至少要保证 $18m^3$ 以上的空间才能正常作业。这里给出的是前人分析总结的结果，随着人们生活质量的不断提高，人体自身尺寸会发生变化，因此，用户进行工位设计时最好先参考前文人体尺寸分析得到相关尺寸，最后参考本章介绍的推荐值进行校核。

3.3.2　工位尺寸设计

通常按照作业姿势或作业性质确定工位尺寸，常见的工位分为坐姿岗位、立姿岗位、坐立交替姿岗位。另一种分类是按照作业性质将作业分为Ⅰ类（使用视力为主的手工精细作业）、Ⅱ类（使用臂力为主，对视力要求一般的作业）和Ⅲ类（兼顾视力和臂力的作业）。

（1）按照作业姿势确定工位尺寸

选择合理人体尺寸百分位数，依据作业姿势绘制作业图，计算出坐姿、立姿、坐立交替姿时工位基本尺寸（如图 3-69、图 3-70、图 3-71 以及表 3-21），说明：表 3-21 给的是建议值，在设计时作为校核用。

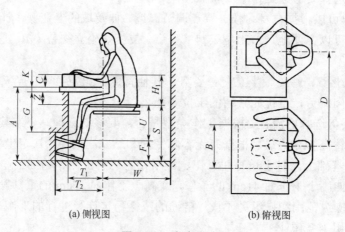

(a) 侧视图　　　　　　　　　　(b) 俯视图

图 3-69　坐姿作业

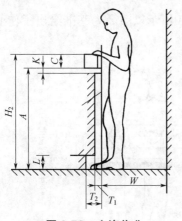

图 3-70　立姿作业

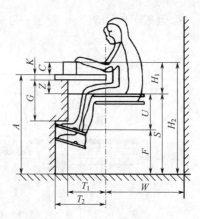

图 3-71　坐立交替姿作业

表 3-21　工位尺寸建议值　　　　　　　　　　　　　　　　　　　　　单位：mm

尺寸符号	坐姿岗位	立姿岗位	坐立交替姿岗位
横向活动间距 D	≥1000		
向后活动间距 W	≥1000		
腿部空间进深 T_1	≥300	≥80	≥300
脚空间进深 T_2	≥530	≥150	≥530
坐姿腿空间高度 G	≤340	—	≤340
立姿脚空间高度 L	—	≥120	—
腿部空间宽度 B	≥480	—	480～800
			700～800

（2）按作业性质确定工位尺寸

作业性质是正确确定作业台面高度的基本依据。对于精密作业，多以使用视力为主，工作对象离人的头部应该近些；对于轻体力作业，作业台面高度设计在立姿肘部左右；对于重体力作业，需要挥动手臂，甚至借助腰力，作业台面高度应低于立姿肘部位置处。表 3-22 给出考虑作业性质时工作岗位尺寸参考值。

表 3-22　考虑作业性质工位尺寸参考值　　　　　　　　　　　　　　　　单位：mm

类别	举例	坐姿岗位相对高度 H_1				立姿岗位相对高度 H_2			
		P_5		P_{95}		P_5		P_{95}	
		女（W）	男（M）	女（W）	男（M）	女（W）	男（M）	女（W）	男（M）
Ⅰ	调整作业、检验工作、精密元件装配	400	450	500	550	1050	1150	1200	1300
Ⅱ	分拣作业、包装作业、体力消耗大的重大工件组装	250		350		850	950	1000	1050
Ⅲ	布线作业、体力消耗小的小零件组装	300	350	400	450	950	1050	1100	1200

图 3-72 所示是精密作业、轻体力作业和重体力作业的作业台面高度，精密作业台面高于立姿肘部 10～20cm，重体力作业低于立姿肘部 10～20cm。

人眼的高度应该与显示仪表、控制器的位置相适应。配置不当会引起作业者视觉疲劳，导致作业效率降低，无法保证安全和工作可靠性。立姿眼高是指地面到眼睛的距离，一般在 1470～1750mm；坐姿眼高是指座位面到眼睛的距离，一般在 660～790mm。图 3-73 所示以眼高为基准给出了作业台面高度尺寸推荐值。

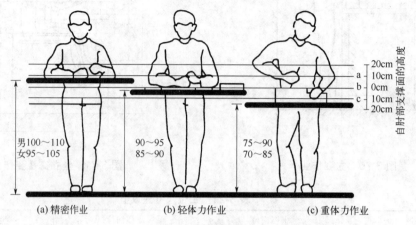

(a) 精密作业　　　　　　(b) 轻体力作业　　　　　　(c) 重体力作业

图 3-72　立姿下三类作业的作业台面高度（单位：cm）

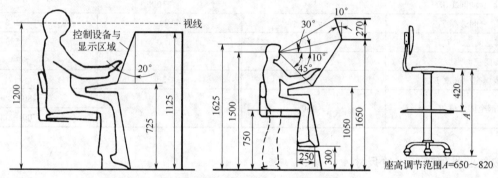

图 3-73　推荐坐姿、坐立交替姿作业台面高度

　　在实际应用中常采用"拇指准则"确定作业台面高度，即：在立姿作业下，作业台面高度相对于肘部所在平面高度低 5～10cm（如图 3-74）；坐姿作业下，作业台面与肘部所在平面等高。考虑视觉因素影响，最佳操作区域应该在肘部和肩部之间。

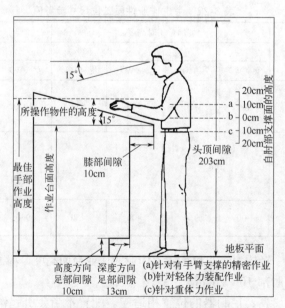

图 3-74　推荐立姿下作业台面高度

（3）作业台面深度

前面给出的作业空间基本尺寸推荐值是指人最大的伸及范围，在实际布局设计时，作业台面深度要考虑人的生理特征，即作业台面深度不仅要考虑手伸及区域，还要考虑视觉因素图中最大作业区是以人肩关节为圆心，前臂和上臂伸直情况下的最大作业区域，手眼协调区域是视觉舒适区和最大作业区域的交集（如图 3-75）。巴恩斯和斯夸尔斯分别有建议的水平操作伸及区域（图 3-56），由于操作者可能是大个头，也可能是小个头，所以在设计作业台面深度时还应该考虑具体的满足度。确定出舒适操作范围和最大伸及域就可以确定作业台面深度。由于作业面存在高度问题，实际最大作业面小于该值。

图 3-75 中阴影部分是操作者手眼能较好协调配合的区域，适合安置重要、频繁使用的操纵器。环形控制台可提高利用的工作空间（如图 3-76）。一般设置中心面板长 610mm，并带有两个长 305mm 的辅助面板，呈扇形布置，与中心面板成 135°夹角。在其他形式的控制台中，中心面板的最大长度为 914mm，辅助面板与中心面板成 120°夹角。

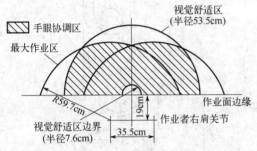

图 3-75 P_{50} 女子在坐姿下手眼协调区域

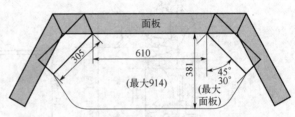

图 3-76 环形控制台

例 3-2： 以汽车驾驶员座椅设计为例，试确定操控台面合理范围。

解： 考虑到汽车驾驶员男、女性别以及身材不同，汽车座椅应该为可调节的。在设计时应满足小个头女性在最前、上位置操作，大个头男子在最后、下位置操作要求，需要分别计算出男、女驾驶员的舒适操作范围和最大伸及域（可触及操作范围）。如图 3-77 为 P_{90} 男子坐姿操作范围示意图。

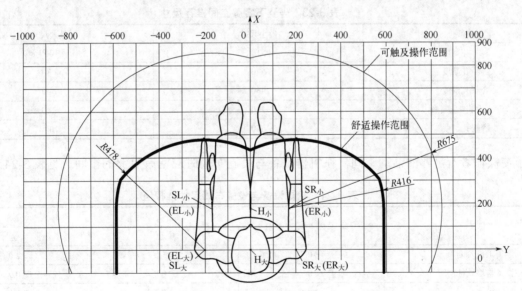

图 3-77 P_{90} 男子坐姿操作范围

图 3-77 中是粗实线为舒适作业区域，细实线为最大作业区域。跨点 H 为人体模板中的人体躯干和大腿中心线的铰接点，$H_{小}$ 表示小个头铰接点；$H_{大}$ 表示大个头铰接点；$SL_{小}$ 为小个头的左肩关节；$SL_{大}$ 为大个头的左肩关节；$EL_{小}$ 为小个头的左肘关节；$EL_{大}$ 为大个头的左肘关节；$SR_{小}$ 为小个头的右肩关节；

SR$_大$为大个头的右肩关节；ER$_小$为小个头的右肘关节；ER$_大$为大个头的右肘关节。

从原则上讲大、小个头操作者各自舒适操作范围和最大伸及域的并集为操控台面深度尺寸，考虑大个头驾驶员在最后位置操作时可以前伸，作业台面离人体最远处应以大个头驾驶员的最大伸及域确定，最近处应以小个头驾驶员舒适操作范围确定出座椅前、后、上、下调节量。

（4）其他工位尺寸

图 3-78 给出了一些适于坐立交替姿作业示例相关尺寸。综合前人研究成果，在设计用于阅读的作业台面时应倾斜 15°，用于写作的台面最好处于水平位置。伊思门（Eastman）与布里奇尔（Bridger）研究发现，采用倾斜的作业台面能改善作业者身体姿势，躯干的运动变化少，颈部弯曲减少，从而减轻作业疲劳和不适。

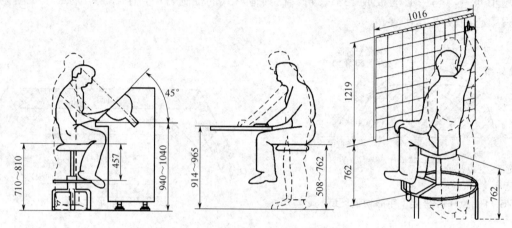

图 3-78　坐立交替姿作业示例相关尺寸

设计坐姿工位时考虑提供可调节、带腰靠、背靠的工作椅，特别要注意作业者的腿部、膝部、脚部的空间间隙（如图 3-78），表 3-23 给出坐姿下容膝空间的推荐尺寸值。

表 3-23　坐姿下容膝空间推荐尺寸　　　　　　　　　　　　　　　　单位：mm

尺寸部位	最小尺寸	最大尺寸
容膝孔宽度	510	1000
容膝孔高度	640	680
容膝孔深度	460	660
大腿空隙	200	240
容腿孔深度	660	1000

为了使操作者有足够的活动空间，在机器设备与设施布局时应留有足够的空间（见表 3-24）。

表 3-24　机器设备与设施布局尺寸推荐值　　　　　　　　　　　　　单位：mm

间距	设备类型		
	小型	中型	大型
加工设备间距	≥0.7	≥1.0	≥2.0
设备与墙、柱间距	≥0.7	≥0.8	≥0.9
操作空间	≥0.6	≥0.7	≥1.1

这种用于设备维修的空间尺寸主要由上下肢、零件和维修工具的尺寸和活动余隙决定（如图 3-79）。

除了受限于作业空间外，还一些作业环境过于狭小，人员根本无法进入，只能允许人的上肢和一些维修工具、机器零件进入。表 3-25 给出立姿作业活动余隙尺寸推荐值。

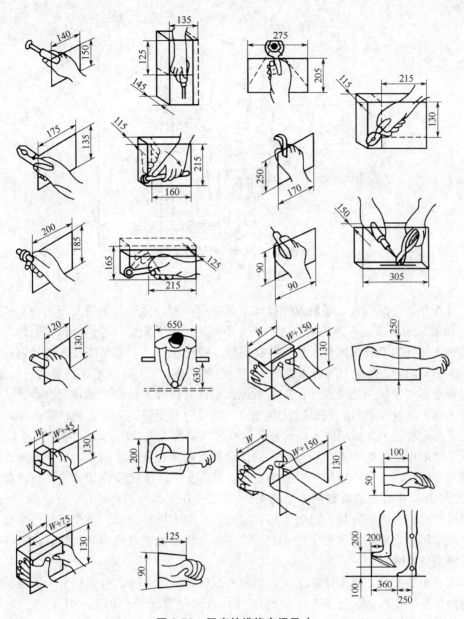

图 3-79　限定的维修空间尺寸

表 3-25　立姿作业活动余隙尺寸推荐值　　　　　　　　　　单位：mm

余隙类型	最小值	推荐值
站立用空间（工作台至身后墙壁的距离）	760	910
身体通过的宽度	510	810
身体通过的深度（侧身通过的前后间距）	330	380
行走空间宽度	305	380
容膝空间	200	
容脚空间	150×150	
过头顶余隙	2030	2100

　　例 3-3：设计半自动粉末包装机的功能尺寸 A、B、C、D、E、F、G，让使用者具有合理的工作空间、操作姿势，以缓解疲劳，提高工效。同时，在满足要求的前提下，使本机器的高度尺寸尽量小。

　　说明：图 3-80 中包装机用于淀粉、白糖、奶粉、精盐、味精等粉状物或颗粒状物的分装。操作者一般为女性，坐姿作业。连续操作 1～2h 后休息 15min 左右。

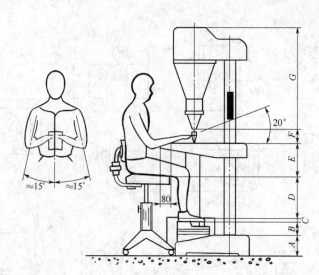

图 3-80　包装机设计

一般操作过程如下：薄膜包装袋放置在操作工优势手一侧，位于伸手可及范围内；一次抓取一小叠（10 个左右），将其拿到料斗正下方的灌装工位，双手持袋，用手指捻开包装袋口；用脚踩踏一次踏钮开关，机器即按事先调好的灌装量泻料入袋。装料完毕，操作工松手，包装袋落入滑槽内自动封口，并滑入置于主机一侧的料箱内。操作工用手指捻开下一个包装袋袋口，再次踩踏踏钮开关……如此循环作业。

解：本题属于作业空间中工位设计，如前所述，工位设计首先是合理操作姿势设计。考虑用户是女性，且有高矮之分，重复作业时间较长，其合理设计姿势应是坐姿。为了正确计算尺寸，需要认真绘制人操作状态图，在此基础上分析相关人机尺寸，这也是一般的人机分析方法，希望读者掌握。

本作业既非精细作业，也非重负荷作业，操作简单，肢体位置基本固定，但要求操作速度快，而连续工作时间较长。因此，工作姿势的关键要求是：腰椎有支靠，取腰背微微弯曲的自然放松坐姿；手腕保持顺直状态，并让操作时的前臂获得适当的支托。为此，在工作台的前沿设计了一个宽为 80mm 的 20°斜面。此斜面既可让前臂得到支托，以免除举臂的疲劳，增大接触面积，避免直角台面棱边对前臂形成高压强的点、线接触，又能引导前臂上抬约 20°的方向，使手腕顺直地举着包装袋在料斗下方承接包装物（避免尺侧偏或桡侧偏）。

包装工作需要眼睛配合，属于精细工作，工位高度应在肘部上方，有资料显示，测试研究表明：坐姿下前臂在身体前方操作时，以上臂外展 6°～25°操作较为高效舒适（如图 3-80 左侧小图），本题中假设作业者上臂各外展 15°的操作姿势。

分析包装机从地面到包装机料斗顶部高度

$$H=A+B+C+D+E+F+G$$

其中不变尺寸：

A—设备底座厚度；

C—鞋厚；

G—料斗高度。

可以变化尺寸：

B—踏钮垫片厚度；

D—椅面高度；

E—椅面、台面高度差；

F—操作高度。

由于包装机设计属于一般产品设计，考虑到必须满足大、小个头女工操作最大号口袋时舒适性，尺寸属于 I 型产品尺寸设计，因此，确定满足度为 80%（大个头女工取 P_{90}，小个头女工取 P_{10}），对可以变化尺寸根据大、小个头女工操作要求来确定具体尺寸。

课题要求在满足要求的前提下，使本机器的高度尺寸尽量小。

① 踏钮垫片厚度 B 可以设计为最小，以 B_{min} 表示；

② 考虑作业踩踏需要，椅面高度 D 按大个头女工坐姿小腿尺寸加足高（包括衣、鞋修正）尺寸比较合适，对于小个头女工可以调节座椅高度达到舒适踩踏位置，此时需要增加踏钮厚度进行调节，因此选取 $D=D_{max}=D_{90}$；

③ 椅面、台面高度差 E 应该满足大个头女工坐姿容腿空间的需要，取 $E=E_{max}=E_{90}$（E 值考虑穿衣修正量）；

④ 包装袋选择大号，$F=F_{max}$。

最终得到包装机最小高度

$$H_{min}=A+B_{min}+C+D_{90}+E_{90}+F_{max}+G$$

在实际操作中，可以先调整包装袋大小，再调整座椅高低，最后调节脚踏钮厚度。本例只是介绍设计思路，故具体数值没有计算，读者有兴趣可以自己参照计算。

总之，作业空间是人机工程学重要的研究内容，不仅关系到作业者的健康、舒适感，对提高整个作业效率也起到至关重要的作用。在具体设计时应该注意：

① 满足最大身材操作者间隙需要。如容腿空间、过道高度和宽度、设备周围之间的间隙等。

② 满足最小身材操作者伸及需要。如使小个头操作者能够得着操纵元件（手、脚控制元件）。

③ 便于维修，满足维修人员必要的活动空间。

④ 考虑操作者身材和衣、鞋影响，满足必要的调节量。

3.3.3 工作座椅舒适性设计

表 3-26 是瑞典对 246 个办公室的工作人员进行的一项问卷调查结果。问卷表明坐着工作带来的疼痛是全方位的，最严重的是腰痛，占 56%。探求其原因发现是不合理的坐姿造成了身体的疼痛，而坐姿在很大程度上受到座椅的限制。

表 3-26　瑞典对坐办公室工作人员的调查

疼痛部位	比例/%	疼痛部位	比例/%
头	14	大腿	19
脖子或肩膀	24	膝盖和小腿	29
腰	56		

为了得到正确的坐姿，我们应该从人体坐姿生理特性分析开始。早在 1948 年瑞典整形外科医生阿克布罗姆就完成了世界上第一本关于坐姿解剖特性的专著《站与坐的姿势》，作者从解剖学的角度分析了坐姿特性，为后来的座椅设计研究奠定了基础。六年后阿克布罗姆发表著名的座椅靠背曲线（阿克布罗姆靠背曲线，如图 3-81），就是从脊柱舒适形态而来的。

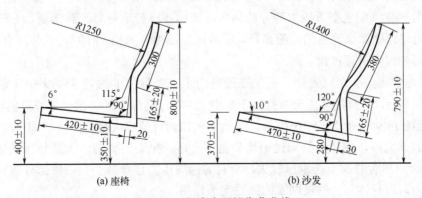

图 3-81　阿克布罗姆靠背曲线

如前所述设计产品首先设计姿势：从坐姿生理学角度考虑，应该保证腰椎弯曲弧线处于正常位置；从坐姿生物力学角度考虑，应该保证身体免受异常力作用。通过对坐姿的生理以及对各种坐姿工作性质的分析，可以判断各类座椅、办公桌的功能尺寸合理性，总结出桌椅设计应该注意的问题。

（1）影响坐姿舒适性生理因素

影响人体坐姿舒适度的生理因素——人体脊柱形态、体压、股骨、肩部、小腿与背肌等，其中影响程度最大的是人体脊柱形态。人只有坐在一个设计合理的座位上，才能确保正确的坐姿。

① 人体脊柱形态。坐姿引起的脊柱形态改变。图 3-82（a）示意地表示了站立时的脊柱生理曲线，腰椎向前凸，且曲度较大，站立时大腿与脊柱都处于铅垂的方向。这种脊柱弯曲形态下椎骨间的压力（即椎间盘承受的压力）是比较均匀也比较小的正常状态。

坐下后大腿骨连带着髋骨一起转过了 90°，如图 3-82（b）中逆时针箭头所指，于是嵌插在左右髋骨腔孔里的骶尾骨也发生了相应的转动，从而带动整个脊柱各个区段的曲度都发生了一定变化，而其中以腰椎段的曲度变化最大：由向前凸趋于变直（从腰椎的局部区段看），甚至略向后凸。纳切森（Nachemson）通过实验测试出在坐、立姿两种不同姿势下，人的第三根腰椎与第四根腰椎之间的压力：若站立时的压力为 100%，则直着坐时压力为 140%，若弯着身子坐，压力是 190%。

图 3-83 表示了 5 种靠背形式下坐姿脊柱形态对舒适性的不同影响。图中情况 A 靠背与椅面呈 90°角，脊柱形态变化使腰椎第三椎间盘压力明显增大；情况 B 靠背角度同情况 A，但在腰椎处有一支承，缓解了坐姿腰椎的形态变化，使腰椎第三椎间盘压力有所减小；情况 C 靠背有一定的后仰角度，部分上身体重由靠背分担，腰椎第三椎间盘压力小于情况 A；情况 D 靠背角度同情况 C，但腰椎处有腰靠支承，坐姿腰椎形态变化更小，所以腰椎第三椎间盘压力更小，是较理想的状态；情况 E 靠背角度仍同情况 C 和 D，但靠背支承不在腰部而是过于靠上，引起坐姿腰椎变化加剧，因此腰椎椎间盘压力又加大了。

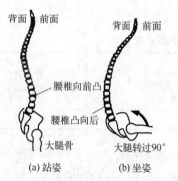

图 3-82　站姿、坐姿脊柱形态对比

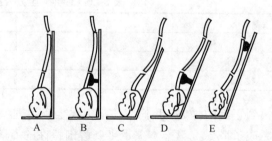

图 3-83　靠背仰角、支承对第三根腰椎压力的影响

② 坐姿下的体压。由于进化的结果，人体骨盆下部两个突出的坐骨粗大坚壮，坐骨处局部的皮肤也厚实，所以由坐骨部位承受坐姿下较大部分的体压，比体压均匀地分布于臀部更加合理。但坐骨下的压力过于集中，会阻碍此处微血管内的血液循环，压迫该局部神经末梢，时间较长甚至会引起麻木与疼痛。下面就坐姿体压影响因素进行讨论。

a. 椅面软硬与体压。有研究表明，人坐在硬椅面上，上身体重约有 75% 集中在左右两坐骨骨尖下各 $25cm^2$ 左右的面积上，这样的体压分布是过于集中了。在硬椅面上加一层一定厚度的泡沫塑料垫子，椅面与人体的接触面积由 $900cm^2$ 增至 $1050cm^2$，坐骨下的压力峰值将大幅度下降，即可改善体压分布情况。

但若坐垫太软、太厚，使体压分布过于均匀也不合适。坐姿下臀部、大腿体压的适宜等压线分布，大体如图 3-84 所示：坐骨骨尖下面承压较大，沿它的四周压力逐渐减小，在臀部外围和大腿前部只有微小压力。外围压力只对身体起一些辅助性的弹性支承作用。

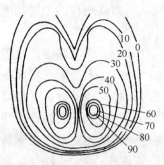

图 3-84 合理的臀部体压分布
（单位：10^2Pa）

b．椅面高低与体压。图 3-85 是 3 种不同坐高下椅面体压分布的等压线图。如图 3-85（a）所示，坐在矮位椅上时，承压的面积小，坐骨下压力过于集中，不合适。如图 3-85（c）所示，坐在高位椅上时，因小腿不能在地面获得充分支承，大腿与椅面前缘间的压力较大，影响血液流通，也不合适。可以看出图 3-85（b）所示压力分布比较均匀，对人体有利。

c．腘窝处压力。腘窝是指膝盖背面如图 3-86（a）部位，从大腿到小腿的血管和神经离表皮较浅，且都经过腘窝，若座面过高或进深过深，此处受压会引起小腿血液堵塞，时间一长小腿就会麻木，这种情况必须避免。

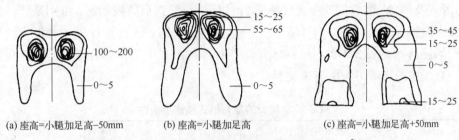

(a) 座高=小腿加足高−50mm　　(b) 座高=小腿加足高　　(c) 座高=小腿加足高+50mm

图 3-85 三种坐高下椅面体压等压线图（单位：10^2Pa）

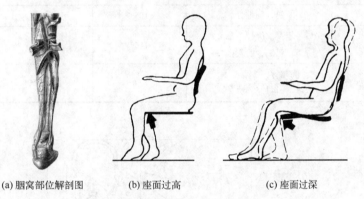

(a) 腘窝部位解剖图　　(b) 座面过高　　(c) 座面过深

图 3-86 造成腘窝受压的原因

（2）座椅设计

一个设计不合理的座椅，不仅达不到舒适、提高工效的目的，还会引起人体腰部、背部、腿部的疲劳。由此可见，座椅设计对人类的健康有重要意义。对于座椅设计不要局限于现有的形式，"椅"原本是"倚靠"，即为人提供一个倚靠物。因此，在设计时应该研究人在使用这个倚靠物时需要什么姿势，由人体的姿势确定倚靠物的形态，从而确定设计对象的形态。这也是人体姿势驱动产品形态设计原理。如马塞尔·布劳耶设计的躺椅形态就是人在休息时的舒适姿势的写照（如图 3-87）。

从功能上划分，座椅一般分为工作座椅（工作椅）、休息用椅（休息椅）、办公用椅（办公椅，包括会议室用椅、教室中的学生座椅等）。工作椅的就座者的主要要求是在胸腹前的桌面上进行手工操作或视觉作业，需以上身前倾的姿势进行伏案读、写、绘图，或打字、精细检测、装配、修理等操作或作业；休息椅的就座者的主要要求是放松休息，例如候车室和候诊室的座椅、影剧院座椅、公交车及客车椅、公园休闲椅、沙发、安乐椅、躺椅等；办公椅是介于前面两

图 3-87 马塞尔·布劳耶设计的躺椅

131

种座椅之间的，就座者有时要低头读、写，有时上身要后仰着听或说的座椅。下面就座椅的主要功能尺寸的确定进行讨论。

① 座面（前缘的）高度。小腿有支承是轻松实现上身平衡的条件。老式办公椅前缘的油漆总是被磨得光光的，后来经过测试发现人体上身重心位于两坐骨骨尖连线向前偏25mm左右，若小腿在地面获得支承，会降低大腿与椅面前缘之间的压力，也可以缓解背肌受力状况。通过对人体坐姿的分析，可以看出椅面高度与 GB 10000—1988 坐姿人体尺寸中的"小腿加足高"接近或稍小时，有利于获得合理的椅面体压分布。从而得出椅面前缘高度设计要点：①大腿基本水平，小腿垂直地获得地面支承；②腘窝不受压；③臀部边缘及腘窝后部的大腿在椅面获得弹性支承。由此，推出工作椅座高为："小腿加足高" $-(10\sim15)$mm。考虑中国男 P_{95} 和女 P_5，得到中国男女通用工作椅座高 $350\sim460$mm。一般来说，对于座高宁低勿高。

② 靠背的形式及倾角。靠背的作用是使人体脊柱保持自然弧形曲线状态，特别是腰部要提供良好的腰靠支承，以减少腰椎部位外拱曲。日本人机工程学者小原二郎等人，设计了4种形式的靠背，能分别适用于不同功能的座椅（见表3-27）。图3-88是这四种靠背形式中的中靠背座椅的功能尺寸。关于其他三种靠背形式，有兴趣的读者可参阅有关文献。

表 3-27　座椅的靠背形式和使用条件

名称	支承特性	支承中心位置	靠背倾角	座面倾角	适用条件
低靠背	1 点支承	第三、四腰椎骨	≈93°	0°	工作椅
中靠背	1 点支承	第八胸椎骨	105°	4°～8°	办公椅
高靠背	2 点支承	上：肩胛骨下部 下：第三、四腰椎骨	115°	10°～15°	大部分休息椅
全靠背	3 点支承	高靠背的 2 点支承 再加头枕	127°	15°～25°	安乐椅、躺椅等

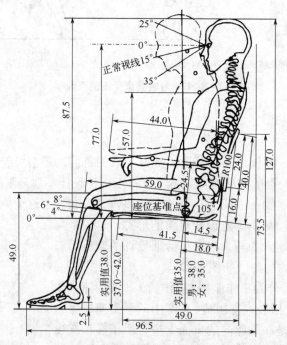

图 3-88　中靠背座椅的功能尺寸（单位：cm）（小原二郎）

从表3-27中数据可以看出对于工作椅，靠背的功能是维持脊柱的良好形态，避免腰椎的严重后凸，因此工作椅的靠背主要是腰靠，即在以第三、四腰椎骨为中心的位置上，有一个尺寸、形状、软硬适当的顶靠物（如图 3-89）。对于中等身材男子，第四腰椎骨约在肘下 4cm 处（即大部分人系腰带的高度），这个位置高度就是腰靠中点的高度。

休息椅的靠背是后仰的，就座者的上身体重较多地由靠背承担，且大腿骨与上身间的夹角也较大，可以缓解腰椎形态的变化及椎间盘的压力异常。因此对于休息椅，腰靠的作用降低，靠背功能的要点转向支承躯干的重量、放松背肌。躯干的重心大约在人体第八胸椎骨的高度，宜以此位置为中心对就座者提供倚靠。对于安乐椅、躺椅等长时间休息的用椅，为缓解颈椎的负担，最好还能提供头枕。头枕对头的支承位置应该在颈椎之上、后脑勺的下部。

办公椅介于工作椅和休息椅之间，靠背主要起到支承躯干作用。图 3-81 中阿克布罗姆靠背曲线的最大特点是给出腰靠位置。其次，靠背应尽可能维持躯干与大腿的夹角较大，减少骨盆转动量，从而减少腰椎部位外拱曲程度。

③ 座面倾角。座面倾角 α 是指座面与地面夹锐角，一般定义 α 在椅面前倾（前缘翘起）时为正值，后倾时为负值。椅面倾角对椅面体压影响也很大，但这种影响与坐姿有关。相同的椅面倾角下，采取前倾坐姿（例如在阅读、抄写、打字时）或采取后仰坐姿（例如看演出、休息时），影响很不相同。

图 3-90 中的（a）与（b），座面倾角为正值（$\alpha=5°$），作业者躯干前倾工作，椅面上大腿近腘窝处均受到使人不适的甚大体压。图 3-90 中（b）所示躯干前倾较多，腘窝处承受的压力更大，不适感也更明显。图 3-90 中的（c）与（d）座面倾角为负值（$\alpha=-15°$），椅面体压分布较为合理。

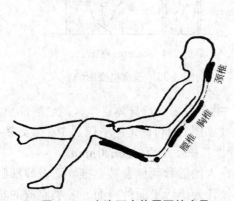

图 3-89　坐姿下人体需要的支承

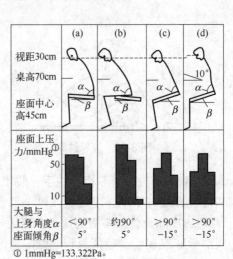

图 3-90　前倾工作时椅面倾角与椅面体压的关系

工作椅用于读、写、打字、精细操作等身躯前倾工作（座面倾角 α 为负值）。休息椅（α 为正值）的椅面前翘，其 α 根据具体休息类型决定（见表 3-28）。由于办公椅介于工作椅与休息椅之间，最好在一定范围内可以调节座面倾角和靠背倾角（一般办公椅 $\alpha=0°\sim5°$，推荐 $\alpha=3°\sim4°$），以满足不同状态需要（如图 3-91）。

表 3-28　几种非工作椅座面倾角

座椅类型	会议室椅	影剧院座椅	公园休闲椅	公交车座椅	一般沙发	安乐椅
座面倾角	≈5°	5°~10°	≈10°	≈10°	8°~15°	可达 20°

④ 座深。座深的设计原则是保证座面有必要的支承面积，减少背肌负担；并保证腘窝不受压，背部获得依靠。对于不同座椅，其坐姿状态不一样，座深要求也不同。对于工作椅一般要求宁浅勿深。考虑中国男 P_{95} 和女 P_5 得到中国男女通用座椅的座深 $360\sim390mm$，推荐值 380mm。办公椅的座深等于

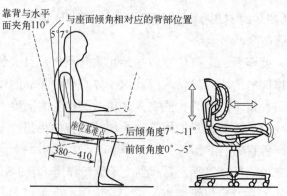

图 3-91　可调节的工作椅

或稍大于工作椅的座深；休息椅可以更大一些，但是，腰椎得不到支承，甚至从座椅上起来都费劲（如图 3-92）。

⑤ 座宽。座宽过小、过大对人坐姿舒适度都有影响（如图 3-93），因此通用座椅的座宽按照女子 P_{95} 坐姿臀宽（382mm）加适当穿衣修正，国标中给出 370~420mm，推荐值 400mm。对于礼堂、影院的排椅，考虑避免就座者两臂碰撞干扰，以大于国标中坐姿两肘间宽加穿衣修正量为依据。若按照男性 P_{95} 坐姿两肘间宽（489mm）加穿衣修正量，排椅的座宽应大于 500mm。

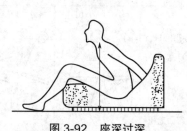

图 3-92　座深过深

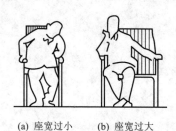

(a) 座宽过小　　(b) 座宽过大

图 3-93　座宽坐姿影响

⑥ 扶手高度与椅面形状。扶手一般用于休息椅和办公椅，主要用来支承身体重量，减轻肩部负担，形成临近者界线。扶手高度过大或过小都会造成肩部肌肉紧张（如图 3-94），采用中国男 P_{50} 和女 P_{50} 的平均肘高 257mm，公共座椅的扶手高度应略小于 257mm，国标推荐扶手高度(230±20)mm。

解剖学研究表明：座椅形状的弧凹形高度差若大于 25mm，人的股骨两侧会被上推，造成髋部肌肉受挤压，使人感到不适（如图 3-95）。因此，椅面的形状最好设计为接近平面的椅面。各类座椅的功能尺寸变化情况如图 3-96。

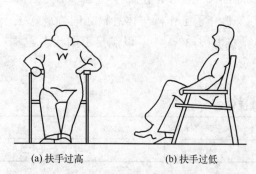

(a) 扶手过高　　　　　　(b) 扶手过低

图 3-94　不合理的扶手高度

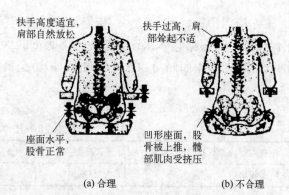

(a) 合理　　　　　　　(b) 不合理

图 3-95　扶手高度与椅面形状对坐姿影响

座椅的舒适性除了上述讨论的内容外，还受到椅垫软硬和材质性能的影响。研究表明太硬、太软的椅垫都不好，椅垫材质的选择应注意其透气性的优劣，详细内容请读者自己查找相关资料。

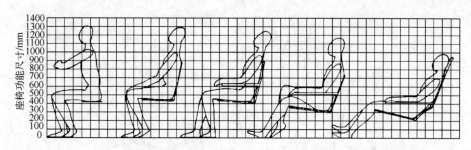

图 3-96 座椅的功能尺寸变化与对比

（3）桌面高度设计

桌台类家具主要提供人们凭倚、伏案工作的界面。不同用途的桌的高度是不同的，设计时应首先考虑人在使用桌子时的姿势（如图 3-97）。桌面过高，小臂在桌面上工作时，肘部连同上臂、肩部都被托起，肩部因耸起而使肌肉处于紧张状态，使人难受，容易感到疲劳。过高的桌面还是引起青少年近视的原因之一。桌面过低，则会使人们工作时脊柱的弯曲度加大，腹部受压，影响呼吸和血液循环，背肌受较大的拉力。在过低的桌面工作，颈椎弯曲容易造成颈椎疾病，同时，还增加视觉负担。

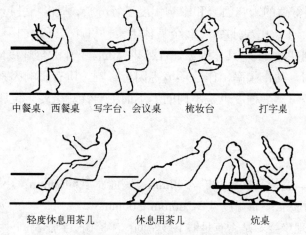

图 3-97 不同用途下人体坐姿

设计桌子高度的正确方法是设计合理的桌椅面高度差，即桌高等于座高加上桌椅面高度差。因此设计桌子应该考虑配置的椅子设计问题，一般是根据使用性质，确定椅子相应尺寸，再以座椅为基础推出办公桌功能尺寸（桌椅高度差、中屉深度等尺寸）。

① 桌面高度（桌椅配合）。大量测试研究表明，合理的桌椅高度差可依据坐姿人体尺寸中的"3.1坐高"［如图 2-8（c）］来确定，一般采用

$$书写桌椅高度差=坐高/3-(20～30)mm \tag{3-6}$$

$$办公桌椅高度差=坐高/3 \tag{3-7}$$

考虑到办公桌现实中难以区别男用或女用等因素，我国国家标准 GB/T 3326—2016 规定的桌高范围为 H=680～760mm，级差 Δ=20mm。因此共有以下几个规格的桌高：680mm、700mm、720mm、740mm、760mm。我国中等身材男子使用办公桌的适宜尺寸如图 3-98（a），可调节办公桌椅的尺寸大体如图 3-98（b）所示。

② 中屉深度。前面讨论到桌面不能太高，而桌子下面的容膝空间也必须保证的，结果是中间那个抽屉（简称中屉）就不能太深，否则会产生大腿在中屉下受压或根本放不到桌子下面去的状况。参考图 3-98可以看出：

桌椅高度差=桌板面厚度+中屉深度+中屉底板厚+坐姿人体大腿厚+穿衣修正量+大腿活动空间

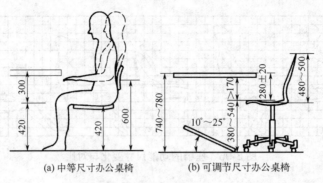

(a) 中等尺寸办公桌椅　　　(b) 可调节尺寸办公桌椅

图 3-98　办公桌椅尺寸

在保证桌面高度和桌下容腿空间的前提下，设计中屉深度一般取 80mm 左右。

3.3.4　工位评价原则

工位评价实际上是对某一工位下作业姿势舒适度的评价，不当的姿势若持续一定时间会引起疲劳、不适、疼痛甚至伤害，造成肌骨失常症。作业姿势的舒适性是一个主观感受和客观因素（人机系统）的综合，赫兰德等对舒适与不舒适的影响因素和影响程度进行分析，提出：引起不舒适感的因素分为疲劳、痛楚、生理循环、环境因素四个大类别共计 22 个具体因素；引起舒适感的因素分为感受、轻松、安康、松弛和环境因素五个大类别共计 21 个具体因素。当然某一工位下作业舒适度除了受作业姿势影响外，还受到作业力大小、作业时间、动作频率、作业环境等因素影响，所有影响因素对舒适性影响程度是不同的，在同一环境和作业姿势下感受程度也是不同的。下面主要针对坐姿工位和立姿工位给出人机评价基本原则。

（1）坐姿工位评价

① 座椅能否容易调节。座椅高度：380～560mm；座面宽度≈460mm；座面深度：380～410mm；坐面倾角：±10°；是否有靠背腰靠；靠背尺寸≥200mm×300mm。

② 操作者是否处于合理坐姿。是否有足够下肢空间；座椅调节到腘窝高度；躯干与大腿夹角>90°；靠背腰靠是否在作业者腰身位置。

③ 工位台面是否可调节。工位台面是否处于上臂自然下垂的肘部稍下位置；对于重体力粗活，台面低于自然放松肘部 50～100mm；对于精细或需要视力检测工作，台面高于自然放松肘部 50～100mm。

④ 坐姿作业是否需要交替站立或走动。

（2）立姿工位评价

① 工作台面是否可调节。

a. 工位台面是否处于上臂自然下垂的肘部稍下位置；

b. 对于重体力粗活，台面低于自然放松肘部 100～200mm；

c. 对于精细或需要视力检测工作，台面高于自然放松肘部 100～200mm（或带斜面台面）。

② 是否有足够容腿、容足空间。

③ 是否有坐立姿两用凳。

④ 立姿作业是否需要交替采用坐姿。

3.3.5　虚拟仿真评价方法

虚拟仿真法是利用人机工程分析软件提供的数字化人体模型，结合生理学、运动学等人机工程学的实验数据、原则，在虚拟环境中模拟人的操作进行可视度评价、可及度评价、力和扭矩评价、脊柱受力分析、舒适度评价、疲劳分析、举力评价、能量消耗与恢复评价、噪声评价、姿势预测、决策时间标准、静态施力评价等人机工程评价。采用虚拟仿真评价法可以避免绝大多数的设计错误，在设计阶段解决产品、环境的宜人性设计问题，缩短了新产品试制和生产周期，提高了产品的市场竞争力。

（1）全身姿态评估

参考 3.2.2 进入人体模型的姿态分析模块后，依据表 2-3 中合理的人体各部位活动角度建立数字人体模型的首选角度，而后对各部位的舒适角度进行划分，操作步骤如下：

① 建立人体模型的头部、上臂、前臂、胸、腰等部位的首选角度。如图 3-99 建立人体多部位舒适、次舒适、不舒适的活动角度范围后，在工具栏上单击■按钮，打开 Postural Score Analysis（姿态评估分析）对话框（如图 3-100）。

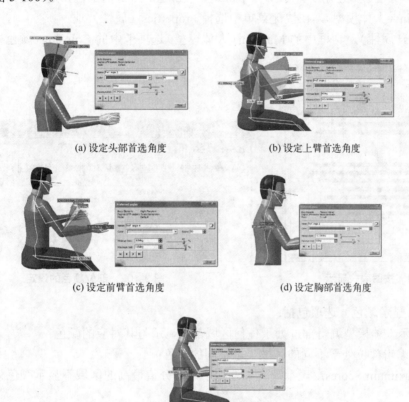

(a) 设定头部首选角度   (b) 设定上臂首选角度

(c) 设定前臂首选角度   (d) 设定胸部首选角度

(e) 设定腰部首选角度

图 3-99 对人体多个部位设定首选角度

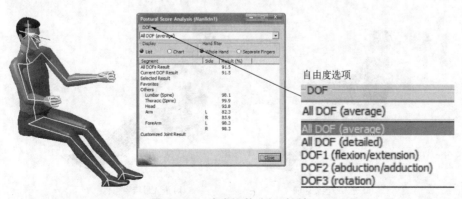

图 3-100 姿态评估分析对话框

姿态评估分析对话框包括了以下内容：

● DOF（自由度）项：该列表可提供 5 种形式自由度方向上的评定方式（如图 3-100），其中 All DOF(average)（所有自由度的均值）为默认项。

● Display（显示）项：系统提供了 2 种姿态分析的显示模式，一种是 List（列表式），如图 3-100 所示；另一种是 Chart（图表式），如图 3-101 所示。

● Hand filter（筛选）项：选择 Whole Hand（全部手指）是把所有的手指作为一体来查看其均值；选择 Separate Fingers（每个手指）是查看每个手指的分值。

● All DOFs Result（所有自由度的评定值）：指整个人体模型在所有自由度上的评定百分率。

● Current DOF Result（当前自由度的评定值）：指整个人体模型在当前自由度上的平均评定百分率。

② 设置各部位颜色。颜色用于显示身体中舒适、次舒适、不舒适部位，是设定角度图示化。右击树状目录中的 Manikin（人体模型），在快捷菜单中选择 Properties（属性）项。

打开 Properties（属性）对话框中的 Manikin（人体模型）选项卡中的 Coloring（颜色）项（如图 3-102）。

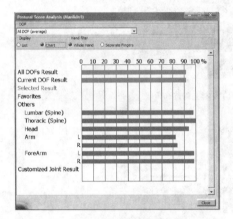

图 3-101　按图表式显示

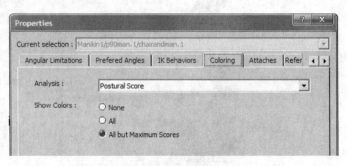

图 3-102　部位颜色的设定

Show Colors（显示颜色）选项包括：

● None：表示人体模型编辑部位处于任何区域都不显示与其对应的颜色；

● All：表示编辑部位处于不同的区域显示不同的颜色；

● All but Maximum Scores：表示编辑部位除了位于分值最高的区域不显示颜色外，其他区域会显示颜色。

③ 优化最佳姿态。在工具栏中单击 Finds the posture which maximizes the postural score（最佳姿态）按钮，人体模型的姿态会处于最佳位置（如图 3-103），人体模型的各个部位处于首选角度分值最高的区域（如图 3-104）。

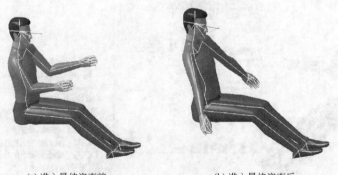

(a) 进入最佳姿态前　　　　　　　　　　(b) 进入最佳姿态后

图 3-103　人体模型的最佳姿态优化

姿态优化的目的是根据人体运动学，使所编辑部位的角度界限与人体该部位的最佳运动范围（即姿态评估分值最高的范围）相一致。

以右上臂为例，具体操作步骤如下：

a. 建立首选角度，先为编辑部位活动范围划分区域，再为这些区域设立分值（如图 3-105）。在 DOF1 上，设蓝色区域为 90 分，黄色区域为 80 分，红色区域为 60 分，蓝色区域分值最高，为最优角度。

图 3-104　最佳姿态时姿态评估结果

图 3-105　建立首选角度

b. 优化编辑部位的活动区间。

选择右上臂，在工具栏上单击 Optimize the angular limitations according to the best preferred angles（优化角度界限）按钮，弹出优化角度界限对话框 [如图 3-106（a）]。

选择自由度，点击 OK，则系统自动将右上臂运动的角度界限优化为分值最高的蓝色区域 [如图 3-106（b）]。

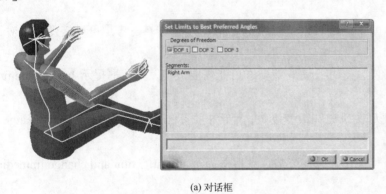

(a) 对话框　　　　　　　　　　　　　　　　　(b) 部位活动空间

图 3-106　优化编辑部位

（2）数字人的 RULA 分析

CATIA 中 RULA（rapid upper limb assessment，快速上肢评价）功能是分析在一定负荷下，上肢运动的某个姿态是否可以被接受，并给出该状态下有关人因工程的评价。

在菜单栏中逐次单击下拉菜单中的选项 Start（开始）→Ergonomics Design & Analysis（人机工程学设计与分析）→人体运动分析（Human Activity Analysis），在右侧工具栏中单击 RULA Analysis（RULA 分析）图标按钮，即可进入快速上肢评价。

1）一般模式。假设人体现处于图 3-107 的姿态，在树状目录中选中人体模型，然后在工具栏中单击 RULA Analysis（RULA 分析）按钮，弹出 RULA Analysis（RULA 分析）对话框（如图 3-108）。

RULA 分析对话框中有三栏，反映了分析条件和分析结果：

① Side（侧）栏中有两个选项。Left（左侧）表示分析左上肢；Right（右侧）表示分析右上肢。

图 3-107　人体姿态

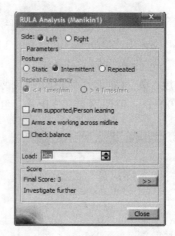

图 3-108　　RULA 分析对话框

② Parameters（参数）栏给出了一些参量设定选择。

- Posture（姿态）项有三个选项：Static（静态）、Intermittent（断续）和 Repeated（重复）。

- Repeat Frequency（重复频率）栏有两个选项：<4 Times/min（每分钟小于 4 次）和>4 Times/min（每分钟大于 4 次）。

- Arm supported/Person leaning（手臂支承/人体倾斜）。

- Arms are working across midline（手臂穿过中线）。

- Check balance（检查平衡）。

- Load（负荷）：可以选择手臂的负荷量，单位是 kg。

③ Sore（得分）栏内的 Final Sore（最终得分）显示经过人机工程分析后的最后得分，同时有一个彩条直观地显示得分情况。

- 1～2 分（绿色）：表示如果不是长期持续或重复此姿势，则该姿势是可以接受的。对话框提示 Acceptable（可接受的）。

- 3～4 分（黄色）：表示需要进一步研究，该姿态可能需要改变。对话框提示 Investigate further（需要进一步研究）。

- 5～6 分（橙色）：表示要尽快研究和改变姿势。对话框提示 Investigate further and change soon（需要进一步研究和尽快改变姿势）。

- 7 分（红色）：表示要立即研究并改变姿势。对话框提示 Investigation and change immediately（立即研究并改变姿势）。

2）高级模式。高级模式是在一般模式的基础上，增加了一些主观的分值，这些分值在一般模式下都是默认的，而在高级模式里，可以人为地进行设定。

在如图 3-108 所示的 RULA 分析对话框中，单击 >> 按钮，对话框显示为图 3-109 所示的模式。在图中右页面 RULA 分析对话框中 Details（详细资料）栏内增加了一些选项，每个选项有三个选择：Auto（自动）、Yes（是）和 No（否）。自动选项是系统自动根据姿态给定的是或否，另外两个选择可以由用户自己选定。

Details（详细资料）包含：

- Shoulder elevation（提高肩部）：用户根据情况选择肩部是否需要提高。

- Arm abduction（手臂外扩）：用户根据情况选择手臂是否需要外扩。

- Arm rotation（手臂旋转）：用户根据情况选择手臂是否需要旋转。

- Wrist deviation（手腕偏移）：用户根据情况选择手腕是否需要偏移。

- Wrist twist（手腕扭曲）：用户根据情况选择手腕是否需要扭曲。

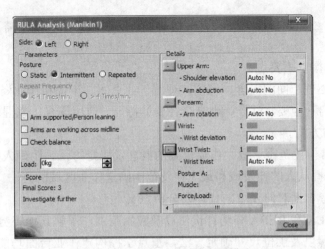

图 3-109   RULA 分析的高级模式

- Neck twist（颈部扭曲）：用户根据情况选择颈部是否需要扭曲。
- Neck side-bending（颈部侧曲）：用户根据情况选择颈部是否需要侧曲。
- Trunk twist（躯干扭曲）：用户根据情况选择躯干是否需要扭曲。
- Trunk side-bending（躯干侧曲）：用户根据情况选择躯干是否需要侧曲。

现对一男子搬运重物动作进行 RULA 分析。图 3-110 中 P_{50} 男子搬运 10kg 重物，搬运动作属于断续作业，作业姿势前倾，在图中左上方 RULA 对话框中选择 Posture 和 Load 选项，计算出此动作的 RULA 评价分数为 4，说明搬运工作需要进一步研究，如重物的重量超重了或者搬运姿势不合适。

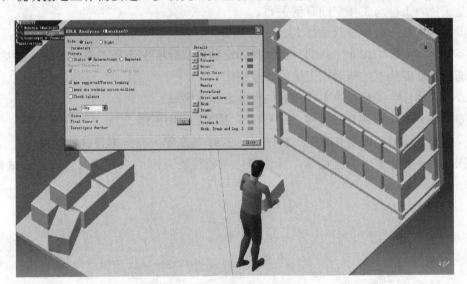

图 3-110   搬运重物 RULA 分析

本章学习要点

作业空间设计包括作业场所设计、工位设计以及座椅设计，是人机工程学重要的组成部分。本章基于人所需要的作业空间和心理空间，从人作业姿势以及人的伸及域和最大伸及范围入手，引入在生活、作业时人的姿势变化与环境空间尺寸的关系，并以此得到满足人作业时的空间大小，提出相匹配的作业空间和工位尺寸，即工位设计及评价。

作业姿势是人作业空间设计的重要依据，本章从人的伸及域角度分析常见坐姿、站姿等作业姿势特征，结合 CATIA 中人机分析模块介绍如何调整虚拟电子人的姿势，让读者对姿势建立感性认识，为后续人机评价做准备。同时，还介绍了国外一些有关作业姿势的评价方法，特别需要掌握 OWAS、RULA 和 REBA 姿势评价法。

通过本章学习应该掌握以下要点：

1．了解作业空间和心理空间的概念、范围，理解作业空间、工位和作业姿势之间的联系与区别。

2．了解常见作业姿势（坐姿、站姿、坐立交替姿）特征、应用场合，掌握作业姿势设计步骤，熟悉 CATIA 设置电子人姿势的方法。

3．掌握伸及域、正常作业范围、最大作业范围的概念及确定方法，明确人坐姿、站姿的作业区域尺寸范围确定方法，重点掌握从人的伸及域和最大伸及范围确定作业区域的方法。

4．明确巴恩斯与斯夸尔斯对伸及域的描述及分析意义。

5．掌握 OWAS、RULA 和 REBA 姿势评价法以及应用范围，了解其他姿势评价法。

6．了解工位设计步骤以及工位尺寸确定方法，重点掌握构建作业台面功能尺寸的方法（台面深度、高度、倾斜角度）。

7．了解人的脊柱特征，掌握工作座椅与桌子人机尺寸的设计依据。

8．了解工位评价一般原则。

9．掌握 CATIA 人机分析方法和步骤。

思考题

1．什么是工位？工位与工作空间有何关系？

2．工位设计的一般原则和步骤是什么？

3．作业姿势是如何影响作业空间的？试选择一定的方法分析生活和工作空间的人体姿势。

4．如何选择作业姿势？如何确定工位的作业空间？

5．如何选择人体作业姿势？由人体姿势如何确定作业区域？

6．简述 OWAS、RULA 和 REBA 姿势评价法步骤以及应用范围。

7．影响人作业舒适度的因素有哪些？试评价图 3-87 马塞尔·布劳耶设计的躺椅。

8．针对图 3-111 中某型号圆盘锯床，操作开、关控件需要蹲下，作业时要直立，试对其工位作出评价。

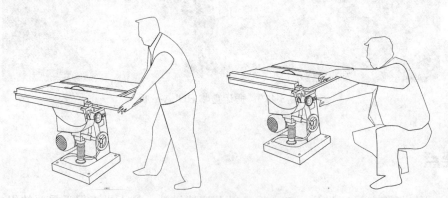

图 3-111　操作圆盘锯姿势

9．试评价图 3-112 中装夹作业姿势。

10．试分析图 3-113 中两种搬运姿势。哪个姿势是正确作业姿势？

11．试计算图 3-114 中坐立交替姿势工作台高度 H_1、座椅高度 H_2，并说明 A、B、C、D 区域应布置哪些显示、操纵元件。

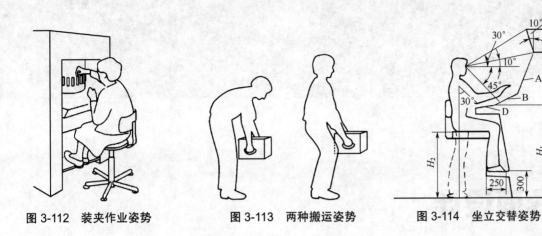

图 3-112　装夹作业姿势　　　图 3-113　两种搬运姿势　　　图 3-114　坐立交替姿势

12. 针对学生宿舍中常见作业姿势，采用 OWAS、RULA、REBA 以及 CATIA 虚拟仿真法进行分析评价。

4

人机界面设计

Alan Cooper 指出"最好的界面是没有界面，仍然能满足用户的目标"。有很多产品在不知不觉中极大地改变了我们的生活，设计最精巧的人机界面装置能够让人根本感觉不到是它赋予了人巨大的力量，此时人与机器的界限彻底消除，融为一体。扩音器、按键式电话、转向盘、磁卡、交通指挥灯、遥控器、阴极射线管、液晶显示器、鼠标/图形用户界面、条形码扫描器这 10 种产品被认为是 20 世纪最优秀的人机界面装置。

人机界面 HMI（human-machine interface）是人与机器、工具之间传递和交换信息的媒介，包括硬件界面和软件界面，即用户使用机器、工具的综合操作环境。人机界面综合了心理学、人机工程学、语言学、计算机技术等，研究如何满足人的认知需要以及用户与机器、工具之间如果相互传递信息，以便提高工作效率。人机界面设计的优劣直接影响操作者的作业效能和系统的运行，设计过程如图 4-1。

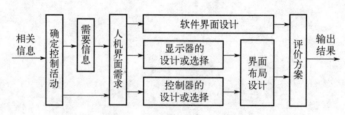

图 4-1　人机界面设计过程

早期的人机界面是与人直接接触、有形的部分，即所谓显示装置是指专门用来向人传达机器或设备的性能参数、运转状态、工作指令以及其他信息的装置。人通过显示装置获得信息后，通过运动系统将大脑分析决策结果传递给机器或设备，从而使其按照人的预定目标工作。操纵装置是人用于将信息传递给机器或设备，使之执行控制功能，实现调节、改变机器或设备的运行状态的装置。人机界面设计的评价方法主要有以下几种：经验性评价方法、数学分析类评价方法、试验评价方法、虚拟仿真评价方法。随着计算机技术、人机交互技术的发展，特别是图形技术和图形用户界面技术的出现，计算机操作能够以比较直观、用易理解的形式进行，这促使人们对人和计算机交流的界面进行研究，如语音控制、脑波（brainwaves）控制、头动控制（如战斗机飞行员使用的头盔，就是利用头部的动作来进行操作的）、照相机的眼控对焦等。在本教材中，硬件人机界面设计（主要以显示操纵界面设计为主）是主要介绍内容。

4.1　显示装置设计

人只有依据显示装置所传示的机器运行状态、参数、要求作业，才能对机器进行有效的操纵、使用。

作为重要的显示装置，国标 GB/T 16251—2008《工作系统设计的人类工效学原则》给出了"信号与显示器设计的一般人机学原则"：

① 信号与显示器的种类和数量符合信息特性；

② 显示器空间配置应保持清晰、迅速提供信息；

③ 信号与显示器的种类和设计应保证清晰易辨；

④ 信号显示与变化速率和方向应与主信息源变化速率和方向一致；

⑤ 在以观察监视为主的长时间工作中，通过信号和显示器设计和配置避免超负荷或负荷不足。

显示装置通常按照感觉器官和显示形式分类。按人接受信息的感觉器官可分为视觉显示装置、听觉显示装置、触觉显示装置，其中视觉显示用得最广泛，听觉显示次之，触觉显示只在特殊场合用于辅助显示。按显示的形式可分为仪表显示、信号显示（信号灯、听觉信号、触觉信号）、荧光屏显示等。

视觉显示的主要优点是：能传示数字、文字、图形符号，甚至曲线图表、公式等复杂的信息，传示的信息便于延时保留和储存，受环境的干扰相对较小。听觉显示的主要优点是：即时性、警示性强，能向所有方向传示信息且不易受到阻隔，但听觉信息与环境之间的相互干扰较大。

4.1.1　单个仪表的设计

单个仪表设计包括自身形状设计、结构设计、大小尺寸设计、色彩设计等内容。显示仪表根据具体功能要求不同，一般分为刻度指针式仪表和数字式仪表（如图 4-2），两种仪表性能对比见表 4-1。

(a) 电压表

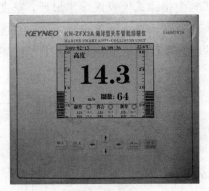
(b) 石油钻机用防碰天车仪表

图 4-2　刻度指针式仪表与数字式仪表

表 4-1　刻度指针式仪表和数字式仪表性能对比

对比内容	刻度指针式仪表	数字式仪表
信息	①读数不够快捷准确 ②显示形象化、直观，能反映显示值在全量程范围内所处的位置 ③能形象地显示动态信息的变化趋势	①认读简单、迅速、准确 ②不能反映显示值在全量程范围内所处的位置 ③反映动态信息的变化趋势不直观
跟踪调节	①难以完成很精确的调节 ②跟踪调节较为得心应手	①能进行精确的调节控制 ②跟踪调节困难
其他	①易受冲击和振动的影响 ②占用面积较大，要求必须符合照明条件	一般占用面积小，常不需另设照明

（1）仪表盘形状

常用的刻度指针式仪表盘形式有开窗式、圆形、半圆形、直线形和非整圆形等（如图 4-3），性能对比见表 4-2。

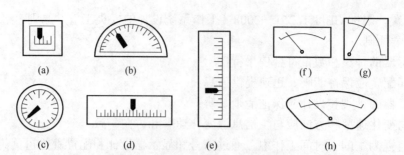

图 4-3　刻度指针式仪表表盘形式

(a) 开窗式；(b) 半圆形；(c) 圆形；(d) 水平直线形；(e) 垂直直线形；(f)，(g)，(h)非整圆形

表 4-2　几类刻度指针式仪表性能对比

类型	优点	缺点
开窗式	读数准确、快捷	不便跟踪、调节
圆形	视线扫描路径短、认读快	不便识别起始、终止点
半圆形	认读方便，起始、终止点不易混淆	显示数据有限
直线形	便于跟踪显示高低、长短等信息	认读慢、误读率高

　　误读率是仪表设计的一个重要因素，对上述几种类型仪表测试的误读率如图 4-4 所示。通过实验测试发现开窗式刻度指针式仪表误读率最低，垂直直线形刻度指针式仪表误读率最高。但是在实际应用中，人们喜欢仪表信息显示与实际工况有一定的联系，例如石油钻机上的防碰天车仪表就是采用垂直直线形仪表进行定性跟踪观察游车与井架上方天车的距离［图 4-2（b）］。

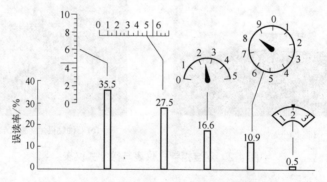

图 4-4　几种类型刻度指针式仪表误读率测试结果

（2）仪表盘尺寸

　　仪表盘尺寸太大、太小都会影响到认读率。人清晰辨认物体的能力与视距和视角有关，测试研究表明，仪表盘外轮廓对应的视角，一般取 $\alpha=2.5°\sim5°$。按下式可以得到仪表盘外轮廓 D 与观察视距 L 的关系

$$D=\frac{L}{23}\sim\frac{L}{11}$$

（4-1）

　　在仪表盘设计时，应注意仪表外缘的宽窄，外缘的宽窄、颜色等因素会影响仪表认读，其颜色太艳或太浅，会影响认读率。仪表盘最小尺寸、视距和刻度数量关系见表 4-3。

　　格雷日尔（W.F.Grether）等人研究表明，一般当仪表盘直径为 30～70mm 时，认读准确性没有本质区别，但是当仪表盘直径小于 17.5mm 时，若要保证认读率，就必须大大降低认读速度。怀特（W.J.White）研究表明，仪表盘最优直径是 44mm。

表 4-3　仪表盘最小尺寸、视距和刻度数量关系

刻度数量	仪表盘的最小直径/mm	
	视距为 500mm	视距为 900mm
38	26	26
50	26	33
70	26	46
100	37	65
150	55	98
200	73	130
300	110	196

（3）仪表盘数码与字符

影响仪表盘数码和字符的因素有数码和字符的尺寸、笔画、字体类型、主体色和背景色等。这里主要讨论仪表盘数码和字符的尺寸大小。测试研究表明，仪表盘上数码和字符尺寸对应的视角，一般取 $\alpha=10'\sim30'$。按下式可以得到仪表盘上数码与字符大小 H 与观察视距 L 的关系

$$H=\frac{L}{350}\sim\frac{L}{110} \tag{4-2}$$

通常在中等光照条件下，$D=\dfrac{L}{250}$。表 4-4 列出一般在设计中使用的参考数据。

表 4-4　仪表盘字符高度与视距

视距/m	字高/mm	视距/m	字高/mm
<0.5	2.3	>1.8～3.6	17.3
0.5～0.9	4.3	>3.6～6.0	28.7
>0.9～1.8	8.6		

（4）仪表盘刻度与刻度线

仪表盘上刻度线间的距离称为刻度。刻度大小的设计应该使人眼能够分辨出来。刻度过小，分辨困难；刻度过大，会使认读下降。刻度线长度取决于观察视距，测试研究表明，仪表盘上刻度间距对应的视角，一般取 $\alpha=5'\sim11'$。按下式可以得到仪表盘间距 H_K 与观察视距 L 的关系

$$H_K=\frac{L}{700}\sim\frac{L}{300} \tag{4-3}$$

刻度线分为长刻度线、中等刻度线和短刻度线（见表 4-5），刻度线宽度一般在刻度间距的 1/3～1/8 范围选取。实验证明若按照短线、中线、长线顺序逐级加粗，有利于正确认读。

表 4-5　仪表盘刻度线长度与视距

视距/m	刻度线长度/mm		
	长刻度线	中刻度线	短刻度线
<0.5	5.5	4.1	2.3
0.5～0.9	10.0	7.1	4.3
>0.9～1.8	20.0	14.0	8.6
>1.8～3.6	40.0	28.0	17.0
>3.6～6.0	67.0	48.0	27.0

按照人的视觉特性规律，刻度递增方向应该与人的视线运动方向一致，即从左到右、从上到下、顺时针旋转方向。刻度值只能标注在长刻度线上（如图 4-5）。仪表盘刻度标值适宜取整数，每一刻度最好对应一个单位值，必要时，也可以对应 2 个或 5 个单位值，以及它们的 2、5、10、100、1000……倍。

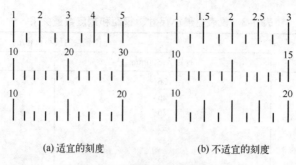

(a) 适宜的刻度   (b) 不适宜的刻度

图 4-5 仪表盘刻度标值对比

（5）仪表盘指针与盘面

仪表指针的造型设计必须具有鲜明的指向性（图 4-6），指针头部的宽窄最好与刻度线宽窄一致。指针的长度在不遮挡数码和刻度线间保留间隙的前提下，尽量长些；短指针的长度要与长指针有所区别。

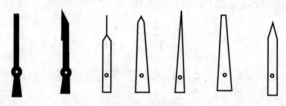

图 4-6 仪表指针造型

在设计表盘指针位置时要求指针旋转平面应该与仪表盘面处于同一平面，以保证正确认读（如图 4-7）。指针的色彩与仪表盘盘面底色应形成鲜明的对比，通过配色实验得出的易于辨认的配色方案见表 4-6，可以作为仪表盘色彩配置参考。

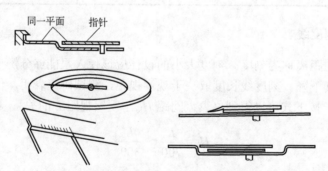

图 4-7 仪表盘指针旋转平面与仪表盘面应在同一平面上

表 4-6 仪表盘色彩搭配与认读

易于辨认的配色									
顺序	1	2	2	4	4	6	7	7	9	9
背景色	黑	黄	黑	紫	紫	蓝	绿	白	黄	黄
主体色	黄	黑	白	黄	白	白	白	黑	绿	蓝
难于辨认的配色									
顺序	1	2	3	4	4	6	6	8	8	8
背景色	黄	白	红	红	黑	紫	灰	红	绿	黑
主体色	白	黄	绿	蓝	紫	黑	绿	紫	红	蓝

（6）仪表盘字符数码立位

仪表盘字符数码立位是指仪表盘字符或数码的朝向（上或下），与仪表盘结构和指针的相对运动有关。

图 4-8 中（a）和（b）表盘结构固定、指针旋转。（a）中数码垂直方向布置（正向立位），便于认读；
（b）中数码沿圆心方向布置，认读困难。图 4-8 中（c）和（d）表盘结构旋转、指针固定，仪表盘上数码都
是沿圆心立位，但是（c）中仪表盘旋转到标记时，数码是垂直方向正向立位，便于认读；（d）中数码在盘
旋转到标记时，数码是垂直方向反向立位，认读很容易发生错误。例如图 4-8（d）的 60 容易被误读为 09。

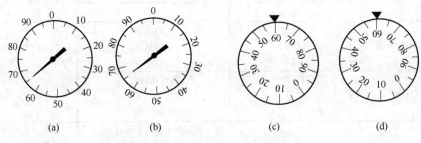

图 4-8　仪表盘数码立位

4.1.2　信号灯设计

信号是运载消息的工具，是消息的载体。信号显示装置是将所测取的信号变换成便于人观察的显示
信息的装置。显示信号有视觉信号、听觉信号、触觉信号 3 种类型，各自特点和应用场合见表 4-7。

表 4-7　三种信号特点与应用场合

信号	特点		应用场合
	组　成	优缺点	
视觉信号	一般由稳光或闪光的信号灯构成视觉信号	1. 刺激持久、明确、醒目。闪光信号灯的刺激强度更高； 2. 易于维护管理和实现自动控制	不适于传达复杂信息和信息量大的信息
听觉信号	有铃、蜂鸣器、哨笛、信号枪、喇叭语言等形式	1. 即时性、警示性强于视觉信号； 2. 能传达复杂的、大信息量的信息； 3. 需要配以人员守护管理	适于远距离信息显示，特别是报警、提示
触觉信号	一般是利用提供触觉的物体表面轮廓、表面粗糙度的触觉差异传达信息	仅用触觉可识别表面轮廓差异，太多触觉信号会引起操作混乱	触觉信号只是近身传递信息的辅助性方法

针对具体问题，设计时需查阅参照相关的技术资料，注意到信号灯的亮度、颜色、编码及信号的闪
频等问题。

（1）信号灯与背景的亮度及亮度比

为保证信号灯必要的醒目性，信号灯与背景的亮度比一般应该大于 2。但过亮的信号灯又会对人产
生眩光刺激，所以，设置信号灯时应把背景控制在较低的亮度水平下。

（2）信号灯的亮度与视距

信号灯的亮度无疑应取决于视距要求，即要求在多远的距离上能看得清楚。但与此相关的因素却
比较多，例如：①室内、室外，白天、黑夜等环境因素；②室外信号灯的可见度和醒目性受气候情况
的影响很大，其中交通信号灯、航标灯必须保证在恶劣气象条件下，在一定视距外清晰可辨；③信号
传示的险情级别、警戒级别高，则要求信号灯亮度高和可达距离远；④信号灯的亮度还与它的大小、
颜色有关。

（3）信号灯的颜色

信号灯的颜色与图形符号颜色的使用规则基本相同，例如：红色表示警戒、禁止、停顿，或标示危

险状态的先兆与发生的可能；黄色为提请注意；蓝色表示指令；绿色表示安全或正常；白色无特定含义；等等。表 4-8 是 GB 1251.3 给出的险情信号颜色分类表。

表 4-8　险情信号颜色

颜色	含义	目标		备注
		注意	表示	
红色	危险异常状态	警报 停止 禁令	危险状态 紧急适用 故障	红色闪光应当用于紧急撤离
黄色	注意	注意 干预	注意的情况 状态改变 运转控制	
蓝色	表示强制行为	反应、防护或特别注意	按照有关的规定或提前安排的安全措施	用于不能明确由红、黄或绿所包含的目的
绿色	安全、正常状态	恢复正常 继续进行	正常状态 安全使用	用于供电装置的监视（正常）

（4）稳光与闪光信号的闪频

与稳光信号灯相比，闪光信号灯可提高信号的察觉性，造成紧迫的感觉，因此更适宜于作为一般警示、险情警示以及紧急警告等。对于一般警示，例如路障警示等，可用 1Hz 以下的较低闪频。常用闪光信号的闪频为 0.67～1.57Hz；紧急险情、重大险情，以及需要快速加以处理的情况下，应提高闪光信号的闪频，并与声信号结合使用，例如消防车、急救车所使用的信号。人的视觉感受光刺激以后，光停止照射，视觉会在视网膜上有一段短暂的存留时间，称为"视觉暂留"，因此若闪光信号的闪频过高（例如 10Hz 上），就不能形成闪光效果，也就没有意义了。闪光信号闪亮的和熄灭的时间间隔应该大致相等。

（5）信号灯的形状、组合和编码

信号灯与图形符号相结合或多个信号灯的组合，可显示较为复杂的信息内容，现在已被日益广泛地应用。通过信号灯颜色、形状、位置的变换组合，来更有效地增加其信息量，称为信号编码。例如飞机着陆信号系统，就是在机场跑道两侧各安置一组（一个阵列）信号灯，向飞行员显示其着陆过程的状态是否适宜。

图 4-9 所示 3 种信号灯组合，形象地显示出 3 种飞行状态：图 4-9（a）所示的"上"形阵列，表示飞机下降航迹过低，若飞机出现危险的俯冲，"上"形阵列进一步改变为闪光的红色；图 4-9（b）所示的"下"形阵列，表示飞机下降的航迹过高；而当出现"十"形阵列如图 4-9（c）所示时，才表示飞机下降航迹正确、合适。

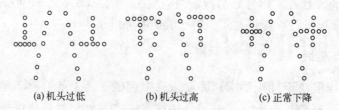

(a) 机头过低　　　　(b) 机头过高　　　　(c) 正常下降

图 4-9　飞机着陆时信号显示

4.2　操纵装置设计

人可以通过对操纵器的直接或间接动作控制机器的运行状态，完成功能，其设计是否得当关系到整个系统能否正常安全运行。人在接收信息并经大脑判断后,通过人的肢体动作直接作用于控制器或传感器,向机器传递信息(如图 4-10)。

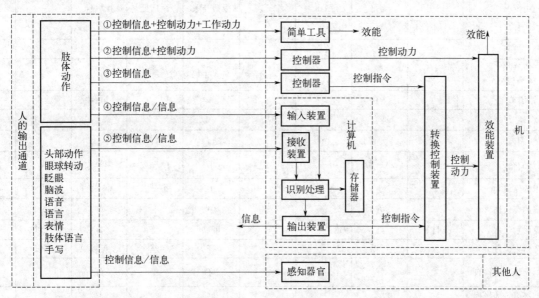

图 4-10 人的操控过程

虽然在日常生活和工作中一般可以直接选用操纵器,但是对于专业设计人员来说也要考虑操纵器的设计问题,因此,本章从操纵器本身选用和设计这两个方面对操纵器进行探讨。

4.2.1 操纵器的选用

(1)操纵器的类型

常见操纵器类型如图 4-11。操纵器按照操控方式分为手动操纵器(旋钮、按钮、手柄、操纵杆等)、脚动操纵器(踏板、踏钮等)、声控操纵器;按照操控运动轨迹分为转动式操纵器(旋钮、手轮、钥匙等)、移动和扳动式操纵器(操纵杆、手柄等)、按压式操纵器(按钮、按键等);按照操控功能分为开关式操纵器、转换式操纵器、调节式操纵器、紧急停车操纵器。常用操纵器功能及其对比见表 4-9。

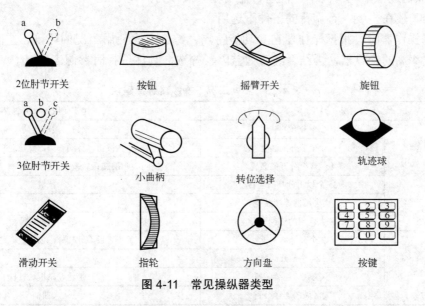

图 4-11 常见操纵器类型

表 4-9　常用操纵器功能及其对比

使用情况	按钮	旋钮	踏钮	旋转选择开关	扳钮开关	手摇把	操纵杆	手轮	踏板
开关控制	适合		适合		适合				
分级控制（3~24个挡位）				适合	最多3挡				
粗调节		适合					适合	适合	适合
细调节		适合							
快调节					适合	适合			
需要的空间	小	小—中	中—大	中	小	中—大	中—大	大	大
要求的操纵力	小	小	小—中	小—中	小	小—大	小—大	大	大
编码的有效性	好	好	差	好	中	中	好	中	差
视觉辨别位置	可以	好	差	好	可以	差	好	可以	差
触觉辨别位置	差	可以	差	好	好	差	可以	可以	可以
一排类似操纵器的检查	差	好	差	好	好	差	差	差	差
一排类似操纵器的操作	好	差	差	差	好	差	差	差	差
在组合式操纵器中的有效性	好	好	差	中	好	差	差	好	差

（2）操纵器的选用原则

GB/T 14775—1993《操纵器一般人类工效学要求》给出的操纵器选用原则如下：

① 手控操纵器适用于精细、快速调节，也可用于分级和连续调节。

a. 手轮适用于细微调节和平稳调节，当手轮一次连续转动角度大于120°时应选用带柄手轮。

b. 曲柄适用于费力、移动幅度大而精度要求不高的调节。

c. 操纵杆适于在活动范围有限的场所进行多级快速调节。

d. 按键式、按钮式开关适用于快速控制线路的接通与断开。

e. 扳钮开关适用于两种或三种状态的调节。

f. 旋钮适用于用力小且变化细微的连续调节或三种状态以上的分级调节。

② 脚控操纵器适用于动作简单、快速、需用较大操纵力的调节。

脚控操纵器一般在坐姿、有靠背的条件下选用。

在实际选择操作器时，根据操作器自身功能特点，综合考虑使用工况的环境、空间、使用要求等，初步选择工作效率高的操纵器，再结合经济效益因素筛选，具体选择时参照表4-10。

表 4-10　不同工况下操纵器选择建议

工作情况		建议使用的操纵装置
操纵力较小的情况	2个分开的装置	按钮、踏钮、拨动开关、摇动开关
	4个分开的装置	按钮、拨动开关、旋钮选择开关
	4~24个分开的装置	同心多层旋钮、按键、拨动开关、旋钮选择开关
	25个以上分开的装置	按键
	小区域的连续装置	旋钮
	较大区域的连续装置	曲柄
操纵力较大的情况	2个分开的装置	扳手、杠杆、大按钮、踏钮
	3~24个分开的装置	扳手、杠杆
	小区域的连续装置	手轮、踏板、杠杆
	大区域的连续装置	大曲柄

4.2.2　操纵器的设计原则

单个操纵器设计要根据人自身手脚的生理特点、操作姿势和施力等因素综合考虑。无论是坐姿还是立姿，无论是手臂的力量还是腿脚的力量，都与人施力时的身体姿势、施力的位置（高低位置、前后位置、左右位置）、施力的方向有关。

（1）操纵器形状与式样

①　手动操纵器上手的握持部位应为端部圆滑的圆柱、圆锥、卵形、椭球等便于抓握的形状，横截面为圆形或椭圆，表面不得有尖角、锐棱、缺口，以使人持握牢靠、方便、无不适感（如图4-11）。

②　脚控操纵器不应使踝关节在操作时过分弯曲，脚踏板与地面的最佳倾角约为30°，操作时脚掌宜与小腿接近垂直，踝关节的活动范围不大于25°（如图4-12）。

③　操纵器的式样应便于使用，便于施力。例如操纵阻力较大的旋钮时，其周边不宜为光滑的表面，而应制成菱形波纹或压制滚花。

④　有定位或保险装置的操纵器，其终点位置应有标记或专门的止动限位机构。分级调节的操纵器还应有中间各挡位置的标记，以及各挡位置的定位、自锁、连锁机构，以免工作中的意外触动或振动产生误操作。

⑤　操纵器的形状最好能对它的功能有所隐喻、有所暗示，以利于辨认和记忆。

（2）结合操纵姿势和人体尺寸设计操纵器

在使用操纵器时，不同的操作姿势，导致其肢体操纵力差别较大。在操纵器设计中按照操作舒适的姿势设计，可以达到最高工作效率。

①　合理的施力体位。所谓施力体位指施力时的姿势、位置、指向等综合因素。设计及安置操纵器时应使操纵力便于适应合理的施力体位（如图4-13）。

图4-12　脚控操纵器

(a) 舒适操作姿势　　　　　(b) 不舒适操作姿势

图4-13　舒适与不舒适的操作姿势

②　操纵器尺寸与人体尺寸相适应。操纵器尺寸与人体尺寸的适应性主要指在操纵器设计上，人的手脚握持、触压、抓捏、抠挖部位的尺寸，应与人的手脚尺寸相适应。其次指操纵器的操作行程，例如按钮、按键的按压距离，旋钮、转向盘、手轮的转动角度，扳钮开关、操纵杆的线位移和角位移等，应与人的关节活动范围、肢体活动范围相适应（如图4-14）。

图4-15（a）所示为双手扶轮缘的手轮（转向盘），其设计依据则是关节活动范围或肢体活动范围，手握部位的轮缘直径优选值为25～30mm，其依据是人手部尺寸中的手长。这种手轮一次手握连续转动的角度一般宜在90°以内，最大不得超过120°。

对图4-15（b）所示的操纵杆来说，其依据是人手抓握多大的物体较为舒适并能较自如地施力。手握部位的球形杆端球径常取值为32～50mm，而操纵杆的适宜"动态尺寸"是：对于长度为150～250mm

的短操纵杆，在人体左右方向的转动角度不宜大于 45°，前后方向的转动角度不宜大于 30°；对于长度为 500～700mm 的长操纵杆，设计依据是人的肢体活动范围，转动角度适宜值为 10°～15°。

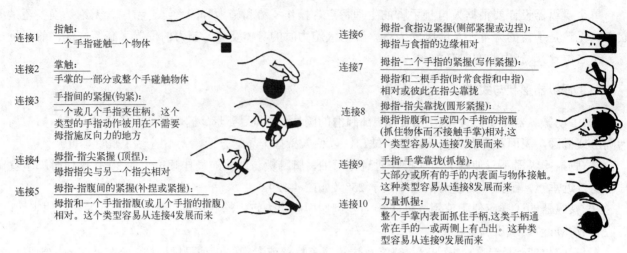

图 4-14　手常见抓握方式

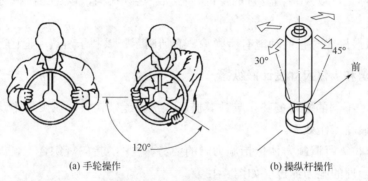

(a) 手轮操作　　　　　　　　(b) 操纵杆操作

图 4-15　手轮与操纵杆运动范围

③ 避免静态施力。人体施力都是通过肌肉收缩实现的，工作中肌肉能交替地收缩和放松，肌肉便可在适时的血液循环中维持基本正常的新陈代谢。所谓静态施力指若肌肉在固定的收缩状态下持续用力[如图 4-16（a）]。静态施力中肌肉的血液循环与代谢过程受阻，时间稍长，就感觉酸累，继而该部分肌肉及相连的肢体发生抖动，施力便不能继续下去了。

(a) 手臂悬浮产生静态施力　　　　　　　(b) 以肩作为支承避免静态施力

图 4-16　避免静态施力

④ 提供操纵依托支点。若操纵器需要在振动、冲击、颠簸等特殊条件下进行精细调节或连续调节，为保证操作平稳准确，应该使肢体有关部位作为依托支点进行操纵施力，以缓解操作疲劳[如图 4-16（b）]。例如采取肘部作为前臂和手关节运动时的依托支点，前臂作为手关节运动时的依托支点，手腕作为手指运动时的依托支点，脚后跟作为踝关节运动时的依托支点。

（3）操纵器的操纵力

操纵器操纵力关系到操作者是否容易感到疲劳。其设计的人机学因素主要包括人的肌力体能适宜性、操纵准确度要求、操纵施力体位与操纵依托支点等方面。

① 操纵力与肌力体能的适宜性。通常在一个常规班次（3～4h）的工作中若操纵频次较高，操纵器的操纵力应不大于最大肌力的 1/2；若操纵频次较低，操纵力允许大一些。从而获得较高的操纵工效，使操作者不致明显地感到疲劳。

② 操纵力与操纵准确度。工作中能否准确地对操纵器进行操纵、跟踪、调节，与操纵力大小有关，还与位移及操纵力特性有关。

从有利于轻松地操纵，和有利于提高操纵速度来说，操纵器设计通常要追求较小的操纵力。但操纵力过小（即操纵器过于灵敏）会有以下三方面的问题：①容易引发误触动事故；②对操作的信息反馈量太弱，使操纵者不知是否完成操作；③不容易精确地跟踪、调节与控制。由于以上原因，对各种操纵器设定了最小操纵阻力的参考数据（见表4-11）。

表4-11　各种操纵器最小操纵阻力

操纵器类型	最小操纵阻力/N	操纵器类型	最小操纵阻力/N
手推按钮	2.8	曲柄	由大小决定：9～22
脚踏按钮	脚不停留在操纵器上：7.8	手轮	22
	脚停留在操纵器上：44	杠杆	9
脚踏板	脚不停留在操纵器上：17.8	扳钮开关	2.8
	脚停留在操纵器上：44.5	旋转选择开关	3.3

4.2.3　常用操纵器设计

（1）按压式操纵器

常见的小型按压式操纵器是按钮，多个连续排列在一起使用的按钮又特称为按键。按钮只有两种工作状态，如"接通"或"断开"，"启动"或"停车"等。其工作方式则有单工位和双工位两种类型。若被按下处于接通状态，解除按压后即自动复位为断开状态（也可以是相反：按下为断开，解除按压后自动复位为接通），称为单工位按钮；若被按压到一种状态，按压解除后自动继续保持该状态，需经再一次按压才转换为另一种状态，称为双工位按钮。按钮形状和按钮尺寸规定参考图4-17和附表F-2。

图4-17　按钮形状

（2）转动式操纵器

常用的手动转动式操纵器有旋钮（有、无指示作用）、手轮等。

① 旋钮。旋钮一般分为旋转 360°以上、360°以下以及定向指示三种类型（如图4-18）。旋钮设计应该便于人捏握转动，施加操作力矩，其尺寸参考图4-19和附表F-3。

图4-20是一个多层旋钮设计案例。图4-20（a）是正确的设计尺寸；图4-20（b）是容易产生干扰和错误的设计尺寸，图中已列明出现错误的原因，这里不再阐述。

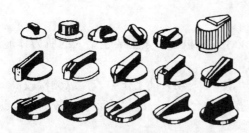

图 4-18　各类定向指示旋钮

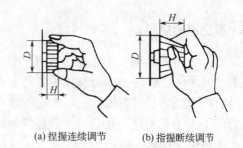

(a) 捏握连续调节　　(b) 指握断续调节

图 4-19　常见旋钮

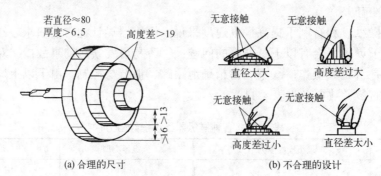

(a) 合理的尺寸　　　　　　　(b) 不合理的设计

图 4-20　多层旋钮尺寸设计

② 手轮。手轮分为手轮（转向盘）和带柄手轮（摇把）。设计中的考虑因素有尺寸大小、操作力矩、操作速度、操作体位与姿势等。相应尺寸及操纵力参考图 4-21、附表 F-4 和附表 F-5。

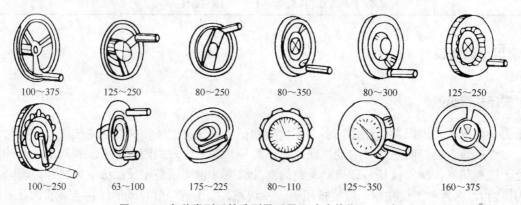

图 4-21　各种类型手轮造型及适用尺寸（单位：mm）

（3）移动和扳动式操纵器

常用的手动移动和扳动式操纵器有操纵杆、扳钮开关、手闸和指拨滑块等，下面以操纵杆和扳钮开关设计为例进行介绍。

① 操纵杆。操纵杆一般不适宜用作连续控制或精细调节，而常用于几个工作位置的转换操纵，例如石油钻机工作刹车和绞车调速均采用操纵杆。其优点是可取得较大的杠杆比，用于需要克服大阻力的操纵。

操纵杆的操纵力设计要考虑其操作频率，即每个工作班次内操作多少次。用前臂和手操作的操纵杆，一般操纵力在 20～60N 的范围内，例如汽车变速杆的操纵力常为 30～50N。若每个班次中操作次数达到 1000 次，则操纵力应不超过 15N。

操纵杆的长度取决于杠杆比要求和操作频率要求。为了克服大阻力而需要大杠杆比时，操纵杆只能加长。需要高操作频率时，操纵杆只能缩短。例如操纵杆长度分别为 100mm、250mm、580mm 时，每分钟的最高操作次数分别只能达到 26 次、18 次和 14 次。

操作操纵杆时只用手臂而不移动身躯，操纵杆的操作行程和扳动角度即应由此而确定。一般 500～600mm 长操纵杆的行程为 300～350mm，转动角度 10°～15°为宜。以短操纵杆为例：短操纵杆可以设在座椅扶手前边，前臂可放在扶手上，在坐姿状态下只靠转动手腕进行操作，比较轻松（如图 4-22）。在这样的工作条件下，操纵杆适宜的转动角度应该略小于手腕转动的易达角度（如图 4-23）。

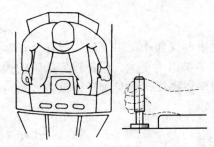

图 4-22　在坐姿状态下的短操纵杆操作

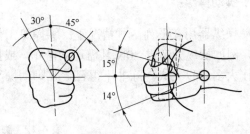

图 4-23　操纵杆适宜的转动角度小于手腕舒适转动角度

立姿下在肩部高度操作最为有力，坐姿下则在腰肘部的高度施力最为有力［如图 4-24（a）］；而当操纵力较小时，在上臂自然下垂的位置斜向操作更为轻松［如图 4-24（b）］。

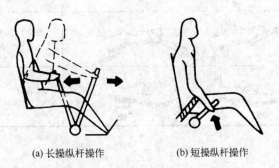

(a) 长操纵杆操作　　　　　(b) 短操纵杆操作

图 4-24　坐姿下操纵杆的位置

在操纵对象和操纵内容较多、较复杂的情况下，若能利用端头的空间位置设计多功能操纵杆，对于提高操纵效能是很有效的。图 4-25 是飞机上的复合操纵杆：在手握整个操纵杆端头时，还可用拇指、食指操作多个按钮，进行灵活的多功能操作。

② 扳钮开关。扳钮开关是常见的小型扳动式操纵器，通常用拇指和食指捏住它的柄部扳动操作，或配合腕关节的微动进行操作，操纵力和转动角度应与这样的操作动作相适应。

图 4-26 为二工位扳钮开关的一般形式，其基本尺寸为：

顶端直径 d=3～8mm 者，对应扳钮长度 l=12～25mm；

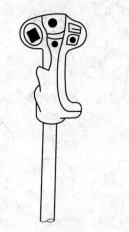

图 4-25　多功能操纵杆

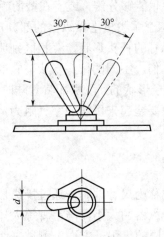

图 4-26　二工位扳钮开关

顶端直径 $d>8$mm 者，对应扳钮长度 $l=25\sim50$mm；

需戴手套操作者，其最小长度为 35mm。

扳钮开关的操纵力应随其长度的加长而增加，适宜的力值范围为 $2\sim6.2$N（以上数据依据 GB/T 14775—1993）。

（4）脚动操纵器

脚动操纵器用在下列两种情况下：①操纵工作量大，只用手动操作不足以完成操纵任务；②操纵力比较大，例如操纵力超过 50N 且需连续操作，或虽为间歇操作但操纵力更大。但是较为精确的操作仅用脚动操作大多难以完成。除非不得已，凡脚动操纵器均宜采用坐姿操作，常见脚动操纵方式及特性见表4-12。

表 4-12 脚动操纵方式及特性

操纵方式	示意图	操纵特性
整个脚踏		操纵力较大（大于50N），操纵频率较低，适用于紧急制动器的踏板
脚掌踏		操纵力在50 N左右，操纵频率较高，适用于启动、机床刹车的踏板
脚掌或脚跟踏		操纵力小于50 N，操纵迅速，适用于动作频繁的踏钮

4.2.4 操纵器编码与识别

若操纵器很多，为避免混淆，常常要对操纵器进行编码。所谓操纵器编码是使每一操纵器具有特征或给与特定代号。常见操纵器编码方式：形状编码、大小编码、色彩编码、操作方法编码、位置编码、字符编码等。

（1）形状编码

形状编码即使不同功能的操纵器具有各自不同、鲜明的形状特征，便于识别，避免混淆。操纵器的形状编码还应注意：形状最好能对它的功能有所隐喻、有所暗示，以利于辨认和记忆；尽量使操作者在照明不良的条件下也能够分辨，或者在戴薄手套时还能靠触觉进行辨别。

图 4-27 是美国空军飞机上操纵器的部分形状编码示例。用于飞机驾驶舱内各种操纵杆的杆头形状，互相区别明显，即使戴着薄手套，也能凭触觉辨别它们。不同的杆头形状与它的功能还有内在联系。例如"着陆轮"是轮子形状的；飞机即将着陆时为了很快减速，原机翼、机尾上的有些板块要翘起来以增加空气阻力，"着陆板"便具有相应的形状寓意。

（2）大小编码

大小编码，也称为尺寸编码，通过操纵器大小的差异来使之互相易于区别。由于操纵器的大小需与手脚等人体尺寸相适应，其尺寸大小的变动范围是有限的。另一方面，测试表明，大操纵器要比小一级操纵器的尺寸大20%以上，才能让人较快地感知其差别，起到有效编

图 4-27 战机操纵器形状编码

码的作用，所以大小编码能分的挡级有限，例如旋钮，一般只能作大、中、小 3 个挡级的尺寸编码。

（3）色彩编码

由于只有在较好的照明条件下色彩编码才能有效，所以操纵器的色彩编码一般不单独使用，通常是同形状编码、大小编码结合起来，增强其分辨识别功能。人眼虽能辨别很多的色彩，但因操纵器编码需要考虑在较紧张的工作中完成快速分辨，所以一般只用红、黄、蓝、绿及黑、白等有限的几种色彩。

操纵器色彩编码还需遵循有关技术标准的规定和已被广泛认可的色彩表义习惯，例如停止、关断操纵器用红色；启动、接通操纵器用绿色、白色、灰色或黑色；启、停两用操纵器用黑色、白色或灰色，而忌用红色和绿色；复位操纵器宜用蓝色、黑色或白色。

（4）位置编码

应把操纵器安置在拉开足够距离的不同位置，以避免混淆。最好不用眼睛看就能举手或伸脚操作而不会错位。例如拖拉机、汽车上的离合器踏板、制动器踏板和加速踏板因位置不同，不用眼看就能操作。

（5）操作方法编码

用不同的操作方法（按压、旋转、扳动、推拉等）、操作方向和阻力大小等因素的变化进行编码，通过手感、脚感加以识别。

（6）字符编码

字符编码是以文字、符号在操纵器的近旁作出简明标示的编码方法。这种方法的优点是编码量可以达到很大，是其他编码方法无法比拟的。例如键盘上那么多键，标上字母和数字后都能分得清清楚楚，在电话机、家用电器、科教仪器仪表上都已广泛采用这种方法。但这种方法也有缺点：一是要求有较高的照明条件；二是在紧迫的操作中不太适用，因为用眼睛聚焦观看字符是需要一定时间的。

例 4-1：对图 4-28 便携式蒸汽浴罩设计评价。

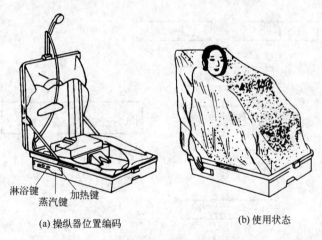

(a) 操纵器位置编码　　　　(b) 使用状态

图 4-28　便携式蒸汽浴罩设计

解：该产品是一旅行用便携蒸汽淋浴装置，由 5 个操纵元件（水温度调节钮、蒸汽调节钮、淋浴键、蒸汽键、加热键）和一个电源指示灯组成。其控制按键位于底座上面，采用颜色编码，单人在使用时无法看到按键的颜色。在使用时出现的问题是用户很难看到底座一侧的控制元件，很难正确操纵。正确的设计应是让用户轻松控制并且不易出错，因此，改为形状编码、大小编码、位置编码，为了了解用户控制淋浴器的状态，最好设计声音反馈操作的操作信息。

4.3 人机界面布局设计

人机界面布局设计是指根据一定的指标或者标准，将界面上的显示或操纵装置合理地摆放在一个空间范围内，使其尽量符合人机工程学的要求，以求设计的人机界面能够发挥最大功效。传统的人工布局受到主观因素的影响，需考虑的客观因素也很多，一般很难达到满意的效果。随着计算机技术的发展，很多人机界面的布局问题可以借助计算机建立数学模型，通过对数学模型进行搜索优化（遗传算法、专家系统、人工神经网络技术等），最终实现智能布局设计。考虑到本教材适用范围，这里只介绍人工布局的一些原则和方法。

图 4-29 是我国自主研发的钻井深度达 12000m 的石油交流变频钻机的司钻控制台面。从图中可以看出有很多显示元件和控制元件，它们之间既有重要程度之分，也相互关联，同时不同工况下司钻员操作顺序不同等，对于界面布局设计必须考虑到人的正常视野、视线、视觉特性规律，还要考虑人的伸及域、舒适操作范围、显示与操纵元件相关联系等，以便提高工作效率。

图 4-29 国产 120 石油钻机司钻控制台面

人机界面（HMI）布局主要是指界面中显示元件、操纵元件位置布置，布局好坏直接关系到整个人机界面向人传送信息以及人及时、安全、高效控制机器设备的效果。在大多数场合进行的人机界面设计主要是 HMI 布局设计。

人机界面（HMI）布局设计的一般步骤如下（如图 4-30）：

① 设计调查。分析布局显示元件、操纵元件的功能、尺寸、重要性、使用频率等，并对元件之间关联性作出分析。

② 绘制元件相互关联的功能树。

③ 根据环境给定的人机界面区域尺寸大小以及元件实际尺寸大小，确定每个功能元区域尺寸。

④ 依据显示、操纵元件最佳、一般布置位置原则，在整体界面尺寸中规划不同的功能区域位置。

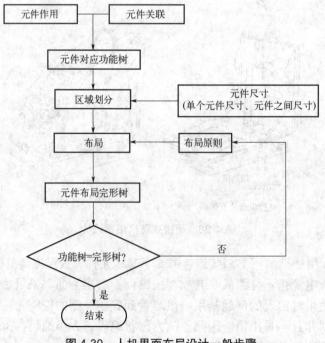

图 4-30 人机界面布局设计一般步骤

⑤ 在每个功能区域内，按照使用频度、重要性从左到右，从上到下，顺时针排布。

⑥ 绘制完成界面的元件完形树，检查是否有漏失元件。

⑦ 若完形树与功能树一致，布局设计结束；否则，重复步骤③，以下步骤重新设计。

4.3.1　显示仪表布局设计

显示仪表布局时应该首先了解仪表各自的功能以及各仪表之间的关联程度，其次依据重要性、观测顺序与频度，以及对应的操纵元件进行功能分区，最后对应中心视区、有效视区等进行仪表布置。在具体布置时应该在考虑仪表本身重要性和观测频度的基础上尽量紧凑，但是一定注意到仪表本身结构尺寸限制和仪表之间互不干涉需要的基本安装距离要求。

从人自身观察习惯以及快速辨认的角度考虑应遵循以下原则进行仪表布局：

① 仪表所在平面尽量垂直于人的正常视线。由于人的正常视线一般在水平线以下 25°~30°，仪表所在平面布置在垂直于正常视线位置，可以使人舒适，方便认读，避免光线反射带来的认读错误。

图 4-31（a）是视距 710mm 下的人的直接视野，小汽车的仪表盘布置位置就是基于这个原则设计的，如图 4-31（b）。由人的视觉特性可知，人清晰辨别物体的主要因素是视角，其次是视距。

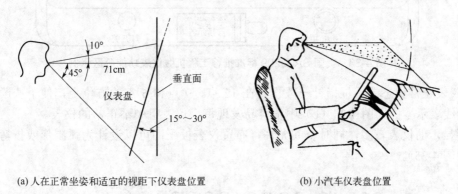

(a) 人在正常坐姿和适宜的视距下仪表盘位置　　　　(b) 小汽车仪表盘位置

图 4-31　显示仪表所在平面与人的视线垂直

② 根据显示仪表重要性、观测频度、仪表之间关联程度合理、紧凑地布置在不同区域。

图 4-32 是视距 800mm 情况下测试认读显示区域与认读效果实验结果。其中，图 4-32（a）中的 0 点是人双眼正对中心位置，带剖面线 Ⅰ 区域是最佳认读区，周围环绕区域是一般认读区；图 4-32（b）是 2 个区域认读时间，可以看出 Ⅰ 区域认读时间很小，进入 Ⅱ 区域认读时间明显增加。

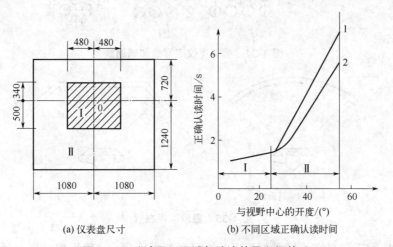

(a) 仪表盘尺寸　　　　(b) 不同区域正确认读时间

图 4-32　认读显示区域与认读效果之间关系

Ⅰ—最佳认读区；Ⅱ—一般认读区；1—认读右半部；2—认读左半部

③ 考虑人的视觉特性，依据设备操作流程，按照观察顺序从左到右、从上到下，按顺时针方向旋转来布置仪表。

④ 按照仪表的功能进行功能分区，将功能相关仪表布置在一起。

图 4-33 是美国 SAEJ209 标准推荐的工程机械仪表功能分区布置的一个示例。在行驶时需要关注的是与发动机有关的那部分仪表，像发动机燃油压力表、发动机水温表等被布置在左半部；到达施工现场后需要关注的是与施工动力有关的仪表，如显示起吊电动机、液压系统等工作系统运行状态的仪表被布置在右半部，这种布局方式称为"功能分区"，目的是提高作业效率，减少误操作。

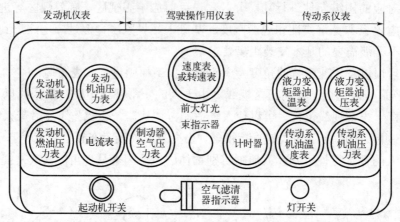

图 4-33　美国 SAEJ209 标准推荐工程机械仪表功能分区示例

⑤ 表示仪表正常状态的零位指针一般设置在 12 点、9 点和 6 点的方位上，便于认读；当仪表较多时，添加辅助线表示零位。图 4-34（c）中很容易发现每个仪表组中不正常的仪表。

如果需要显示的仪表较多，同时空间允许，布置仪表板平面可以设计为弧围形或折弯形，但是要保证等视距（如图 4-35）。

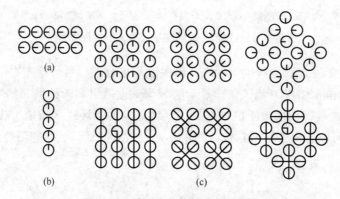

图 4-34　检查类仪表零线和辅助线

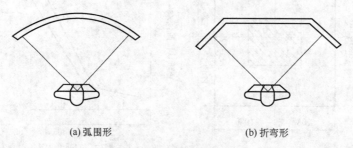

(a) 弧围形　　　　　　　　　(b) 折弯形

图 4-35　显示面板布置

由于不同工作性质需要采用不同的视距，人的视野范围不同，一般根据工作性质确定仪表布置范围，整理成推荐值见表 2-19。

4.3.2 操纵器布局设计

布置操纵器不仅要与人体尺寸相匹配，还要考虑作业姿势与施力对作业者的影响。

（1）操纵器应布置在人的手、脚灵便自如的区域

操纵器应优先布置在人的手和脚活动便捷、辨别敏锐、反应快、肌力较大的位置。若操纵器很多，则以其功能重要程度和使用频度的递减顺序，从优先区域开始布置，逐渐扩大布置的范围。

① 手动操作的手柄、按键、旋钮、扳钮等操纵器，均应布置在操作者上肢活动范围的可达区域内。如操纵器数量多，则优先把重要的和较常用的布置在易达区域内，使用更频繁的布置在最佳区域内，然后再扩大范围布置其余操纵器（见表4-13）。

表 4-13　手动操纵器布局原则

操纵器的类型	躯体和手臂活动特征	布置的区域
使用频繁	躯体不动，上臂微动，主要由前臂活动操作	以上臂自然下垂状态的肘部附近为中心，活动前臂时手的操作区域
重要、较常用	躯体不动，上臂小动，主要由前臂活动操作	在上臂小幅度活动的条件下，活动前臂时手的操作区域
一般	躯体不动，由上臂和前臂活动操作	以躯干不动的肩部为中心，活动上臂和前臂时手的操作区域
不重要、不常用	需要躯干活动	躯干活动时手能达到的操作区域

② 单手操作的操纵器应布置在操作手这一侧，双手操作的操纵器应布置在操作者正中矢状面附近。

手轮布置高度建议值如图4-36（a）；以前臂运动转动的带柄手轮，转动平面与前臂宜成10°～90°角[如图4-36（b）]，而以手腕运动转动的带柄手轮，转动平面与前臂宜成10°～45°角，此时，手轮轴线与作业者冠状面成60°。

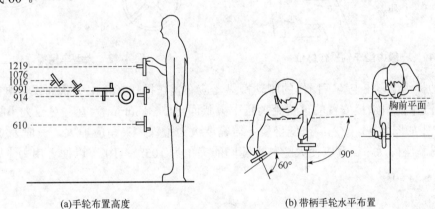

(a)手轮布置高度　　　　(b)带柄手轮水平布置

图 4-36　单手操作手轮的适宜位置

布置操纵杆时，宜使操作者在操纵时上臂与前臂形成 90°～135°的夹角，以利于在推、拉方向施力（如图 4-37）。一些学者经过研究发现在坐姿下前臂在身体前方操作时，以上臂外展 6°～25°操作较为高效舒适（如图4-38）；外展超过30°，工效将降低。

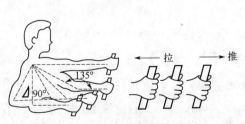

图 4-37　单手操作操纵杆适宜位置

图 4-38　坐姿前臂舒适操作位置

测试表明：离地面 1000～1100mm 的手轮有利于操作者施加较大的转矩；在肩部高度推拉手柄的力量最大（如图 4-39）。

下面以汽车驾驶员操作手轮（转向盘）为例说明转向盘布置的位置。图 4-40 中操作人驾驶小型车辆，转向盘的转矩小，主要用前臂操作即可，因此可以采取舒适的后仰坐姿，转向盘布置平面接近于铅垂方向。

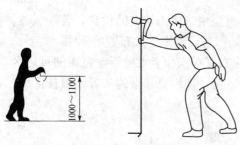

图 4-39　操作手轮、手柄有利的体位

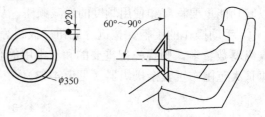

图 4-40　小型车辆操作体位

图 4-41 中操作人驾驶一般中型车辆，转向盘的转矩略大一些，需要用到肩部和上臂的部分力量参与操作，因此不宜采用较大角度的后仰坐姿，转向盘平面布置在与水平面成 30° 左右较为合适。图 4-42 中操作人驾驶大型车辆，转向盘的转矩大，除肩部、上臂以外，有时还要用到腰部的力量参与操作，因此不能采取后仰坐姿，转向盘平面应接近在水平面方向，所在位置应比较低。

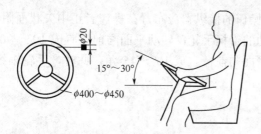

图 4-41　一般中型车辆操作体位

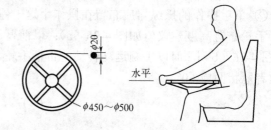

图 4-42　大型车辆操作体位

③ 对于脚动操纵器，在坐姿下操作的脚动操纵器应布置在操作者正中矢状面操作脚的一侧，偏离正中矢状面。例如汽车油门踏板安置的位置距离正中矢状面 100～180mm 为宜，对应大小腿偏离矢状面的角度为 10°～15°［如图 4-43（a）］。在低坐姿下若需要大力蹬踩，夹角应加大，一般为 135°～155°［如图 4-43（b）］。调高座椅后，一般应使大腿与小腿间的夹角为 105°～110°，以便于用力［如图 4-43（c）］。

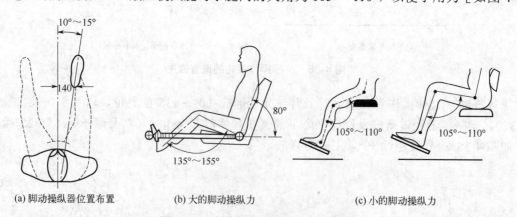

(a) 脚动操纵器位置布置　　　(b) 大的脚动操纵力　　　　　(c) 小的脚动操纵力

图 4-43　不同脚动操纵力与人体姿势

不操作时双脚应有足够自由活动的空间。如操作者需要左、右脚轮替操作，或在站立位置稍有移动的情况下也能操作，可采用杠杆式的脚踏板开关（如图 4-44）。为了避免误触动，这种脚踏杠杆距地面的高度和对安置立面的伸出距离均以不超过 150mm 为宜，且踩踏到底时应与地面相抵。

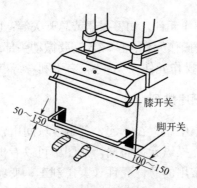

图 4-44 双脚操作的脚踏板开关

作业台面高度直接影响台面上显示、操作元件布置的位置，表 4-14 是立姿下常见显示、操作元件高度推荐值。

表 4-14 立姿作业台面高度推荐值

高度/mm	工作类型	操作特性
0~500	脚踏板、脚踏钮、杠杆、总开关等不经常操作的手动操纵器	适宜于脚动操作，很不适宜于手动操作
500~700	常用的手控制器、显示器、工作台面等	肘部与肩部之间，兼顾眼、手
500~900	一般工作台面、控制台面、轻型手轮、手柄，不重要的操纵器、显示器	脚动操作不方便，手动操作不太方便也不特别困难
900~1600	操纵装置、显示装置、操纵控制台面、精细作业平台	立姿下手、眼最佳操作高度，对手动操作，900~1400mm 更佳
1600~1800	一般显示装置，不重要的操纵装置	手动操作不便，视觉接受尚可
>1800	总体状态显示与控制装置、报警装置等	操作不便，但在稍远处容易看到

例 4-2：以图 4-45 说明中等身材操作者在坐姿下显示操作区域布局。

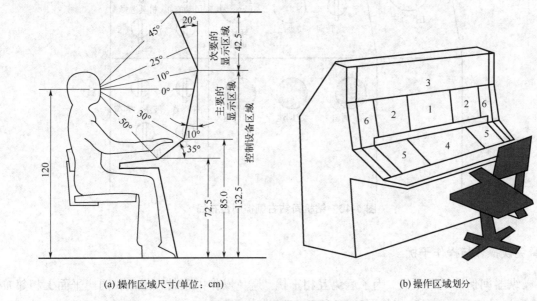

(a) 操作区域尺寸(单位：cm)　　　　　　(b) 操作区域划分

图 4-45 坐姿操作控制台区域

解：首先确定合理坐姿，考虑坐姿操作者可能是男性或女性，故坐姿眼高按照平均尺寸设计并考虑穿鞋修正量，选取 120cm。参考第 3 章作业空间设计可以确定出伸及域，在此基础上按照人的视觉特性和人的操作区域确定出各部分尺寸 [如图 4-45 (a)]。图 4-45 (b) 是对应图 4-45 (a) 的正面区域，根据人的特性大致分为 6 个区域。区域 1 是正对着人的最佳认读区域，必须放置最重要的与常用的显示元件；考虑人在观察区域 2 时需要转动眼球或微动头部，因此放置一般显示元件；区域 3 需要人抬头看，因此区域 3 放置不常用的显示器或操作元件，如警报器或总开关等；区域 4 处于人前臂舒适活动区域并兼顾视觉，必须布置常用或频繁使用的操作元件；区域 5 需要微动头部或眼球，因此放置一般操作元件；区域 6 距离操作者较远，放置不常用的操作元件，考虑左、右手利者特点可以布置在左侧或右侧的区域 6 中。

（2）按功能分区布置，按操作顺序排列

可以把功能相关的一组操纵器集中布置在一起，各组区域间用较显眼的轮廓界线加以区分。图 4-46 是交流变频钻机司钻右侧控制台面上操纵元件布局，从图中可以看出：操作频繁的工作刹车被布置在右手舒适操作位置上；对于重要但不常用的急停元件（紧急刹车、变频急停、发电机急停）被布置在控制台前方，以保证随时看得到，且不被误操作触及；驻车制动属于刹车类，故与几个急停控制元件放在一个区域；对于常用的控制转盘元件（转盘惯刹、转盘转向、转盘给速、转盘扭矩限制）放置在靠近工作刹车的同一区域内；控制 1 号、2 号、3 号泥浆泵调速元件按照从左到右顺序放置在同一区域内；不常用控制元件放置在控制台稍远处的同一区域内。

多个操纵器如有较固定的操作顺序，考虑人自身操作习惯，应依照操作顺序排列操纵器，排列的方向宜与肢体活动的自然优势方向一致。横向排列时按从左到右的顺序，竖向排列时按从上到下的顺序，环状排列时按顺时针的顺序。图 4-46 中若遇到紧急情况，按照操纵顺序，应先按下紧急刹车，其次按下变频急停，最后按下发电机急停。因此，在布局上从左向右排列，符合人的操作习惯。

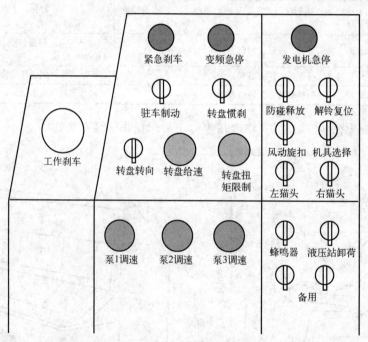

图 4-46 钻机司钻右侧控制台布局

（3）避免误操作与操作干扰

① 各操纵器间保持足够距离。为了避免互相干扰，避免操作中连带误触动，同一平面上相邻布置的操纵器间应保持足够距离，具体值如图 4-47 和表 4-15。

对于脚操纵器之间也应该保持安全距离，例如，车辆刹车踏板与加速踏板内侧至少应保留 100～150mm 的间距。另外，要考虑操纵元件在布局平面下方的结构间距来确定两元件之间的间距，否则，在工程上无法安装操纵元件。

② 操纵器不安置在胸腹高度的近身水平面上。近身胸腹高度的水平面上安置的按钮、旋钮等操纵器，容易在操作中不经意地被肘部误触动，造成事故，应该避免〔如图 4-45（a）中 72.5cm 以下区域〕。如需要在此位置安置操纵器，应将安置平面倾斜一定的角度，如图 4-45（b）中标示"4""5"的区域。

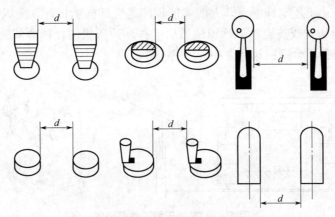

图 4-47　常见操纵器布局时内侧间距

表 4-15　常见操纵器布局时内侧间距 　　　　　　　　　　　　　　　　单位：mm

操纵器形式	操纵方式	间隔距离 d	
		最小	推荐
扳钮开关	单（食）指操作	20	50
	单指依次连续操作	12	25
	各个手指都操作	15	20
按钮	单（食）指操作	12	50
	单指依次连续操作	6	25
	各个手指都操作	12	12
旋钮	单手操作	25	50
	双手同时操作	75	125
手轮 曲柄 操纵杆	双手同时操作	75	125
	单手随意操作	50	100
踏板	单脚随意操作	100	150
	单脚依次连续操作	50	100

③ 总电源开关、紧急制动等特殊操纵器应特殊处置。总电源开关、紧急制动、报警等特殊操纵器应与普通操纵器分开，标志明显醒目，尺寸不得太小，并安置在无障碍区域，能很快触及［如图 4-45（b）中区域 3］。

④ 不妨碍、不干扰视线。操纵器及其对应的显示器虽宜于相邻安置，但需避免操作时手或手臂遮挡了观察显示器的视线，所以对于在身体右侧用右手操作的操纵器，对应的显示器不宜安置在紧靠操纵器的右侧，以免妨碍、干扰观察显示器的视线；对于身体左侧的操纵器，则对应的显示器不宜安置在紧靠操纵器的左侧。

4.3.3　操纵与被操纵对象互动协调

我们常常见到教室或写字楼里的灯对应的开关找不到，不得不采取试错法开灯，这是因为电气工程师更多的是面对物与物的分析，完成其功能（使灯点亮），忽略了人的习惯和认知。

这样的疏忽有可能导致更严重的后果，例如某冲压机操作严重事故：该冲压机的操作方法为下压操纵杆使压头升起，抬起操纵杆使压头下压。这种主从互动模式与操作支点在中间的杠杆相同（如图 4-48）。经过培训的操作者能平稳正常地操作，但在一次因突发情况需要紧急停止压头下压时，操作者却慌忙地加速上抬操纵杆，使压头更重地向下压去，以致酿成惨重事故。事故的发生问题出在操控主从协调关系处理不当。为了让压头停止下压立即回升，人的本能反应是立即向上提起（操纵杆），紧急情况下，这种反应常常超越培训得来的认知或技能，下意识地做出动作。冲压机的操作方式违背了这种操控主从协调关系，事故的种子早已埋在不合理的设计之中。

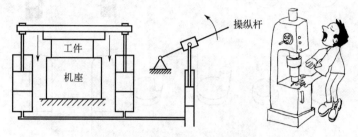

图 4-48　某冲压机工作原理图

主从协调关系处理正确，符合人的习惯和认知，产品使用起来才能安心、自然顺心，不出差错，这也是"以人为本"理念的体现。

在人机界面设计操控主从协调的一般原则如下。

（1）操控主从运动方向的一致性

若操控主从双方在同一平面、平行（或接近平行）平面上，操控主从协调的基本原则是双方运动方向一致。

① 操控主从运动方向一致性的基本形式。若要求被操纵对象向右运动，应使操作方向也向右；其他向左、向上、向下、向前、向后……均相同。若要求被操纵对象顺时针转动，应使操作也顺时针转动；要求逆时针转动时也一样应使操作逆时针转动。

图 4-49（a）所示操纵器和显示器处在接近平行的两个平面上，正确的设计应该是：顺时针转动操纵器，调节的效果是显示器也顺时针转动，如图中旋钮 1 处和仪表 1 处的箭头所对应表示；或两者均为逆时针转动，如图中旋钮 3 处和仪表 3 处的虚线箭头所对应表示。

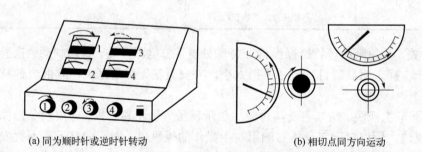

(a) 同为顺时针或逆时针转动　　　　(b) 相切点同方向运动

图 4-49　操控主从运动方向一致

② 操控主从运动方向一致性的其他形式。若操纵器和显示器都是旋转运动，且两者离得很近，如图 4-49（b）所示。这种条件下，"两者运动方向一致"将体现为两者临近（相切）那个点都向同一方向运动。在图 4-49（b）左边的图上，操纵器和显示器临近（相切）那个点的运动方向一致，都是向上运动，则操控主从互动关系是协调的，符合人的潜在认知意识。但此情况下操纵器为顺时针转动、而显示器却是逆时针转动。同样，图 4-49（b）右边的图上，两者相切那个点都一致向右运动，操控主从互动是协调的，但两者的转向却不相同。

③ 以旋转运动操纵直线运动时，应使操纵器上靠近被操纵对象那个点与被操纵的运动方向一致。

图 4-50 的左、中、右三种情况相类似，都是用旋转运动的旋钮操纵直线运动的显示器，现以其中右

图为例进行说明。右图中旋钮上靠近显示器的点在最上面，顺时针转旋钮时该点向右运动，对应显示器指针也向右移动，则操控主从关系就是协调的，如图中一对实线箭头所示。反之，旋钮逆时针转动就应该使显示器指针向左移动，如图中一对虚线箭头所示。

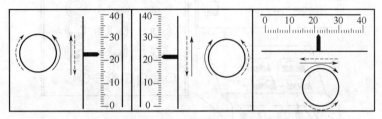

图 4-50　操纵器上靠近被操纵对象的点与被操纵对象运动方向一致

（2）操控主从在不同平面时的互动协调

实验显示操控主从在不同平面时互动协调方向（如图 4-51）。

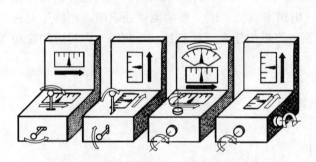

图 4-51　在不同平面上主从运动方向一致

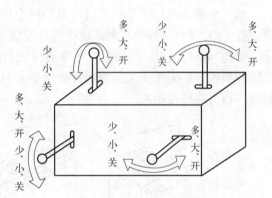

图 4-52　操纵方向与功能协调

（3）操纵方向与某些功能要求的协调关系

操纵的功能要求有开通和关闭、增多和减少、提高和降低、开车和制动等，对于操纵方向与这些功能要求的协调关系，人机工程学者进行过研究，图 4-52 和表 4-16 给出了一些研究结果供参考。

表 4-16　操纵方向与功能的协调关系（参考 GB/T 14777—1993《几何定向及运动方向》）

操纵器的运动方向	受控对象物的变化状况		
	位置	状态	动作
向右、向上、离开操作者、顺时针旋转	向右、向右转、向上、顶部、向前	明、暖、噪、快、增、加速、效果增强（如亮度、速度、动力、压力、温度、电压、电流、频率、照度等）	合闸、接通、启动、开始、捆紧、开灯、点火、充入、推
向左、向下、接近操作者、逆时针旋转	向左、向左转、向下、底部、向后	暗、冷、静、慢、减、减速、效果减弱（如亮度、速度、动力、压力、温度、电压、电流、频率、照度等）	拉闸、切断、停止、终止、松开、关灯、熄火、排出、拉

（4）操控主从在空间的相似对应或顺序对应原则

若同时存在多个操纵器和多个被操纵对象，在空间布置时使两者具有相似且一一对应的关系，主从协调关系为最佳。

如果做不到这个程度，则提高两者的顺序对应性，可以改善主从协调关系。如果还做不到，可用图形符号、文字或指引线等进行标识，以改善主从协调关系（如图 4-53）。

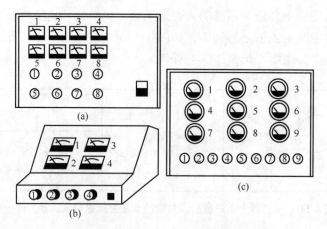

图 4-53　空间操控主从运动协调一致

例 4-3： 人机学的创始人之一恰帕尼斯（Chapanis）等人做过一项测试研究：用煤气灶的四个旋钮开关，操纵煤气灶眼的通气打火。

解： 变换煤气灶四个灶眼的位置和四个旋钮开关的顺序，形成四种主从对应关系。对每一种煤气灶都进行 1200 次打火操作，测试所得四种配置下的出错率依次为 0%、6%、10% 和 11%，已分别标注在图上［如图 4-54（a）］。很明显，顺序对应关系好的，出错率就低。进一步的测试还表明，在顺序对应不太好的情况下，采用图文、引线等方法指示对应关系可降低出错率，如把图 4-54（b）中对应的旋钮与灶眼用指引线连接起来。

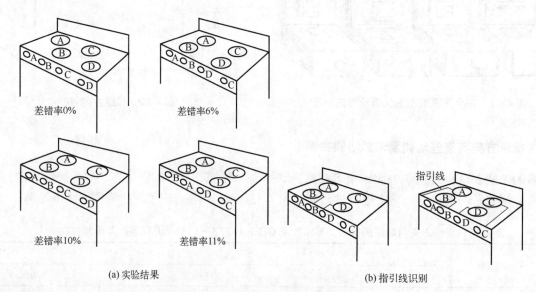

图 4-54　煤气灶开关与灶眼对应实验

（5）遵循右旋螺纹运动的规则

通常将右旋转动（即顺时针旋转）操作与开启、接通、增加、上升（向上）、增强效果等功能结合为协调的配对（如图 4-55）。

总之，对于控制与显示元件协调性设计，应该注意到以下几个方面。

① 概念协调性：控制与显示在概念上要保持统一，同时与人的期望相一致；

② 空间协调性：显示与操控在空间位置上的关系与人的期望的一致性；

③ 运动协调性：符合人对显示界面与操控界面的运动方向习惯定式；

④ 量比协调性：在人机界面设计中，通过操控界面对产品进行定量调节或连续控制，操控量通过显

示界面反映出来，两者的量比变化要保持一定的协调关系。

例 4-4：图 4-56 是一个未经人机工程设计的磨床仪表盘，图中 d、i、e 是显示元件，f、g、j、h 是控制元件，这些元件的功能以及相互关系如图 4-57。

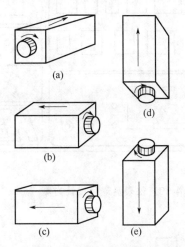

图 4-55　按照右手螺旋法则确定操纵主从关系

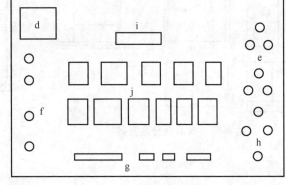

图 4-56　原仪表盘设计

解：对于人机界面设计问题必须首先通过全面的设计调查，了解设计元件的作用和相互关系，并且表达出来。这一工作在本题中以功能树的形式给出了，设计者这一步一定要认真地做好，其结果直接影响人机界面设计的最终结果。

通过对图 4-57 功能树的分析，可以看到整个仪表板有三大功能：A 显示磨头进给、后退等信息；B 控制整个磨削过程；C 是通过尺寸来调试刀具位置。这些元件大的功能分为显示参数元件和控制参数元件，控制参数元件又分为控制过程以及控制尺寸。显示功能 A 与电压表 d、指示灯 e 和数字显示 i 元件有关系；过程控制功能 B 与启动 f、切削过程 g 和调试 h 元件有关；尺寸控制功能 C 与数字显示 i 和输入键盘 j 有关。

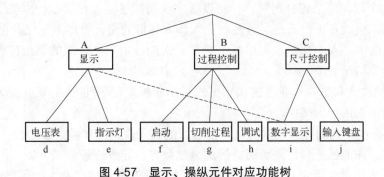

图 4-57　显示、操纵元件对应功能树

按照功能分区原则将整个面板分为三个大的功能区，具体划分方案如图 4-58，考虑元件多少和划分视觉效果得到最终划分方案（图 4-58 右侧）。

考虑键盘操作需要视觉，因此，将 C 功能区设置在左上方，A 功能设置在右上方，B 功能设置在左下方，数字显示元件 i 放置在左上方，便于观察。右下方多余部分正好放置生产厂家的标志 K。最终结果如图 4-59。

最后，为了验证最终设计方案是否符合设计要求，作出最终方案的功能完形树（如图 4-60）。从图中可见完形树主要功能与原设计要求的功能树一致，只是多了厂标 K，说明满足设计要求。若校对功能完形树与功能树不一致，需要重新设计。

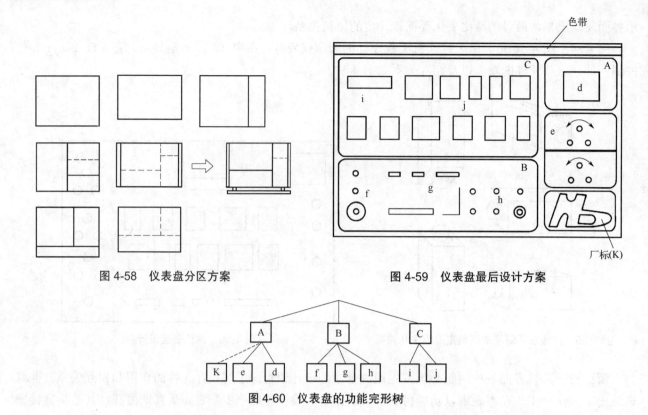

图 4-58　仪表盘分区方案　　　　　　图 4-59　仪表盘最后设计方案

图 4-60　仪表盘的功能完形树

4.4　数字化人机界面设计

随着科技进步，很多设备的控制越来越多地采用数字化控制系统（digital control system，DCS）。数字化控制相对于基于传统模拟技术控制系统对人来说带来了新的人机问题。具体表现为：

① 人-机界面逐渐演化为人-机系统界面。在传统人-机界面中，信息和控制是采用单个模拟信息和控制设备，人通过单个固定信息综合判断，控制设备实现功能目标。在 DCS 中，人-机系统界面提供更多的综合性信息，自动化设备提供系统层级控制输入，人与机的交互更加多元化、自动化、综合化。

② 人-机系统界面中，人的功能和作用发生变化。人的作用除了传统的系统控制以外，更多的是系统状态监视和系统紧急情况处理。

③ 数字化显著地改变和影响作业者的认知模式和作业模式，现有的人的认知行为模型不能很好地描述和反映数字化系统中人的行为规律。

④ 人-机系统界面中，人的行为模式变化，出现新的失误模式与风险。在 DCS 中，人的作业模式和行为方式的改变增大了作业任务和作业负荷，信息量过载容易导致情景意识下降，作业模式混乱。

由此可见，当前迫切需要研究 DCS 中人因特征、人机交互的模式以及人因可靠性规律。

4.4.1　数字化系统下作业者的认知行为

人的认知过程是通过人的感觉和知觉系统输入信息，结合长时记忆对信息处理加工，形成工作记忆，触发反应选择与执行。其本质是信息处理工程（如图 4-61）。

在数字化主控室中，作业者的角色监视控制系统设备。作业者主要完成两类任务：主任务（一类任务）和界面管理任务（二类任务）。二类任务一般包括配置、导航、查询、画面调整，执行管理任务等，二类任务会给作业者带来较高的工作负荷，干扰作业者完成主任务过程。DCS 对主任务影响表现在：人的认知行为改变使作业班组的作用、功能、交流机制和方式发生改变，以及班组成员之间对系统状态、作业规程理解发生变化。

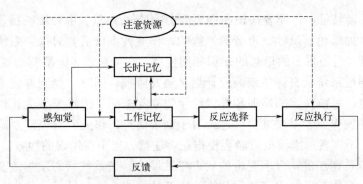

图 4-61　人的信息处理工程

（1）数字化控制与传统控制认知行为对比

数字化控制系统（DCS）在信息显示、工作记忆机制、注意机制等方面改变了人的认知方式（见表 4-17、表 4-18、表 4-19）。传统人-机界面采用具有一定空间物理结构的控制台直观显示信息，具有明确的一一对应的空间地理位置属性，这些信息与设备状态指示具有良好的兼容性。在 DCS 中，计算机通过屏幕显示图形、数字、符号，大部分系统设备信息隐藏在当前显示屏幕后面，作业者操纵时需要耗费更多的认知资源。同时，作业者采用鼠标、键盘和触摸方式与系统设备进行交互，这种软件控制操纵使作业者丧失操控的真实感受。

表 4-17　数字化主控室与传统主控室信息显示比较

数字化主控室	传统主控室
传统主控室中操纵员的信息加工模型与电厂系统模型之间的匹配程度较高，操纵员的心理模型与动态的真实物理系统之间具有较好的生态兼容性	
数字显示，读取精确性较好	模拟量显示
图示在紧急情况下比较有效	当与操纵人员任务相关的显示元素发生紧急变化时，产生突出的特征，以满足操纵人员加工的需要
能提供 PT 图（系统运行技术规范中要求的限值条件图）等综合信息	采用 SPDS（安全参数显示）系统提供辅助

表 4-18　数字化主控室与传统主控室工作记忆机制比较

数字化主控室	传统主控室
数字化主控室系统中，数字符号信息向模拟的概念表征的转换会增加额外的加工步骤，这一步骤将导致比传统主控室需要更长的注视、更长的加工时间，以及可能产生更大的失误率	
工作记忆容量受限于 7±2 组块	由于存在信息线索的直接提示和工作记忆组块的物理空间切割，工作记忆更容易重新组块
中央执行系统会对人员绩效产生影响	对工作记忆绩效的影响可能来自控制室多重物理信息刺激

表 4-19　数字化主控室与传统主控室注意机制比较

数字化主控室	传统主控室
在计算机屏幕上存在报警信息但有可能忽略	存在明显可见的物理表征（报警或其他刺激信息）呈现在显示位置上
不具有显著性	具有视觉的明显的显著性
注意由长时记忆中操纵员知识驱动	结合提取长时记忆中注意驱动要素与强迫性注意驱动要素，获得非预期的信息
注意的对象在同一深度，容易受到注意目标上其他线索的干扰	注意目标与背景在深度上有差异，搜索时间较短，且不易干扰

（2）数字化控制系统中作业者的认知活动

在 DCS 中，作业者完成主任务时认知活动一般包括：监视/察觉、状态评估、响应计划和响应执行。监视/察觉是从环境中提取信息所涉及的活动。监视是确定系统状态是否正常；察觉是识别系统参数、信号是否异常。通常环境特征、作业者知识和期望会影响监视/察觉。由环境特征驱动的监视（数据驱动监视）受到信息属性（如颜色、尺寸、声音等）影响，作业者不仅需要对报警系统进行响应，更需要将注意力引向特定的区域，对最重要的信息的知识和期望启动主动监视（模型驱动监视）。主动监视首先通过作业规程指导，再通过系统状态评估或响应计划来触发监视，同时，受到作业者思维模型的影响。思维模型是通过正规教育、系统特定的培训和操纵经验建立起来的。思维模型会让作业者有效引导注意力进行监视，也可能会导致作业者错过重要信息。对于众多信息，作业者首先需要确定哪些信息最重要，注意力才会指向目标。不完备思维模型可能会使作业者注意力集中在错误的地方。

系统状态是通过一系列连贯、合乎逻辑的状态参数展示。当系统状态发生改变，判别该状态是否属于正常以及产生的原因，作为后续响应计划和执行决策的依据，这一过程被称为状态评估。状态评估过程是作业者对系统的状态模型和思维模型不断匹配的过程。

响应计划是指处理事件行动方案的决定。响应计划要求作业者通过系统状态模型来确定目标状态以及实现目标的转换。为了实现目标，作业者生成替代响应计划，对其评估，选择最适合当前系统状态模型的计划。

响应执行指完成响应计划所确定的动作或行为序列。响应执行一般需要不同程度的班组交流与合作，需要对任务分配、安排，相互配合完成。

4.4.2 数字化人-机界面相关因子优化原则

除了4.3节介绍的界面布局方法，张力通过对核电站人因可靠性研究，指出影响数字化人-机界面主要因素在于界面各功能块之间的布局优化、警告信息的数量取值、显示参数的数量、每行字符数量，以及在事件过程中每个规程、相关界面如何自动显示在屏幕上（移动路径规划）。并提出了数字化人-机界面相关因子的优化原则。

（1）显示页面优化原则（表4-20）

表4-20　显示页面优化原则

因子	优化原则
不同人-机交互功能组织及元素显示	人-机交互功能区域和显示特征应与其他有明显区别，特别是命令和控制部分元素
显示标题	每个显示应以一个简单描述显示内容或目的标题
显示标识	每个显示页都应该设计唯一的标识以提供显示页面请求参考。这个页面的标识可以是其标题或字母编码，或是一个长期显示的简写
显示的简单性	显示应呈现与功能相一致的最简化的信息及与该信息相关的内容
多页的数字编号	每页应该标有编号，在编号中最好不要把零作为编码
数据覆盖	临时覆盖的数据不应擦除。显示过程中如果产生覆盖数据应考虑提供其附加信息，当帮助操作人员对显示数据解释时，数据覆盖是完全可以的

（2）信息显示优化原则（表4-21）

表4-21　信息显示优化原则

因子	优化原则
显示格式的考虑	显示格式应考虑多样性，如表、连续文本、模拟图等
高级信息的操作人员认证优化	操作人员应该能访问链接到参数和图形特征的原则及产生高级信息的解释
全局状态显示	信息系统应该提供全局状态提示及提供当前的详细信息
将来状态显示	信息系统应该支持用户理解将来状态
参考范围	应提供重要信息和一般信息值的参考范围
相关信息显示	操作人员完成任务相关信息应分组
显示的其他因素	一致性、抽象性、文本的简洁性

（3）参数优化原则（表4-22）

表4-22　参数优化原则

因子	优化原则
重要安全功能提示可见性	重要安全函数功能显示在操作人员工作站应该是可读的
重要变量和参数	重要工厂变量和参数显示应帮助操作人员评价工厂状态；显示系统给操作人员提供如下的重要安全功能：反应度控制，堆芯冷却，余热去除，辐射控制，防漏条件等
安全状态快速变化的认知	重要安全功能显示应使操作人员理解安全状态改变，因此这些显示应包含确定用户性能的 HFE（人因失效事件）原则
连续显示	安全参数和功能的显示应连续显示
工厂模式分离显示页	工厂操作模式强加不同要求时，对每个模式应提供不同的显示页面，显示页面应包含评价工厂的最少数据
重要参数的监视支持	系统应有支持用户监视重要参数的辅助帮助，特别是改变很快或很慢的参数
重要工厂变量的数据可靠性及认证的显示	对操作人员来说，数据状态应有一个合适数据质量指示器
标识	对监视工厂状态的安全参数和功能的显示应该被标识以与其他显示区分

（4）警告优化原则（表4-23）

表4-23　警告优化原则

因子	优化原则
警告过滤	对操作人员的监视、诊断、决策、程序执行等行为，如果警告没有重要的意义，这时警告应进行过滤
警告状态表示	为使操作人员快速辨别警告信息，显示的警告状态应表现出独一无二性
警告返回	警告参数从一个异常范围返回到正常状态时，应通过可视化和声音的方式进行指示
警告系统相关性设计	警告系统处理会影响操作人员理解警告过程的效率，如果操作人员没有意识到警告之间存在相关及这些相关性如何依赖应用中的过程，那么操作人员就可能对系统状态或警告可靠性得出错误结论
共享警告的最小化	由任意单个隔离的警告触发的警告及需要操作人执行附加行为应要进行限制
警告标题	警告标题应清晰易理解，应使用标准术语，明确定义参数和状态
警告信息	在警告标题或类似标题显示器中，信息格式应该连续
警告源	每条信息内容应提供警告来源
程序参考	当显示器上呈现警告信息时，应提供对警告处理的相应程序流程
标题及警告的分隔控制	如果警告系统包括警告标题和警告显示，每个警告应有其自身的一系列控制
优先级编码	可采用目前成熟的颜色编码

（5）简写与缩写优化原则（表4-24）

表4-24　简写与缩写优化原则

因子	优化原则
避免缩写	在使用中应尽量避免使用缩写，如果显示时由于空间关系需要使用缩写，那么也应该使用操作人员通常知道的缩写
缩写规则	当定义的缩写不是操作人员所共识时，应使用操作人员理解和认知的规则
缩写标点	简写和缩写不要包括标点
在任意代码中避免 O 和 1	字母 O 和 l 的使用应尽量避免，因为他们很容易与数字 0 和 1 混淆
代码中的字母和数字	当代码中混有字母和数字时，字母和数字应尽量分别分组在一起，而不是对其进行解释

（6）数字数据优化原则（表4-25）

表4-25　数字数据优化原则

因子	优化原则
数值系统	数字值一般以十进制显示，但在故障排除或架构任务中也可使用其他数字系统，如二进制、十六进制、八进制
零开头	在数字化数据中应加零作为开头，如24应显示为0024
显示范围	在任务显示的任何条件下应显示变量的最大值和最小值
显示变化速度	数字化显示变化速度应合适，让操作人员可读
显示差异	如果数据之间差异对操作人员的监视是重要的，那么应该显示他们之间的不同性
数字定位	数字应该竖直显示

4.4.3　数字化人-机界面布局方法

数字化人-机界面的普及使用，对于操纵员来说带来了新的情景意识（SA）问题。情景意识（situation awareness，SA）是人在特定的时间和空间对环境中各种要素的知觉，对其意义的理解以及对其未来状态的预测。在复杂工业系统事故的处置过程中，因情景意识丧失而不能正确完成后续复杂行为可能带来灾难性后果，如三英里岛核电站事故中，操纵员未能保持对一回路状态的正确理解。

数字化人-机界面可以缩小界面占用面积，显示巨量信息，软件控制替代硬件控制，计算机规程替代纸质规程，增加了界面管理任务等。其信息在画面中显示位置不固定，信息关联性被分割，显示更为抽象的上层信息。通过计算机屏幕可以直接观测到的信息有限，很多动态信息被隐藏。操纵员必须借助导航等界面任务来完成操作，增加了操纵员的认知负荷，消耗注意力资源和产生锁孔效应等，影响操纵员的情景意识，使操纵员处于控制环之外。

鉴于上述原因，在数字化人-机界面设计时，应该研究情景意识（SA），这也是目前研究的热点之一。张力给出的有关数字化人-机界面设计方法如下。

（1）基于改进遗传算法的数字化人-机界面监视单元布局优化

首先选择界面元素的编码方案，寻找适应性函数。选择遗传方案，随机初始化生成群体。然后计算群体中个体位串解码后适应值，依据遗传方案进行选择、杂交和变异计算，产生下一代个体。最后判断结果是否满足设定值或者完成约定迭代次数，不满足返回再进行选择、杂交和变异计算，产生下一代个体（如图4-62）。

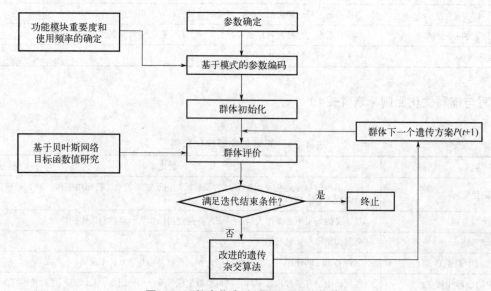

图4-62　数字化人-机界面改进遗传算法

（2）基于模糊免疫的数字化人-机界面功能单元数量优化

首先确定界面功能单元数量范围，在确定的范围内不断改变功能单元数量区间，计算每次改变相应场景下的人因可靠性，一直循环到找到最优数量的数量段为止（如图4-63）。

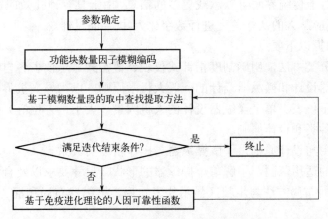

图 4-63　数字化人-机界面功能单元数量优化方法

（3）规程在屏之间自动布局最短移动路径优化

当规程执行到某一显示屏并完成相应规程任务时，就需要寻找下一规程应自动布局的显示屏，使作业者看到时移动距离最短（时间最短）。

张力提出数字化人-机界面事故规程自动布局下人因可靠性三层神经网络模型：第一层，输入所有人的行为影响因子和每个规程优化执行时间，即输入层；第二层，设计一些设计要素函数和人因可靠性评价计算模型，即隐含层；第三层，输出规程执行自动布局优化人因可靠性概率，即输出层。他在 Floyd算法的基础上提出了事故下基于动态表示的邻域最短路径搜索方法，给出了基于数字化人-机界面规程自动布局的人因可靠性评价模型。图4-64是部分规程优化流程。

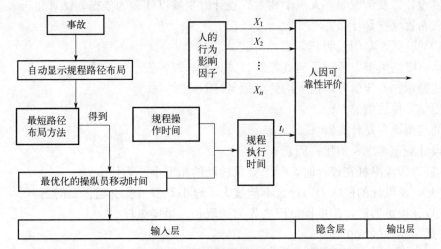

图 4-64　数字化人-机界面规程在屏之间布局优化方法

本章学习要点

人机工程学是研究系统中人与其他要素的相互关系的科学，人机界面就是具体的载体。人通过显示装置接收信息，经过人的感知、理解、计划、决策，通过操纵装置控制机器。

对于传统物理人机界面（显示装置、操纵装置）设计，在确定人的作业姿势以后，以人体尺寸为基准，确定相应的观察视距和操纵范围，由合理的观察视角确定出相应仪表的尺寸；再由伸及域、正常作业范围、最大作业范围确定作业区域。在此基础上依据人的感知特性和运动特性对仪表、操纵器进行布局设计。

数字化人-机界面相对于传统界面可以承载更多的信息，由于具有锁孔效应在很大程度上增加了人的认知难度，其布局设计更应从人的认知角度进行数字化人-机界面设计。

通过本章学习应该掌握以下要点：

1. 了解显示装置的分类方法，明确刻度指针式仪表、数字式显示仪表各自特点和应用场合。

2. 理解信号与显示器设计和操纵器设计的一般人机学原则，以指导人机界面设计。

3. 熟悉掌握单个显示仪表、单个操纵器设计的人机因素（大小、方位等）确定原则。

4. 了解信号显示的种类和设计原则。

5. 掌握操纵器的选用与设计原则，了解操纵器与操作精度的关系。

6. 掌握单个操纵器的适用范围，了解单个操纵器的形状、尺寸要求以及合适的安放范围。

7. 重点掌握人机界面布局方法与步骤（显示仪表布局、操纵器布局和混合元件布局），并能熟练运用解决具体问题。

8. 了解操纵器不同编码的特点和适用范围。

9. 掌握操纵与被操纵对象互动协调特点，在人机界面布局时能够合理运用。

10. 了解数字化系统下作业者的认知行为。

11. 了解数字化人-机界面相关因子优化原则。

12. 了解数字化人-机界面布局方法，结合人因可靠性内容深入分析。

思考题

1. 什么是人机界面？人机界面设计的内容与依据是什么？

2. 仪表装置设计需要考虑哪些人机学要素？设计时主要以什么为依据？试评价一款仪表。

3. 显示仪表布置原则是什么？

4. 什么是功能分区？举例说明其作用。

5. 信号显示有哪些类型？各用于何处？红、黄、蓝、绿各表示何意思？

6. 设计表达警示、警告信号，需采用何种信号灯？

7. 如何使用信号传达信息？

8. 操纵器的选用原则是什么？

9. 操纵器设计应该考虑人的哪些因素？

10. 长操纵杆、短操纵杆在设计时，哪个要求转动的角度小？为什么？

11. 在设计时，操纵杆的操纵力为什么不能过大、过小？否则会引起什么问题？

12. 通常在设计操纵器时，根据操纵阻力如何选取长、短操纵杆？

13. 人最舒适手操作区域在哪里？

14. 为什么在界面设计时要考虑操作元件与显示元件互动协调?有哪些措施？

15. 试分析地铁自动售票机或银行自动取款机的显示操作界面，从界面认知、布局设计和工位设计的角度分析其优缺点。

16. 分析自动购买饮料机等自助设备的人机界面，并针对其显示元件存在的问题，重新进行布局设计。

17. 设计操纵器时应考虑哪些人机因素？

18. 简述人机界面设计步骤。

19. 如图 4-65 从人机工程学角度试评价飞机高度表。

图 4-65　飞机高度表

20. 人的动作习惯主要包括哪些方面？在人机界面设计时如何适应？请举例说明。

21. 图 4-66 是某数控机床仪表控制面板，分析该界面存在人机问题并采用人机界面设计原理对其设计，控制面板尺寸可以适当修改大小。

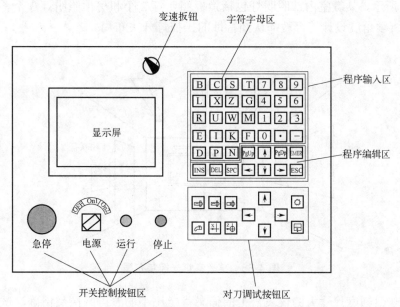

图 4-66　某数控机床仪表控制面板

说明：该数控操作流程如下：

① 启动电源。

② 输入程序。首先在键盘输入区输入字母与数字混合程序，每输入一行需要操作 ENTER 回车。检查修改操作编辑按键。

③ 随后安装工件毛坯，通过对刀调试按钮进行对刀操作。

④ 按下运行按钮开始加工，状态在显示屏显示。中途需要变速，扳动变速扳钮。

⑤ 加工结束按下停止按钮。发生意外时候先按急停按钮，再按停止按钮。

22. 图 4-67 是某教室多媒体控制台面板界面，思考上课操作顺序，试分析各元件之间的关系，从系统控制区域与上课控制（投影机+电脑信号+话筒）区域的角度绘制功能树，从功能分区入手按照人机工程学布局设计步骤在给定范围内布局设计。

说明：操作顺序为系统开—降下投影屏幕—打开投影机—打开电脑—关闭窗帘—关闭室内灯光—切换笔记本电脑、台式电脑、数字展台。

下课结束，关闭系统开关。在需要时调节系统音量或话筒音量。

注意：不要改变图 4-67 中元件大小，屏幕指投影屏幕，主音量指多媒体系统音量。

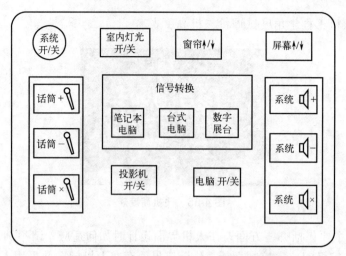

图 4-67 某教室多媒体控制台面板界面

23．如图 4-68 所示，某教室内部照明灯包括黑板照明灯 2 个和房顶照明灯 3 个。在右侧门旁边是控制灯开关，试从人机学角度设计符合教师认知特性的操控灯开关布局。

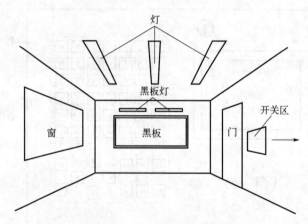

图 4-68 某教室灯光控制布局

24．有人认为观察刻度尺寸大的仪表盘上的信息肯定比小的看得既快又精确，试分析这种说法是否正确。

25．针对一数字化控制界面进行设计调查，查阅相关资料，对比传统人机界面进行分析，探究各自的优缺点。

26．查阅资料，试分析情景意识与数字化人-机界面的关系，梳理有关个人情景意识（SA）、班组情景意识（TSA）的研究进展。

5

人因可靠性分析

目前，在绝大多数工业领域中，50%～70%的事故都是直接或间接地由人为差错导致的。在某些特定领域，诸如核工业等，这一比例甚至超过了90%。表5-1给出了各个领域中人为差错导致的事故数占所有事故总数的比例。从中不难得出结论：人为差错已经成为导致事故的主要诱因。

表 5-1 各领域中人为差错导致事故的比例

领域	比例/%	数据来源（研究者）
核工业	>90	Isaac 等，2002；美国核能管理委员会，2002
化学和石油化工业	>80	Kariuki 和 Lowe，2007
潜艇	>75	Ren 等，2008
航空业	>70	Alexander，1992；Helmreich，2000
饮水供应	>75	Wu 等，2009
近海石油钻探	70	高佳等，1999
医药卫生	53～58	Kohn，2000
地面交通	70～90	Salmon 等，2005；Dhillon，2007

人因可靠性的一般性定义为：在规定的时间内，在规定的条件下，人无差错地完成规定任务的能力。人因可靠性分析是以分析、预测、预防和减少人为差错为核心研究内容，是以行为科学、认知科学、信息处理和系统分析、概率统计等理论为基础，对人的可靠性进行分析、评价和管理的学科，它是人机工程学的延续、扩展和应用。

5.1 人因可靠性概述

5.1.1 人因可靠性研究意义与发展历程

学术界目前普遍认为人因可靠性分析的相关研究从20世纪50年代开始进行，Williams首次提出在电子设备的可靠性分析过程中必须考虑人为差错的观点，这标志着人因可靠性分析作为一个新的领域正式显现。20世纪的三英里岛堆芯融化事故、切尔诺贝利核泄漏事故、"挑战者"号航天飞机失事和印度博帕尔氰化物泄漏事故等，都是直接或间接地由人为差错导致的。人因可靠性分析在20世纪80年代受到了空前重视，各种理论和方法大量涌现。这一时期出现的人因可靠性分析方法可以称为第一代方法，主要包括：人因失误率预测技术（technique for human error rate prediction，THERP）方法、成功似然指数法（success likelihood index method，SLIM）、人的认知可靠性（human cognitive reliability，HCR）方法和人因失误评价与减少技术（human error assessment and reduction technique，HEART）方法等。这些方法对于推动人因可靠性分析的发展起到了重要作用，其中的一些方法至今仍在工程中使用。

第一代人因可靠性分析方法受当时心理学、认知科学和计算机技术的发展水平的限制，主要是利用结构化建模和数学等方式，研究行为层面差错的特点、规律以及定量化分析；在人为差错机理分析和认知过程建模等方面存在明显的不足。其特点如下：侧重可观察到的人的行为分析，而没有涉及对人的认知/决策过程的分析，缺少对认知差错的研究。研究方法简单、使用方便，适用于大多数情景环境中的人为差错分析。建立了人为差错的基本数据库，如 THERP 手册和 HEART 数据库等；考虑了行为形成因子对人为差错的影响作用；建立了人的行为的结构化模型，能够得到人为差错的概率值，可以用于人因事件的概率风险评估；初步研究了动作之间的相关性，提出了不同关联度情况下人为差错概率的调整方法。

第一代方法的使用在分析人为因素方面存在局限性，因为它们缺乏定义明确的分类系统、明确的模型和对动态系统交互的准确表示。它们中的大多数都以成功或失败的路径来描述每个操作符的动作。此外，PSF（行为形成因子）对人类表现影响的代表性相当差。这些不足促进了第二代人因可靠性分析方法的发展。

20 世纪 90 年代之后，陆续出现了一些新的人因可靠性分析方法，在第一代人因可靠性分析方法基础上，对人因可靠性分析引入认知心理学的相关成果，以人的认知模型为基础，强调情景环境对人的认知可靠性的影响作用，不再仅仅满足于分析行为差错，而更加注重分析行为差错背后的认知差错。这些方法可以归纳称为第二代人因可靠性分析方法，主要包括：认知可靠性和失误分析方法（cognitive reliability and error analysis method，CREAM）、人因失误分析技术（A technique for human error analysis，ATHEANA）方法、错误诊断树分析（mis-diagnosis tree analysis，MDTA）方法和执行型失误搜索与评定（commission errors search and assessment，CESA）方法等。

第二代人因可靠性分析方法充分强调了情景环境对人为差错的影响作用，建立了认知模型，描述了人为差错的发生机理，形成了人为差错是情景环境诱发的观点。代表性方法有人因失误分析技术（ATHEANA）和认知可靠性和失误分析方法（CREAM）等。CREAM 提出了一个统一的人为差错分类系统，它集成了个人、技术和组织因素，认为人的行为受完成任务时的环境因素影响，这些环境特征通过影响人的认知过程进而影响人的行为。它以静态情景环境中的人为差错为分析对象，重点研究了执行类差错的分类、辨识和概率量化，没有考虑人在动态情景环境中的行为表现。CREAM 可被系统设计师和风险分析师用于：①识别需要人类认知并依赖于认知可靠性的任务；②确定可能降低认知可靠性从而构成风险来源的情况；③提供一份可用于概率风险评价（PRA）/概率安全评价（PSA）的人类行为对系统安全后果的评估。人因失误分析技术（ATHEANA）是基于一个多学科的框架，认为人为因素（例如行为形式因子 PSF 等人机界面设计、内容和格式的程序、培训等）和环境条件（如误导迹象、设备不可用和其他不寻常的配置或操作的情况）的共同作用是影响人因事件的原因。人为的因素与环境条件的影响并不是相互独立的，人为因素和环境条件的联合作用，造成了一个可能发生人为错误的情况，这是一个错误强迫环境（EFC）。

随着计算机技术的发展，尤其是仿真技术的不断进步，在第二代人因可靠性分析方法得以不断发展和完善的同时，正在涌现出一些新的人因可靠性分析方法。这些方法以仿真为技术手段，通过虚拟任务、虚拟环境和虚拟人员来模拟实际环境中人的行为，着重分析动态情景环境中人为差错的特点和规律，可以称为第三代人因可靠性分析方法。第三代人因可靠性分析方法主要包括：值模拟模型（cognitive simulation model，COSIMO）方法、操作员工厂模拟模型（operator-plant simulation model，OPSIM）方法和班组运行下的信息-决策-执行（information, decision, action，IDA）模型方法等。

5.1.2 人因可靠性研究内容

目前人因可靠性研究已经形成完整体系，其研究内容包括人的认知行为描述、人为差错的成因分析、人为差错的辨识、人为差错的概率量化、人因事件的概率风险评估以及人为差错规避措施的制订等。其中，人的认知行为描述是人因可靠性分析的起点和基础，人为差错的成因分析主要是围绕情景环境的表征展开的，人因事件的概率风险评估与常规系统的概率风险评估的内容比较相似，其关键部分是人为差错的概率量化。结合具体问题，从设计的角度降低人为差错的概率才有实际意义。

5.2 人为差错

5.2.1 人为差错定义与分类

人为差错（人为失误）是指人未能实现规定的任务，导致计划中断或运行或引起设备、财产的损坏行为。引起人为差错的因素通常分为外部因素（外界不合适的刺激、显示信息设计不良、控制装置不良）和内部因素（生理能力、心理能力、个人素质、操作行为等），如图5-1。

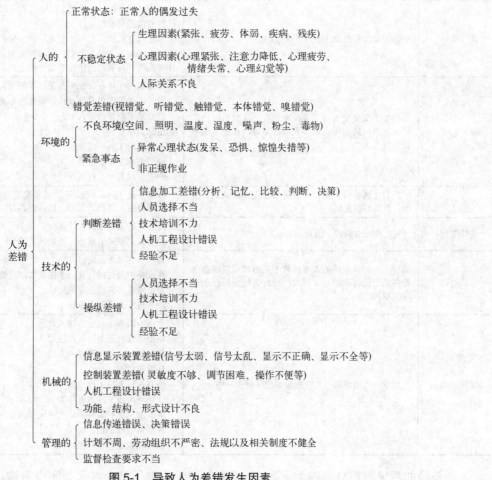

图 5-1　导致人为差错发生因素

人为差错一般分为非意向性行为、意向性行为。非意向性行为是大多数人为失误的造成因素，它主要是指操作人员因无意中的疏忽或遗忘而造成的失误。意向性行为是操作人员用不规范或者不正确的方法来解决问题所造成的失误（如图5-2）。

从人的认知角度来看，人为差错表现为人的感知信息差错、决策差错、行为差错。常分为下列五种方式：①未执行分配给他的职责，②错误地执行了分配给他的职责，③执行了未赋予的额外职责，④按错误的程序或错误的时间执行了职责，⑤履行职责不全面。表5-2给出人为差错的六种类型：①设计差错；②制造差错；③检验差错；④安装差错；⑤维修差错；⑥操作差错。

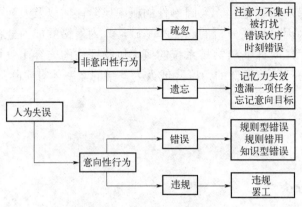

图 5-2　人为差错类型

表 5-2　人为差错分类

差错类型	差错的造成或发生差错的阶段	发生差错的原因
设计差错	由于设计人员设计不当造成的，发生在设计阶段	不恰当地分配人机功能 没有满足必要的条件 不能保证人机工程设计要求 指派的设计人选不称职。设计时过分草率，设计人员对某一特殊设计方案的倾向和对系统需求的分析不当
制造差错	由加工和装配人员造成，发生在产品制造阶段，是工艺不良的结果。通常发生故障后，在使用现场被发现	不合适的环境，如照明不足、噪声太大、温度太高 设计不当的工作总体安排，混乱的车间布置 缺少技术监督和培训 信息交流不畅 不合适的工具 说明书和图样质量差 没有进行人机工程设计
检验差错	没有达到检验目的。检验时未发现产品缺陷，装配、使用时被发现	检验不是100%准确，平均的检验有效度约为85%，可能造成在公差范围内的零件被认为不合格，而超差的零件反被使用
安装差错	发生在安装阶段，属短期错误	没有进行人机工程设计 没有按照说明书或图样进行设备安装
维修差错	发生在对有故障的设备修理不正确的现场。随着设备的老化，维修频率增大，故发生维修错误的可能性增加	对设备调试不正确 在设备的某些部位使用了错误的润滑脂 对维修人员缺乏必要的培训 没有进行人机工程设计
操作差错	由操作人员造成，在使用现场的环境中发生	不适当的和不完全的技术数据 缺少或违反正常的操作规程 任务复杂或超负荷程度太高 环境条件不良 没有进行人机工程设计 作业场所或车间布置不当 人员的挑选和培训不适当，操作人员粗心大意或缺少兴趣 注意错误或记忆错误 操作、识别和解释错误

　　人为差错的后果一般分为四类：第一种类型，由于及时纠错未对系统和设备造成损坏；第二种类型，暂时中断计划，延迟完成任务，设备略加修复可以正常运行；第三种类型，中断计划，造成设备损坏和人员伤亡，系统仍可修复；第四种类型，设备严重损坏，人员有较大伤亡，系统失效。

5.2.2　人的可靠性

　　人的可靠性是指在规定时间内以及规定条件下，人为无差错地完成所规定的任务能力。一般采用可靠度来度量，人的可靠度是指人在规定时间以及规定的条件下，无差错地完成所规定的任务（或功能）的概率。

　　经过长期对人的可靠性研究，人们积累了一些人的可靠性的基本数据。表 5-3 给出了不同显示形式仪表的认读可靠度；表 5-4 给出了不同显示视区仪表的认读可靠度；表 5-5 列出了人操控按键直径大小的动作可靠度；表 5-6 给出了不同操控方式下控制杆的可靠度。

表 5-3 不同显示形式仪表的认读可靠度

显示形式	人的认读可靠度			
	用于读取数值	用于检验读数	用于调整控制	用于跟随控制
指针转动式	0.9990	0.9995	0.9995	0.9995
仪表盘转动式	0.9990	0.9980	0.9990	0.9990
数字式	0.9995	0.9980	0.9995	0.9980

表 5-4 不同显示视区仪表的认读可靠度

扇形视区	人的认读可靠度	扇形视区	人的认读可靠度
0°～15°	0.9999～0.9995	45°～60°	0.9980
15°～30°	0.9990	60°～75°	0.9975
30°～45°	0.9985	75°～90°	0.9970

表 5-5 操控按键直径大小的动作可靠度

按钮直径/mm	人的动作可靠度	按钮直径/mm	人的动作可靠度
小型	0.9995	9～13	0.9993
3.0～6.5	0.9985	13 以上	0.9998

表 5-6 不同操控方式下控制杆的可靠度

控制杆位移	人的动作可靠度	控制杆位移	人的动作可靠度
长杆水平移动	0.9989	短杆水平移动	0.9921
长杆垂直移动	0.9982	短杆垂直移动	0.9914

日本桥本帮卫将大脑的意识水平分为五个层次，并给出大脑意识可靠度，见表 5-7。

表 5-7 大脑意识可靠度

层次	表现	可靠度
0 层	无意识或精神丧失	0
第一层	意识水平低下，注意迟钝	0.9 以下
第二层	意识处于正常或放松状态	0.99～0.99999
第三层	意识处于正常和清醒阶段	0.999999 以上
第四层	意识处于极度兴奋和激动阶段	0.9 以下

日本井口雅一提出机器操作者基本可靠度 γ

$$\gamma = \gamma_1 \gamma_2 \gamma_3$$

（5-1）

式中，γ_1 为信息输入过程基本可靠度；γ_2 为判断决策过程基本可靠度；γ_3 为操作输出过程基本可靠度。

表 5-8 基本可靠度取值

作业类别	内容	γ_1、γ_3	γ_2
简单	变量在 10 个以下，已考虑工效学原则	0.9995～0.9999	0.999
一般	变量在 10 个以下	0.9990～0.9995	0.995
复杂	变量在 10 个以上，考虑工效学原则不充分	0.990～0.999	0.990

根据表 5-8 确定操作者基本可靠度以后，考虑作业条件、作业时间、操作频数、危险程度、生理以及心理因素进行操作可靠度 R_H 修正

$$R_H=1-bcdef(1-\gamma) \tag{5-2}$$

式中，b 为作业时间修正系数；c 为操作频数修正系数；d 为危险程度修正系数；e 为生理、心理因素修正系数；f 为环境条件修正系数。取值参考表 5-9。

表 5-9 基本可靠度修正系数

系数	作业时间 b	操作频数 c	危险程度 d	心理、生理因素 e	环境条件 f
1.0	宽裕时间充分	适当	人身安全	良好	良好
1.0~3.0	宽裕时间不充分	连续发生	有人身危险	不好	不好
3.0~10.0	无宽裕时间	极少发生	可能造成重大恶性事故	非常不好	非常不好

5.3 人的认知行为描述

人的认知行为受到生理、心理以及各种情景环境因素的影响，通常采用认知模型描述人的认知行为。认知模型力图使用半结构化的方式描述人的认知行为，从理论上解释人为差错的发生、发展过程，为人因可靠性分析相关问题的研究提供理论支持。代表性认知模型主要包括：S-O-R 模型、信息处理模型、阶梯模型、SRK 模型和通用认知模型等。

5.3.1 S-O-R 模型和信息处理模型

传统心理学指出人的认知行为包括感知、信息处理和动作 3 个要素，以此为基础构建了经典的 S-O-R（stimulation-organization-response）模型。其中，S 意为刺激输入，是指人体感受到外界的刺激，将其转化为信号后传递给大脑；O 意为思维组织，是指大脑收到信号后，通过思维功能对信号分析判断，作出决策，拟订出行动计划，并将指令传递给手、脚等器官；R 意为行为反应，是指手、脚等器官收到指令后，执行相应的动作。

信息处理模型从信息流的角度描述了人的认知行为（如图 5-3），认为人的认知行为是一个信息流的过程。信息接受模块的作用在于获取情景环境信息，而信息分析模块则通过相关机理对信息进行过滤，从而获取认为是"有用"的信息，然后，根据获取的信息判断系统状态，作出相应的任务决策、制订任务计划并提交执行。在这个过程中，记忆资源能够存储相关信息，注意力资源能够保证操作人员集中精力处理某个任务，它们在认知过程中起辅助作用。

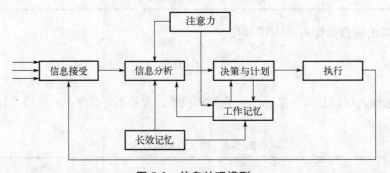

图 5-3 信息处理模型

ATHEANA（人因失误分析技术）方法在构建模型过程中引入并改造了信息处理模型，它将人的认知过程分成 4 个阶段：监控/探测、环境感知、计划和实现。各个认知阶段的作用与信息处理模型基本相

同，其差别主要在于：它将信息接受分解为监控/探测和环境感知两个阶段，认为人的认知行为具有主动性而并非完全被动地接受信息。

5.3.2　阶梯模型、SRK 模型和通用认知模型

① 阶梯模型是由 Rasmussen 于 1986 年提出的，其结构如图 5-4 所示。阶梯模型将信息处理模型中信息接受、信息分析、决策与计划、执行等 4 个认知阶段进一步细化为激发、观察、识别、解释、评价、定义任务、形成规程和执行等 8 个阶段。不同的认知阶段之间存在虚线连接，表示了认知行为过程中可能存在的捷径。

阶梯模型考虑了认知过程所存在的多路径情况，与信息处理模型相比，具有更强的理论合理性。从图 5-4 可以看出，阶梯模型中认知路径的数量比较多，使用阶梯模型分析具体情景环境中人的认知过程，对分析人员的知识、经验的要求都比较高。它要求分析人员必须对情景环境非常熟悉，对任务所可能涉及的认知阶段有充分的把握。从已有文献资料来看，阶梯模型尚未被研究人员引入到人因可靠性分析方法的开发中。

② SRK 模型是 Rasmussen 于 1986 年提出的。该模型将人的认知行为分为 3 种行为模式，即技能型行为模式、规则型行为模式和知识型行为模式。SRK 模型的基本结构如图 5-5 所示。

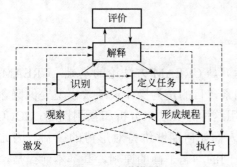

图 5-4　阶梯模型

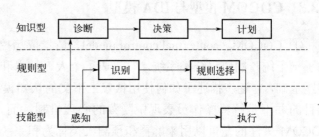

图 5-5　SRK 模型

技能型行为模式：是指当操作人员面对非常熟悉的情景环境时，所采取的一种近似于本能反应的行为模式，即操作人员在感知到应激信息后立即执行动作。在这种行为模式中，由于操作人员对作业非常熟练，基本可以认为无需任何思考。该种行为模式取决于操作人员的能力水平和对该项任务的经验。

规则型行为模式：是指操作人员面对比较熟悉的情景环境时，所采取的一种行为模式。在该种行为模式中，操作人员在获取应激信息后，首先进行信息识别，然后根据信息识别结果选取所需要的规程，最后按照规程要求来执行任务。这种行为模式与技能型行为模式的主要区别在于操作人员对实践的了解或掌握程度。

知识型行为模式：是指操作人员面对没有成熟的动作规程，甚至是从未出现过的情景环境时，所采取的一种行为模式。在这种行为模式中，通常不存在可用的操作规程作为指导，操作人员需要依赖自身的知识和经验分析、诊断应激信息并做出相应的决策和计划，然后按照计划执行相应的动作。

目前，SRK 模型已经被研究人员所广泛认可，并被引入到了人因可靠性分析方法的开发中。Hanaman 在 HCR 方法中引入了 SRK 模型，用于计算 3 种行为模式中人的无响应概率；Saurin 等基于 SRK 模型开发了一线工作人员的人为差错模式分类方法；Sun 等以 SRK 模型为基础，提出了一种工程化的人为差错概率量化方法。

③ 通用认知模型最早是由 Reason 于 1987 年提出的，如图 5-6 所示。通用认知模型是基于 SRK 模型并参考人的"问题求解"框架思想而开发的，其主要特点包括：第一，它以 SRK 模型为基础，采用将人的认知行为分为 3 种行为模式的结构；第二，它使用"问题求解"框架构建具体行为模式中人的认知行为过程，而没有使用认知功能或认知模块。目前，通用认知模型也已经被人因可靠性分析的研究人员所认可，被用于 SHERPA（systematic human error reduction and prediction approach，系统人为错误减少和预测方法）、HRMS（human reliability management system，人因可靠性管理系统）等人因可靠性分析方法的开发中。

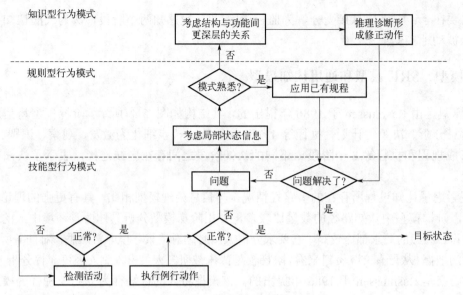

图 5-6　通用认知模型

5.3.3　COCOM 模型与 IDA 模型

① COCOM（contextual control model，情景依赖控制模型）是 CREAM 方法论的基础。CREAM 提出了一个统一的错误分类系统，它集成了个人、技术和组织因素，目的是为操作员绩效模型提供概念和实践基础，它逐步描述了如何使用依赖上下文的认知模型，应用这种分类法来分析和预测性能。COCOM 的目的并不是解释操作员表现中隐藏的心理机制，而是解释人们如何能够维持对形势的控制。因此，COCOM 关注的是可以用来解释和预测人类行为和系统响应之间的动态平衡的原则。其基本前提是，人的表现在很大程度上是由情境决定的。CREAM 提出的分类系统利用了 COCOM 中的概念，利用了控制模式的概念，提供了一个快速、全面的人类可靠性评估。

CREAM 在构建过程中提出了 COCOM。COCOM 的具体结构如图 5-7 所示。

在 COCOM 中，操作人员的认知行为被分为 4 个基本的认知功能，分别为观察、解释、计划和执行。每个认知功能的作用与信息处理模型中各个模块的作用基本相同，但 COCOM 在认知过程解释上却与信息处理模型存在明显的区别：第一，COCOM 中的 4 个认知功能并不是简单的串行化过程，而是一个不断循环的交互过程；第二，COCOM 中的每个认知功能并不都是必需的，而是需要根据具体的情景环境来确定究竟偏重于需要何种认知功能，完成简单任务时，甚至可能不需要某项认知功能（如计划）；第三，认知行为并不仅仅是对输入信号的被动响应，而应该是一个连续的、能够对原目标和意图进行主动修正的过程。

② IDAC 方法：在信息处理模型的基础上，美国马里兰大学的研究人员于 1994 年提出了 IDA（information，decision，action，信息-决策-执行）模型，可分为单个操纵员模型与班组群体行为模型，其结构如图 5-8 所示。IDA 模型包括 4 个模块，分别为：信息预处理模块 I、诊断与决策模块 D、动作执行模块 A 和精神状态模块 M，这 4 个模块的作用与信息处理模型中认知模块的作用大致相同。IDAC 是在 IDA 的基础上发展的基于仿真的 HRA（人因可靠性分析）方法，该方法模拟在事故情境下主控室操作班组缓解事故后果将系统带入安全状态的行为响应及发生概率。IDA 模型是一个包括三类操纵员（即决策者、执行者和咨询者）的班组模型，包含若干个 IDA 嵌套结构。

IDA 模型与信息处理模型的区别主要在于：第一，与 COCOM 类似，它将认知模块视为不断循环的交互过程；第二，它将信息处理模型中的注意力、工作记忆和长效记忆合并为精神状态模块，强调了精神状态对认知过程的驱动能力；第三，它考虑了精神状态与所有认知模块之间的交互作用；第四，它强调了认知模块本身以及认知模块之间的关系都处于动态的变化过程中。

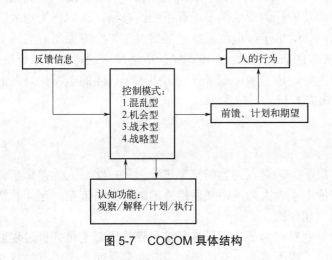

图 5-7　COCOM 具体结构

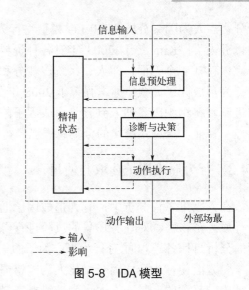

图 5-8　IDA 模型

5.4　行为形成因子

5.4.1　行为形成因子含义

行为形成因子的概念最早是由 Swain 于 1983 年在构建 THERP 方法时提出的，目前得到了研究人员的普遍认可。在人因可靠性分析中，情景环境对人的行为具有影响作用，人为差错是由人所处的情景环境所诱发的。由于研究人员对情景环境的理解以及研究目的存在差异，情景环境被赋予了不同的称谓。人因（human factor）、行为形成因子（performance shaping factor，PSF）、行为影响因子（performance influence factor）、差错产生条件（error producing condition）以及共同绩效条件（common performance condition）分别被不同的人因可靠性分析方法表征人所处的情景环境。

人的行为是所有行为形成因子综合作用的结果，行为形成因子是那些对人的行为产生影响作用的情景环境因素，行为形成因子的内涵应该包括对人的行为产生影响的所有因素。TRACEr（认知差错回溯与预测分析）和 HFACS（人为因素分析分类系统）等方法都使用行为形成因子对人为差错原因进行辨识；THERP、HEART、SLIM 以及 CREAM 等方法分别基于不同的模型利用行为形成因子来量化人为差错概率；HEART 和 IDAC 等方法根据行为形成因子给出了减少和规避人为差错的措施。

CPC（共同绩效条件）和传统的 PSF 之间有明显的重叠，这是因为可能影响绩效的条件集是有限的。因此，CPC 和 PSF 之间的区别并不在于所使用的类别的名称和含义，而在于它们的使用方式。主要的区别在于，CPC 是在分析的早期阶段应用的，与任务分析紧密相连，用于将任务的上下文作为一个整体来表征，而不是作为一种调整单个事件概率值的简化方法。

5.4.2　行为形成因子分类方法与权重确定

目前一般采用两个层次（第一层一般比较宏观，第二层则相对细致）将行为形成因子分为两大类。第一类分类方法是从人为差错的发生机理出发，考虑了不同行为形成因子对人行为过程所具有的不同影响作用。其主要包括如下几种具体方法：Swain 在构建 THERP 方法时考虑了不同层面的行为形成因子对人的行为过程具有不同的影响，分为内部行为形成因子、外部行为形成因子和应激行为形成因子；Kim 等考虑到不同行为形成因子对人认知过程会产生不同的影响，分为任务特征因素、背景因素和绩效帮助因素三大类；Wiegmann 等在研究飞行事故时将导致不安全行为的行为形成因子分为不安全行为的前提条件、不安全的监督和组织影响。第二类分类方法是从不同的侧面对行为形成因子采用系统化的思想进行分类。人为因素分析 SHELLO 模型将行为形成因子分成软件、硬件、环境、操作者、协助人员和组织因素五大类；Kim 等于 2003 年对各种资料中所涉及的行为形成因子进行了归纳总结，认为行为形成因子应该包括 4 个方面，即人、系统、任务和环境，并给出了核电厂应急任务情况下每个方面所对应的具体行为形成因子元素；孙志强等于 2008 年在 Kim 等的研究基础上，考虑了一般情况下的行为形成因子，并进一步将组织因素纳入到行为形成因子的范畴之中，进一步提高了行为形成因子内涵的全面性以及通用性。目前，这种系统化的分类思想已经得到了研究人员的普遍推崇。

5.4.3 行为形成因子选取与使用

在人因可靠性分析中，行为形成因子通常应用于：①对人为差错概率进行量化；②对人为差错事件进行原因辨识；③对任务场景的风险进行综合评价；④为人为差错规避措施的制订提供依据。这 4 种情形的分析目标各不相同,对行为形成因子的需求也大相径庭。

一方面使行为形成因子量化人为差错概率时需要对行为形成因子进行定量评价，而定量评价过程通常是比较复杂的；另一方面人为差错概率量化结果一般不需要十分精确，没有必要全面考虑所有的行为形成因子。因此，在人为差错概率量化方法中，一般只选择少数几个对人的行为具有重要影响的行为形成因子。从现有的人为差错概率量化方法来看,SLIM 方法使用了 6 个行为形成因子进行分析,而 CREAM 则选择了 9 个行为形成因子，HCR 和 HDT（整体决策树）等人为差错概率量化方法也大多使用了不超过 10 个的行为形成因子。

考虑到人为差错是由情景环境诱发的共识，人为差错事件的发生原因一般都是从行为形成因子中去查找。基本思路是首先列出各种可能的行为形成因子，然后根据人为差错事件对人为差错原因进行逐一查找。因此，对于人为差错事件的回溯分析来说，行为形成因子罗列的全面性非常重要。Khan 等分别利用行为形成因子分析了近岸石油工业中人为差错事故的原因；Latorella 等利用行为形成因子构建了航空维修和检查中人为差错事件的原因分析方法；Cacciabue 等分别基于行为形成因子分析了导致医疗事故的人为差错原因。另外，研究人员还使用行为形成因子对空中交通管制和核电站主控室操作中人为差错事件进行了大量的原因分析。

从现有的文献来看，风险综合评价一般通过 3 个步骤来完成的。①对行为形成因子进行评分；②给出各个行为形成因子的相对权重；③将行为形成因子进行加权求和得到任务场景的综合风险指数，根据风险指数对任务场景进行排序，从中选取风险指数较大的进行具体分析和改进。综合评价任务场景的风险指数是一个对任务场景进行筛选的过程。这种筛选实际就是一种粗略的排序过程，一般来说，只有那些风险指数较高的任务场景才有必要进行分析并加以改进，不需要考虑所有的行为形成因子。另外，筛选过程涉及了行为形成因子的定量评价。因此，对于任务场景风险指数的综合评价来说，需要选择那些对风险影响较大且易于评价的行为形成因子。

由于人为差错规避措施的制订是依据人为差错事件的原因分析进行的，人为差错规避措施的制订是人因可靠性分析的最终目标。因此，对于行为形成因子的考虑应该尽可能地保证全面性。另外，考虑到有些行为形成因子是很难改进或消除的，如人的性格特点和记忆力等，在制订人为差错规避措施时应该将重点放在那些易于改进或消除的行为形成因子上。

5.4.4 行为形成因子评价方法

行为形成因子的评价一般包括行为形成因子的定性评价和行为形成因子的定量评价。

行为形成因子的定性评价一般用于人为差错原因的查找和人为差错规避措施的制订等人因可靠性分析等工作。方法步骤是将行为形成因子分成几个等级，然后通过分析人员的主观判断来确定具体行为形成因子所属的具体等级。行为形成因子的定性评价具有易于操作和主观性的特点，是一种比较粗略的评价方法。Hollnagel 在构建 CREAM 时，将行为形成因子划分为 3 个或 4 个水平来表示其对人绩效的影响作用，并基于此得到人在当前任务场景中所处的认知控制模式。Zio 等将影响人因事件相关性的行为形成因子使用模糊化的语言进行描述，进而使用模糊逻辑方法分析了人因事件之间的相关性。

行为形成因子的定量评价一般包含 2 项内容：①行为形成因子的评分；②确定行为形成因子的相对权重。人为差错概率量化和任务场景风险综合评价都需要对行为形成因子进行定量评价。

行为形成因子的评分就是准确给出具体行为形成因子的质量水平，并使用数值的形式予以表示。现存的方法主要有：专家判断法和直接测量法。

专家判断法对行为形成因子进行评分的一般思路如下：①将行为形成因子分为若干等级并为其赋予一定的数值，代表行为形成因子的质量水平；②通过专家判断或问卷调查的方式获得各个等级的支持情况；③将问卷数据通过一定的方法进行处理，最终得到行为形成因子的评分。早期的人为差错概率量化方法，如 THERP、HEART 和 SPAR-H（标准化核电厂风险-HRA 方法）等，都是使用专家判断的方法为行为形成因子赋值的。Kariuki 等将行为形成因子的范围设定为 1～7，通过专家判断得到了行为形成因子的具体评分。Chang 等将行为形成因子的范围设定为 1～5，通过问卷调查研究了考虑行为形成因子之间关联的评分方法。

直接测量法对行为形成因子进行评分的一般思路如下：①将行为形成因子表示为若干可以测量的指标；②通过实验的方法获得各个指标的数值；③将各个指标进行综合，得到行为形成因子的评分。Park 等将应急操作规程中的任务复杂度分解为执行任务所需要的信息、任务的逻辑结构和执行任务所需要步骤的数量 3 个部分，通过实验的方法分别进行了测量,得到了任务复杂度这一行为形成因子的评分。

为了表达行为形成因子的重要度排序或者进行任务场景的综合评分，还需要确定行为形成因子的相对权重。从现有文献来看，确定行为形成因子相对权重的方法主要包括：层次分析法和问卷调查法。

层次分析法是目前最为常用的一种确定行为形成因子相对权重的方法。具体做法如下：①把众多的因素划分为若干层次，使每层包含的因素较少；②按最底层的各因素进行综合评价；③层层依次往上评，一直评到最高层；④构造判断矩阵（成对比较）；⑤层次单排序及其一致性检验；⑥得到综合评价结果。因此，模糊综合评价首先要进行单因素综合评价，在单因素综合评价的基础上，再进行多因素的综合评价。

5.5 人为差错辨识

人为差错辨识目的和任务是辨识出情景环境中所有可能出现的人为差错模式及成因。人为差错的辨识包括外部人为差错的辨识和内部人为差错的辨识：内部人为差错是指人在认知过程中所出现的人为差错，是人为差错的内部表现；外部人为差错是指人在执行动作的过程所出现的人为差错，是人为差错的外部表现。一般来说，人所面临的任务分为多个子任务，每个子任务又包含多个需要执行的动作。因此，对任务进行必要的分解，最终剥离出基本的子任务或元动作是人为差错辨识的基础性环节。人为差错的分类是指按照人为差错辨识的要求，事先细化分解所能想到的人为差错所有可能的模式，并使用规范化的语言进行描述，以此作为人为差错辨识的参考模板。Meister 于 1962 年提出将人为差错分为设计差错、操作差错、装配差错、检查差错、安装差错和维修差错 6 种类型，并进一步给出每种差错类型所涵盖的人为差错模式（见表 5-10）。

表 5-10　Meister 人为差错分类

任务类型	差错模式
设计	设计的产品不足以完成所需要的功能
	设计没有考虑产品的可靠性、安全性等综合性能指标
	设计的产品缺乏舒适性和可操作性
操作	没有执行所要求的动作
	错误地执行了所要求的动作
	执行了没有要求的动作

任务类型	差错模式
装配	错误地使用零部件
	忘记装配一些零件
检查	没有将有缺陷的产品筛选出来
	筛选出了没有缺陷的产品
安装	安装错误
	没有完全安装
维修	执行了错误的维修动作
	维修了没有出现问题的部件

5.5.1 外部人为差错辨识

外部人为差错是人在执行动作的过程中所出现的差错。外部人为差错的辨识方式指分析人员在进行外部人为差错辨识的过程中所使用的技术或手段。外部人为差错分类方法主要包括 Meister 分类、HAZOP（危险与可操作性分析）分类、SHERPA 分类、TRACEr 分类和基于框架的分类等，各种分类方法有各自优缺点，从理论上说，人的执行差错可以分为执行不全面、执行不准确和执行不及时 3 种基本类型（见表 5-11）。因此，可以将执行不全面、执行不准确和执行不及时作为分类框架，这里采用通过执行差错 3 种基本类型建立外部人为差错的分类方法。

表 5-11 执行差错分类

执行差错的基本类型	差错模式	执行差错的基本类型	差错模式
执行不全面	执行了部分动作		动作类型不匹配
	动作执行太早		在错误的对象上执行了正确的动作
	动作持续时间太长		
	动作持续时间太短	执行不准确	在错误的对象上执行了错误的动作
	动作力量过大		动作的执行顺序错误
执行不准确	动作力量过小		动作被重复执行
	动作幅度过大		执行了多余的动作
	动作幅度过小		动作执行太迟
	动作执行太快	执行不及时	
	动作执行太慢		动作没有执行
	动作方向错误		

目前普遍被认可的是 HAZOP 方法和 SHERPA 方法提出的通过在外部人为差错模式分类的基础上设计引导词或问题，来引导分析人员的辨识工作。引导辨识即在引导词的引导下，对每一行为阶段进行人因失误辨识。引导辨识前要筛选出适合当前行为阶段的引导词。

完整的外部人为差错辨识方法应该包含 4 个部分内容，分别为：任务分析、情景环境的描述、外部人为差错的分类方法和外部人为差错的辨识方式（如图 5-9）。

任务分析包括三个内容：首先是分析范围的选定，外部人为差错模式可能是常规操作，也可能是应急操作等，必须明确分析范围，所以必须明确具体领域中何种情况下的外部人为差错。其次是任务定义，明确选定分析范围内人所需要完成的任

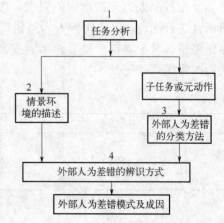

图 5-9 外部人为差错辨识方法的基本框架

务，从执行任务的工作环境、需要使用的工具和规程、执行任务的人员情况、软硬件的状态以及任务的组织管理等方面对任务进行必要的界定。第三是任务分解，一个任务通常包含多个子任务，每个子任务又包含多个需要执行的元动作。注意任务分解并非越细越好，其细致程度需要根据工程的实际需要来确定，将概括的作业流程转化为简洁清晰的结构框图。情景环境的描述是分析操作人员所处的情景环境，找出并描述那些能够影响人的行为的因素（行为形成因子），围绕这些行为形成因子来引导或辅助分析人员开展外部人为差错的辨识工作。

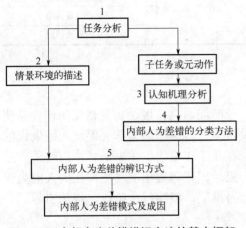

图 5-10　内部人为差错辨识方法的基本框架

5.5.2　内部人为差错辨识

内部人为差错是指人在认知过程中所出现的差错。内部人为差错辨识的目标是辨识出人在执行任务的过程中，其认知过程所有可能出现的差错模式及成因，以便更全面地查找出执行差错模式的成因。内部人为差错辨识方法应该包含 5 个部分内容，分别为：任务分析、情景环境的描述、认知机理分析、内部人为差错的分类方法以及内部人为差错的辨识方式（图 5-10）。

"疏忽/遗忘/错误"是 Reason 于 1990 年从人的认知结果——"意图"的角度描述了 3 种不同类型的人为差错。其中，"错误"表示"意图是错误的，执行的动作也是错误的"；"疏忽"表示"意图是正确的，但执行了错误的动作"；"遗忘"表示"意图是正确的，但没有执行应该执行的动作"。

CREAM 建立了具有 4 个认知功能的认知模型：观察-解释-计划-执行，分别给出了每个认知功能所可能出现的差错模式（见表 5-12）。TRACEr 将认知功能分为感知、记忆、决策、计划和动作执行，对每个认知功能中所可能发生的差错模式进行了归纳和分类（见表 5-13）。

表 5-12　CREAM 认知差错分类

认知功能	差错模式	认知功能	差错模式
观察	观察目标错误	执行	动作方式错误
	辨识错误		动作时间错误
	没有进行观察		动作目标错误
解释	诊断失败		动作顺序错误
	决策失误		动作存在疏忽
	解释延迟	—	—
计划	优先级错误		
	计划不恰当		

表 5-13　TRACEr 认知差错分类

认知功能	差错模式	认知功能	差错模式
感知	没有探测到信息	记忆	忘记监视
	探测信息过迟		预期记忆失败
	错误读取信息		忘记之前的动作
	错误感知信息		忘记临时信息
	错误识别信息		误记临时信息
	没有识别信息		忘记存储的信息
	识别信息过迟		误记存储的信息
	没有听到信息	决策	很差的决策
	听到错误的信息		决策过迟
	听力识别过迟		没有决策

认知功能	差错模式	认知功能	差错模式
计划	很差的计划	动作执行	传递了不清晰的信息
	没有计划		记录了不清晰的信息
	未完成计划		传递了不正确的信息
动作执行	选择错误		记录了不正确的信息
	定位错误		信息没有被传递
	时间错误		信息没有被记录

5.5.3　压裂作业人为差错辨识

压裂作业是多工序、多设备、多工种联合作业的大型施工。长时间、高强度、重复枯燥的作业易使作业人员产生心理厌倦和身体疲劳，同时作业环境复杂、作业设备多样，这些因素都会促使人因失误的发生。采用传统方法应用于页岩气压裂作业人因失误辨识过程，存在工作量大、效率低、辨识结果一致性与针对性较差、专家知识积累不足使辨识结果缺乏全面性等局限。田彬等提出一种结构化的人因失误辨识方法，通过概括作业人员的作业流程（如图 5-11），建立行为模型，概述行为阶段，筛选引导词，利用引导词对行为阶段进行人因失误辨识。

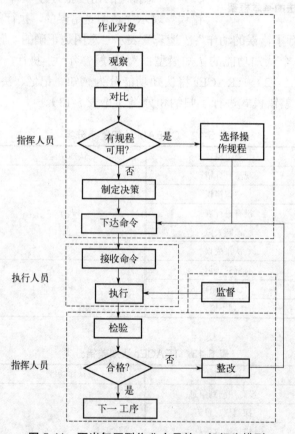

图 5-11　页岩气压裂作业人员的一般行为模型

人为差错辨识方法有 3 个模块：行为模型建立模块、行为阶段概述模块和引导辨识模块。其中，行为模型建立模块是将概括的作业流程转化为简洁清晰的结构框图；行为阶段概述模块是将建立的行为模型概括为不同的行为阶段，并阐述每一行为阶段的主要任务；引导辨识模块是利用筛选出的引导词对概括出的行为阶段进行人因失误模式辨识。

①　行为模型建立模块。作业人员行为模型指能够描述作业人员规范性行为流程的结构框图。行为模型的建立流程为：收集作业人员的相关资料（主要包括操作流程、操作规范、工作要求），以明确作业对

象、作业人员主要行为、关键步骤，概括作业人员的作业流程，利用结构框图对作业流程进行描述。

页岩气压裂作业一般流程可以概括为:指挥人员对作业对象进行观察，并对比压裂设计要求，然后做出判断，由判断结果制定决策，根据决策下达命令；执行人员接收命令，按照操作规程执行动作；同时，指挥人员对执行过程进行监督，对执行结果进行评判。依据行为模型建立页岩气压裂作业一般流程的行为模型。

② 行为阶段概述模块。行为阶段概述即在建立的行为模型基础上，对行为过程进行阶段概括，并阐述每一阶段所需完成的主要任务。将图 5-11 建立的页岩气压裂作业人员的一般行为模型，概括为 7 个行为阶段：观察/观测、对比、判断、决策、下达命令、接收命令与执行，各阶段对应的主要任务阐述见表 5-14。

表 5-14　行为阶段任务概述表

行为阶段	需要完成的任务	行为阶段	需要完成的任务
观察/观测	按照压裂设计要求，对任务对象进行观察/观测	下达命令	依据制定的决策对执行人员下达执行命令
对比	将观察结果与压裂设计要求进行对比	接收命令	接收并理解指挥人员下达的命令
判断	对有无操作规程、执行结果是否合格进行判断	执行	依据操作规程，执行接收命令对应的动作
决策	依据判断结果作出继续下一操作或者整改决策		

③ 引导辨识模块。引导辨识即在引导词的引导下，对每一行为阶段进行人因失误辨识（表 5-15）。引导辨识前要筛选出适合当前行为阶段的引导词。

表 5-15　引导词指引下页岩气压裂作业人因失误辨识结果

行为阶段	引导词	人因失误模式	行为阶段	引导词	人因失误模式
观察/观测	没有	没有进行观察	下达命令	没有	没有下达命令
	太早	观察进行太早		过少	对同一目标下达的命令太少
	太迟	观察进行太晚		过多	对同一目标下达的命令太多
	顺序	多个对象时，观察次序错误		太早	命令下达太早
	部分	只观察了部分对象或部分过程		太迟	命令下达太晚
	其他	观察对象错误/观察了其他对象		顺序	多个命令时，下达次序错误
	重复	重复进行观察，犹豫不定		部分	只下达部分命令，下达不全面
对比	没有	没有与压裂设计要求进行对比		其他	下达命令的对象错误
	过少	没有完全对比，进行对比的部分太少		重复	同一命令，重复下达
	过多	对比过度，超过实际需要的对比部分	接收命令	没有	没有接收命令
	太早	对比开始太早（现场未完全确定）		太迟	命令接收太晚
	太迟	对比开始太迟（现场发生新的变动）		顺序	多个命令时，接收的顺序错误
	顺序	多个对象时，对比顺序错误		部分	只接收了部分命令，接收不完整
	其他	对比成了其他对象，与实际不匹配		其他	接收其他命令
	重复	重复进行对比	执行	没有	没有执行相应动作
判断	没有	没有进行判断		过小	动作执行的幅度太小（没有完成操作）
	太早	判断给出太早（上一过程未完全结束）		过大	动作执行的幅度太大（触发其他反应）
	太迟	判断给出太晚（浪费工时/产生不利）		太早	动作执行太早（上一工序未完全完成）
	顺序	多个选择时，判断顺序错误		太迟	动作执行太迟（浪费工时）
	部分	只结合部分结果，判断不全面		顺序	多个步骤时，执行顺序出错
	其他	判断对象错误		部分	只执行了部分操作
	重复	重复进行判断，结果不定		其他	执行的对象错误
决策	没有	没有进行决策		重复	重复执行同一动作
	太早	决策作出太早（判断未完全完成）			
	太迟	决策作出太迟（产生不利后果）			
	顺序	多条决策时，给出的次序错误			
	部分	只作出部分决策			
	其他	决策对象失误			

筛选的标准是：当前行为阶段能否发生引导词对应的人因失误，若能发生，则该引导词适合该行为阶段；否则不适合。在危险与可操作性分析（hazard and operability analysis，HAZOP）引导词的基础上，建立适用于人因失误辨识的引导词，包括:没有、过小/过少、过大/过多、太早、太迟、顺序、部分、其他、重复。

田彬提出结构化人为差错辨识方法的实施步骤（如图5-12）：

① 收集资料，概括作业流程。确定分析对象，收集辨识对象的相关资料（主要包括作业人员的操作流程、操作规范、操作要求），明确作业对象、主要行为、关键步骤等，将操作流程转换为作业流程。作业流程是对操作流程的概括，包括整个辨识阶段中所有作业人员的主要操作行为以及关键步骤。

② 建立作业人员行为模型。利用行为模型建立模块，对步骤①概括的作业流程，提炼主要行为对象、动作和步骤，建立表示人员作业流程的结构框图，即作业人员行为模型。

③ 概述作业人员的行为阶段及主要任务。利用行为阶段概述模块，参照行为阶段概括标准（观察/观测、对比、判断、决策、下达命令、接收命令、执行），对步骤②建立的行为模型，概括行为阶段及主要任务。

④ 筛选引导词。依照引导辨识模块的引导词筛选标准，对步骤③概括的每一行为阶段，从标准引导词中筛选出适合当前行为阶段的引导词。

⑤ 辨识人因失误模式。利用引导辨识模块，对步骤④筛选出的引导词、步骤③概括的行为阶段和任务对象进行有效组合，组合结果即是人因失误模式，并且组合形式要依照现场人因失误的发生形式。

⑥ 辨识结果的整理与输出。对步骤⑤辨识出的人因失误模式进行整理，合并同种类型且处于并列关系的人因失误模式，输出整理后的结果。例如，对命令下达和命令接收两个人因失误模式相同的行为阶段进行合并，结果为命令下达/接收。同样，对于不同辨识对象产生的相同失误模式，也可进行合并。

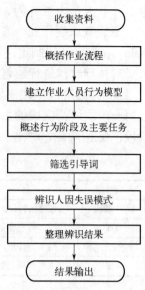

图5-12 结构化人为差错辨识方法

5.6 人为差错概率量化

人为差错概率的量化是人因可靠性分析的关键性问题，人为差错概率为人为差错的后期风险分析奠定基础，第一代和第二代人因可靠性分析方法均将人为差错概率的量化作为重要内容。蒋英杰将人为差错概率的量化方法分为三大类：时间决定论、任务决定论和场景决定论（见表5-16）。

表5-16 人为差错概率量化方法的特点汇总

类型	名称	使用的差错数据	场景的表示和使用	使用的模型	量化目标和量化结果
时间决定论	AIPA	专家判断	无	无	忽略差错和执行差错概率总的精确值
	OAT	统计数据	无	事件树	忽略差错和执行差错概率总的精确值
	HCR	专家判断	3个PSF因子	SRK框架和决策树	忽略差错概率的精确值
任务决定论	THERP	数据库，专家判断	67个PSF因子	事件树	忽略差错和执行差错概率总的精确值
	ASEP	数据库，专家判断	67个PSF因子	事件树	忽略差错和执行差错概率总的筛选值和精确值
	HEART	数据库，专家判断	38个EPC因子	无	忽略差错和执行差错概率总的精确值
场景决定论	SLIM	专家判断	不超过6个PSF因子	无	忽略差错和执行差错概率总的精确值
	CREAM	数据库，专家判断	9个CPC因子	认知模型	执行差错概率的筛选值和精确值
	SPAR-H	数据库，专家判断	8个PSF因子	认知模型	执行差错概率的精确值

5.6.1 人为差错概率量化方法分类

（1）时间决定论的人为差错概率量化方法

时间决定论依据是人为差错概率取决于可用的任务时间。这类方法主要包括：AIPA（accident investigation and progression analysis，事故引发与进展分析）、OAT（operator action tree，操作员动作树）和 HCR（人的认知可靠性）等方法。

1975 年提出的 AIPA 方法用于量化人在反应过程中的差错概率。该方法量化人为差错概率的过程非常简单，它通过平均响应时间与可用时间来表征某个行为的执行情况，最终依靠专家判断确定该行为无法执行的概率。

1982 年提出的 OAT 方法首次考虑了人的认知过程，并将认知差错分为 3 种类型：观察差错、诊断差错和执行差错。并给出了量化 3 种认知差错的工具——时间可靠性曲线。量化人为差错的基本思路是：首先建立任务的事件树，然后分析其中可能存在的认知差错，最后通过时间可靠性曲线得到差错概率。在该方法中，差错概率取决于可用的分析时间。一旦分析时间确定，人为差错概率也就确定了。

1984 年提出的 HCR 方法用于量化在给定任务时间内人没有做出反应的概率。HCR 方法假设，操作人员在规定时间内的无响应概率服从三参数 Weibull 分布，并分别给出了技能型、规则型和知识型 3 种行为模式所对应的分布参数。目前，HCR 方法已经得到了一定程度的验证。

HCR 量化人为差错概率的过程为：首先根据决策树确定人的行为模式，其次确定 Weibull 分布中的参数；然后分析操作人员的经验、压力水平和人机界面的质量等行为形成因子，修正 Weibull 分布中的平均响应时间；最后将可用任务时间代入 Weibull 分布中得到人的无响应概率。

（2）任务决定论的人为差错概率量化方法

任务决定论认为是人为差错的概率是由操作人员所执行的任务决定的。这类方法主要包括：THERP（technique for human error rate prediction，人失误率预测技术）、ASEP（accident sequence evaluation procedure，事故顺序评估程序）和 HEART（human error assessment and reduction technique，人失误评价与减少技术）等方法。

Swain 于 1983 年提出 THERP 方法，其思想是人为差错概率是由人完成任务所需要执行的动作序列决定的，行为形成因子对动作的基本差错概率起调节作用。该方法以任务为中心，将操作人员的操作行为分解成一系列的基本动作，将每个动作作为节点建立任务事件树。这些基本动作首先被赋予相应的基本差错概率，然后使用行为形成因子进行修正，最后按照事件树的结构，综合所有动作的差错概率得到人执行任务时总的差错概率。目前，THERP 方法的有效性已经得到了一定程度的验证，且已经广泛用于核电站操作人员的差错概率量化。

ASEP 方法是由 Swain 于 1987 年提出的，是 THERP 方法的简化版。该方法不再是按动作建立事件树，而是按照任务所要处理的事件序列建立事件树，并分别提供了事故前和事故后两种人为差错概率量化方法。目前，ASEP 方法已经用于量化核电站操作人员的差错概率。

Williams 于 1988 年提出 HEART 方法，其思想认为人为差错概率是由任务的类型决定的，差错诱发条件对人为差错概率起调节作用。该方法将所有任务归纳为 9 种通用任务类型，提供了每种任务类型的基本差错概率值及其上下限，并定义了 38 种差错诱发条件因子（error-producing conditions，EPC）用于修正基本差错概率。在量化人为差错概率时，首先进行任务分析并对照 9 种通用任务类型，找到当前任务所属的任务类型，为其赋予基本差错概率；然后判断该任务受到哪些差错诱发条件因子的影响，得到差错诱发条件因子；最后将基本差错概率与差错诱发条件因子相乘得到最终的人为差错概率。目前，HEART 方法也已经得到了一定程度的验证，并在欧洲得到了较为广泛的应用，主要用于量化核电站操作人员和空中交通管制员的人为差错概。

（3）场景决定论的人为差错概率量化方法

场景决定论依据是人为差错概率是由人所处的情景环境决定的，表征情景环境的各种行为形成因子在对人为差错概率影响上的地位是平等的。这类方法主要包括：SLIM（success likelihood index methodology，成功似然指数法）、CREAM（cognitive reliability and error analysis method，认知可靠性和失误分析方法）、SPAR-H（Standardized plant analysis risk-reliability analysis，标准电厂风险分析）等。

SLIM 方法是由 Embrey 于 1983 年提出的。该方法通过专家判断的方法选择不超过 6 个行为形成因子作为情景环境的表征，认为行为形成因子的综合得分与人为差错概率呈对数线性关系。SLIM 方法量化人为差错概率的过程为：首先进行任务分析，通过专家判断选取不超过 6 个行为形成因子；然后，通过专家判断得到行为形成因子的相对权重和任务的相对得分，并通过加权求和得到成功似然指数；最后通过成功似然指数与人为差错概率的对数线性关系，得到最终的人为差错概率值。其后，许多研究人员对该方法进行了评价和改进。Humphreys 从人为差错概率量化结果的准确性、方法的有效性、资源的耗费程度等方面评价了 SLIM 方法，认为 SLIM 方法是一种标准适中、可用于人因可靠性分析的方法。Kirwan 研究了 SLIM 方法的准确性，认为在具有准确"锚点"的情况下，SLIM 方法的人为差错概率量化结果准确性很好。另外，使用层次分析方法改进了 SLIM 方法，使 SLIM 方法在量化结果的一致性上得到了很大提升。

CREAM 是由 Erik Hollnagel 于 1998 年提出的。该方法将情景环境归纳为 9 个因子，统称为共同绩效条件，同时定义了 4 种类型的认知控制模式，分别为：混乱型、机会型、战术型和战略型。针对这 4 种认知控制模式，CREAM 分别给出了人为差错概率区间。CREAM 分为基本法和扩展法。基本法量化人为差错概率的基本步骤为：首先进行任务分析，得到共同绩效条件因子的综合得分；然后根据共同绩效条件的得分，得到当前任务所对应的认知控制模式；最后通过查表得到人为差错概率区间。扩展法量化人为差错概率的基本步骤为：首先分析情景环境，得到完成任务所需要的认知行为及其使用的认知功能；然后辨识最可能发生的认知功能差错，为其赋予基本差错概率；最后通过共同绩效条件因子的水平修正基本差错概率，得到最终的人为差错概率。Collier 通过仿真方法在一定程度上验证了 CREAM 的有效性。目前，CREAM 基本法已经应用于国际空间站的概率风险评估中，用于确定人因可靠性区间。

SPAR-H 方法是由 Gertman 于 2004 年提出的。该方法认为，情景环境通过影响人在完成任务时的诊断和执行功能决定人为差错概率。该方法定义了 8 个行为形成因子表征情景环境，每个行为形成因子的状态反映了其对诊断和执行功能的影响效果。SPAR-H 方法量化人为差错概率的基本步骤为：首先给出标定状态下诊断和执行的基本差错概率；然后用 8 个行为形成因子的状态确定情景环境的总分值；最后通过基本差错概率与总分值相乘得到修正后的诊断和执行差错概率，最终的人为差错概率是诊断和执行的差错概率之和。目前，美国核管会已经在进行 SPAR-H 方法的有效性验证工作，且已经用于低功率和停堆工况下人员的可靠性分析。

5.6.2 认知可靠性和失误分析方法 CREAM

人为差错概率量化就是要通过一定的方法，计算人在目标情景环境中发生差错的可能性，估计得到人在执行某项子任务或某个元动作中出现差错的可能性。其主要内容包括：情景环境的区分、情景环境的评价、人为差错概率的预测和人为差错概率的修正。人为差错概率量化步骤如图 5-13。

情景环境的区分是指分析人员通过分析，确定当前情景环境是静态的还是动态的。

情景环境的评价是指选取那些对人的可靠性具有重要影响的行为形成因子，调用相关方法对它们进行评分，确定权重，得到情景环境的综合评分。

人为差错概率的预测是指根据情景环境的评价结果，通过一定的映射关系得到人为差错概率，其关键在于建立情景环境与人为差错概率之间映射关系。一方面需要建立情景环境与行为模式之间的映射，另一方面需要建立行为模式与人为差错概率之间的映射。

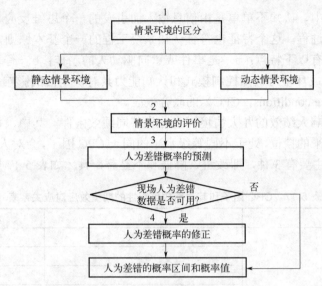

图 5-13　人为差错概率量化的基本步骤

人为差错概率的修正是指在获得了当前情景环境中的现场人为差错数据之后，运用这些数据，通过一定的方法修正人为差错概率的预测结果，以提高人为差错概率量化结果的准确性。从理论上说，现场人为差错数据是完全可信的，但考虑到其往往具有小子样的特性，通过直接统计的方式所得到的结果并不能体现人为差错概率的真实情况。考虑到有时不能获得现场人为差错数据，在当前的技术发展阶段和工程中，尚不能将人为差错概率的修正规定为必要环节。

人因可靠性研究一直在发展之中，各种方法针对的对象和目标不同，这里介绍目前得到普遍公认的估算人为差错概率的量化方法 CREAM。CREAM 预测分析法实质为定量预测分析法，由基本法和扩展法组成，是通过量化场景环境来定量分析人的可靠性的一种方法。

（1）CREAM 的预测分析法中的基本法

基本法的目的是对任务预期的绩效可靠性进行全面评估。评估以一般人因失误概率表示，例如：对整个任务执行错误操作概率的估计。基本法可以提供该情况下完成任务或主要任务段的人因失误概率，通过判断人因失误概率是否在可接受程度内决定是否需要继续进行扩展分析，详细查看任务段或具体行动。基本方法包括以下步骤（如图 5-14）。

① 任务辨析。描述要分析的一个或多个任务段：人因可靠性分析的第一步必须是任务分析或其他类型的系统任务描述，只有这样，才能准确地理解单个任务步骤和操作的后果。此过程主要对整个任务进行分析，建立对应的事件序列。

② 评估共同绩效条件（CPC）。CREAM 的认知模型为情景依赖控制模型（COCOM），如图 5-15 所示，它构成了 CREAM 的基础。

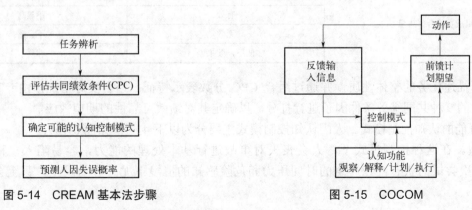

图 5-14　CREAM 基本法步骤　　　　　　　　　　图 5-15　COCOM

在情景依赖控制模型中，认知不单单是由信息输入而引发的一个思维反应，还包括一个对目标或原有意图不断反馈和修正的过程。这个特征也符合认知系统工程的一个基本原则，即人的行为同时具有目的性和应激性。该模型具有以下特点：a. 是事件或意向驱动人的动作；b. 有很大的相关性存在于人的绩效动作之间；c. 绩效形成环境对认知控制模式和认知能力具有决定性的影响，其集中体现为共同绩效条件（common performance conditions，CPC）的联合效应。

在 CREAM 中，将影响人绩效的九大情境因素称为共同绩效条件。其中，每个共同绩效条件因子都会存在有几个不同等级水平的挡位，处于不同等级水平的同一 CPC 因子，会对人的绩效产生不同的影响。其对于可靠性的期望效应主要有 3 种，即改进、降低和不显著，具体如表 5-17 所示。

表 5-17　CPC 因子和其对绩效可靠性的期望效应对应关系表

CPC 因子名称	水平	对绩效可靠性的期望效应
组织的完善性	非常有效	改进
	有效	不显著
	无效	降低
	效果差	降低
工作条件	优越	改进
	匹配	不显著
	不匹配	降低
人机界面（HMI）与运行支持的完善	友好，支持	改进
	充分	不显著
	可接受	不显著
	不充分	降低
规程/计划的可用性	适当	改进
	可接受	不显著
	不适当	降低
同时出现的目标数量	低于人的处理能力	不显著
	与人的当前能力匹配	不显著
	高于人的处理能力	降低
可用时间	充分	改进
	暂时不充分	不显著
	连续不充分	降低
工作时间	白天（调整）	不显著
	夜间（未调整）	降低
培训和经验的充分性	充分，经验丰富	改进
	充分，经验有限	不显著
	不充分	降低
班组成员的合作质量	非常有效	改进
	有效	不显著
	无效	不显著
	低下，效果差	降低

CPC 用于描述任务的整体性质，并通过组合 CPC 分数表示特征。结合实际情况，由专家或技术人员对表 5-17 中的 9 种共同绩效条件因子进行打分，以确定其对绩效可靠性的期望效应。

③ 确定可能的认知控制模式。人因认知控制模式主要分为以下 4 类（如图 5-16）：

a. 混乱型。在这种控制模式下，人会丧失对事故进行基本处理的能力，容易陷入一种盲目地尝试—失败—再次尝试的状态，在严重的时间压力和危险感知的情境下尤其容易发生，甚至会导致惊恐状态发生。

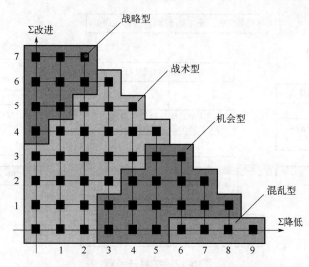

图 5-16　CPC 因子和控制模式的关系图

b．机会型。这种认知控制模式通常发生在少发的系统异常事故工况中。在这种控制模式下，由于对情景环境的理解不够或现场过于混乱，每步动作严重依赖对事故情景突出特征的感知或经验。

c．战术型。在这种控制模式中，人具有一种经验性的倾向性选择，人因绩效遵循已知的一些规则或程序，主要受限于获得的信息量。该控制模式并不能完全反映事故情景的真实情况。

d．战略型。这是最理想的控制模式，在这种控制模式下，人的动作较少受到当前情境或其他因素的影响或制约。这种模式与其他控制模式相比，要更加稳定和可靠。

人对事件的响应水平受到人因认知控制模式的影响，而认知控制模式又是由 CPC 来决定的。根据 CPC 因子的打分结果，分别记下对绩效可靠性的期望效应为降低、不显著、改进的共同绩效条件因子数目之和，得到一组{∑降低、∑不显著、∑改进}值。根据得到的∑改进和∑降低值，通过 CPC 因子和控制模式的关系图来确定该情境下操作员的认知控制模式。

④ 预测人因失误概率。确定事件的认知控制模式之后，根据控制模式和失误概率区间表（见表5-18），即可得到完成该任务可能发生人因失误的概率（p）区间值。

表 5-18　控制模式和失误概率区间

控制模式	失误概率区间	控制模式	失误概率区间
战略型	$5.0 \times 10^{-5} < p < 1.0 \times 10^{-2}$	机会型	$1.0 \times 10^{-2} < p < 0.5$
战术型	$1.0 \times 10^{-3} < p < 1.0 \times 10^{-1}$	混乱型	$1.0 \times 10^{-1} < p < 1.0$

通过 CREAM 预测分析中的基本法得到的是人因失误概率（HEP）区间，即一般失误概率，可以粗略估计人因可靠性的高低。

（2）CREAM 的预测分析法中的扩展法

扩展法的目的是产生特定的动作失效概率。动作可以是任务分析定义的行动，也可以是通过基本法筛选注意到的动作。扩展法和基本法均基于基本原则，即在任务整体特征化的背景下确定故障概率；行为发生在情景环境中，而不是作为独立或理想化的认知/信息处理功能。扩展方法包括以下步骤（如图5-17）。

① 任务辨析。此步骤主要是对认知活动所处的任务进行细化，即细化操作员的动作，识别操作员进行每项操作时所需的认知活动。然后，根据基础认知模型描述的功能，使用认知活动为主要任务段构建认知框架（见表5-19）。

第一步根据任务步骤所涉及的认知活动来描述任务步骤的特征，这是对事件序列描述的补充，该描述使用特征认知活动列表对每个任务步骤进行分类。

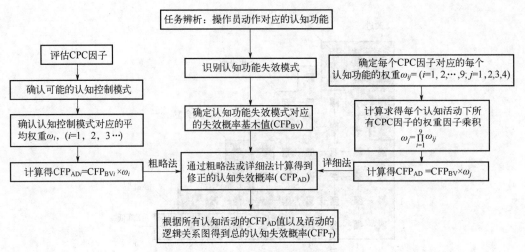

图 5-17　扩展法步骤

表 5-19　认知活动分类表

认知活动	一般定义
协调	将系统状态和/或控制配置带入进行任务或任务的步骤所需的特定关系中。分配或选择资源，为任务/工作、校准设备等做准备
沟通	通过口头、电子或机械手段，传递或接收系统操作所需的人际信息。沟通是管理不可或缺的一部分
比较	带着发现相似或不同之处的目的，研究两个或两个以上实体（测量数据）。比较活动可能需要计算
诊断	通过对有关迹象或症状的推理，或者通过适当的性能测试，分辨或确定一种状况的性质或原因。"诊断"比"识别"更彻底
评价	基于信息而无需特别行动的条件下，评价或评估一个实际或假设情况。相关的术语是"检验"和"检查"
执行	执行之前制订的行动或计划。执行包括如打开/关闭，启动/停止，填补/排水等在内的行动
识别	建立一个工厂或子系统（组件）的身份。这可能涉及通过具体的操作来检索信息和调查细节。"识别"比"评估"更彻底
维护	保持一个特定的操作状态（这不同于维修，通常是一个离线活动）
监测	随着时间的推移跟踪系统状态，或者遵循一组参数的发展
观察	寻找或读取特定的测量值或系统迹象
计划	制订或组织一组动作，通过这组动作能够成功实现一个目标。计划可能是短期的，也可能是长期的
记录	写下或记录系统事件、测量方法等
控制	通过改变控制（系统）的速度和方向来实现一个目标。调整或重置组件或子系统来达到目标状态
浏览	快速回顾或其他信息来源获得系统/子系统的当前状态
证实	通过检查或测试确认系统状态或测量的正确性，这也包括检查操作之前的反馈

认知模式基于与每个认知活动相关的认知功能表（见表 5-20），不同的认知活动对应着不同的认知功能，如表中*所示。该表基于 SmoC（simple model of cognition，简单认知模型）与 COCOM 中的功能相同。

表 5-20　认知活动与认知功能对照表

认知活动	COCOM 认知功能			
	观察	解释	计划	执行
协调			*	*
沟通				*
比较		*		
诊断		*	*	
评价		*	*	
执行				*
识别		*		

认知活动	COCOM 认知功能			
	观察	解释	计划	执行
维护			*	*
监测	*	*		
观察	*			
计划			*	
记录		*		*
控制	*			*
浏览	*			
证实	*	*		

② 识别可能的认知功能失效。识别认知功能失效是相对于模型中的四种认知功能定义的，对于任务的每一步，必须评估哪一种认知功能失效是最有可能发生的，具体的认知功能失效模式及相关失效模式概率如表 5-21 所示。

表 5-21　认知功能失效模式和认知功能失效概率基本值 CFP$_{BV}$

认知功能	认知功能失效模式	失效概率最低界限	失效概率基本值	失效概率最高界限
观察	观察目标错误	0.0003	0.0001	0.003
	辨识错误	0.02	0.07	0.17
	观察没有进行	0.02	0.07	0.17
解释	诊断失败	0.09	0.2	0.6
	决策失误	0.001	0.01	0.1
	解释延迟	0.001	0.01	0.1
计划	优先权错误	0.001	0.01	0.1
	不适当的计划	0.001	0.01	0.1
执行	动作方式错误	0.001	0.003	0.009
	动作时间错误	0.001	0.003	0.009
	动作目标错误	0.00005	0.0005	0.005
	动作顺序错误	0.001	0.003	0.009
	动作遗漏	0.025	0.03	0.04

注：认知功能中的"观察"和"解释"对应的失效概率基本值根据当时已建立的 HRA 数据库取得，"计划"和"执行"两项认知功能根据相关领域专家判断取得。

③ 计算总的失效概率 CFP。在辨识得到认知功能失效概率的基本值 CFP$_{BV}$ 基础上还需要进行相应的修正计算，修正计算包括粗略法和详细法两种，可以根据具体分析要求进行选择。

a．粗略法。粗略法需要在基本法中对 CPC 因子评估得到控制模式的基础上，根据控制模式对应的权重值为失效概率基本值进行加权计算，得到修正的失效概率值 $CFP_{ADi} = CFP_{BVi} \times \omega_i (i = 1,2,3 \cdots)$，如表 5-22 所示。

表 5-22　控制模式对应的权重 ω_i

控制模式	权重平均值	控制模式	权重平均值
混乱型	23	战术型	1.9
机会型	7.5	战略型	0.94

b．详细法。详细法需要在基本法 CPC 因子评估的基础上确定每个 CPC 因子每个认知功能的权重，再计算每个认知活动下所有 CPC 因子权重的乘积，作为最终的修正权重 $\omega_j = \prod_{i=1}^{9} \omega_{ij} (j = 1,2,3,4)$，为失效

概率基本值进行加权计算，得到修正的失效概率值 $\text{CFP}_{\text{AD}} = \text{CFP}_{\text{BV}} \times \omega_j \, (j=1,2,3,4)$，如表 5-23 所示。

表 5-23　不同 CPC 因子水平、不同认知功能对应的权重值 ω_{ij}

CPC 因子 i	水平	COCOM 认知功能 j			
		观察	解释	计划	执行
组织的完善性	非常有效	1.0	1.0	0.8	0.8
	有效	1.0	1.0	1.0	1.0
	无效	1.0	1.0	1.2	1.2
	效果差	1.0	1.0	2.0	2.0
工作条件	优越	0.8	0.8	1.0	0.8
	匹配	1.0	1.0	1.0	1.0
	不匹配	2.0	2.0	1.0	2.0
人机界面（HMI）与运行支持的完善	友好，支持	0.5	1.0	1.0	0.5
	充分	1.0	1.0	1.0	1.0
	可接受	1.0	1.0	1.0	1.0
	不充分	5.0	1.0	1.0	5.0
规程/计划的可用性	适当	0.8	1.0	0.5	0.8
	可接受	1.0	1.0	1.0	1.0
	不适当	2.0	1.0	5.0	2.0
同时出现的目标数量	低于人的处理能力	1.0	1.0	1.0	1.0
	与人的当前能力匹配	1.0	1.0	1.0	1.0
	高于人的处理能力	2.0	2.0	5.0	2.0
可用时间	充分	0.5	0.5	0.5	0.5
	暂时不充分	1.0	1.0	1.0	1.0
	连续不充分	5.0	5.0	5.0	5.0
工作时间	白天（调整）	1.0	1.0	1.0	1.0
	夜间（未调整）	1.2	1.2	1.2	1.2
培训和经验的充分性	充分，经验丰富	0.8	0.5	0.5	0.8
	充分，经验有限	1.0	1.0	1.0	1.0
	不充分	2.0	5.0	5.0	2.0
班组成员的合作质量	非常有效	0.5	0.5	0.5	0.5
	有效	1.0	1.0	1.0	1.0
	无效	1.0	1.0	1.0	1.0
	低下，效果差	2.0	2.0	2.0	2.0

人误（人因失误）事件的发生是由多个认知活动相互作用引起的，由于认知活动之间存在相关性，可能对其中任一认知活动的失误加以避免，就能杜绝该人误事件的发生，因此有必要研究认知活动的具体流程及其逻辑关系，确定认知活动间的相关性。经过相关性分析，得出人误事件总失误概率估算的方法（如表 5-24）。在确定所有认知活动的失效概率值后，根据认知活动逻辑关系得到总的认知失效概率 CFP_{T}。

表 5-24　认知活动逻辑关系对应的人误事件总失误概率估算表

认知活动逻辑关系	相关性	总失误概率估算
系列认知活动全部失误则事件失误，有一个成功，事件成功	强相关	系列认知失误概率中的最小值
	弱相关	系列认知失误概率的乘积
系列认知活动中有一个失误，事件就失误	强相关	系列认知失误概率中的最大值
	弱相关	总成功概率为系列认知成功概率的乘积，总失误概率近似为系列认知失误概率之和

如果在系列认知活动全部失误则事件失误，有一个成功，则事件成功的情况下，各认知活动间为强相关，则 $CFP_T = \min(CFP_{ADi})(i = 1,2,3\cdots)$。各认知活动间为弱相关，则 $CFP_T = \prod\limits_{i=1}^{n} CFP_{ADi}$。

如果在系列认知活动中有一个失误，则事件就失误的情况下，各认知活动间为强相关则：$CFP_T = \max(CFP_{ADi})(i = 1,2,3\cdots)$。各认知活动间为弱相关，则 $CFP_T = \sum\limits_{i=1}^{n} CFP_{ADi}$。

本章学习要点

人因可靠性是人机工程学的延续、扩展和应用。本章从系统的角度围绕人为差错及分类、人的认知行为描述、人为差错的成因分析及辨识以及人为差错的概率量化方法对人因可靠性内容做了介绍。

通过本章学习应该掌握以下要点：

1. 明确人因可靠性的定义、研究对象、研究内容及特点。
2. 理解人为差错产生的原因及分类方法，能结合前人对人的可靠性研究成果分析问题。
3. 了解描述人的认知行为的各种模型的优缺点，针对一实际问题建立认知描述模型。
4. 掌握行为形成因子的定义、作用、分类、确定和评价方法，并用于一具体问题。
5. 了解各种人为差错辨识方法，能结合实际问题合理选择具体方法。
6. 了解各类人为差错概率量化分类方法，重点掌握 CREAM。

思考题

1. 请详细说明 CREAM 模型和 IDA 模型。
2. 人因可靠性研究主要内容有哪些？
3. 导致人为差错的主要因素有哪些？人为差错及分类对人因可靠性分析有何意义？
4. 查阅资料，结合 5.2.2 梳理人的可靠性资料。
5. 典型人的认知模型有哪些？各自有何特点？
6. 什么是行为形成因子？结合实际问题，如何选取行为形成因子？有哪些方法评价行为形成因子？
7. 什么是人为差错辨识？结合一实际问题具体阐述人为差错辨识方法。
8. 分析各类人为差错概率量化方法的特点，结合一实际问题进行分析。
9. 在 S-O-R 模式下人的操作可靠性与哪些因素有关？请给出该模式下人的操作可靠性数学表达式。

6
人机系统设计及分析

人机系统是指由人、机和环境组成的复杂系统（人-机-环境系统）。系统中的人作为主体（如操作人员或决策人员）；机是人控制的一切对象（装备或工具等）；环境是人、机所处的特定工作条件（如作业空间、物理环境、社会环境等）。人-机-环境系统工程是钱学森教授倡导的概念，是指运用系统科学的思想和系统工程方法，处理人、机和环境要素关系，研究人-机-环境系统最优组合，实现安全、高效、经济的一门科学。人-机-环境系统工程研究主要包括 7 个方面（如图 6-1）：①人的特性研究；②机的特性研究；③环境特性研究；④人-机关系研究；⑤人-环境关系研究；⑥机-环境关系研究；⑦人-机-环境系统总体性能研究。

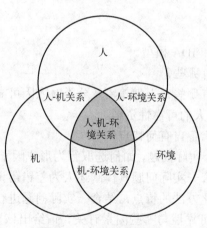

图 6-1　人-机-环境系统

6.1　人机系统设计

6.1.1　人机系统设计概述

大到一个大型复杂工程、一个现代化系统（如宇宙飞船、石油开采等），小到一个工具、开关按钮都属于人机系统设计范畴，即凡是包括人与机相结合的设计都是人机系统设计。人机系统设计实质上是科学、合理地处理人机关系，包括处理人、机空间关系（静态人机关系）、动态人机关系，处理人、机之间的功能关系和信息关系（人机界面分析、设计、评价）。

人机系统设计主要包括目标建立、功能分析、功能分配、界面设计和综合评价（如图 6-2）。其基本要求是达到预定目标，使人、机充分发挥各自优势，协调工作，人机系统符合设计能力，兼顾环境因素的影响，使人机系统保证安全、高效、舒适、健康、经济（见图6-3）。

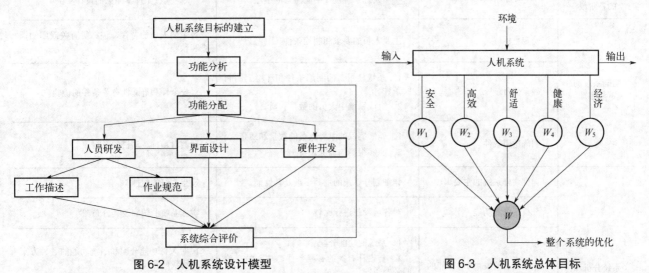

图 6-2　人机系统设计模型　　　　　　　　图 6-3　人机系统总体目标

　　人机系统设计步骤一般来说包括下述几个方面：充分了解、掌握人机系统的任务、目标、使用环境条件等，调研具体的外部环境和内部环境要求（作业环境、作业空间、照明、噪声、振动、温度、湿度等），分析系统在执行时形成的障碍的内部环境；运用人机工程学基本原理和方法对系统的组成、人机关系、作业活动等进行方案分析，分析人机系统各要素特性和约束条件，如人的可靠性、人的作业效率、人体疲劳等；进行人与机的整体匹配与优化；合理地进行人机功能分配；依据人机工程学相关标准与原则对方案进行评价（如图6-4、表6-1）。

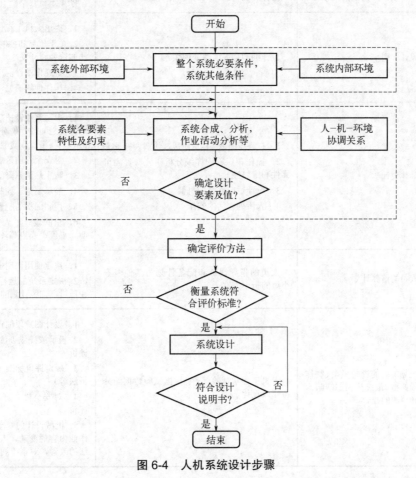

图 6-4　人机系统设计步骤

表6-1　人机系统设计步骤

系统开发的各阶段	各阶段的主要内容	人机系统设计中应注意的事项	人机工程学专家的设计实例
明确系统的重要事项	确定目标	主要人员的要求和制约条件	对主要人员的特性、训练等有关问题的调查和预测
	确定使命	1. 系统使用上的制约条件和环境上的制约条件 2. 组成系统中人员的数量和质量	对安全性和舒适性有关条件的检验
	明确适用条件	1. 能够确保的主要人员的数量和质量 2. 能够得到的训练设备	预测对精神、动机的影响
系统分析和系统规划	详细划分系统的主要事项	详细划分系统的主要事项及其性能	设想系统的性能
	分析系统的功能	对各项设想进行比较	实施系统的轮廓及其分布图
	系统构思的发展（对可能的构思进行分析评价）	1. 系统的功能分配 2. 与设计有关的必要条件，与人员有关的必要条件 3. 功能分析 4. 主要人员的配备与训练方案的制订	1. 对人机功能分配和系统功能的各种方案进行比较研究 2. 对各种性能的作业进行分析 3. 调查决定必要的信息显示与控制的种类
	选择最佳设想和必要的设计条件	人机系统的试验评价设想与其他专家组进行权衡	1. 根据功能分配，预测所需人员的数量和质量，以及训练计划和设备 2. 提出试验评价的方法设想与其他子系统的关系和准备采取的对策
系统设计	预备设计（大纲的设计）	设计时应考虑与人有关的因素	准备适用的人机工程数据
	设计细则	设计细则与人的作业的关系	1. 提出人机工程设计标准 2. 关于信息和控制必要性的研究与实现方法的选择和开发 3. 研究作业性能 4. 居住性的研究
	具体设计	1. 在系统的最终构成阶段，协调人机系统 2. 操作和保养的详细分析研究（提高可靠性和维修性） 3. 设计适应性高的机器 4. 人所处空间的安排	1. 参与系统设计最终方案的确定，最后决定人机之间的功能分配，使人在作业过程中，信息、联络、行动能够迅速、准确地进行 2. 对安全性的考虑 3. 防止热情下降的措施 4. 显示装置、控制装置的选择和设计 5. 控制面板的配置提高维修性对策 6. 空间设计、人员和机器的配置决定照明、温度、噪声等环境条件和保护措施
	人员的培养计划	人员的指导训练和配备计划与其他专家小组的折中方案	1. 决定使用说明书的内容和式样 2. 决定系统的运行和保养所需人员的数量和质量，训练计划的开展和器材的配置
系统的试验和评价	规划阶段的评价模型、制作阶段原型、最终模型的缺陷诊断和修改的建议	人机工程学试验评价，根据试验数据的分析修改设计	1. 设计图阶段的评价 2. 模型或操纵训练用模拟装置的人机关系评价 3. 确定评价标准（试验法、数据种类、分析法等） 4. 对安全性、舒适性、工作热情的影响评价 5. 机械设计的变动，使用程序的变动，人作业内容的变动，人员素质的提高，训练方法的改善，对系统规划的反馈

6.1.2　人机功能分配设计

国外文献分析显示：以宇宙飞船为例，以其绕月球飞行的成功率来看，如果采用全自动化飞行，成功率仅 22%，如果采用人参与，成功率为 70%；若在飞行中航天员还承担维修任务，成功率为 93%，是全自动化飞行成功率的 4.2 倍。由此可见，合理的功能分配对于人机系统设计是非常重要的。

人机功能分配合理与否直接关系到整个人机系统设计的优劣，人机功能分配的目标是使人机系统达到最佳匹配。人们在长期实践中，总结出一些人机功能分配的一般原则，如比较分配原则、剩余分配原则、经济分配原则、宜人分配原则和弹性分配原则。总之，优良的人机关系是"机宜人"和"人适机"。机宜人是器物设计要适合解剖学、生理学、心理学等各方面人的因素。人适机是充分发挥人的能动性、可塑性、创造性，通过学习训练提高技能等方面的特长，使人机系统更好地发挥效能。在做人机功能分配时应考虑：人和机器各自的特性；人适应机器的条件和培训时间；人的个体和群体差异性；人和机器对突发事件应急反应能力的差异与对比；机器代替人的可行性、可靠性、经济性。这些都属于静态功能分配，在实际工作中，可能会产生人不可接受的超负荷或低负荷，这需要引入智能界面系统应对，达到人、机相互支援、相互补充，这也是亟待深入探索和研究的课题。

目前国际上有影响力的几种人机分配方式有人机能力比较分配法、Price 决策图法、Sheffield 法、自动化分类与等级设计法、York 法等。

（1）人机能力比较分配法

Fitts lists（菲茨列表）分配方法（又称 MABA-MABA 法）是至今为止应用最普遍的方法，在早期用于简单自动化监控系统。表 6-2 列出人和机各自优势特性，在功能分配时可以参照该表中人和机器的能力特长人为地分配各自功能。

表 6-2　Fitts 人机能力对比

人擅长（men are better at）	机器擅长（machines are better at）
能够探测到微小范围变化的各种信号	对控制信号的快速反应
对声音和光的模式感知	能够精确和平稳地运用能量
创造或运用灵活的方法	执行重复、程序性任务
长期存储大量的信息并在适当的时候调用	能够储存简短的信息，并能完全删除它们
运用判断能力	计算和演绎推理能力
归纳推理能力	能够应付复杂的操作

（2）York 法

York 法是英国 York 大学 Dearden 等人提出的一种基于场景（scenario）的功能分配法。该方法是将某一组相关联的功能（任务）放在相应的环境（即场景）中，一个人机系统分为若干场景，每一场景包含一组相互关联的功能（任务）。York 方法分配功能一般分为 5 步，如图 6-5。

① 初始功能分配（B）。将比较特殊的功能预先分配给人和机器。

② 全自动化功能分配（E2）。在指定场景中，根据场景和功能的属性参数，确定哪些功能可采用机器自动化技术实现，同时考虑该功能全自动化技术的可行性和人的紧密程度大小。

③ 部分自动化功能分配（E3～E5）。对剩下功能进行详细分析，采用人机能力比较法进行分配。

④ 动态功能分配（F）。在系统投入使用以后，根据使用条件、使用环境和负荷改变情况，系统自身对原分配方案进行动态调整，使系统在稳定工作的同时具有尽可能高的性能。

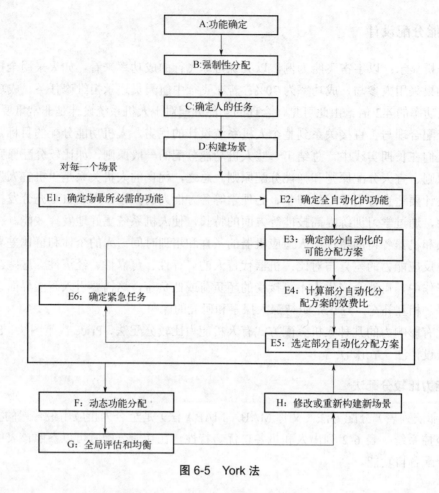

图 6-5　York 法

⑤ 全局检查（G）。对分配方案全面检查，若指标不满足要求，返回对场景进行修改或重构新的场景再进行分配。

该方法将环境因素考虑到功能分配中，是一种较为完善的功能分配方法，只是没有考虑系统中人员之间的功能分配。

6.1.3　人机界面匹配设计

人机界面匹配设计的要点是解决人与机之间的信息交换问题。需要重点解决准确实现机的显示元件与人的感觉器官（视觉、听觉等）匹配关系，以及机的控制元件与人的运动器官（手、脚等）匹配关系。这一部分在第 4 章做了详述，这里主要就人机界面合理性进行讨论。

人机界面评价方法分为客观评价和主观评价。客观评价是指人能看到或触及到人机界面上的显示或控制元件的难易程度。其评价依据是人机工程学和国标中人的视域、伸及域等人体功能尺寸，采用算法对界面进行优化，如遗传算法、模糊评估等。主观评价是以人的主观感受为评价依据。两者相辅相成，缺一不可。表 6-3 给出主观评价检查表，仅供参考。

6.1.4　安全性设计

安全性设计本质上是解决人机系统安全问题，设计安全防护装置，使系统不发生或最大限度地降低事故发生的严重程度。安全防护装置是指配置在机械设备上能防止危险因素引起的人身伤害，保障人和设备安全的装置。

表 6-3　人机界面合理性主观评价检查表

项目	问题设计	检查结果	改进措施
显示装置检查	（1）能见性： 现实目标是否容易被操作人员察觉？ …… （2）清晰性： 显示目标是否易于辨识而不混淆？ …… （3）可懂性： 显示目标意义是否明确？ 显示是否已被作业人员迅速理解？ …… （4）遵循公认国际惯例： 显示装置的指针和等效物的位移方向是否一致？ 显示装置上各种仪表等元件的色彩设计是否遵循人们公认的惯例？ …… （5）布局： 显示装置是否依据其重要性和使用频次布置？ …… （6）……		
控制装置检查	（7）结构与尺寸设计： 控制装置的结构与尺寸是否按人手的尺寸和操作方式确定？ 其形状是否全面考虑，尽量使手腕保持自然形态？ 是否考虑到抓握部位不宜太光滑，也不宜太粗糙，应既易抓稳，又不易疲劳？ …… （8）操作反馈和操纵能力： 操作控制器时，操作者能否获得操作结果的信息？ 反馈信息是否易获得并且能否有效表现给操作人员？ 操纵阻力是否适合人生理要求？ …… （9）遵循公认惯例： 控制装置的动作方向设计是否遵循人们公认惯例？ 操作装置上各种仪表等元件的色彩设计是否遵循人们公认惯例？ …… （10）布局： 控制装置是否依据其重要性和使用频次布置？ 控制装置是否设置在人肢体功能可及的范围之内？ …… （11）……		
协调性检查	（12）逻辑位置协调性是否良好？ （13）运动方向协调性是否良好？ （14）位移量的协调性是否良好？ （15）信息的协调性是否良好？ （16）……		

(a) 开机
(b) 切割
(c) 关机

图 6-6　简易锯床出现伤害事故

2013 年 11 月的一天，某高校实验室学生在操作图 6-6 锯床时发生事故。该锯床是工厂使用的简易锯床，上方是作业区域，锯床下方是控制区域。这一设计从机械本身结构出发，简化传动装置，降低成本。但是该设计最大的问题是没有考虑人机系统安全。操作程序如下：根据尺寸要求调节好切割位置，蹲下来按开关，推木板前进进行切削。结束时一手按住木板，再蹲下来按停止开关。由于高速锯刀引起木板振动，该学生蹲下按停止开关时，按木头的手被振动松开，木头直接打在学生的脸部造成伤害。由此可见，该机床将控制部分放在锯床之下不便操作，开和停需要一手按住木板，一手按开关，没有防护罩，这些造成了事故。由于设计本身存在缺陷，事故发生是必然的。由此可见科学地进行安全性设计有重要意义。

（1）安全防护装置设计原则

① 以人为本原则。从人的使用姿势、方式等方面考虑，确保人身安全。

② 安全可靠原则。安全防护装置要保证在规定寿命期内有足够强度、刚度、稳定性、耐腐蚀和抗疲劳性。

③ 与机械装备配套设计原则。在机械装备结构设计时应考虑附加安全防护装置，最好由专业厂家制造，以保证系列化、标准化、通用化。

④ 简单、经济、方便原则。在不影响机器设备正常运行时，利于操作和维修，结构简单，经济性好。

⑤ 自组织设计原则。安全防护装置应智能化，具有自动识别错误、自动排除故障、自动纠错及自锁、互锁、联锁等功能。

（2）隔离安全防护装置设计

采用防护罩、防护屏等将人隔离在危险之外（如图 6-7）。

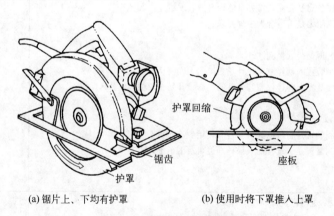

(a) 锯片上、下均有护罩　　　　(b) 使用时将下罩推入上罩

图 6-7　电锯的可调整护罩

（3）联锁控制安全防护装置设计

联锁控制是对两种或两种以上操作运动进行协调，实现安全控制。常采用机械联锁、电气联锁或液压（或气动）联锁方式（如图 6-8）。

（4）超限保险安全防护装置设计

机械设备在正常运转时，一定都要保持一定的输出参数和工作状态参数，超限保险装置可以在工作参数超出极限值时自动采取措施。例如超载安全装置、越位安全装置、超压安全装置等，图 6-9 所示是电梯超载安全装置控制电梯无法关门，同时提示报警。对于石油钻机等大型设备和电站管理应该设计该装置以避免人误操作。

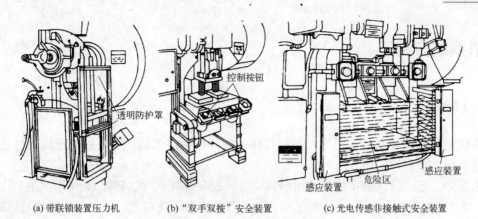

(a) 带联锁装置压力机　　　　(b) "双手双按"安全装置　　　　(c) 光电传感非接触式安全装置

图 6-8　联锁控制安全防护装置

（5）制动装置的设计

制动装置可用于在机器出现异常现象（如声音不正常，零部件松动，振动剧烈，尤其是有人进入危险区域等），可能导致设备损坏和造成人身伤害的紧急时刻，此时应立即将运动零部件制动，中断危险事态发生。如在图 6-10 上安装制动装置可避免、中断事故发生或扩大。

图 6-9　电梯超载安全装置

图 6-10　安全制动装置

（6）报警装置的设计

机械设备上常见过载、超速、超压等报警装置，在机械设备运转异常状态下向操作人员或维修人员发出危险报警信号。报警器是将监视信号（如温度、压力、速度、水位等）转化为电信号，然后以声或光信号发出警报。例如一些高级汽车在没有系安全带的情况下无法发动汽车，同时提示系安全带（图 6-11）。

（7）防触电安全防护装置设计

电流通过人体是导致人身伤亡的最基本原因，设计防触电安全防护装置就是采用绝缘、间距、隔离等措施将人体和电流隔离开。常见防触电安全防护装置有断电保险装置、漏电保护器、电容器放电装置等，另外还有警示性提示装置和报警装置等（图 6-12）。

图 6-11　报警装置

图 6-12　防触电安全防护装置

6.2 人机系统分析

6.2.1 连接分析法

连接分析法是一种描述系统各组件之间相互作用的简单图解方法，是一种对已设计好的人、机、过程和系统进行分析、评价的简便方法。

在人机系统中，连接分析是指综合运用感知特性（视觉、听觉、触觉等）、使用频率、作用载荷和适应性，分析、评价信息传递，减少信息传递环节，提高系统可靠性和工作效率。该方法是以硬件为导向，相对客观，常用于相对简单的子系统分析中。

图 6-13 是某雷达控制室作业场景，作业者 3、1、4 分别对显示器和控制器 C、A、D 进行监视和控制，作业者 2 对显示器 C、A、B 的显示内容进行监视，并对作业者 3、1、4 发布指令。参考表 6-4 绘制连接关系图。

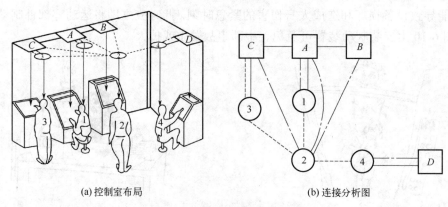

(a) 控制室布局   (b) 连接分析图

图 6-13 某雷达控制室作业场景

表 6-4 连接关系图中要素符号、线型的含义

要素符号、线型	◯	▢	———	– – – – –	—·—·—
含义	操作者	控制器、显示器等设备装置	触觉连接	听觉信息传递连接	视觉观察连接

依据人机系统特性一般将连接分为对应连接和逐次连接。对应连接是指作业者通过感觉器官接收他人或机器发出的信息，或作业者根据获得信息进行操作而形成的作用关系。以视觉、听觉或触觉来接收指示形成的对应连接称为显示指示型对应连接；操作者得到信息后，以各种反应动作来操纵各种装置而形成的连接称为反应动作型对应连接；人为达到某一目的，在某一过程中需要多次逐个地完成连续动作形成的连接称为逐次连接。

（1）对应连接分析

对应连接分析法一般用于控制界面布局分析中，其显示元件和控制元件有一定的对应关系。连接分析法的步骤主要分为绘制连接关系图和调整连接关系两大步。具体步骤如下：

① 绘制连接关系图。分析人机系统中各要素的关系，参照表 6-4 将操作者和机器设备的分布位置绘制成平面布置图［如图 6-13（b）］。

② 调整连接关系。为了使各子系统之间达到相对位置最优化，在调整连接关系时通常采用减少交叉、综合评价、运用感觉特性配置系统连接几个原则进行配置。

a. 减少交叉。通过调整人机关系及相对位置使得连接线不交叉或减少交叉（如图 6-14）。

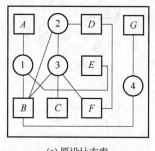
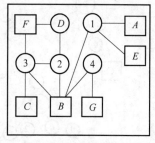

(a) 原设计方案　　　　　　　　　　　(b) 改进后方案

图 6-14　减少交叉

b. 综合评价。对于复杂人机系统，必须引入重要程度、使用频率对连接链进行优化，其中重要程度值由专家用户给出。根据具体情况确定连接链的形态、重要度和频率，求出每一个链的链值。

每一链的链值=链的重要性分值与频率分值的乘积

系统链值=各个链值之和

其中，各链的重要度和频率一般用 4 级计分，4 为极重要、频率很高，3 为重要、频率高，2 为一般重要、一般频率，1 为不重要、频率低。

求取各链链值和系统链值以后，根据重要性和使用频率乘积作为综合评价值，并且标注在连线上。在具体分析时，既考虑减少交叉点数，又考虑综合评价值（如图 6-15）。

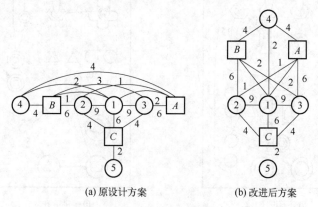

(a) 原设计方案　　　　　　　　　　　(b) 改进后方案

图 6-15　综合评价

c. 运用感觉特性配置系统连接。人从显示元件获得信息，通过判断控制控制元件。视觉连接或触觉连接应配置在人的前面，而听觉连接可以配置在相对于人的任何位置。

图 6-16 是 3 人操作 5 台机器的连接，小圆圈中数值是连接综合评价值，视觉、触觉连接配置在人的前方，听觉连接配置在人的两侧。

（2）逐次连接分析

在实际控制过程中，某项作业需要对一系列控制器进行操纵才能完成，这些操纵动作往往需要一定的逻辑顺序进行，若各控制器安排不当，各动作路线交叉太多，会影响控制效率和准确性。运用逐次连接分析优化控制面板布局，可使各控制器位置安排合理，减少动作路线的交叉及控制动作所经过的距离。图 6-17 是机载雷达控制面板示意图，标有数字的线是控制动作的正常动作顺序。

图 6-17（a）是初始设计方案，操作动作既不规则又曲折。结合各个连接的分析，按照每个操作的先后顺序，画出手从控制器到控制器的连续动作，得到图 6-17（b）的方案，可以看出，手的动作趋于顺序化和协调化。

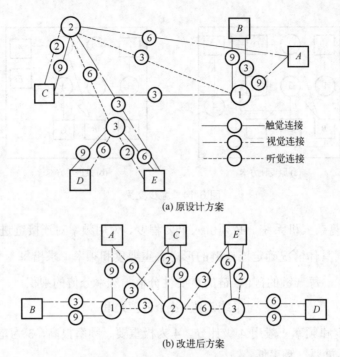

图 6-16 运用感觉特性配置系统连接

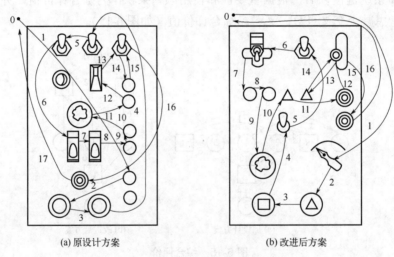

图 6-17 逐次连接分析

0—控制动作的起点和终点

6.2.2 人机系统可靠性

人机系统是指将人-机-环境作为一个整体研究。如果人在规定时间内和规定条件下没有完成规定任务，称为人为差错，用差错率来度量 R_H；机器在规定时间内丧失功能，称为故障，用故障率度量 R_M；环境若没有达到规定要求，称为环境故障，用环境故障率度量 R_e。

如图 6-18，当人的可靠度 $R_H=0.8$，机器可靠度 $R_M=0.95$ 时，整个人机系统可靠度 R_S 仅为 0.76，说明提升人的可靠度是提高人机系统可靠性的关键。

6.2.2.1 人机系统可靠度 R_S 计算

在人-机-环境中，一般是将人-机-环境看成串联的三个子系统，系统的可靠度 R_S 可以表达为

$$R_S=f(R_H, R_M, R_e)=R_H R_M R_e \tag{6-1}$$

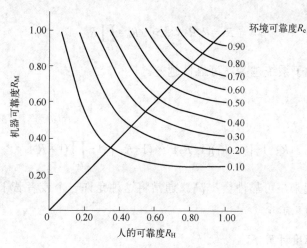

图 6-18　人机系统可靠性曲线

为了使问题简化，常假设 $R_e=1$，则人机系统可靠度 R_S 为

$$R_S=f(R_H, R_M, R_e)=R_HR_M \tag{6-2}$$

人机系统通常由若干个子系统通过串联系统、并联冗长式、待机冗长式、监督校核式等方式结合，表 6-5 给出各种结合形式的人机系统可靠度 R_S。

表 6-5　各种结合形式的人机系统可靠度

名称	框图	人机系统可靠度计算公式及说明
串联系统	人 R_H　机器 R_M	$R_{S1}=R_HR_M$ 例：$0.9×0.9=0.81$
并联冗长式	人A R_{HA}　人B R_{HB}　机器 R_M	$R_{S2}=[1-(1-R_{HA})(1-R_{HB})]R_M$ 例：$0.99×0.9=0.891$ 两人操作可提高异常状态下的可靠性，但由于相互依赖也可能降低可靠性
待机冗长式	机器自动化 R_{MA}　人监督 R_H	$R_{S3}=1-(1-R_{MA}R_H)(1-R_{MA})$ 例：$1-0.019=0.981$ 人在自动化系统发生误差时进行修正
监督校核式	人 R_H　机器 R_M　监督者 R_{MB}	$R_{S4}=[1-(1-R_{MB}R_H)(1-R_H)]R_M$ 例：$0.981×0.9=0.8829$ 将并联冗长式中的一个人换成监督者的位置，人与监督者关系如同待机冗长式

注：1. R_H、R_{HA}、R_{HB} 为人的可靠度；R_M、R_{MA} 为机械的可靠度；R_{MB} 为监督操作者的人的可靠度；R_{S1}、R_{S2}、R_{S3}、R_{S4} 为系统的可靠度。

2. 图中的虚线表示信息流动方向。

3. 例中人、机可靠度数值均以 0.9 计算。

（1）串联系统

假设人机系统由若干子系统组成，各子系统可靠度为 R_1，R_2，…，R_n，则串联系统可靠度为

$$R_S=R_1R_2R_3, \cdots, R_n=\prod_{i=1}^{n} R_i \tag{6-3}$$

由此可见，串联系统中子系统越多，可靠性越差。

（2）并联系统

$$R_S=1-[(1-R_1)(1-R_2) \cdots (1-R_n)]=1-\prod_{i=1}^{n}(1-R_i) \tag{6-4}$$

若将各个子系统并联起来，可靠性会提高。通常将这种允许一个或者若干子系统失效，系统仍能维持正常工作的复杂系统称为冗余系统。

6.2.2.2　作业时人操作可靠度计算 R_H

（1）间歇性操作和连续性操作可靠度 R_H

人在作业过程中常采用间歇性操作和连续性操作方式，其作业可靠度计算不同。

间歇性操作是指在作业中，作业者不连续工作，例如汽车换挡、制动等，这类操作不宜用时间描述其可靠度，一般采用次数、距离、周期描述其可靠度。若某人执行某项操作 N 次，其中操作失败 n 次，当 N 足够大时，此人操作不可靠度

$$F_H=\frac{n}{N} \tag{6-5}$$

操作可靠度
$$R_H=1-F_H=1-\frac{n}{N} \tag{6-6}$$

连续性操作指作业者进行连续性操作活动，例如驾驶员在开车过程中操纵转向盘等，连续性操作可靠度

$$R_H(t)=\exp\left[-\int_0^t \lambda(t)\mathrm{d}t\right] \tag{6-7}$$

式中，$\lambda(t)$ 为 t 时间（单位：h）内人的差错率。

若某司机操纵转向盘恒定差错率 $\lambda(t)=0.0001$，驾车时间 300h，其可靠度

$$R_H(300)=\mathrm{e}^{-0.0001t}=0.9704$$

（2）按照人的意识水平确定人的可靠度 R_H

大量试验研究表明：根据人体意识水平的可靠度，可以合理、适当地调整和安排工作，提高人操作可靠度。日本学者桥本帮卫教授根据脑电波测试，发现人体意识水平可以分为五个等级，并给出相应的可靠度（见表5-7）。

（3）基于 S-O-R 模型的人操作可靠度 R_H

日本学者日本井口雅一教授依据 S-O-R 模型，提出人操作机器的可靠度，相关内容可见5.2.2节。

（4）基于 HERALD 法确定操作人员有效作业概率 R_H

海洛德法（human error and reliability analysis logic development，HERALD）是基于人的失误与可靠性分析的逻辑推演方法。通过计算机系统可靠性，分析评价仪表、控制器配置与安全位置是否适宜人操纵。一般先计算人执行任务时成败概率，再对整个系统进行评价。

大量实验表明：在视中心线上下各 15°的正常视线区域是人眼睛最不容易发生差错的区域。在这个

范围内设置仪表或者控制器时，误读率和误操作率最小；距离这一区域越远，误读率和误操作率逐渐增大。以视中心线为基准向外每 15° 划分一个区域，在不同的扇形区域内测量出误读率即劣化值 D_i（参考表 5-4 中人的认读可靠度，劣化值 $D_i=1-$认读可靠度）。仪表布局设计应考虑尽量减小其劣化值。

假设有 n 个仪表，其劣化值 D_i，则操作人员有效作业概率 R_H 为

$$R_H = \prod_{i=1}^{n}(1-D_i) \tag{6-8}$$

若除监视该显示面板的人员外，还配备有其他辅助人员，则该人机系统操作人员有效作业概率

$$R_S = \frac{[1-(1-R_H)^m](T_1+T_2R_H)}{T_1+T_2} \tag{6-9}$$

式中，m 为操作人员数；T_1 为辅助人员修正主操作人员潜在差错而进行行动的富裕时间（以百分率表示）；T_2 是剩余时间百分率；R_H 是无辅助监视人员时有效作业概率。

例 6-1：某仪表显示面板安装 6 个仪表，其中 5 个安装在中心视线上下 15° 以内，有一个仪表安装在与中心视线成 50° 的位置上，试计算操作人员有效作业概率 R_H；当配备一个辅助人员时，宽裕时间 $T_1=60\%$，计算操作人员有效作业概率 R_H。

解：由表 5-4 查得，视线 15° 以内仪表劣化值是 0.0001，视线 50° 的仪表劣化值是 0.002，由式（6-8）得

$$R_H = \prod_{i=1}^{n}(1-D_i) = (1-0.0001)^5(1-0.002) = 0.9975$$

当配备一个辅助人员时，宽裕时间 $T_1=60\%$，代入式（6-9）得

$$R_S = \frac{[1-(1-R_H)^m](T_1+T_2R_H)}{T_1+T_2} = \frac{[1-(1-0.9975)^2](0.6+0.4\times0.9975)}{0.6+0.4} = 0.99899$$

（5）基于 THERP 确定作业工序可靠度 R_H

人失误率预测技术（technique for human error rate prediction，THERP）是将作业工序分解为基本作业因素，求出各个作业因素的可靠度，再计算人体操作可靠度。主要步骤如下：

① 分析作业工序，将作业工序分解为若干基本作业；
② 将基本作业分解为若干作业因素；
③ 计算各个作业因素可靠度 γ_i；
④ 计算各作业因素可靠度之积得到基本作业可靠度 R_j；
⑤ 由基本作业可靠度之积得到作业工序可靠度 R_H。

例 6-2：某工人加工某个零件，需要通过车削、刨削 2 道基本工序。根据需要作业工序可分解为图 6-19 所示单一基本作业，试求该工人加工零件可靠度 R_H。

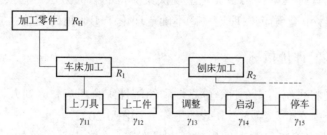

图 6-19　加工零件作业工序分解单元

解：该工人作业工序分为车削加工基本作业过程和刨削加工基本作业过程。车削加工基本作业分为上刀具、上工件、调整、启动与停车 5 个作业因素，对应车削加工作业因素可靠度为 γ_{11}、γ_{12}、γ_{13}、γ_{14}、

γ_{15}，刨削加工作业因素可靠度为γ_{21}、γ_{22}、γ_{23}、γ_{24}、γ_{25}（见表6-6）。令R_1是车削加工基本作业可靠度，R_2是刨削加工基本作业可靠度，有

$$R_1 = \prod_{i=1}^{5} \gamma_{1i} = 0.9998 \times 0.9988 \times 0.9992 \times 0.9993 \times 0.9993 = 0.9964$$

$$R_2 = \prod_{i=1}^{5} \gamma_{2i} = 0.9998 \times 0.9988 \times 0.9992 \times 0.9993 \times 0.9993 = 0.9964$$

$$R_H = R_1 R_2 = 0.9928$$

表6-6　基本作业时人的可靠度 R_H

作业因素	不同基本作业对应可靠度	
	车床加工 R_1	刨床加工 R_2
上刀具（γ_1）	0.9998（γ_{11}）	0.9998（γ_{21}）
上工件（γ_2）	0.9988（γ_{12}）	0.9988（γ_{22}）
调整（γ_3）	0.9992（γ_{13}）	0.9992（γ_{23}）
启动（γ_4）	0.9993（γ_{14}）	0.9993（γ_{24}）
停车（γ_5）	0.9993（γ_{15}）	0.9993（γ_{25}）

（6）人操作电子装置的可靠度 R_H

美国测量与制图学会（American congress of surveying and mapping，ACSM）提出人操作电子产品时的可靠度为

$$R_H = R_1 R_2 \tag{6-10}$$

式中，R_H为人的可靠度；R_1为读取可靠度；R_2为操作可靠度。

注意：读取、操作可靠度随装置结构、作业方法、作业时间不同有所不同。例如，操作计算机时读取$R_1=0.9921$，操作$R_2=0.99$，则人操作计算机可靠度$R_H=0.9822$。

有关具体操作工具、机器中电子装置需要查找有关资料。

6.3　人机系统评价

人机系统评价是根据具体问题采用不同方法从人、机、环境三个方面综合评价系统是否达到安全、高效、经济的目标。系统评价理论和方法大致分为三类：第一类是以数理为基础的理论，从数学理论和解析方法进行严格定量描述与计算；第二类是以统计为主的理论和方法，借助统计数据建立较多的凭感觉而暂时不能准确测量的评价模型；第三类是重现决策支持的有关方法。在实际应用中主要的评价理论有：①冯·诺依曼效用理论；②确定性理论；③不确定理论；④非精确理论；⑤最优化理论。

6.3.1　人机系统总体性能评价指标

人机系统设计目标是将系统的安全性、可靠性和经济性综合考虑，达到人、机、环境三要素最优（或较优）组合，使人在系统中安全、经济、高效地工作（如图6-20）。

"安全"是指系统中不出现任何对人体生理危害或伤害，在考虑系统总体性能时作为首要因素。为确保安全，不仅需要研究可能产生的不安全因素，采取预防措施，而且要力争将事故消灭在萌芽状态。"高效"是指系统人的工作效率最高，包含系统工作效果最佳和人的工作负荷适宜两方面。"经济"是指在满足系统技术要求前提下，尽可能降低系统成本（研制成本、维护成本、训练成本和使用成本）。

人机系统总体性能评价指标可以表达为

$$Q=\alpha_1×安全评价值+\alpha_2×高效评价值+\alpha_3×经济评价值 \quad (6-11)$$

式中，Q 为人机系统总体性能评价值；α_1、α_2、α_3 为安全、高效、经济各项权重值。

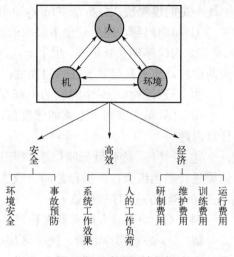

图6-20 人机系统目标

6.3.2 单性能指标评价方法

安全性是人机系统中首要指标。安全性能评价方法一般采用故障树分析（fault tree analysis，FTA）和事件树分析（event tree analysis，ETA）。FTA 是从某一不希望发生的后果事件开始，按照一定的逻辑关系分析引起该后果事件的原因事件或原因事件组合；ETA 是从某一初因事件开始，按照时序分析各后续事件的状态组合造成的所有可能后果。在人机系统分析中可以采用这两种方法综合，发挥各自优势。

故障树分析法（FTA）是 H.A.Watson 于 1961 年提出的针对系统可靠性、安全性的设计与分析方法。它采用事件符号和逻辑符号组成的一种图形模式，来分析人机系统中导致灾害事故的各种因素之间的因果关系和逻辑关系，判断在系统运行中各种事故发生的途径和重要节点，为有效控制事故提供一种控制事故简洁、形象的途径方法。故障树分析法是一种图形演绎方法，它将故障、事故发生的系统加以模型化，围绕系统发生的事故或失效事件做层层深入的分析，直至追踪到引起事故或失效事件的全部最原始的原因为止。故障树分析法（FTA）主要由建树、定性分析和定量分析三部分组成。故障树定性分析包括：①利用布尔代数简化故障树；②求取故障树的最小割集或最小径集；③完成基本时间重要度分析；④给出定性评价结论。故障树定量分析包括：①确定各基本事件的故障率或失误率，计算其发生的概率；②计算出顶事件发生的概率，将计算结果与通过统计分析得出的事故概率做比较。若两者不符，重新考虑故障树图是否正确，基本事件的故障率、失误率是否估计过高或过低；③完成各基本事件的概率重要度分析和临界重要度分析。

事件树分析法（ETA）主要步骤：①确定初因事件；②建立事件树；③对事件树进行定量分析。事件树定量分析包括：①确定初因事件概率；②确定后续以及各后果事件的发生概率；③评估各后果事件的风险。

FTA 与 ETA 综合分析法主要步骤：①若事件树中的初因事件与后续事件是箱体中的非正常事件（如某个部件有故障），便视这些事件为顶事件建立故障树；②以事件树中的后果事件为顶事件，按照一定逻辑关系（一般情况下逻辑与关系），将同该后果事件相关的初因事件和后续事件连接成故障树；③从事件树分析中找出后果事件相同的分支，再以该事件为顶事件按照一定逻辑关系（一般情况下为逻辑或关系），建立一个更大的故障树；④通过故障树的定量分析得到系统中各类事件的发生概率。

高效性主要指人的作业负荷评价问题。人的作业负荷分为体力负荷、智力负荷和心理负荷，这些参考第 2 章中人的特性来评价。经济性评价一般采用显性比较优势（revealed comparative advantage，RCA）指数、普莱斯（PRICE）模型进行估算。

6.3.3 模糊层次分析法 FAHP

层次分析法（analytic hierarchy process，AHP）是美国运筹学家 Saaty 于 20 世纪 70 年代提出的，AHP 方法是依据问题的性质和总目标将复杂问题系统中各种因素的相互关系和隶属关系划分成不同层次的组合，构成一个多层次的系统分析结构模型，再对每一层次各元素（或因素）的相对重要性做出判断，最后通过各层次因素的单排序与逐层的总排序，计算出最底层的各元素相对最高层的重要性权值，确定优劣排序。但是，层次分析法（AHP）在判断矩阵建立以及判断矩阵一致性检验中存在不足，故提出弥补上述不足的模糊层次分析法（fuzzy analytic hierarchy process，FAHP）。FAHP 大体分为五个步骤：

① 明确问题，建立一个多层次的递阶结构模型。

② 构建模糊互补矩阵。用上一层次中每个元素作为下一层元素的判断准则，分别对下一层元素进行两两比较，比较其相对于准则的优度，并按照事前规定的标度定量化，建立模糊互补矩阵。

③ 一致性检验。对步骤②的模糊互补矩阵进行一致性检验，将模糊互补矩阵转化为一致性判断矩阵。

④ 计算单一准则下方案的优度值，解决在准则 B_k 下，n 个方案 C_1，C_2，…，C_n 对于该准则优度值计算问题。

⑤ 总排序。为得到低阶层次结构中每一层次所有元素相对于总目标的优度值，需要将步骤④的计算结果进行适当组合，并进行总的一致性检验。这一步骤要求从上而下逐层进行，最终计算得到最低层次元素（方案优先顺序优度值）。

例 6-3： 对某载人航天器内装置、仪器运行状态监视系统的 3 个方案进行评价。

解： ① 确定指标因素，建立多层次递阶结构模型。人机系统评价主要指标有支持费用、作业效率、乘员安全、完成任务需要的特殊要求、采取人工控制比自动控制的优越性以及操作负荷等。我们以座舱内装置、仪器运行状态的监视功能作为方案评价的指标，建立图 6-21 所示多层次递阶结构模型。

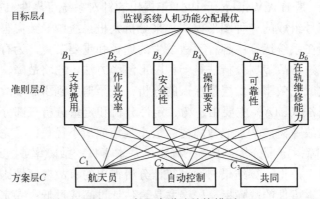

图 6-21 多层次递阶结构模型

② 构建模糊互补矩阵。模糊互补矩阵 R 表示对上一层次某元素，本层次与之有关的元素之间相对优度的比较。假定上层次的元素 B 同下一层次中元素 C_1，C_2，…，C_n 有联系，则模糊矩阵表示为

B	C_1	C_2	…	C_j
C_1	r_{11}	r_{12}	…	r_{1j}
C_2	r_{21}	r_{22}	…	r_{2j}
…	…	…	…	…
C_i	r_{i1}	r_{i2}	…	r_{ij}

其中，r_{ij} 表示元素 C_i 与元素 C_j 相对于上一层元素 B 进行比较时，元素 C_i 和元素 C_j 具有模糊关系的隶属度，表 6-7 给出模糊评价隶属度标度。

表 6-7 模糊评价隶属度标度

标度	定义	说明
0.5	同等重要	两元素比较，同等重要
0.6	稍微重要	两元素比较，一元素比另一元素稍微重要
0.7	明显重要	两元素比较，一元素比另一元素明显重要
0.8	重要得多	两元素比较，一元素比另一元素重要得多
0.9	极端重要	两元素比较，一元素比另一元素极端重要
0.1,0.2 0.3,0.4	反比较	若元素 C_i 与元素 C_j 相比较得到判断 r_{ij}，则元素 C_j 与元素 C_i 相比较得到判断 $r_{ji}=1-r_{ij}$

选择适当数量的专家依据表 6-7 对图 6-21 的三个方案层元素 C_k 相对于准则层元素 B_k 重要程度进行两两比较，得到模糊互补矩阵 $R_1 \sim R_6$。

$$R_1 = \begin{bmatrix} 0.5 & 0.2 & 0.4 \\ 0.8 & 0.5 & 0.7 \\ 0.6 & 0.3 & 0.5 \end{bmatrix}, \quad R_2 = \begin{bmatrix} 0.5 & 0.2 & 0.7 \\ 0.2 & 0.5 & 0.4 \\ 0.3 & 0.6 & 0.5 \end{bmatrix}, \quad R_3 = \begin{bmatrix} 0.5 & 0.9 & 0.7 \\ 0.1 & 0.5 & 0.3 \\ 0.3 & 0.7 & 0.5 \end{bmatrix}$$

$$R_4 = \begin{bmatrix} 0.5 & 0.3 & 0.3 \\ 0.7 & 0.5 & 0.5 \\ 0.7 & 0.5 & 0.5 \end{bmatrix}, \quad R_5 = \begin{bmatrix} 0.5 & 0.7 & 0.3 \\ 0.3 & 0.5 & 0.1 \\ 0.7 & 0.9 & 0.5 \end{bmatrix}, \quad R_6 = \begin{bmatrix} 0.5 & 0.9 & 0.5 \\ 0.1 & 0.5 & 0.1 \\ 0.5 & 0.9 & 0.5 \end{bmatrix}$$

准则层元素 B_k 相对于目标层元素 A 重要程度进行两两比较，得到模糊互补矩阵 R

$$R = \begin{bmatrix} 0.5 & 0.6 & 0.3 & 0.7 & 0.4 & 0.7 \\ 0.4 & 0.5 & 0.2 & 0.6 & 0.3 & 0.6 \\ 0.7 & 0.8 & 0.5 & 0.9 & 0.6 & 0.9 \\ 0.3 & 0.4 & 0.1 & 0.5 & 0.2 & 0.5 \\ 0.6 & 0.7 & 0.4 & 0.8 & 0.5 & 0.8 \\ 0.3 & 0.4 & 0.1 & 0.5 & 0.2 & 0.5 \end{bmatrix}$$

③ 模糊互补一致性检验。由于是专家评价，存在主观片面性，所以需要应用模糊一致矩阵的充分必要条件进行调整。具体调整步骤如下：

第一步，确定一个同其余元素重要性比较得出判断有把握的元素（判断矩阵中某一行元素），不失一般性，假设决策者认为对判断 r_{11}，r_{12}，…，r_{1n} 比较有把握。

第二步，用 R 的第一行元素减去第二行对应元素，若所得 n 个差数为常数，则不需要调整第二行元素；否则，要对第二行元素进行调整，直到第一行元素减第二行元素之差为常数为止。

第三步，用 R 的第一行元素减去第三行对应元素，若所得 n 个差数为常数，则不需要调整第三行元素；否则，要对第三行元素进行调整，直到第一行元素减第三行元素之差为常数为止。

上述步骤持续到 R 的第一行元素减去第 n 行对应元素之差为常数为止。

同理对 $R_1 \sim R_6$ 进行检验。

④ 计算单一准则下方案的优度值。根据模糊一致性判断矩阵元素与权重的关系式给出排序方法。

$$w_i^k = \frac{1}{n} - \frac{1}{2\alpha} + \frac{1}{n\alpha}\sum_{h=1}^{n} r_{ih}, \quad i=1,2\cdots,n; \ k=1,2,\cdots,m \tag{6-12}$$

式中，α 为满足 $\alpha \geqslant \dfrac{n-1}{2}$ 的参数。

在对模糊一致判断矩阵的集中排序公式中，式（6-12）分辨率最高，并且有可靠的理论基础，适于对人机系统方案评价。

对本例题三个方案，分别计算方案 C_k 在目标准则 B_k 下的优度值 w_i^k 如下。

由于 $\alpha = (3-1)/2=1$，则

$$w_i^1 = (0.2, 0.5, 0.3)$$

$$w_i^2 = (0.5, 0.2, 0.3)$$

$$w_i^3 = (0.533, 0.133, 0.334)$$

$$w_i^4 = (0.2, 0.4, 0.4)$$

$$w_i^5 = (0.334, 0.133, 0.533)$$

$$w_i^6 = (0.467, 0.066, 0.467)$$

同理，计算因素 B_k 在目标层下优度值 w_k 如下。

由于 $\alpha = (6-1)/2 = 5/2 = 2.5$，则

$$w_k = (0.18, 0.14, 0.26, 0.1, 0.22, 0.1)$$

⑤ 层次优度总排序。在单一准则优度排序基础上，计算各方案的总体优度 T_i。

$$T_i = \sum_{k=1}^{M} w_k w_i^k \qquad (6-13)$$

按照 T_i 大小对各方案进行总优度排序，若 $T_1 \geqslant T_2 \geqslant \cdots \geqslant T_n$，则方案从优到劣的次序为

$$C_1 \geqslant C_2 \geqslant \cdots \geqslant C_n$$

经过计算得到排序结果（见表6-8）。

表6-8　总优度排序结果

准则		支持费用	作业效率	安全性	操作要求	可靠性	在轨维修能力	方案层总体优度值
准则层优度值		0.18	0.14	0.26	0.1	0.22	0.1	
方案层单排序优度值	航天员	0.2	0.5	0.533	0.2	0.334	0.467	0.3847
	自动控制	0.5	0.2	0.133	0.4	0.133	0.066	0.2284
	共同	0.3	0.3	0.334	0.4	0.533	0.476	0.3868

根据优度值比较可以看出，对于装置、仪器运行状态监视这一任务，航天员和自动控制联合方案最优，这一结果与实验测试一致。

6.3.4　检查表评价法

检查表评价法是利用人机工程学原理检查构成人机系统各种因素及作业过程中操作人员的能力、心理和生理反应状况的评价方法。该方法对系统只能给出初步定性评价，必要时可以对系统中某一单元（子系统）进行评价。国际人机工程学会（IEA）提出人机工程学系统分析检查表评价，主要评价内容包括：信息显示、操纵装置、作业空间、环境因素（见表6-9）。

表6-9　IEA检查评价表主要内容

检查项目	检查主要内容
信息显示	1. 作业操作能得到充分的信息指示吗？ 2. 信息数量是否合适？ 3. 作业面的亮度是能否满足视觉要求及进行作业要求的照明标准？ 4. 警报信息显示装置是否配置在引人注意的位置？ 5. 控制台上的事故信号灯是否位于操作者的视野中心？ 6. 图形符号是否简洁、意义明确？ 7. 信息显示装置的种类和数量是否符合按用途分组要求？ 8. 仪表的排列是否符合按用途分组的要求？排列次序是否与操作者的认读次序一致？是否避免了调节或操纵控制装置时对视线的遮挡？ 9. 最重要的仪表是否布置在最佳视野内？ 10. 能否很容易地从仪表盘上找出需要认读的仪表？ 11. 显示装置和控制装置在位置上的对应关系如何？ 12. 仪表刻度能否十分清楚地分辨？ 13. 仪表的精度符合读数精度要求吗？ 14. 仪表盘的分度设计是否会引起读数误差？ 15. 根据指针能否很容易地读出所需要的数字？指针运动方向符合习惯？ 16. 音响信号是否受到噪声干扰？

检查项目	检查主要内容
操纵装置	1. 操纵装置是否设置在手易于达到的范围？ 2. 需要进行快而准确的操作动作是否用手完成？ 3. 操纵装置是否按功能和控制对象分组？ 4. 不同的操纵装置在形状、大小、颜色上是否有区别？ 5. 操作极快、使用频繁的操纵装置是否采用了按钮？ 6. 按钮表面大小、按压深度、表面形状是否合理？各按钮间的距离是否会引起误操作？ 7. 手控操纵装置的形状、大小、材料是否和施力大小相协调？ 8. 从生理考虑，施力大小是否合理？是否有静态施力过程？ 9. 脚踏板是否必要？是否在坐姿下操纵脚踏板？ 10. 显示装置与操纵装置是否按使用顺序原则、使用频率原则和重要性原则布置？ 11. 能用符合的操纵装置吗？ 12. 操纵装置的运动方向是否与预期的功能和被控制对象的运动方向相结合？ 13. 操纵装置的设计是否满足协调性（适应性和兼容性）的要求？ 14. 紧急停车装置设置的位置是否合理？ 15. 操纵装置的布置是否能保证操作者用最佳体位进行操纵？ 16. 重要的操纵装置是否有安全防护罩？
作业空间	1. 作业地点是否足够宽敞？ 2. 仪表及操纵装置的布置是否便于操作者采取方便的工作姿势？能否避免长时间采用站立姿势？能否避免出现频繁的曲腰动作？ 3. 如果是坐姿工作，能否有容膝放脚的空间？ 4. 从工作位置和眼睛的距离来考虑，工作面的高度是否合适？ 5. 机器、显示装置、操纵装置和工具的布置能否保证人的最佳视觉条件、最佳听觉条件和最佳嗅觉条件？ 6. 是否按机器的功能和操作顺序布置作业空间？ 7. 设备布置是否考虑人员进入作业姿势和退出作业姿势的必要空间？ 8. 设备布置是否考虑到安全和交通问题？ 9. 大型仪表盘的位置是否有满足作业人员操作仪表、巡视仪表和在控制台前操作的空间？ 10. 危险作业点是否留有躲避空间？ 11. 操作人员精心操作、维护、调节的工作位置在距离基准面 2m 以上时，是否在生产设备上配置有供站立的平台和护栏？ 12. 对可能产生物体泄漏的机器设备，是否设有收集和排放渗漏物体的设施？ 13. 地面是否平整、没有凹凸？ 14. 危险作业区域是否隔离？
环境因素	1. 作业区的环境温度是否适宜？ 2. 全域照明与局部照明对比是否适当?是否有忽明忽暗、频闪现象？是否有产生眩光的可能？ 3. 作业区的湿度是否适宜？ 4. 作业区的粉尘是否超极限？ 5. 作业区的通风条件如何？强制通风的风量及其分配是否符合规定要求？ 6. 噪声是否超过卫生标准？降噪措施是否有效？ 7. 作业区是否有放射性物质？采取的防护措施是否有效？ 8. 电磁波的辐射量怎样？是否有防护措施？ 9. 是否有出现可燃气体、毒气体的可能？检测装置是否符合要求？ 10. 原材料、半成品、工具及边角废料的放置是否整齐有序、安全？ 11. 是否有刺眼或不协调的色彩存在？

6.3.5　工作环境指数评价法

工作环境主要包括空间环境、视觉环境和会话环境，由此，给出空间指数法、视觉环境综合评价指数法和会话指数法。

① 空间指数法。作业空间狭窄会妨碍操作，迫使作业者采取不正确的姿势和体位，影响作业能力的正常发挥，提早产生疲劳或加重疲劳，降低工效。狭窄的通道和入口会造成作业者无意触碰危险机件或误操作，导致事故发生。一般采用 4 级密集指数表达作业空间对作业者活动范围限制程度（见表 6-10）。另外，采用 4 级可通行指数表明通道、入口的畅通程度（见表 6-11）。

表 6-10　密集指数级别说明

密集指数级别	密集程度	示例
0	操作受到显著限制，作业相当困难	维修化铁炉内部
1	身体活动受到限制	在高台上仰姿作业
2	身体的一部分受到限制	在无容膝空间工作台作业
3	能舒服地作业	在宽敞的地方作业

表 6-11　可通行指数级别说明

可通行指数级别	入口宽度/mm	说明
0	<450	通行相当困难
1	450～600	仅一人通行
2	600～900	一人能自由通行
3	>900	可两人并行

② 视觉环境综合评价指数法。是评价作业场所的能见度和判别条件（显示器、控制器）能见状况的评价指标。该方法借助评价问卷，考虑光环境下多项影响作业者的工作效率与心理舒适度的因素，通过主观判断确定各评价项目所处的条件状况，利用评价系统计算各项评分及总的视觉环境指数，以便给出视觉环境评价。评价步骤如下：

a. 确定评价项目。参照表 6-12 评价视觉环境下 10 项影响人的工作效率与心理舒适的因素。

表 6-12　视觉环境综合评价表

项目编号 n	评价项目	状态编号 m	可能状态	判断投票	注释说明
1	第一印象	1	好		
		2	一般		
		3	不好		
		4	很不好		
2	注明水平	1	满意		
		2	尚可		
		3	不合适，令人不舒服		
		4	非常不合适，看作业有困难		
3	直射眩光与反射眩光	1	毫无感觉		
		2	稍有感觉		
		3	感觉明显，令人分心或不舒服		
		4	感觉严重，看作业有困难		
4	亮度分布（照明方式）	1	满意		
		2	尚可		
		3	不合适，令人分心或不舒服		
		4	非常不合适，影响正常工作		
5	光影	1	满意		
		2	尚可		
		3	不合适，令人不舒服		
		4	非常不合适，影响正常工作		
6	颜色显示	1	满意		
		2	尚可		
		3	显色不自然，令人不舒服		
		4	显色不正确，影响辨色作业		

项目编号 n	评价项目	状态编号 m	可能状态	判断投票	注释说明
7	光色	1	满意		
		2	尚可		
		3	不合适，令人不舒服		
		4	非常不合适，影响正常工作		
8	表面装修与色彩	1	外观满意		
		2	外观尚可		
		3	外观不满意，令人不舒服		
		4	外观非常不满意，影响正常作业		
9	室内结构与陈设	1	外观满意		
		2	外观尚可		
		3	外观不满意，令人不舒服		
		4	外观非常不满意，影响正常作业		
10	同室外的视觉联系	1	满意		
		2	尚可		
		3	不满意，令人分心或不舒服		
		4	非常不满意，有严重干扰或隔离感		

b. 确定评价分值和权值。表 6-12 中评价项分为四项，分别为 0（好）、10（较好）、50（差）、100（很差）。分值计算为

$$S_n = \frac{\sum_m (P_m V_{nm})}{\sum_m V_{nm}} \qquad (6\text{-}14)$$

式中　S_n——第 n 个评价项目的评分，$0 \leqslant S_n \leqslant 100$；

$\sum\limits_m$——第 m 个状态求和；

P_m——第 m 个状态的分值，状态 1、2、3、4 分别是 0、10、50、100；

V_{nm}——第 n 个评价项目的第 m 个状态所得票数。

c. 计算综合评价指数。

$$S = \frac{\sum_n (S_n W_n)}{\sum_n W_n} \qquad (6\text{-}15)$$

式中　S——视觉环境评价指数，$0 \leqslant S \leqslant 100$；

$\sum\limits_n$——第 n 个评价项目求和；

W_n——第 n 个评价项目的权值，项目编号 1~10，权值均取 1.0。

d. 确定评价等级。依据计算的综合评价指数，按照表 6-13 确定评价等级。

表 6-13　视觉环境综合评价指数

视觉环境指数 S	$S=0$	$0<S\leqslant10$	$10<S\leqslant50$	$S>50$
等级	1	2	3	4
评价意义	毫无问题	稍有问题	问题较大	问题很大

③ 会话指数法。会话指数是指在专业场所中语言交流能达到的通畅程度（见表6-14）。一般采用语言干扰级（SIL）衡量在某种噪声条件下，人在一定距离讲话必须达到多大轻度才能使会话通畅。

表6-14 SIL 与谈话距离之间关系

语言干扰级 SIL/dB	最大距离/m		语言干扰级 SIL/dB	最大距离/m	
	正常	大声		正常	大声
35	7.5	15	55	0.75	1.5
40	4.2	8.4	60	0.42	0.84
45	2.3	4.6	65	0.25	0.5
50	1.3	2.6	70	0.13	0.26

6.4 人机系统事故分析

根据国家矿山安全监察局的统计数据，从每年我国煤矿企业发生的各类伤亡事故统计数据来看，发生事故的原因多为人的不安全行为，其比例高达 70%～80%。研究人的行为，从避免事故的角度对人机系统进行设计和评价有重要的现实意义。

某石油公司 16H 钻井在起钻作业中突然发生井底溢流，造成井喷失控。富含硫化氢的气体从钻具水眼喷涌达 30m 高程，硫化氢浓度达到 100ppm（1ppm=0.001%）以上，预计无阻流量为 400 万～1000 万 m³/d。失控的有毒气体随空气迅速传播，短时间内发生大范围灾害。该井喷事故共造成近万人不同程度的硫化氢中毒，数万余名群众紧急疏散，造成巨大经济损失（图6-22）。

图 6-22　某石油公司井喷事故

单一的隐患并非一定会发生事故，但隐患的增多和积累必然会导致事故发生。钻井现场组技术负责人王某为了更换已损坏的测斜仪，在明知卸下回压阀可能造成井喷事故的情况下，还向技术员宋某提出卸下回压阀的钻具组合方案。而面对这一明显的违规行为，作为现场技术人员的宋某却没有提出异议。一个看似无关紧要的"回压阀"由此成为这场灾难的"引子"。钻井队队长吴某明知钻井内没有安装回压阀，可能引发井喷事故，既未向上级汇报，也未采取任何措施制止这一违反操作规程的行为，消除隐患，而是放任有关人员违规操作。钻井队副司钻向某带领 4 名工人在该钻井进行钻具起钻操作中，在起了 6 柱甚至超过 6 柱钻杆后才灌注钻井液 1 次，致使井内液压力下降，违反了单位有关操作规程细则中"起钻中严格按照要求每起 3～5 柱灌钻井液 1 次"的规定及钻井队针对该钻井高含硫天然气井的特点所做出的每 3 柱灌注 1 次的规定。录井房值班录井工肖某负责对钻井作业进行监测，在录井记录已显示有 9 柱钻井未灌注钻井液（泥浆）这一严重违章行为时未及时发现，之后发现了也未立即提出警告纠正，违反有关规定，从而丧失了最后一次将事故遏制在萌芽状态的时机。在事故发生后抢险时，副经理吴某未同意点火，错过点火时机，其未能做出果断决策和明确指示，造成事故扩大。

该井喷事故与人的不安全行为（违规操作）、物的不安全状态（钻井设备智能防护装置缺失）、环境（钻井过程伴随硫化氢气体、井喷等危险源）、管理失误四方面因素有关，而人的不安全行为是主要原因。

6.4.1 人机系统事故致因理论

事故是社会因素、管理因素和人机系统中存在事故隐患被某一偶然事件触发所造成的结果。分析事故发生的原因可为人机系统设计提供思路，因此，事故分析是人机工程学重要的研究内容之一。

伯克霍夫（Berckhoff）认为，事故是人（个人或集体）在为实现某种意图而进行的活动过程中，突然发生的、违反人的意志的、迫使活动暂时或永久停止，或迫使之前存续的状态发生暂时或永久性改变的事件。国外提出了事故频发倾向理论、事故因果连锁理论、能量意外转移理论等。本书从人机工程学角度探讨事故发生规律。

（1）事故因果连锁理论

事故发生与其原因存在必然的因果关系（如图 6-23）。

事故因果连锁理论（因果继承原则）将事故看成了一个连锁事件链：

$$损失 \leftarrow 事故 \leftarrow 一次原因（直接原因）\leftarrow 二次原因（间接原因）\leftarrow 基础原因$$

事故因果类型分为：多因致果型、因果连锁性、集中连锁复合型。

（2）能量意外转移理论

1961 年吉布森（Gibson）、1966 年哈登（Haddon）等人提出能量意外转移理论。认为事故是一种不正常的或许不被希望的能量释放，并使能量转移于人体上。人类利用能量做功实现生产目的，若某种能量失去控制，发生异常或意外释放，则会发生事故（如图 6-24）。

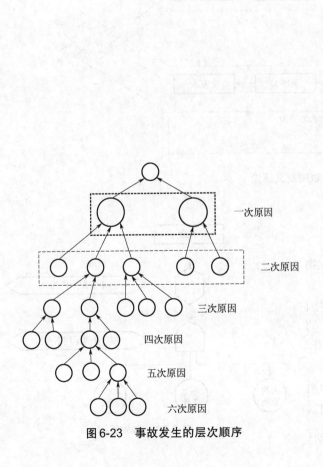

图 6-23 事故发生的层次顺序

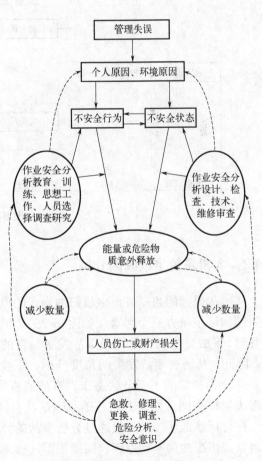

图 6-24 能量意外转移理论观点下的事故因果连锁关系

能量引起的伤害分为两大类：一类是由于转移到人体的能量超过了局部或全身损坏阈值而产生的；另一类是由于局部或全身性能量的交换引起的。表6-15给出能量意外转移的能量类型及产生的伤害。

表6-15 能量类型及产生的伤害

能量类型	产生的伤害	事故类型
机械能	刺伤、割伤、撕裂、挤压皮肤和肌肉、骨折、内部器官损伤	物体打击、车辆伤害、机械伤害、起重伤害、高处坠落、坍塌、冒顶片帮、放炮、火药爆炸、瓦斯爆炸、锅炉爆炸、压力容器爆炸
热能	皮肤发炎、烧伤、烧焦、焚化、伤及全身	灼烫、火灾
电能	干扰神经、肌肉功能、电伤	触电
化学能	化学性皮炎、化学性烧伤、致癌、致遗传突变、致畸胎、急性中毒、窒息	中毒和窒息、火灾
电离辐射	细胞和亚细胞成分与功能破坏	反应堆事故中，治疗性与诊断性照射，滥用同位素、辐射性粉尘的作用。具体伤害结果取决于辐射作用部位和方式

在一定条件下，某种形式的能量能否对人产生伤害，除了与能量大小有关外，还与人体接触能量的时间长短、效率的高低，身体接触能量的部位及能力集中程度有关。

（3）轨迹交叉理论

轨迹交叉理论认为伤害事故是相互联系的事件顺序发展的结果。当人的不安全行为和物的不安全状态处于各自发展过程中，若在一定时间和空间上两者发生接触（或者交叉），则会导致能量转移到人体上，产生伤害事故（如图6-25）。

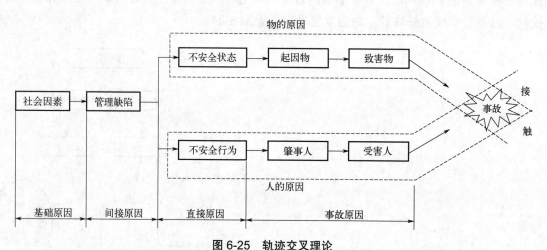

图6-25 轨迹交叉理论

6.4.2 人机系统事故成因分析

从事故原因的角度可将事故归纳为人的原因、物的原因和环境条件三个因素（如图6-26），但是，安全管理、事故发生机理是构成事故发生与否的关键因素。因此，从防止事故发生的角度分析，一般将人的不安全行为和物的不安全状态作为事故的直接原因；管理失误作为间接原因；而基础原因是社会因素。

在分析事故原因时一般通过分析事故的经过和事故现象找出事故的基础原因、间接原因（技术原因、身体原因、精神原因等）和直接原因（人的不安全行

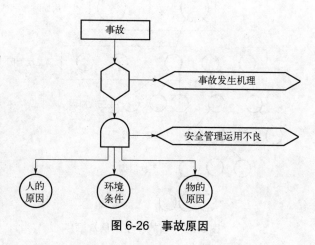

图6-26 事故原因

为、物的不安全状态）（如图 6-27）。

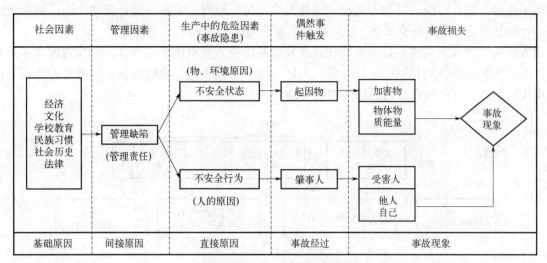

社会因素	管理因素	生产中的危险因素 （事故隐患）	偶然事件触发	事故损失
基础原因	间接原因	直接原因	事故经过	事故现象

图 6-27　分析事故原因过程

（1）人的不安全行为

人的行为是指人在社会活动、生产劳动、日常生活中所表现的一切动作。人通过人脑神经辐射，产生意识并表现于动作。人的不安全行为是指那些曾经引起过事故或可能引起事故的人的行为。不安全行为包括两个内涵：一是指发生事故积伤概率较大的行为，二是指在事故积伤过程中不利于减少灾害损失的行为。

对国家标准《企业职工伤亡事故分类》（GB 6441—1986）中不安全行为类型进行整理，有以下 10 种类型：

① 操作错误，忽视安全，忽视警告；
② 造成安全装置失效；
③ 使用不安全设备；
④ 用手代替工具操作；
⑤ 在机器运转时加油、修理、检查、调整、清扫等；
⑥ 物体存放不当；
⑦ 攀、坐不安全位置；
⑧ 在起吊物下作业、停留；
⑨ 冒险进入不安全场所；
⑩ 忽视个人防护用品作用。

人的不安全行为具有以下特点：

① 是否有从事该项工作的能力及个人努力情况；
② 个人对任务的知觉（对目标、所需活动以及对任务的其他因素的理解）；
③ 是否有高水准的动机；
④ 是否有完善、合理的激励机制；
⑤ 个人工作成绩与报偿情况及其是否满足需要之间的对应关系。

不安全行为的另一个重要的特点就是，个性心理特征、非理智行为和生活重大事件与人不安全行为之间有着密切的关系。不安全行为从心理状态分为：有意的不安全行为、无意的不安全行为。

① 有意的不安全行为。a. 从主观上：侥幸心理或急功近利，忽略了安全的重要性；从众心理，明知违章但因为看到其他人违章没有造成事故或没有受罚而放纵自己的行为；过于自负、逞强，认为自己可以依靠较高的个人能力避免风险。b. 在客观上：管理原因，规章制度不健全，安全管理的组织结构不健全，工作监督和安全教育不到位等；环境因素，安全防护设施不齐全，或防护设施过于复杂，不符合人机工程的要求，使得工作者不愿意按照给定的条件工作。

② 无意的不安全行为。a. 从人的内部原因上，存在心理、生理、技术水平等几方面的原因：心理原因，思想不集中，个性不良，情绪不稳定等；生理原因，疲劳或体力、视力、运动机能、年龄、性别差异不适应所从事的工作等；技能原因，不知道如何正确操作或技能不熟练等。b. 从外部原因上，外部事

物和情况的变化是诱发人的不安全行为的重要因素：管理原因，操作规程不健全，工作安排协调不当，信息传递不佳等；教育原因，培训不到位，教育内容不足，教育方式不佳等；环境原因，路面状况、道路设施、气候条件变化等；社会原因，生活条件、家庭情况、人际关系变化等。

所谓人的失误（人为差错）是人为地使系统发生故障或发生机能不良事件，是违背设计和操作规程的错误行为。人失误的种类包括：设计失误、制造失误、组装失误、检验失误、维修保养失误、操作失误和管理失误等。人发生失误行为的过程如图6-28。

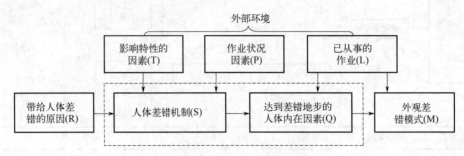

图6-28　人发生失误行为过程

如表6-16、表6-17所示，造成人失误的因素包括外部因素（外界刺激不良、信号显示不佳、控制器不良等）和内部因素（生理能力、心理能力、个人素质、操作行为等）。设计不良和操作不当是引发人失误的主要原因。

表6-16　引发人失误的外部因素

序号	类型	失误	举例	所属范畴
1	知觉	刺激过大或过小	1. 感觉通道间的知觉异常。 2. 信息传递量超过通道容量。 3. 信息太复杂。 4. 信号不明确。 5. 信息量太小。 6. 信息反馈失效。 7. 信息的储存和运行类型有差异	人机功能分配不合理问题
2	显示	信息显示设计不良	1. 操作容量与显示器的排列和位置不一致。 2. 显示器识别性差。 3. 显示器的标准化差。 4. 显示器设计不良： （1）指示方式； （2）指示形式； （3）编码； （4）刻度； （5）指针运动。 5. 打印设备的问题： （1）位置； （2）可读性、判别性； （3）编码	人机界面设计不合理问题
3	控制	控制器设计不良	1. 操作容量与显示器的排列和位置不一致。 2. 控制器识别性差。 3. 控制器的标准化差。 4. 控制器设计不良： （1）用法； （2）大小； （3）形状； （4）变位； （5）防护； （6）动特性	人机界面设计不合理问题

续表

序号	类型	失误	举例	所属范畴
4	环境	影响操作机能下降的物理的、化学的空间环境	1. 影响操作兴趣的环境因素： （1）噪声； （2）温度； （3）湿度； （4）照明； （5）振动； （6）加速度。 2. 作业空间设计不良： （1）操作容量与控制板、控制台的高度、宽度、距离等； （2）座椅设备，脚、腿空间及可动性等； （3）操纵器动作范围； （4）机器配置与人的位置可移动性； （5）人员配置过密	环境不良

表 6-17 引发人失误的内部因素

项目	因素
生理能力	体力、体格尺度、耐受力、是否残疾（色盲、耳聋、声哑……）、疾病（感冒、腹泻、高热……）、饥渴
心理能力	反应速度、信息的负荷能力、作业危险程度、单调性、信息传递率、感觉敏度（感觉损失率）
个人素质	训练程度、经验多少、熟练程度、个性、动机、应变能力、文化水平、技术能力、修正能力、责任心
操作行为	应答频率和幅度、操作时间延迟性、操作的连续性、操作的反复性
精神状态	情绪、觉醒程度等
其他	生活刺激、嗜好等

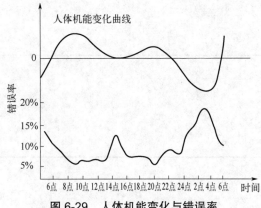

图 6-29 人体机能变化与错误率

性格：1919 年 M. Greenwood 和 H. Wood 针对英国工厂伤亡事故统计发现，工厂存在一些容易发生事故的人，这些人的性格决定了较其他人更容易发生事故，被称为事故倾向者。外向性格者适于担任集体性任务，内向性格者适于单独作业。对于冒险性格作业者要就规范强化训练。

生理节律：人体系统都是按照各自的生理节律工作的，人体机能随其生理节律变化。在人体机能上升时期，操作失误少，发生事故率低。图 6-29 给出人体机能变化与错误率关系，按照生理节律科学安排好劳动和休息，可以有效减少事故发生概率。

训练与技能：习惯是长时间训练养成的行为，有些习惯是安全的，有的习惯是不安全的。不安全的行为往往比安全的行为更加方便，易于被人接受，使人产生侥幸心理引发事故。

记忆疏漏：一些作业需要人有很好的记忆力，才能准确无误地完成各种操作。但是人脑存储有效信息的能力有限，加上作业者心不在焉或走神，会造成事故。

年龄和经验：据统计发现，20 岁左右的作业者发生事故率较高；然后随着年龄的增长，发生事故率急剧下降，25 岁左右发生事故率基本稳定；到 50 岁以后发生事故率逐渐上升。这是因为年轻人经验少，易出错；而年龄大于 50 岁的人作业能力减弱，难以集中注意力，易产生错误。

作业疲劳：大量事实证明，疲劳是发生事故的重要原因。疲劳分为生理疲劳和心理疲劳。生理疲劳表现为操作变慢，动作协调性、灵活性、准确性下降；心理疲劳表现为思维迟缓、注意力不集中、工作效率下降。

生活压力：生活紧张和压力会影响人的健康和行为，从而诱发事故。

（2）物的不安全状态

物的不安全状态是事故发生的客观原因，又是发生事故的物质基础。生产过程中涉及的物质包括原料、燃料、动力、设备、设施、产品及其他非生产性的物质，这些物质固有属性及其潜在破坏能力构成不安全因素。生产中存在的可能导致事故发生的物质因素称为事故的固有危险源，按照性质分为化学、电气、机械（含土木）、辐射和其他危险源，见表6-18。

表6-18　导致事故发生的固有危险源

危险源类别	内容
化学危险源	1. 火灾爆炸危险源。它是指构成事故危险的易燃易爆物质、禁水性物质以及易氧化自燃物质。 2. 工业毒害源。它是指导致职业病、中毒窒息的有毒、有害物质、窒息性气体、刺激性气体、有害粉尘，腐蚀性物质和剧毒物。 3. 大气污染源。它是指造成大气污染的工业烟气和粉尘。 4. 水质污染源。它是指造成水质污染的工业废弃物和药剂
电气危险源	1. 漏电、触电危险。 2. 着火危险。 3. 电击、雷击危险
机械（含土木）危险源	1. 重物伤害危险。 2. 速度与加速度造成伤害的危险。 3. 冲击、振动危险。 4. 旋转和凸轮机构动作造成伤害的危险。 5. 高处坠落危险。 6. 倒塌、下沉危险。 7. 切割与刺伤危险
辐射危险源	1. 放射源，指 α、β、γ 放射源。 2. 红外线放射源。 3. 紫外线放射源。 4. 无线电辐射源
其他危险源	1. 噪声源。 2. 强光源。 3. 高压气体源。 4. 高温源。 5. 湿度。 6. 生物危害，如毒蛇、猛兽的伤害

（3）管理失误

管理失误是指由于管理方面的缺陷和责任，造成事故发生。管理失误虽然是事故的间接原因，但它是背景原因，是事故发生的本质原因。管理失误包括技术管理缺陷，人员管理缺陷，劳动组织不合理，安全监察、检查、事故防范措施方面存在问题（见表6-19）。

表6-19　管理失误内容

管理失误	具体内容
技术管理缺陷	工业建筑、机械设备、仪表仪器等生产设备在技术、设计、结构存在管理不善问题；对作业环境安排、设置不合理，缺少可靠的防护装置等问题未给予足够重视
人员管理缺陷	对于作业者缺乏必要的选拔、教育、培训，对作业任务和作业人员的安排等方面存在缺陷
劳动组织不合理	在作业程序、劳动组织形式、工艺过程等方面存在管理缺陷
管理措施不当	安全监察、检查、事故防范措施方面存在问题

6.4.3 人机系统事故模式及规律

（1）人机系统事故模式

模式是指事物的标准样式。人机系统事故模式是指在人机关系上研究事故致因的模式。事故的特性主要包括：事故的因果性，事故的偶然性、必然性和规律性，事故的潜在性、再现性与预测性。

① 以人的行动为主体的（单人-机系统）事故模式。图 6-30 表明伤亡事故多次发生在人、机械设备两个子系统相交的阴影线内。阴影线面积取决于机械系统的结构和机械能量的大小以及人自身行为方式。

② 机械-多人系统事故模式。在现代化大生产中，常见多人协作完成作业的情况。若由于人动作不协调，信息交流不充分、不及时，加上视野局限，极容易造成机械对人的危害而发生事故（如图 6-31）。如共同修理、清扫、调整大型设备，共同搬运大型重物等。

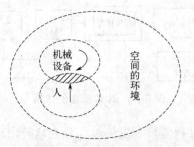

图 6-30　单人-机系统事故模型

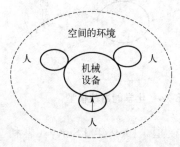

图 6-31　机械-多人系统事故模型

③ 具有运动形态的人机系统事故模式。在环境条件中的同一平面上，多维运动很复杂，发生事故的频率比一般人机系统高得多。如图 6-32 所示，A、B、C、D 四组人机系统，mx 为人机系统 x 中人和机连在一起，一起运动。图中四组人机系统按照各自箭头方向运动，容易形成事故点在 a、c、d、e 上。

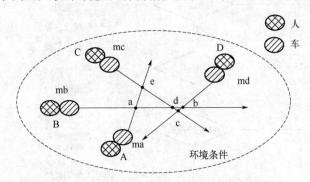

图 6-32　具有运动形态的人机系统事故模型

④ 人-环境事故模式。在作业环境中，除了静止物体具有潜在势能以外，还有粉尘、毒气、噪声、振动、高频、微波、辐射、放射线等危害，这类属于具有流动性质的能量危害（如图 6-33）。

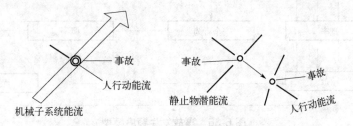

图 6-33　人机系统-环境物的系统事故模型

⑤ 化学能传达于人体事故模式。化学危害源于生产现场的人工污染，危害源若是无色、无味、无嗅的有毒气体或蒸汽，大量侵入人体就会造成突然中毒，属于伤亡事故（如图 6-34）。

（2）人机系统事故模型

人机系统事故模型是工程逻辑的一种抽象，是一种过程或行为的定性或定量的代表。

通过对大量典型事故的本质原因进行分析、总结，提炼出的事故机理和事故模型反映了事故发生的规律，可为事故发生原因进行定性、定量分析，为事故预防提供科学性、指导性依据（如图 6-35）。事故模型是阐明人身伤亡事故的成因，以便对事故现象的方式与发展有一个明确、概念上一致、因果关系清楚的分析。

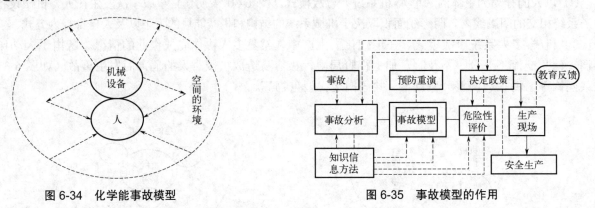

图 6-34　化学能事故模型　　　　　　图 6-35　事故模型的作用

① 瑟利模型。1969 年 J.Surry（瑟利）依据信息处理过程将事故发生过程分为危险出现和危险释放两个阶段，提出瑟利事故模型，即事故发生顺序模型（如图 6-36）。

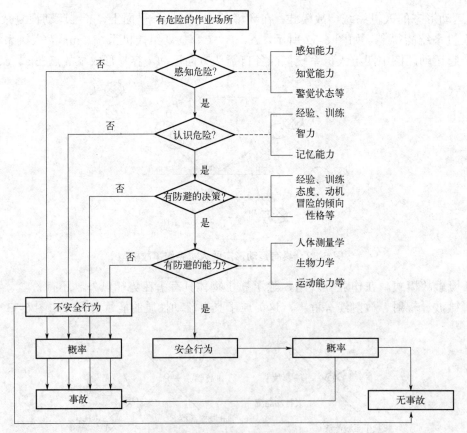

图 6-36　事故发生顺序模型

从图 6-36 中可以看出，人的行为、心理因素对于事故发生与否有很大影响，而无力防避属于环境与设备的限制与不当（也可能是人的因素），只占很小比例。事故发生过程可划分为几个阶段，在每一阶段，

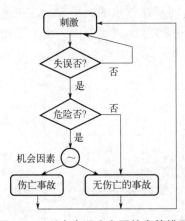

图 6-37 以人失误为主因的事故模型

如果运用正确的能力和方式进行解决，可以减少事故发生的概率，并且过渡到下一防避阶段。

② 威格尔斯沃思模型。1972 年 Wigglesworth（威格尔斯沃思）对瑟利模型进行修正，指出人失误是所有类型伤亡事故的基础因素，并给出以人失误为主因的事故模型（如图 6-37）。从图中可以看出即使客观存在不安全因素或危险，具体事故是否造成伤害，还是取决于各种机会因素，既可能造成伤亡事故，也可能发生无伤亡事故。该模型以人的不安全行为来描述事故现象，却不能解释人为什么会发生失误，也不适于不以人为失误为主的事故。

③ 人失误扩展模型。从人机工程学角度可以看出，人与机交流主要是界面设计和功能分配问题，有效的安全教育与技能培训是防止事故发生的保障。综合考虑以上因素给出以人失误为主因的事故改进模型，如图 6-38。图 6-38 详尽分析了刺激原因，指出了事故发生主要原因是：人机功能分配不合理，造成超过人能力的过负荷；人机界面设计不合理，使得人的反映与外界刺激的要求不一致；作业者忽视安全管理，安全意识和操作技能差而采取了不正确的方法或故意采取不恰当的行为。该模型考虑了人机环境运行过程，为人机系统设计提供了科学依据。

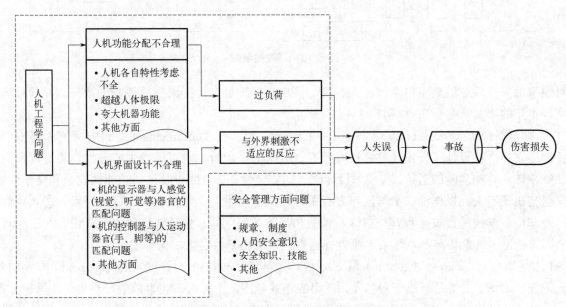

图 6-38 以人失误为主因的事故改进模型

④ 管理失误事故模型。如前所述，管理失误是事故发生的间接原因。由于客观存在不安全因素和众多的社会因素和环境条件，人的不安全行为可促成物的不安全状态，物的不安全状态又是诱发人不安全行为的背景因素。隐患是由物的不安全状态和管理失误共同耦合形成的，当客观上出现事故隐患，主观上表现不安全行为时，必然导致事故发生。图 6-39 给出以管理失误为主因的事故模型，它描述了事故的本质原因与社会、环境、人的不安全状态等各原因的逻辑关系。

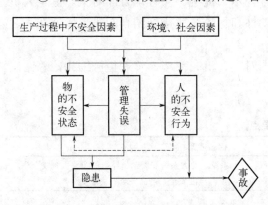

图 6-39 以管理失误为主因的事故模型

6.4.4 人机系统事故控制

生产活动是人-机-环境系统循环过程，人机系统事故是由于人、机、环境、管理等因素的不协调而引发的。由于事故与成因之间存在一定的因果关系，在进行事故控制策略时，一般先分析事故成因。可依据设计的安全标准，从分析事故的直接原因入手，寻找事故的间接原因，最后找出事故的基础原因（如图 6-40）。

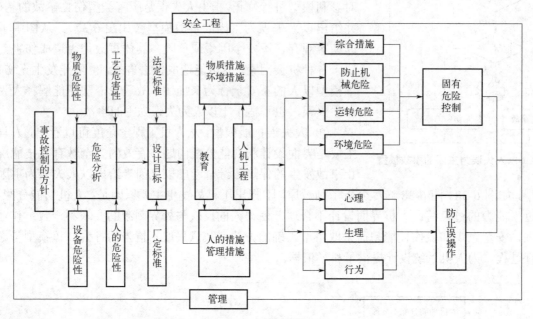

图 6-40 事故控制图

对照事故发生规律的典型模型，在人、机、环境、管理等方面提出事故控制的措施。目前被人们认可并推行多年的事故策略有 3E 原则和 4M 法。

3E 原则是指技术（engineering）、教育（education）和法制（enforcement）。①技术对策是安全保障的首要措施之一。在设计工程项目时要认真研究、分析潜在危险，对可能发生的各种危险进行预测，从技术上解决防止这些危险的对策。在技术设计时考虑安全性。安全性一般包括功能性安全和操作性安全。功能安全与机器有关；操作性安全与操作者有关，取决于技术上、组织上和人行为因素。②教育对策是指在产业部门、学校进行安全教育与训练，预测和预防各种危险，自觉地培养安全意识。③法制对策是指健全国家标准、行业标准等，约束作业者行为规范，防止事故发生，保障安全。

4M 法是指在人（man）、机械（machine）、媒体或环境（media）和管理（management）方面的对策。①在人方面的对策。关键是形成一种和睦、严肃的作业氛围，使人认识到事故的严重性，在思想上重视，在行为上慎重，认真遵守安全规程。②在机械方面的对策。对于机械设备设计应急、安全联锁装置，结合元件重要性、使用频率、作业流程合理布局设计，使人机交流及时、准确、安全。③媒体或环境对策。从人机工程学角度设计作业环境，强化通信机制，对危险进行警示、提醒。④管理方面对策。健全人机系统安全管理机制，强化人的安全意识，将人的自觉性、主动性和行政法律措施结合起来，以便在人、机、环境系统中实现安全、高效、合理的群体和个体行为。

结合 3E 原则、4M 法以及图 6-39 事故控制的关键环节，对人、机、环境、管理措施细化，总结出事故控制方法要点见表 6-20。

表 6-20 事故控制方法要点

关键环节	控制思路	控制措施
物质因素和环境因素危险源控制	消除危险	1. 布置安全：厂房、工艺流程、运输系统、动力系统和脚踏道路等的布置做到安全化。 2. 机械安全：包括结构安全、位置安全、电能安全、产品安全、物质安全等
	控制危险	1. 直接控制。 2. 间接控制：包括检测各类导致危险的工业参数，以便根据检测结果予以处理

关键环节	控制思路	控制措施
物质因素和环境因素危险源控制	防护危险	1. 设备防护： （1）固定防护，如将放射物质放在铅罐中，并设置储井，把铅罐放在地下； （2）自动防护，如自动断电、自动断水、自动停起防护； （3）联锁防护，如将高压设备的门与电气开关联锁，只要开门，设备断电，保证人员免受伤害； （4）快速制动防护，又称跳动防护； （5）遥控防护，对危险性较大的设备和装置实现远距离控制。 2. 人体防护：包括安全带、安全鞋、护目镜、面罩、安全帽与头盔、呼吸护具
	隔离防护	1. 禁止入内：设置警示牌。 2. 固定隔离：设置防火墙、防火堤等。 3. 安全距离
	保留危险	在预计到可能会发生危险，而没有很好的防护方法时，必须做到损失最小
	转移危险	对于难以消除和控制的危险，在进行各种比较、分析后，选取转移危险的方法
人为失误控制	人的安全化	1. 录用人员时，提前体检，保证人员健康。 2. 必须对新工人进行岗前培训。 3. 对于事故突出、危险性大的特殊工种进行特殊教育。 4. 进行文化学习和专业训练，提高人的文化技术素质。 5. 要增强人的责任心、法治观念和职业道德观念
	操作安全化	进行作业分析，从质量、安全和效益三个方面找到问题的所在，制订改善操作作业计划
管理失误控制	—	1. 认真改善设备安全性、工艺设计安全性。 2. 制定操作的标准和规程，并进行教育。 3. 制定维护保养的标准和规程，并进行教育。 4. 定期进行工业厂房内的环境测定和卫生评价。 5. 定期组织有成效的安全检查。 6. 进行班组长和安全骨干的培养

图 6-41　苏联切尔诺贝利核电厂

6.4.5　切尔诺贝利核事故分析

1986 年 4 月 26 日凌晨，苏联切尔诺贝利核电厂的 4 号机组发生了堆芯爆炸事故，并造成了世界上最严重的核泄漏事故（如图 6-41）。事故发生的 4 号机组计划在 1986 年 4 月 25 日进行停堆检修，并计划同时进行汽轮机的惰转供电实验。实验目的是确认在厂外断电事件发生的情况下，惰转的汽轮机是否能提供足够的电能来运行应急设备和堆芯冷却水循环泵，直至柴油机应急功率供给系统投入运行，以保证反应堆的安全。

1986 年 4 月 25 日 1:00 反应堆开始降低功率，13:47 反应堆降低到 50%满功率的状态，由于电网分配器不允许进一步停堆，反应堆处于半功率状态下继续运行，直到 23:10 在电网分配器允许后，又开始降低功率。反应堆保持半功率水平运行 9 个多小时，开始导致堆芯内氙累积，后来又导致氙的减少。而实验延迟的负效应是实验推迟到由夜班班组来进行，而不是由原计划安排的白班班组进行。计划要求反应堆功率降低到 20%～30%满功率的状态下进行惰转供电实验，因此应该在停堆前建立起大约 700～1000MW 功率水平。操纵员控制反应堆功率下降过快，24:00 电厂正常换班后不久，反应堆功率已降到 700MW 之下，原因是操纵员将局部自动控制切换至全系统控制，没有将功率保持在能使反应堆稳定的水平上，功率继续跌落到大约 30MW，实际这时已预示着事故的开始。

反应堆在低于 20%满功率水平时，"空泡系数的正效应"起主导作用，反应堆处于不稳定状态，功率易发生急剧增加。功率的剧烈下降同时引起堆芯内氙的快速累积，氙的累积引起了负反应性，降低了堆芯的反应性，抑制了功率的正常提升。

为了使实验得以继续，必须将反应堆功率提高到 700MW 以上。由于氙不断增加，如果不撤出更多的控制棒，提升功率是非常困难的。大约 26 日 00:40，操纵员开始提升控制棒数量，以增加反应堆功率，01:00 左右，反应堆功率达到 200MW。控制棒的数量直接影响到反应堆的运行反应性裕度，30 根控制棒是最小允许量，某些情况下，可以低到 15 根。此时反应堆只有 6～8 根控制棒，运行反应性裕度低于允许水平。运行在低于 30 根控制棒的情况是需要得到电厂经理的批准的，而这项操作并没有得到批准。大量的控制棒提升到堆芯顶部，因此如果存在功率剧增，大约需要 16s 的时间去插入控制棒并关闭反应堆。

为了保持反应堆在功率 200MW 水平以下运行，操纵员必须不断改变冷却水流量和手动调节控制棒数量，使反应堆保持运行在一个低蒸汽压力和低水位水平的非常不稳定的状态。为了避免实验时停堆，操纵员事先关闭了相应低水平的应急保护系统，违反了常规运行规范。在以上不正常的运行状态下，应该立即关闭反应堆，但是操纵员忽视停堆警告，仍然准备正式开始实验，不可避免地造成了事故。

26 日 1:23，操纵员首先关闭了 8 号汽轮机应急停止阀，这最后一个安全系统被隔离以防止实验中反应堆自动停堆。然后实验正式启动，关闭 8 号汽轮机入口阀，使汽轮机惰转，随着蒸汽释放流量减小，蒸汽压力逐渐上升。同时由速度逐渐下降的惰转汽轮机供电的主冷却泵减速，循环冷却水流量下降。这些因素的联合效应造成冷却剂空泡系数的增加和反应堆功率的急剧增加，加剧了堆芯的不稳定条件。操纵员已不能够控制功率的剧增，1:23:40 值班长下令实行紧急停堆，由于处于堆芯顶部的控制棒不能有效控制堆芯的反应性，向下运行的速度不足以抵消正在增加的功率，最终在 1:24 连续发生两次堆芯爆炸事故。

通过上述事故过程介绍，总结事故产生的原因。

① 该事件是典型的人为失误和违章操作事故。通过对切尔诺贝利事故进程的分析，总结了事故现场的情景环境，并总结了导致事故发生的 3 个重要的人误事件，分别为：事件 1——操纵员控制反应堆功率下降过快（如图 6-42）；事件 2——操纵员在控制棒少于最低要求的情况下继续提升控制棒（如图 6-43）；事件 3——操纵员在反应堆处于极不稳定状态下开始实验（如图 6-44）。

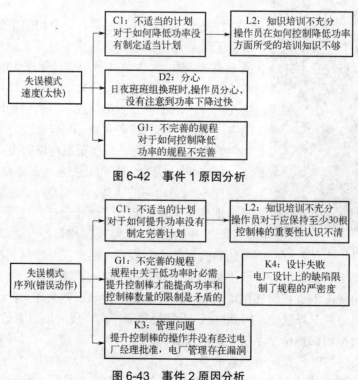

图 6-42　事件 1 原因分析

图 6-43　事件 2 原因分析

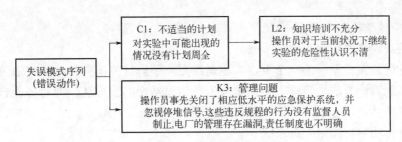

图 6-44　事件 3 原因分析

② 违章操作是事故的直接原因。操纵员违反常规运行规范，在没有得到有关主管批准情况下，擅自提升控制棒数量太多，而保留反应堆 6～8 根控制棒（技术规范规定不得少于 15 根控制棒），使得运行反应性裕度低于允许水平；并且事先关闭了相应低水平的应急保护系统，忽视停堆警告，仍然进行实验。一连串的人误操作导致悲剧发生。

③ 界面设计使操纵员误判、误操作。核电站操作过程复杂，要求操作界面符合人的心理、生理需求，更应该注意保证人在紧急状态下能够安全、高效、可靠地与机器进行交流。

图 6-45 是该电站的一个显示界面，本来复杂的操作过程使人思绪变得繁琐而凌乱，不明确的操作界面更是阻碍了整个安全检测的可操作性。最终导致操作失误、系统失衡。负责水泵操作的人员和控制反应堆的人员对于当时情况的错误分析与判断导致他们对机器进行了错误的操控，这直接导致了灾难的发生。

图 6-45　显示界面设计问题

④ 心理因素。事后负责水泵操作的当事人回忆，当时对于年轻的他来说，能够管理这么巨型且特殊的设备，他感到十分自豪，这种过于自豪的心理使他疏忽了工作中出现的漏洞。因此可以推断，他在工作中很可能因为过于自豪而出现漏洞，导致系统出现问题。

通过以上分析，切尔诺贝利事故是可避免。若当时在以下几个方面开展工作：
① 设计之初进行严密审核，评估反应堆的运行安全可靠性；
② 在界面设计时考虑针对人为因素造成差错的保护性措施；
③ 选聘专业化管理者、操纵员；
④ 规范、强化核电厂作业流程，严格按照反应堆安全运行的规程进行操作；
⑤ 管理模式去家族化、去官僚化。
那么切尔诺贝利事故发生的可能性就几乎为零了。

本章学习要点

本章主要介绍人机系统设计、分析和评价方法，最后针对人机系统事故分析进行介绍，力求让读者从整体上看待人机问题。

通过本章学习应该掌握以下要点：

1．了解人机系统设计的目标和一般步骤。

2．人机功能分配是人机系统的一个重点，也是难点，了解目前国内外常用方法及使用场合。

3．人机界面匹配设计方法、步骤主要在第 4 章，这里结合前面方法，针对界面合理性进行评价。

4．了解各类安全性设计方法，并能用于实际问题。

5．掌握连接分析法分析简单人机系统。

6．了解人机系统可靠性的确定方法，根据具体实际问题查阅资料进行分析。

7．了解常用人机系统评价方法，掌握模糊层次评价法。

8．了解工作环境中视觉环境评价方法。

9．了解人机系统事故致因理论，人机系统事故成因分析方法以及人机系统事故模式及规律。

思考题

1．在人-机-环境系统中，总体性能的三项指标有哪些评价方法？

2．试说明人机系统设计的主要步骤。

3．试阐述人机系统功能分配的意义、原则和方法。

4．安全防护设计基本组成哪些？其设计原则是什么？列举你身边的 2～3 个案例。

5．说明连接分析法作用和适用范围，举例说明。

6．给出常见人机系统结合形式下的系统可靠性表达式。

7．汽车司机操纵转向盘的恒定差错率 $\lambda(t)=0.0001$，若司机驾车 500h，其可靠度是多少？

8．设有 5 块仪表，各配置在与相对视平线成 15°、20°、25°、35°、50°处，用海洛德（HERALD）法确定其有效操作概率 R 是多少？若配备一名辅助人员，其修正操作者的潜在差错而进行行动的富裕时间是 70%，确定其有效操作概率 R。

9．人机系统评价有哪些方法？试举例说明。

10．国际人机工程学会（IEA）提出的"人机工程学系统分析检查表评价"中，主要评价内容有哪些？

11．试举例说明工作环境指数评价方法与步骤。

7

发展中的人机工程学

7.1 人机工程学研究现状

7.1.1 国际人机工程学研究现状

英国人机工程学学会（Ergonomics Research Society）和美国人因工程学会（Human Factors Society）成立于 20 世纪 50 年代，之后世界各国相应成立人机工程学会，开展广泛深入的研究工作。早期研究热点主要集中在人体测量、工作荷载、职业健康、产品和工具中的人机工程学原理、人机工程学在组织管理上的应用、工作适应性、职业病防治等。当前人机工程学的研究仍主要集中在欧美，特别是英、美两国，其他一些国家如中国、韩国、印度等，近年来也有较大发展。国际人机工程学会（IEA）对人机工程学技术定义进行了拓展，认为人机工程学技术包含人-机交互技术、人-环境交互技术、人-软件交互技术、人-作业交互技术、人-组织交互技术 5 个方面。表 7-1 给出目前主要研究内容。

表 7-1　人机工程学研究内容的现状

研究内容	相关研究的典型实例
硬件人机工程学	Jung 等给出了视域和可及度方面的人机接口模型 Harper 等对公共运输监控系统进行了人机接口设计的实例研究 Johannsen 研究了基于知识设计的人机接口问题
环境人机工程学	Parsons 在总结环境人机工程学的原则、方法的基础上给出了热、噪声、光、振动等的模型
认知人机工程学	Ryder 等对电话使用者的空间建立了 CogNet 框架模型 David 对在设计系统中的认知要素及认知过程进行了大量研究 Testa 等在意识到人的行为对管理信息系统的影响之后，给出了设计标准
工作设计人机工程学	Donald 详细说明了 Ergo 软件是一个针对作业任务的人机分析、评价软件
宏观人机工程学	Kleiner 给出了动态工作系统的形式化宏观人机工程分析

表 7-2 是 2006—2008 年 EI 收录的人机工程学论文研究方向比例情况，人机工程学研究呈现出多学科交叉的态势，理论研究与应用研究并重，特别是应用研究正日益成为研究的重点；随着近年来计算机技术的广泛应用，人机工程学呈现出与计算机技术（计算机应用、计算机外部设备、人工智能等）紧密结合的态势。另外，新的生物力学、有关个体的人机工学研究比重也较多。

计算机技术对人机工程学的支持主要表现在对人机工程方法的支持和对人机工程学具体应用的支持两个方面。首先，在研究方法方面，它针对传统的研究方法获取实验数据及实验结果的局限性，提出了有效的解决方法，并将这些方法计算机化，以便与人机系统软件相结合；其次在人机工程应用方面，它将人机工程学的实验结果、分析评价方法及标准以计算机软件工具的形式应用在产品设计、工作空间设计以及人机系统的设计中。

表 7-2　2006—2008 年 EI Compendex 所收录人机工程学论文统计

分类码	篇数	占总篇数的比例（2006—2008 年）
人机工程与人因学（ergonomics and human factors engineering）	1050	55.1%
计算机应用（computer applications）	385	35.1%
生物力学、仿生学、生物拟态学（biomechanics，bionics and biomimetics）	345	31.5%
个体（personal）	308	28.1%
事故与事故预防学（accidents and accident prevention）	304	27.8%
计算机外部设备（computer peripheral equipment）	289	26.9%
管理学（management）	221	20.2%
人工智能（artificial intelligence）	215	17.6%
内科学与药理学（medicine and pharmacology）	203	18.5%
卫生保健学（health care）	200	18.2%

（1）虚拟人技术

虚拟人技术是一项新兴的高科技技术，集计算机动画、计算机仿真、机器人、人工智能等领域的先进技术于一体。人是现实产品设计的尺度标准，在计算机中使用虚拟人替代真人用于产品设计，可以避免真人测试所带来的麻烦，降低产品开发的成本。目前用于人机设计、分析评价的虚拟人体模型主要有基于二维人体模板的平面虚拟人和基于三维人体模板的虚拟人。基于二维人体模板的平面虚拟人是根据人体测量数据进行处理和选择得到的标准人体尺寸，是设计师在进行人机尺寸设计时的辅助工具。

1967 年 Popdimitrov 发表了最早的人体模型；随后，Karwowski 等人于 1990 年发表了 12 个不同的人体模型；Moore 等人按照应用范围，将虚拟人分为用于视域、可及度分析的人体模型，用于预测低背受力分析的人体模型，用于姿势分析的人体模型，用于肌肉受力分析的人体模型。目前典型工程用人体模型有：

SAMMIE：20 世纪 60 年代末由 Nottingham 大学开发建立，后由 Loughborough 大学技术学院进一步发展的系统。该系统能够进行工作范围测试、干涉检查、视域检查、姿态评估和平衡计算，后来又补充了生理和心理特征。系统运行在 VAX 和 PRIME 小型机以及 SUN 和 SGI 工作站上。SAMMIE 人体模型包括 17 个关节点和 21 个节段。

Boeman：1969 年由美国波音公司开发的系统。该系统用于飞机座舱布局评价。Boeman 人体模型允许建立任意尺寸的人体，并备有美国空军男女性人体数据库，其人体模型使用实体造型方法生成。该软件的主要功能是完成手的可达性判断，构造可达域的包络面，进行视域的计算显示、人机干涉检查等。

Combiman：1973 年由 Dayton 大学为美国空军建立的系统。该系统用于飞机乘务员工作站辅助设计和分析，提供了陆、海、空男女性人体测量数据库。Combiman 系统的人体模型考虑了人体活动在关节处的约束以及服装对人体关节的限制。

Cyberman：1974 年由克莱斯勒汽车公司开发的系统。该系统用于汽车驾驶室内部设计研究。Cyberman 系统的人体模型数据来自 SEA 模型，人体模型是棒状的或线框的，没有实体和曲面模型。因为模型无关节约束，需要用户输入正确的姿态，大大限制了其在工效学分析领域内的应用范围和有效性。此系统未得到广泛应用。

Crew Chief：由 Armstrong 航空航天医学研究实验室研制开发，用于作战飞机的维修和评估的系统。Crew Chief 人体模型有 5 个百分位人体尺寸，提供 12 种常用的人体姿态和 150 多种手工工具的工具库。考虑了 4 种类型服装对关节的约束和人机的干涉检查。

Manneqin：美国生物力学公司（Biomechanics Corporation of America）开发的系统。该系统的人体模型包括46个节段，具有手脚可达域判定、人体动画等功能。

Buford：加利福尼亚的洛克威尔国际（Rockwell International）公司研制的系统，该系统建立的为航天员模型且附带太空舱。该系统人体模型躯段可被分别选择，并可组装成所需的任意模型。此构造模拟工作姿势，必须一个个移动躯段。此模型不能测量可达性，但可产生一个围绕两臂的可达域包络空间。

DYNAMAN：1991年由ESA（European Space Agency，欧洲航天局）开发，用于仿真航天员活动过程的系统。该系统可以验证如太空微型实验室的可居性、可达性、工效、可见性、操作时间流水线、EVA过程等。在DYNAMAN的数据库中，ESA建立了不同体格的航天员的三维图形模型，包括零重力和正常重力下的情况，还有用于ESA仿真的穿航天服的模型。

（2）人工智能技术

人工智能是研究使计算机来模拟人的某些思维过程和智能行为（如学习、推理、思考、规划等）的学科，主要包括研究使计算机实现智能的原理、制造类似于人脑智能的计算机，使计算机能实现更高层次的应用。人工智能将涉及计算机科学、心理学、哲学和语言学等学科。

当前人工智能的基本研究领域可概括为如下6个方面：

① 机器学习。主要包括机械式学习、指导式学习、归纳学习、类比学习以及基于解释的学习等。

② 模式识别。主要包括统计模式识别、结构模式识别、模糊模式识别等。

③ 神经网络。这里泛指生物神经网络和人工神经网络，生物神经网络是脑科学、神经生理学、病理学等研究的对象，而人工智能则是研究构建人工神经网络的方法与技术。因此，人工神经网络、卷积神经网络、支持深度学习各种算法以及TensorFlow框架的构建等应是该方向研究的重点。

④ 进化计算。包括遗传算法，进化规划、进化策略以及遗传算法的编程等。

⑤ 搜索策略和推理技术。搜索策略主要包括：图搜索策略与算法，盲目搜索、启发式搜索以及博弈问题的智能搜索算法等。推理是人工智能研究的核心问题之一，而且推理也是智能行为的基本特征之一。对于推理，它可分为确定性推理和不确定性推理。自然演绎推理和归结演绎推理都属于确定性推理的范畴，其推理过程都是按照必然的因果关系或者严格的逻辑进行的，是从已知的事实出发，通过运用相关的知识逐步推出结论的思维过程。在现实世界中，大量的事物和现象都是变化的、不确定的，因此不确定性推理也属于人工智能的研究范畴。

⑥ 专家系统。包括基于规则的专家系统、基于框架的专家系统、基于模型的专家系统以及专家系统的设计原则与开发等。

Gilad等人于1990年提出的基于人机对话框的人机咨询专家系统是在这方面较早的尝试。接着越来越多的研究者认识到专家系统在人机分析与应用中的重要性，开发了很多基于专家系统的人机分析软件系统，如：Taylor等人开发的ALFIE系统，可以解决光等物理因素；Chen等人研发的计算机辅助人机工程分析系统EASY；Budnick等人研发的为设计师提供设计建议的CDEEP系统；1996年Markku Mattila等人将感性工学作为一个新的人机工程方法来解决产品开发中的以用户为中心的问题。

（3）人机工程系统

一般来说，计算机辅助人机工程设计技术（CAED）系统一般包含人机工程咨询系统、人机工程仿真系统和人机工程评价系统。人机工程咨询系统主要以图表、文字等形式提供人体尺寸数据的咨询，处理人机工程标准和辅助工作空间设计。

人机工程仿真系统通过电子数字人体模型进行动态动作、任务仿真，以满足不同人机工程应用分析。人机工程评价系统是基于运动学、生理学等理论，通过系统内人机工程评价标准对人的受力、舒适度等进行评价。目前成熟的软件系统有：

ErgoForms：Henry Dreyfuss事务所开发的人体尺寸辅助设计软件。该软件可生成100多个人体模型（见图7-1），这些人体模型的尺寸都是基于精确的人体测量统计数据建立的，包括不同的年龄段、性别和工作姿态。模型可以被转化为不同的数据格式导入相应的 3D 形态设计软件以辅助产品设计。

Jack：最初由美国宾夕法尼亚大学（University of Pennsylvania）研制，现在由美国工程动画公司（Engineering Animation，Inc.）发行。Jack 允许用户把各种尺寸的数字人体模型放入虚拟场景中，为这些数字人体设定任务，并分析人体的行为（如图 7-2）。Jack 可以提供人体模型的视野范围和活动空间信息、人体的舒适度、人体在什么情况下会受到损伤以及损伤的原因，以及什么情况下人体的工作超过体力极限；等等。

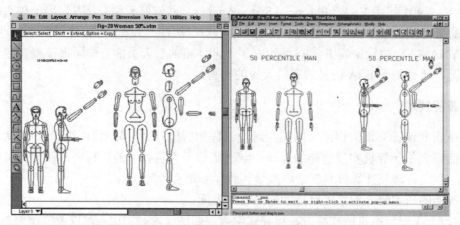

图 7-1　ErgoForms 中人体模型

PeopleSize：是由 Open Ergonomics 公司开发的对有关人体尺寸的人机设计进行辅助的软件。该软件内含完备的人体尺寸数据库（如图 7-3），为用户提供良好的查询界面，可以通过给定参数来获得人体各部位的详细尺寸数据（如图 7-4），并可对年龄、着装等具体要求进行相应的尺寸计算。

图 7-2　Jack 模拟飞机驾驶舱伸及域

图 7-3　PeopleSize 功能模块

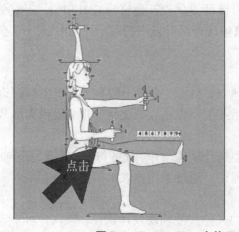

图 7-4　PeopleSize 人体尺寸查询界面

SAFEWORK Pro：一个较全面的人机作业分析专用软件，主要通过人体模型对人机作业模式进行模拟分析。该软件由 10 个功能模块组成，分别为：人体测量模型，动作分析，视域分析，作业建模，服装建模，身体角度分析，姿态分析，干涉检测，作业过程动画和虚拟现实。

Job Evaluator Toolbox：由 Ergoweb 开发的一款用于作业评价与控制的基于网络界面的软件（如图 7-5）。软件内设了 13 种人机作业分析方法，用来对人机学所关注的主要问题进行识别与控制，如：制造、装配、办公设施等。软件内部集成了大量权威性的作业评价准则。

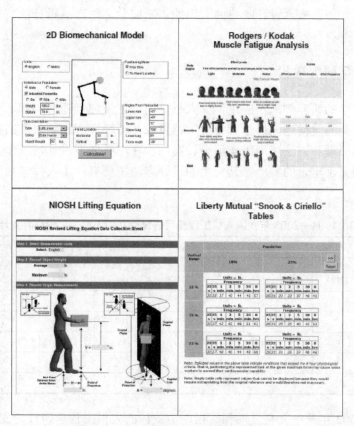

图 7-5　Job Evaluator Toolbox 作业评价

Work Office Solutions：Ergoweb 开发的另一款基于网络界面的人机软件。该软件主要用于办公室工作的人机指标的评价，如工作模式、姿态等。

WorkPace：由 Niche Software 公司开发的用于对作业模式的安全性和健康性进行评价的软件。

ErgoEase：由 EASE 公司开发的一款面向制造的人机学综合分析软件。该软件主要用于分析制造过程中的人机作业问题以及相关的时间规划问题。软件依照 OSHA（职业安全与健康管理局）标准对作业过程中人体各部位在各种姿态下的生理指标进行了严格的评价。

ANTHROPOS：一款德国人机软件，包括 VR ANTHROPOS 与 ErgoMAX 两个模块。前者的功能是对人机作业行为建立虚拟现实场景以进行量化评估；后者为设计师提供各种标准尺寸与姿态的人体模型。

CATIA：法国达索公司于 1975 年推出的集 CAD/CAE/CAM 功能于一身的大型综合性软件,在国际、国内均享有极高的知名度和影响力，是当今主流软件的佼佼者。利用 CATIA 软件可以形象地模拟实际操作中人的各种动作和姿势，从而给人机方面的设计提供依据。

上述专用人机辅助设计软件的功能主要是提供参考，因其很难与产品的设计有机地融为一体，最主要的问题是这些软件产生的数据不能直接为产品数字模型所采纳，而必须经过各种渠道的转换，这给规格化地设计流程应用这些数据带来了很多麻烦。因此，在通用的产品建模软件平台上研制人机性能设计的 CAD 方法被许多高端软件开发公司纳入研究计划，人机工程学应用模块的二次开发与系统集成是人机软件的薄弱环节，也是较有前景的研究方向之一。

参考附录 H 可以看出，在开发软件系统时要着重考虑以下功能因素：

① 能建立工作空间与产品的三维模型，或具有对三维模型访问和处理的接口；

② 具有能与工作空间及产品进行交互使用的人的模型；

③ 能对人、工作空间及产品的模型提供一定的操作；

④ 提供易学易用的对这些模型进行修改及评估的功能模块。

随着人机工程软件在产品概念设计阶段的应用的不断成熟，与产品设计的其他各阶段的有效结合将成为今后的一个研究重点。

7.1.2 国内人机工程学研究现状

目前国内人机工程学的研究侧重于应用，如人机之间分工及相互适应问题、信息传递过程、人机界面设计、作业环境及安全装置问题、操作者疲劳的特点以及减轻疲劳和紧张度的措施等。很多学者致力于将人机工程学的一般原理和方法运用于实际设计案例，在产品造型设计、工作空间设计及界面设计中取得了良好的效果，积累了宝贵的经验。其常用的设计方法主要有：①人体参数法；②设计调查方法；③计算机仿真。

表 7-3 1994—2003 年我国人机工程应用研究论文按人机工程学内容统计结果

人机工程学领域	学科分类							总计/篇	占比/%
	经济管理	教育科学	图书情报	自然科学	医药卫生	工程技术	农业科学		
人类的特性	4	1	0	0	8	48	5	66	7.40
人与机器的关系	12	3	7	3	101	453	8	587	65.81
环境条件	4	2	0	0	12	36	0	54	6.05
劳动方面	30	3	4	1	13	32	4	87	9.64
综合和其他	22	1	0	0	5	70	1	99	11.10

表 7-3 是 1994—2003 年从中文科技期刊数据库中统计的人机工程学研究论文统计结果，可以看出人机工程学应用最多的领域是"人与机器的关系"，即运用人机工程学原理对产品进行改良性设计，使之更符合人体特性，主要表现在对具体产品的分析研究上。

当今信息化时代背景下人们的生产和生活方式发生了根本性变化，注重用户的心理研究，显示、控制、信息流和自动化过程中的人机界面设计也成为人机工程学应用的重点之一。在环境条件方面主要集中在工作空间、无障碍设计、作业空间色彩对人的影响方面。

尽管计算机辅助人机设计研究已取得一定的进展，但是在实际应用中仍然存在很多问题。主要表现在：①设计师与人机工程学家之间的沟通缺乏直接导致很多产品缺乏人机工程特性；②人机工程软件与 CAD 软件的接口问题降低了人机工程软件的可用性；③由于很多用于人机工程分析、评价的软件来自国外，其中的很多功能模块与我国的实际情况不符合，因此开发面向我国国情的人机工程分析、评价、仿真软件迫在眉睫。

在研究方法方面，浙江大学基于计算机辅助人机工程设计（CAED）的技术，提出了面向工作空间的虚拟人体模型的方法，处于国内领先水平。在人机界面设计方面，哈尔滨工程大学的学者提出了基于灰色理论的人机界面主观评价方法和人机界面设计评价的实时交互方法。以西北工业大学为首的一些院校开展了计算机辅助人机工程设计研究，结合应用数学（遗传算法、灰色理论等）对产品和界面进行分析、评价等。2011 年西南石油大学陈波、邓丽采用遗传算法在石油钻机司控台界面智能布局方面进行了尝试，以功能分区、重要性、使用频率、操作顺序和相关性建立适应度函数并确定相应的约束条件，采用遗传算法优化对石油钻机司控台操纵器智能优化布局（如图 7-6）。

图 7-6　智能布局优化界面及布局结果模拟显示

7.2　现代人机工程学发展趋势

随着智能技术、信息技术和通信技术的飞跃发展,很多研究人员将研究重点从传统的人机界面(HMI)转移到人与计算机交互(human computer interaction,HCI)上,以适应用户与产品或系统之间的交流与互动,更好地满足人们日常生活需要。

7.2.1　人机工程学与人工智能、互联网

(1)互联网和人工智能背景下的人机交互方式

在数字化、智能化和互联网+时代背景下,交互无处不在。人在日常生活所进行的信息交换方式代表着最自然的交互,人依靠视觉、听觉、嗅觉、触觉等感觉来和外界进行信息交换,各种感觉互相协助、补充、综合以完成信息交流功能。运用语音、文字、图像、手势、动作等进行交互,是人在生活中进行自然交互的一种体现。伴随着云计算、大数据、物联网等技术的成熟和发展,加上"互联网+"这一跨界融合,技术的发展、进一步加强和延展了人类感知真实世界和与机器、自然交互的能力,推动了交互设计的变革,为设计打开了边界,从日常生活到工业生产,产品、系统和服务的设计都发生了巨大的改变。这不仅扩展了交互设计的广度和维度,而且改写了交互设计的思维、架构、界面、形式和流程等内容。与此同时,对产品的用户体验设计提出了更大的挑战。例如,在大数据与人工智能背景下,人与产品之间的交互从传统"输入—反馈"的单向从属关系向"推荐—选择"的双向训练关系过渡。此时,设计师就需要转变设计思维,重新定义产品的交互界面、形式架构和流程等,通过技术与设计的融合,为用户创造更高的价值和更好的体验。

人工智能可以协助交互设计突破图形用户界面传统 WIMP(windowed interface with mouse pointer,用鼠标指针的窗口界面)接口模式的局限,通过基于隐喻和转喻等多种语言表达方式以及基于自身认知的多模态交互体验,进行信息空间与物理世界的认知迁移,并对人类的情境、意识和情绪感知进行计算。也就是说,可以在为障碍人士设计物理辅助用品和环境之外,从意识和感知的角度更深入地探索障碍人士对外部世界的编码解码方式。这有助于设计师从全新的角度来改善和提高障碍人群的生活质量和生命体验,更好地保障他们对世界、社会及文化生态的理解、赏析、创造的能力和权益。

①　触摸交互。触摸交互通过人的手指触点、手势与外在物理实体接触而达到直接人机交互的目的,是目前应用较为广泛的交互形式,例如 magic cube 虚拟投影键盘。它的最上方为投影镜头,虚拟键盘工作时投出的幽幽红光,就是从这里投射出来的。键盘中部为动作识别摄像头,通过它对用户的手部动作进行采样,来判断用户将要按下虚拟键盘上的某一按键(如图 7-7)。

② 体感交互。基于体感技术的交互应用已在数字游戏领域形成了一些商品化产品，如头戴式显示器（HMD）、数据手套、VR（virtual reality，虚拟现实）手柄、旋转椅、万向跑步机、3D 体感摄像机等，包括任天堂的 X-box、微软的 Kinect 等基于光学感测技术的 3D 体感摄像机（如图 7-8）。

图 7-7　触摸交互键盘

图 7-8　Kinect 设备

Chiang 等人为了预防老年人患阿尔茨海默病，使用 Kinect 设备开发了一款能提升老年人认知，减缓智力衰退的体感游戏。韩娜等人采用 Kinect 实现了体感控制灯、门、窗等家居设备。在体感交互中，手势作为一种语言交流的之外最重要的方式，得到了广泛的应用，如实现车载信息系统的交互、机器人的交互控制过程等。谭浩等人研究并设计了在驾驶情景下手势交互的操控方式，开发出了一套可操作的实体模型并进行了测试。Delden 等人使用静态的手势，控制机器人完成了抓取任务。

③ 眼动交互。眼动交互是指通过视线追踪技术，获取当前用户视觉注意方位，并实现计算、控制的交互形式。Intel 公司专门为霍金量身定做的超级轮椅（如图 7-9），基于眼动运动的检测来完成信息的输入、输出。七鑫易维公司研发的全球首款眼控智能眼镜 aGlass 具有眼动拍照功能，通过眼动来完成对焦，眨眼来完成拍照操作。视线输入要求用户有意识地移动视线实现操作，需要一定的学习成本，视线输入的操作绩效与传统交互设备的相差不大。视线输入一般针对特殊人群或在特定情景下使用，如七鑫易维公司研发的残疾人沟通辅助工具通过视线输入，辅助残障人群与人沟通。

④ 生理信号交互。在产品应用层面上，基于生理信号的交互产品分为植入式和非植入式两类。植入式产品需要通过在皮肤表层（或大脑皮层）或肢体（或大脑）内部完全植入电极来采集各种神经信号。相比于非植入式技术，植入式技术采集的信息量大、分辨率高，锋电位信号解码能够实现对外部设备多自由度的实时、精确控制。植入式产品属于有创操作，技术较难且对精准度要求高，主要用于医疗领域。

基于领先的脑机接口技术，UDrone 可以测量大脑中的电活动，跟踪用户的轻微面部动作，并将这些信号转换为指令以控制机器动作，而戴上的人便可以通过意念来控制无人机的相关操作，比如起飞和调整高度（如图 7-10）。

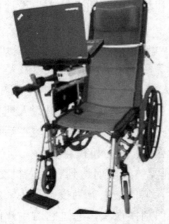

图 7-9　霍金轮椅

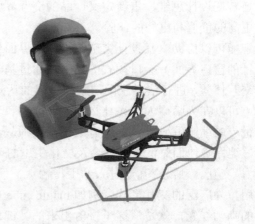

图 7-10　UDrone 控制无人机

（2）人工智能导向下人机界面发展

互联网的迅猛发展造成信息接收量的膨胀，同时也提高了用户筛选信息的成本。如何有效地捕获用户的兴趣偏好，正是个性化推荐系统的研究方向。个性化推荐系统能够依据用户习惯和爱好推荐合适的服务，降低用户信息筛选的成本。

在人工智能导向下，人机界面从信息的被动传输转变为主动推荐，人机界面向真正意义上的智能界面转变。Cheng 等提出了一种基于网站评价信息文本自适应的注意力模型，该模型通过分析用户评价抽取用户偏好和商品特征，实现用户评价的智能排序。Tan 等人提出了一种基于内容的推荐系统的深度学习方法。使用时间递归神经网络展示语境和引用的分布式意义，用于提升文本和对话中的推荐领域。Wang 等开发了一种新型文章推荐模型，使用深度学习系统学习编辑选取文章的习惯，形成一套筛选文章的动态标准。

通过个性化推荐系统，人机界面能够识别并预测用户的意图，为每个用户在不同时间、不同地点推荐最适合当前场景与最符合兴趣偏好的内容。

（3）人工智能在产品用户体验中的应用

① 帮助孤独症儿童克服社交障碍。人工智能的本质是通过模仿人类的思维方式，代替人类进行基础性工作和思考，实现人机之间的友好交互。虽然目前的人工智能属于弱人工智能，仍处于通用智能阶段，不能完全像人类一样行动和思考，但通过人工智能技术的快速发展，人工智能拟人化的特性逐渐被挖掘，这极大地促进了产品用户体验的发展，也为用户体验带来了新的变革与机遇。以机器人产品设计为例，日本软银开发了帮助孤独症儿童克服社交障碍的人工智能机器人 Nao（如图 7-11）。

图 7-11 人工智能机器人 Nao

Nao 机器人不仅在外观上深受消费者欢迎，而且具有人工智能及情感沟通的能力，能帮助孤独症儿童进行互动交流。它还可以通过学习身体语言和表情来推断孤独症儿童的情感变化，当孩子表现优异时，它会与孩子击掌庆祝。研究人员表示："机器人比人类更能促进孤独症儿童的社交能力发展，因为机器人比人类更有耐心，更容易接近孤独症儿童的心灵。"

② 帮助视力受损人群。从设计流程的角度来说，情感化设计理念将人的情绪作为处理设计细节的出发点之一。从社会的角度上来说，设计活动更加关注弱势群体，并基于情感化设计，希望改善弱势群体的社会现状。实验项目 Smart Specs 设备就是其中之一。Smart Specs 项目实验团队 VA-ST 组成成员有神经科学家、视觉修复专家、机器视觉专家及软件工程师，团队希望能够通过 Smart Specs 项目来帮助视力受损人群。VA-ST 团队基于图像识别技术与 AR 技术研发设计了一款穿戴设备，设备由智能眼镜、测距仪以及智能手杖组成。智能眼镜上装配了摄像传感器、处理器和显示屏，对于部分对色彩辨认困难的人群，智能设备可以将场景图片转换为色彩简单、对比度更高的图像，帮助这类人群看到物体的大致轮廓，即使在夜晚或光线不足的地方，设备也可以正常使用（如图 7-12）。测距仪与智能手杖用于测算物体与穿戴者之间的距离，避免穿戴者误撞障碍物，保护视力受损人群的安全。

（4）大数据、智能算法等在人机问题中的应用

Guy Walker 和 Ailsa Strathie 提出从列车数据记录仪（OTDR）收集的大数据有可能解决全球铁路运营商目前面临的最重要的战略风险，这些风险问题越来越多地以人的绩效为导向。研究审查了 300 多种人类工效学方法，并选择了一个较小的子集，用于使用实时列车记录仪数据进行概念验证开发。结果表明心理学知识、工效学方法和大数据的交叉创造了重要的新框架，推动产生了新见解。

图 7-12　辅助视力受损穿戴设备

Megan Romelfanger 和 Michael Kolich 的研究展示了大数据分析是如何改善与大腿支承和坐垫长度相关的汽车座椅的。该方法对来自北美市场 92258 名新车购买者的调查反馈（投诉和自我报告人体测量）进行了分析，139 辆汽车（代表 12 家制造商）的驾驶员座椅三维扫描结果提供了与坐垫长度相关的指标。结果表明，通过大数据分析确定的目标，最大限度地减少了客户在大腿支承和坐垫长度方面的问题。

如果头盔在佩戴者的头上安装不当，头盔的安全效益就会降低。目前，没有行业标准可客观评估特定防护头盔如何适合特定人员。合适的配合通常被定义为头盔衬里和佩戴者头部形状之间有小而均匀的距离，并覆盖头部区域。Thierry Ellena 等提出了一种基于三维人体测量、逆向工程技术和计算分析的研究和比较头盔装配精度的新方法。

人工智能是研究利用计算机来模拟人的某些思维过程和智能行为（如学习、推理、思考、规划等）的学科，小波神经网络和模糊神经网络属于人工智能领域的一类新算法。王伟分别对矿井作业的安全问题采用小波神经网络方法进行评价，对某系统的性能用模糊神经网络方法进行预测。提出了小波神经网络用小波函数，取代了普通神经网中的 Sigmoid 激励函数，使新网络方法效率与精度有所提高；模糊神经网络对处理人机工程中的大量不确定性问题和模糊数学领域的问题是极为有效的。智能算法可以有效地处理人机工程中的 PHM（prognostics and health management，故障预测与健康管理）问题。

Wang 等研究了一种新的基于工作姿态动态特性的 WMSD（与工作相关的肌肉骨骼疾病）预测方法，该方法包括三种串联的人工智能算法。在该方法中，姿势检测器识别工作视频中的肢体角度和状态，姿势风险评估器逐帧评估工作姿势的风险水平，任务风险预测器预测当前工作过程的风险水平。研究结果表明，该方法具有很大的实时风险评估能力，可以逐帧输出工作过程中工人肢体角度的所有变化，并预测整个工作过程的风险水平。

7.2.2　交互设计

交互设计起源于计算机人机界面设计，早在 1990 年 IDEO 的比尔·莫格里奇就提出了交互设计的概念。所谓交互设计（interaction design，ID）是人与计算机或含有计算机技术的产品之间的信息交换。

那到底这个交互设计应该是什么？理查德·布坎南（Richar Buchanan）教授把交互设计定义为：通过协调产品的影响、效力甚至复杂的系统创造和鼓励人们参与一个活动。也就是说，传统的工业设计创造的是一个产品，交互设计的对象则是人的活动。具体考虑这个活动时，要考虑到是谁在执行这个动作，或者说谁是动作的对象。做这个动作时的环境、场景是什么？这是一个非常关键的概念。交互设计是界面设计的延伸，拥有更丰富的内涵。界面设计就像舞台上的布景，呈静态方式；而交互设计强调交流与互动，类似舞台上表演，注重场景切换。

美国 SpringTime 公司的设计师塔克·威明斯特认为："产品设计的未来将越来越少地关注设计产品外观，反而会越来越多地着眼于促进使用者和生产者之间的交流。"这种交流正是通过用户与产品的交互行为进行的。交互设计作为实现用户情感体验的重要手段受到了人们越来越多的重视，这也对工业设计师提出了更高的要求。苹果电脑及手机的成功不仅归功于工业设计的整合，还在于提供了完整的体验的出色交互设计。

（1）交互设计的目标

交互设计的目标是设计出用户真正满意的产品，用户对产品的真正满意是物质层面上的使用和精神层面的感受的愉悦体验。因此交互设计的目标是产品可用性和用户体验。可用性目标侧重于产品的物理功能，而用户体验目标则侧重于产品的精神功能，两者的共同理念是以人为本。

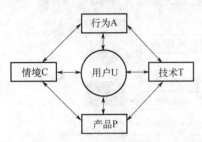

图 7-13 交互设计系统框架

交互设计涉及用户、环境、产品，由此构建交互设计系统。交互设计系统是由用户（user）、人的行为（activity）、产品使用的情境（context）和产品所融合的技术（technology）以及最终完成的产品（product）五个基本元素（简称 UACT-P）组成的系统（如图 7-13），即交互系统（interactive system）。

（2）用户交互方式

① 用户。交互设计首要任务是分析用户以及用户交互方式。交互设计中用户一般泛指与交互系统相关的个体或群体，分为：主要用户（经常使用产品的人）、次要用户（偶尔使用或通过他人间接使用产品的人）和三级用户（购买产品的人）。用户群体具有人类的共性，我们需要从人类学的角度分析特定用户的种族、语言、文化、传统等因素；分析人的能力和局限，认识不同的用户之间存在的性别、身高、体重、身体技能等方面的差异；分析用户在交互系统中的注意、知觉、记忆、思维等认识过程和进一步的心理活动和行为表现，认识到不同的用户存在的心理和能力方面的差异。

② 交互方式。人与产品的交互方式主要有数据交互、图像交互、语音交互、动作交互（如图 7-14）。交互方式的选择要综合考虑交互系统的用户、目标、场景等因素，不同背景的用户对同一目标采取的交互方式可能会不一样。对于手机短信输入操作，年轻人与老年人在与手机交互时采取的方式不一样，年轻人喜欢双手拇指输入，而老年人更喜欢手写输入。场景发生变化，交互方式也会发生变化，如开会时，需要手机静音振动与人进行交互。针对儿童使用的产品可以采取图像和语音交互方式。

③ 交互情境分析。交互设计中情景分为物质情景和非物质情景。物质情景指人与产品之间进行交互行为时周围的物质环境，如空间、设施等。非物质情景指用户与产品之间发生交互关系的服务、管理等（组织情景）和周围社会情况（社会情景）。常采用构思情节、绘制故事板、创建情绪板等方式完成。在交互设计中，情节是设计师以文字形式表达的对用户在使用产品时的情形的设想，同时表达设计概念。情节是设计师将用户、产品置于场景之中，体现产品和服务的故事。故事板是根据情节绘制出来的一系列情节图，说明使用中的产品或故事。情绪板是设计师利用图像、文字、色彩、计算机等精心制作的拼贴图，用于启发设计思路或表达一定的设计意图。

（3）交互设计的方法

随着交互设计在产品设计中应用成功，交互设计方法也越来越多，如以用户为中心的设计、以目标为导向的设计、原型迭代设计、IDEO 创新方法等。一些著名的企业与设计组织也提出了适合自己的交互设计方法。例如：诺基亚开发 9110 个人通信器时采用以用户为中心的设计方法，具体做法是使用场景从当事人中获得数据，初步设计建立模型，原型测试，迭代设计与评估，最终设计。飞利浦为儿童设计个人通信器时采用原型技术和用户参与式设计方法。IDEO 公司采用五步设计方法（认清市场和客户、技术以及问题本身的限制；观察人们的实际生活状况，并找出真正引发这些状况的原因；把全新的概念和这些概念产品的潜在用户具体化；在短时间内不断重复评估和改进原型；执行新概念商品化和上市）。

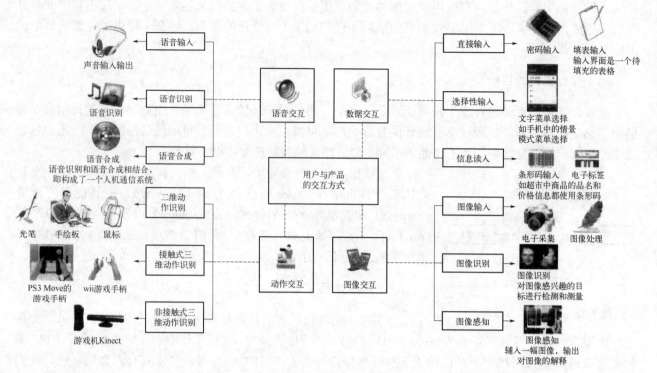

图 7-14　用户交互方式

7.2.3　可用性工程与以用户为中心的设计方法

可用性工程（usability engineering，UE）是交互式 IT 产品的一种系统设计方法，核心是以用户设计为中心的设计方法（user center design，UCD）。在 20 世纪 80 年代由高德（Gould）和李维斯（Lewis）提出，最初由在一些大的 IT 企业实施。自 90 年代起可用性工程在 IT 界迅速普及。ISO 9241 国际标准对可用性作的定义：产品在特定使用环境下为特定用户用于特定用途时所具有的有效性（effectiveness）、效率（efficiency）和用户主观的满意度（satisfaction）。其中：有效性指用户完成特定任务和达到特定目标时所具有的正确和完整程度；效率指用户完成任务的正确和完整程度与所使用资源（如时间）之间的比率；满意度指用户在使用产品过程中所感受到的满意和接受程度。可用性设计框架如图 7-15。

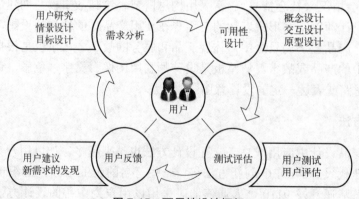

图 7-15　可用性设计框架

以用户设计为中心的设计方法强调用户参与产品的设计开发过程，用户作为现场观察、体验、测试对象，直接参与产品的概念和原型设计。以用户设计为中心的设计方法主要包括需求分析（analyze）、可用性设计（design）、测试评估（evaluate）、用户反馈（feedback），ADEF 四个环节不断循环往复，直到得到满意的结果为止。

（1）需求分析

可通过设计问卷、观察、访谈等方法了解用户使用产品时的思维、任务、情景、环境，给出调查分析结果。采用情景设计是较好的方法，所谓情景设计是根据使用背景提炼和描述产品使用过程，帮助确定产品内容，为用户需求提供评估环境（如图 7-16）。首先，确定产品的功能和使用目的，构建使用环境，确定参与用户和参与目标；其次，依据一天的日常生活考虑用户任务、动作以及用户的反应；最后，根据用户的行为和事件确定可用性设计目标。

图 7-16　情景设计

（2）可用性设计

先根据用户需求分析将目标转化为符合用户需求和设计者想法的设计概念，将产品设计概念转化为产品原型，再针对产品的属性进行评估测试，通过反复评估、修改、测试得到认可的最终产品概念原型。

（3）测试评估

用户测试需要在包含测试室和观察室的专业实验室进行，配置如眼动仪等专业设备对用户使用概念原型的行为细节进行监视，针对测试目的、数据结果、使用规则进行分析测试。具体方法可采用观察法、边做边说、用户调查、焦点小组等方法。

（4）用户反馈

用户反馈包括用户对使用产品时的不满和抱怨，是用户主动反馈的信息，还应该选择一些有代表性的用户对它们进行观察和提问作为补充。

7.2.4　用户体验设计

体验经济是继产品经济、商品经济、服务经济之后的第四个经济阶段，2001 年美国的信息交互设计的专家谢佐夫在其著作《体验设计》中下的定义是：体验设计是将消费者的参与融入设计中，是企业把服务作为舞台，产品作为道具，环境作为布景，使消费者在商业活动过程中感受到美好的体验过程。所谓体验设计（experience design），就是通过一定的设计和评价方法实现体验目标，是在考虑个体或群体的需要、愿望、信仰、知识、技能、经历和感觉的基础上，进行的产品、服务、事件和环境等人的体验的设计。

体验并不能凭空产生，它是在外界环境的刺激之下所产生的结果，它具有很大的个体性、主观性、不确定性和相对性。传统体验研究的方法大量借用了可用性研究的方法，体验设计有检视法、参与设计、情景设计、工作营、访谈调查和故事板等。在体验设计中，问题的关键在于采用什么方法是最适合的，研究是在用户使用产品的体验过程中还是在体验以后进行等。

体验设计不仅是针对需求的设计，而且总能给用户额外带来情感上的满足或使用户产生独特的体验，对于产品本身来说，这些额外的体验和设计与用户需求的联系并不一定紧密，但是，从用户生活的大环境来说，这些额外的体验和情绪却是必不可少的。这些体验所要做的就是以用户不可预见的方式使用户在使用产品的同时将用户的生活变得更加轻松、愉快、丰富多彩。可以从以下几个方面开展体验设计：

（1）感官体验设计

感官体验设计利用视觉、听觉、触觉、味觉和嗅觉等要素达到完美知觉体验的诉求目标。如宝马发动机发出的赛车式咆哮声似乎成为一种品牌的声音；同时宝马也将消除杂声作为品牌的体现，他们经过几个月的测试和调整，消除了摆动的挡风玻璃雨刷发出的声音。他们研究可以发声的方向灯，宝马公司的一位声学工程师承认，可能没有人会因为方向信号的声音而买一辆车，"但是，这是我们要创造的感觉中不可或缺的一部分。"他说："起决定作用的就在于这些细微之处。"

（2）思考体验设计

其以创意的方式引起顾客的惊喜和兴趣，引发对问题的集中和分散的思考，为用户创造认知和解决问题的体验，通过让人出乎意料、激发人的兴趣和对人挑衅来促使用户进行发散性思维和收敛性思维。图 7-17 所示是 2004 年《商业周刊》"最佳设计大奖"的获奖产品作品——环形打印机，这是一款为经常在商务旅行中办公的人士设计的便携式打印机。环形的打印设计大大节省空间，这一突破性的创意无疑会为打印机设计提供了全新的思路。

（3）行动体验设计

通过用户身体体验来丰富设计。图 7-18 是美国 IDEO 公司设计的地砖体重秤。该产品将客户体验和产品功能紧密结合起来，将体重秤嵌进浴室的地板，当你踩在上面时，它就是一个台秤，走开后，它又恢复到一块普普通通的地砖。这就出现了一个很有趣的现象，那就是使用者称重之前必须先将体重秤找到。

（4）情感体验设计

通过某种方式激发购买者的内在情绪。新奇的设计，往往能激起关注的热情和良好的情感反应，图 7-19 的创意剪刀不仅增强了趣味性，也使操作更方便。

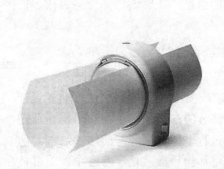

图 7-17　环形打印机　　　　图 7-18　地砖体重秤　　　　图 7-19　创意剪刀

（5）关联体验设计

事物之间存在明显或是隐蔽的联系。如你当年在某一个特定的电影院，跟一些特定的朋友，看了一场非常有意义的电影，那么你就记住了这次经历，因为它有一个内容在里头。特定的地方、特定的人、特定的电影，这就有一个特殊的意义，也有一个情感因素在里面，让你记得，并且可以持久。如今再看这部电影时就会回忆起当年美好时光。当然别的人看到这部电影时，就仅是一部电影而已。现在越来越多的主题饭店、主题公园也说明了关联体验有潜在的巨大商业价值。

7.2.5 无障碍设计与通用设计

（1）背景与概念

无障碍设计（barrier-free design）源于丹麦人在二十世纪五十年代倡导的"正常化原则"的观念，其目的是去除建筑环境中给残障人士带来不便的因素。随后发展为为特殊人群（残疾人、老年人等）提供方便和安全的空间，创造一个人人平等、共同参与、共享环境的设计。随着信息技术的发展，无障碍设计引入信息设计领域，即信息无障碍交互设计。无障碍设计具有可操作性、安全性和方便性的特征。

无障碍设计是针对特殊人群的，这样的理念使人产生歧视和不平等感受，实际上很多无障碍设计对一般人也是需要的，由此，在 1997 年美国通用设计中心提出通用设计概念。通用设计也被称为全球化设计、为所有人设计、综合设计等。通用设计（universal design，UD）是指无须改良或特别设计就能为所有人使用的产品、环境及通信。美国北卡罗来纳州立大学通用设计研究中心提出了通用设计的 7 项原则：

①平等使用原则；②弹性使用原则；③简单化和自觉化操作原则；④可识别信息原则；⑤容错原则；⑥低体能消耗原则；⑦尺寸与空间与人匹配原则。

（2）通用设计方法

① 产品功能分析。对产品具有的功能进行分析，按优先原则进行排序。对面向的用户进行设计调查分析（使用产品没有困难的人、使用稍有不便的人、使用很困难的人和根本无法使用产品的人），根据这些用户特点确定设计策略。分析考虑产品使用的可能环境，分析各种环境、外部条件对用户和产品的影响。

② 用户分析。通用设计考虑每个可能接触产品和使用该产品的人，但是这些用户有何特点，需要通过用户分析，针对用户使用该产品时的特点进行分析，确定用户特征优先级。用户分析主要包括：a. 认知能力分析；b. 感官能力分析；c. 肢体能力分析；d. 心理因素分析。

③ 制订策略与产品设计。根据上述影响产品特征和用户特征程度进行优先级排序，采用相应的通用性原则，提高产品设计的通用性。

松下 NA-V80GD 斜式滚筒洗衣机是贯彻通用设计理念的第一款具体产品，如图 7-20 所示。它创造性地将滚筒洗衣机的前开门倾斜了 30°，与没有充分考虑所有人使用情况的传统顶开门和前开门式洗衣机相比发生了革命性的变化，使得任何人在任何情况下，可以平等、安全、方便地使用这款洗衣机。同时也可以轻松地观察到机器内部和衣服的洗涤状态。自其在日本国内开始销售起，销售反响非常理想，长期雄踞洗衣机销售排行榜首，平均每月销售量达 2 万多台。

图 7-20　松下斜式滚筒洗衣机

图 7-21　U 形翼笔

TriPod 公司设计的 U-Wing 笔（U 形翼笔）具有流线型，该圆珠笔在抓手部位有一个回旋的环状，这是其他标准笔所没有的，如图 7-21 所示。该款圆珠笔突破了传统笔的设计方式，更多地考虑到不同人的需求，使得不管是惯用左手者还是惯用右手者，都可以用他们自己喜欢的各种方式来握这支笔。同时还可以用脚或者嘴来使用，其各种使用方式如图 7-22 所示。笔芯可更换，便于长久使用。

图 7-22　U 形翼笔使用方式

7.2.6　参与式人机工程设计

参与式人机工程学的产生是由于在传统情况下将人机工程学应用于实际往往并不容易，工人往往很难接受新的工作方法，而雇主又往往因为成本的问题拒绝引入人机工程学的改进方法。所谓参与式人机工程学，是包括企业管理层、设计者、操作者等一系列相关人员在内，共同参与以发现人机工程学的问题，并寻求解决之道。参与的人员必须学习和了解人机工程学原则与方法，并能够对作业空间、设备等进行分析。参与式人机工程学可以让所有参与者（特别是操作工人）主动选择角色，来判断和分析现场存在的危险要素并进行改善，从而激发员工的积极性，提高工作效率，改善健康状况，减少与工作相关的肌肉骨骼伤害，并改造落后的技术和组织管理方式，最终提高产品质量与工作业绩。

完备的参与式人机工程学应包括以下几个要素：①参与性。现场工作人员比其他人员更了解工作内容，员工应该参与改善活动并提出建议，这样一来，员工较易接受新的改进方案。②组织性。企业管理层的支持是非常重要的。人机工学的应用团队应当分为两个层次：一个是由管理层组成的指导委员会；另一个是领班和具体操作员组成的现场工作组。现场工作人员必须能够发现与分析隐藏于现场的人机工程学问题并提出改进建议，而指导委员会必须就建议做出决策。在此过程中，所提出的建议会在两组之间反复修正，人机工程学的专业工程师协调并帮助两组人员商讨人机、组织管理、生产作业等方面的问题，选择比较好的方案。③人机工程学的方法和工具。参与的人员必须学习并掌握人机工程学的知识。④工作原理。工作原理有两种：一种为微观人机工程学（micro-ergonomics），主要针对减轻工作负荷；另一种为宏观人机工程学（macro-ergonomics），主要强调作业的重新设计与组织管理的改变。两者兼具方可起到持续改进的效用。⑤执行与落实能力。

7.3　现代人机分析技术简介

人机工程学来源于日常生活和社会实践活动，通过对人体结构特征和机能特征进行研究，分析人的视觉、听觉、触觉以及肤觉等感觉的器官机能特性，分析人在各种劳动时的生理变化、能量消耗、疲劳机理以及人对各种劳动负荷的适应能力，探讨人在工作中影响心理状态的因素以及心理因素对工作效率的影响等。人机工程学理论建立在广泛的实验分析的基础上，作为学习、研究人机工程学的人员来说，必须了解实验在研究中的作用。一些实验方法正是探索新理论的必要武器，长期以来很多教材缺少有关实验分析技术介绍，以致学生在学习之后往往忽略实验环节。随着科学技术的发展，国内外出现了一些根据人机工程学原理制作的实验设备，为人机工程学的学习和研究奠定了坚实的基础。将实验与理论相结合，不仅可以便于学生对枯燥理论的理解，更重要的是可以向学生传授实验研究方法，这对学生的学习和创新可以起到不可估量的作用。

本节对目前比较有代表性的实验分析技术进行简述，力图告诉读者什么样的技术用于什么领域的研究，解决什么问题。

7.3.1 动作捕捉技术及相关系统

（1）动作捕捉技术

随着计算机软硬件和图形技术的飞速发展，目前在发达国家，动作捕捉技术已经进入了实用化阶段，这种技术现在成功地用于虚拟现实、人体工程学研究、动画制作、游戏、模拟训练、生物力学研究等许多方面。

常用的动作捕捉技术从原理上说可分为机械式、声学式、电磁式和光学式（如图 7-23）。从技术的角度来说，动作捕捉的实质就是要测量、跟踪、记录物体在三维空间中的运动轨迹。

图 7-23 机械式、电磁式、光学式动作捕捉设备

目前应用比较广泛的是光学式动作捕捉技术。光学式动作捕捉大多基于计算机视觉原理，通过对目标上特定光点的监视和跟踪来完成动作捕捉的任务。从理论上说，对于空间中的一个点，只要它能同时为两部相机所见，则根据同一时刻两部相机所拍摄的图像和相机参数，可以确定这一时刻该点在空间中的位置。当相机以足够高的速率连续拍摄时，从图像序列中就可以得到该点的运动轨迹。

光学式动作捕捉系统除了包含动作捕捉镜头外，还包括数据采集网络、高性能的数据处理工作站及相关软件等。典型的光学式动作捕捉系统通常使用 6～8 个或更多的特殊摄像机环绕表演场地排列，这些摄像机的视野重叠区域就是受试者的动作范围。为了便于处理，通常要求表演者穿上单色的服装，在身体的关键部位，如关节、髋部、肘、腕等位置贴上一些特制的标志或发光点，称为 Marker（标志物），视觉系统将识别和处理这些标志（如图 7-24）。

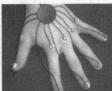

图 7-24 头、手运动测试

系统定标后，相机连续拍摄表演者的动作，并将图像序列保存下来，然后再进行分析和处理，识别其中的标志点，并计算其在每一瞬间的空间位置，进而得到其运动轨迹。如果在表演者的脸部表情关键点处贴上发光点，则可以实现表情捕捉。为了得到准确的运动轨迹，相机应有较高的拍摄速率，一般要每秒拍摄 60 帧以上。

有些光学动作捕捉系统不依靠 Marker 作为识别标志，例如根据目标的侧影来提取其运动信息，或者利用有网格的背景简化处理过程等。目前研究人员正在研究不依靠 Marker，而应用图像识别、分析技术，由视觉系统直接识别表演者身体关键部位并测量其运动轨迹的技术。

（2）基于动作捕捉技术的应用系统

① 红外三维动作捕捉与分析系统。红外三维动作捕捉与分析系统主要由三维实时捕捉的红外摄像系统、采集软件和分析软件组成（如图 7-25）。

图 7-25　红外摄像系统、采集软件和分析软件

可以通过单组红外摄像单元（3 个摄像头）或多组红外摄像单元实现对动作的三维动作捕捉与分析，也可以通过特定的 NI-DAQ（数据采集）卡同视频摄像机、肌电（EMG）、脑电（EEG）、心电（ECG）、信号触发装置、测力台等外部设备连接使用。红外摄像系统能够对固定在人体或目标点上的主动发光标记球进行实时捕捉，然后通过分析软件进行相关分析和处理。

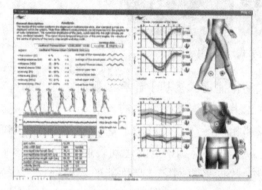

图 7-26　步态分析

图 7-27　测力分析

根据动作技术分析、动作对比、动作优化与训练评价的需要，在人体需测试的部位贴上主动发光型测试标记球，测试标记球在室外（非阳光下）及黑暗环境均可进行实时捕捉，并且受试者可佩戴无线发射器，动作不受影响。红外三维动作捕捉与分析系统可用于步态分析（如图 7-26），对步态周期、关节角度等等进行分析；可进行测力分析（如图 7-27），用以测量足或鞋底压力及分布；可进行脊柱弯曲测试（如图 7-28)，用以判断身体弯曲时的舒适度；还可对头、手运动进行分析，用以判断头、手的运动规律及舒适度。

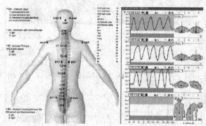

图 7-28　脊柱弯曲测试

② 三维运动图像分析系统。三维运动图像分析系统运用了高速捕捉、标志点自动跟踪识别、通道过滤等先进技术，对人体动作进行自动跟踪解析，直观地显示人体的运动数据及运动数据曲线（如坐标、速度和加速度等），同时可以显示点和连线的轨迹（如图 7-29、图 7-30）。

(a) 运动中的人体　　　　　　　　(b) 计算机中显示的人体运动数据

图 7-29　数据、三维图像与视频图像同步显示

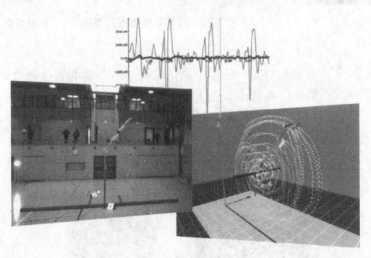

(a) 人体动作　　　　(b) 计算机中显示的人体各部位轨迹

图 7-30　对单杠动作的采集与分析

该系统主要用于人体工程学、体育动作技术分析、运动医学、伤病研究和康复、工业研究以及模拟训练和三维动画制作等。

7.3.2　眼动跟踪技术

视线追踪的基本工作原理就是利用图像处理技术，使用能锁定眼睛的特殊摄像机，通过摄入人眼角膜和瞳孔反射的红外光连续地记录视线变化，得到视线变化数据，诸如注视点、注视时间和次数、眼跳距离、瞳孔大小等数据，从而达到记录分析视线追踪过程的目的。

（1）眼球追踪

随着越来越多的 VR 头显加入眼球追踪功能，这项技术逐渐被看做是下一代头显的标配。眼球追踪有多种应用，比如提高渲染效率，生物识别，调节头显 IPD 瞳距，甚至可以评估生命体征和心理活动。

HTC 推出了首款具有内置眼动追踪功能的商用 VR 耳机（如图 7-31），通过对眼球运动、注意力及聚焦的追踪和分析，将眼动追踪数据与软件相结合，来实现中心化渲染，为用户创建更加身临其境的虚拟场景，弥补了当前硬件中图形处理能力的不足。

（2）头戴式眼动系统

眼动仪通过亮瞳孔技术、瞳孔-角膜反射原理，应用特制的红外摄像头捕捉眼球的运动，并分析眼球运动轨迹和注视时间。常用的眼动跟踪系统有头戴式眼动系统、遥测式眼动系统、头部跟踪系统。

按速度划分眼动系统，可分为标准型眼动与高速眼动，再与单双目搭配，形成单目标准型、单目高速型与双目高速型眼动系统（如图7-32）。

图7-31　HTC Vive Pro Eye VR
头戴式显示器

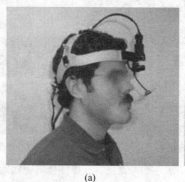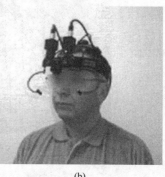

(a)　　　　　　　　　　(b)

图7-32　单目标准型眼动系统（a）与双目高速型眼动系统（b）

　　集成光学模块是虚拟现实头盔最理想的应用产品，它可以轻易地装进任何合适的设备里，在这里直接使用电脑作为刺激设备，不再使用场景摄像头（如图7-33）。

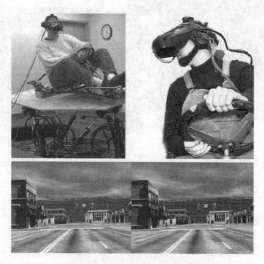

图7-33　汽车驾驶模拟测试

（3）遥测式眼动系统

　　遥测式眼动系统不需要被试者戴任何东西，只需坐在镜头前一米左右，观看放在镜头上方的视频监视器所播放的画面（如图7-34、图7-35）。该系统的镜头可以快速、准确地跟踪被试者的眼睛，并记录下眼球运动轨迹。适用于阅读分析、网页设计等，尤其适合于儿童。它用于所提供的刺激物限于单一平面（如计算机或视频监视器），且被试者不希望用头戴式光学系统的场合。另外，遥测高速固定式眼动系统适合在受试者头部固定的情况下使用（如图7-36）。

图7-34　遥测式眼动　　　　图7-35　测试场景图　　　　图7-36　遥测高速固定
　　系统光学模块　　　　　　　　　　　　　　　　　　　式眼动系统

（4）头部跟踪系统

在对眼动跟踪系统进行测试的时候，若添加一个头部跟踪（head tracker）系统，会使眼动跟踪仪器的功能大大地增强。头部跟踪系统可以跟踪头部位置，使受试者在头部运动时仍然知道在注视哪一点（如图 7-37）。

图 7-37　头部跟踪系统的应用

图 7-38 所示是测试驾驶员在驾驶时眼动规律。该设备使用头部跟踪系统，可以通过一个稳定场景摄像头将凝视点光标指针准确地叠加在场景上，这样，可以比头部固定摄像头取得更好的图像，并且不用把摄像头戴在头上，以便于为受试者提供更大的自由度以及头戴其他设备的可能性。彩插图 7-39 是孤独症的诊断案例，图 7-39（b）显示在两人进行交谈时，患有孤独症的人的眼睛会到处看，精神不集中。

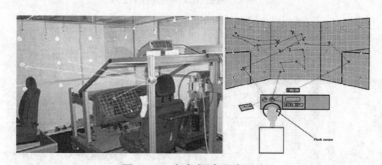

图 7-38　汽车驾驶眼动测试

7.3.3　脑电事件相关电位（EEG/ERP）分析系统

人类一直希望揭开大脑心理活动的秘密，但限于以往的技术水平，科学家对大脑活动的生理学研究一直无法深入。近年来，随着脑电波（EEG）提取技术的进步，人们将心理活动产生的微弱的脑电信号通过计算机叠加技术，从自发脑电中提取出来，这样的信号被称为事件相关脑电位（ERP），它是刺激事件（包括视觉、听觉、体感等物理刺激及心理因素）在大脑中引起相应心理反应的真实客观的反映。

脑电事件相关电位（EEG/ERP）分析系统主要用于研究心理活动的脑机制和生理机制，通过提取人对特定刺激所产生的脑电变化，研究人脑的心理功能，如感知觉、注意、记忆、思维以及其他复杂的心理活动，在认知心理学、人机工程学、运动医学、精神病学等领域应用较多。

该系统主要由脑电放大器、脑电记录分析软件和电极帽三大部分组成。其工作原理是首先通过电极帽采集大脑脑电波，微弱的脑电信号经过放大后送入计算机，然后通过数据分析软件进行数据分析，最后通过成像软件呈现出来（如图 7-40）。说明：USB 为通用串行总线；PCI 为局部总线；BESA（brain electrical source analysis）为源定位分析软件。

脑电事件相关电位（EEG/ERP）分析系统试验方法是首先给被试者带上电极帽，对电极帽注射导电膏，并固定电极帽（如图 7-41），然后将被试者带入屏蔽室，坐在显示器前。将电极帽的导线接到信号

图 7-40　ERP 数据采集分析过程

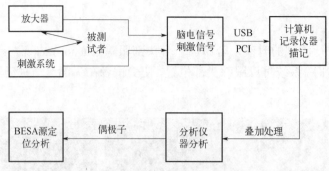

图 7-41　电极帽及导电膏的注入

接入盒上，关上屏蔽室门，将提前制作好的刺激材料通过屏蔽室里的显示器呈现给被试者，同时计算机对采集来的脑电信号进行记录。刺激材料展示完毕后，进行数据分析（如图 7-42）。

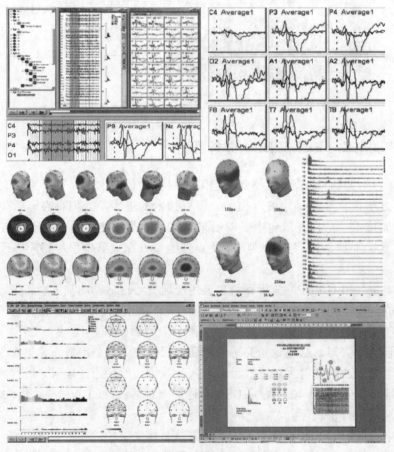

图 7-42　脑电分析软件的功能

7.3.4 行为分析系统

人的行为观察和分析不能在孤立的、单纯的环境下进行，因为人的活动受外界环境和内在生理因素的影响，尤其是人在人体状况和物理环境不同的情况下，人的运动和动作更是有明显的不同。人在特定环境下的动作以及生理信号系统的观察是研究行为的基本方法。行为学研究的基本技术是记录在何种环境下谁在什么时候做了什么，可能还需要记录这些行为在哪里发生、和谁发生的。行为观察分析系统是记录和分析行为的工具，使研究模式由单纯的记录行为转向通过多种系统和数据进行记录和分析。

（1）Captiv-L3000 行为观察与作业环境分析系统

Captiv-L3000 行为观察分析与作业环境分析系统是研究人类在各种复杂的物理环境（如环境温度、湿度、噪声、照明等）和脑电、心电、眼电、心率、皮电、皮温、血流量等各种人体生理状况条件下行为动作的观察和分析工具，它可用来记录分析被研究对象的动作、姿势、运动、位置、力量、角度、人体振动状态、步数、压力（手指、手掌、脚底），以及表情、情绪、社会交往、人机交互等各种活动；记录被研究对象在物理环境下和自身生理条件下各种行为发生的时刻、发生的次数和持续的时间，然后进行统计处理，得到分析报告。

其工作原理是首先将被研究对象的行为进行编码然后回放录像，通过观看录像并将录像中记录的行为分类，按编码输入计算机，从而得到按时间顺序排列的行为列表，输入过程中可以进行编码修改（如图 7-43）。软件通过编码识别各种行为后，进行分类整理、统计分析从而得到行为报告。

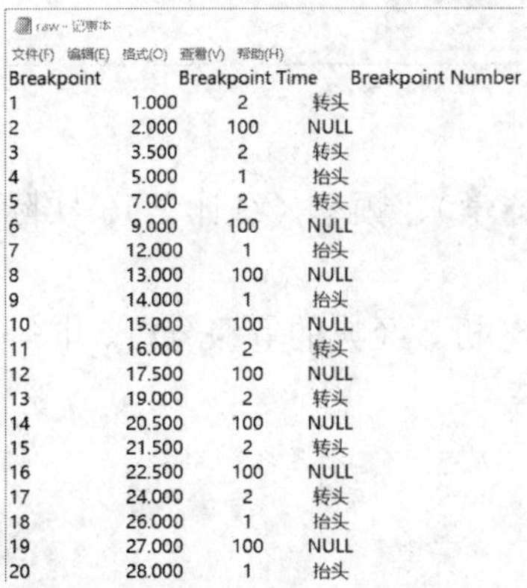

采用摄录机监视器以保证记录的行为时间没有延迟，过程不会遗漏。记录的行为事件与图像一一对应，研究人员关心某一时刻发生的某种行为时可以立即得到行为发生时的图像资料（如图 7-44）。随后进行数据分析（如图 7-45、图 7-46）。

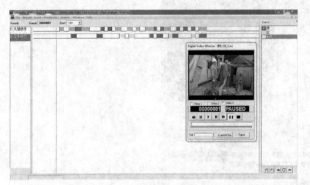

图 7-43　记录的行为分类按编码输入

图 7-44　图像和事件一一对应

raw - 记事本

文件(F) 编辑(E) 格式(O) 查看(V) 帮助(H)

Breakpoint	Breakpoint Time	Breakpoint Number	
1	1.000	2	转头
2	2.000	100	NULL
3	3.500	2	转头
4	5.000	1	抬头
5	7.000	2	转头
6	9.000	100	NULL
7	12.000	1	抬头
8	13.000	100	NULL
9	14.000	1	抬头
10	15.000	100	NULL
11	16.000	2	转头
12	17.500	100	NULL
13	19.000	2	转头
14	20.500	100	NULL
15	21.500	2	转头
16	22.500	100	NULL
17	24.000	2	转头
18	26.000	1	抬头
19	27.000	100	NULL
20	28.000	1	抬头

图 7-45　动作、事件的时间显示

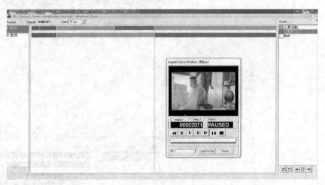

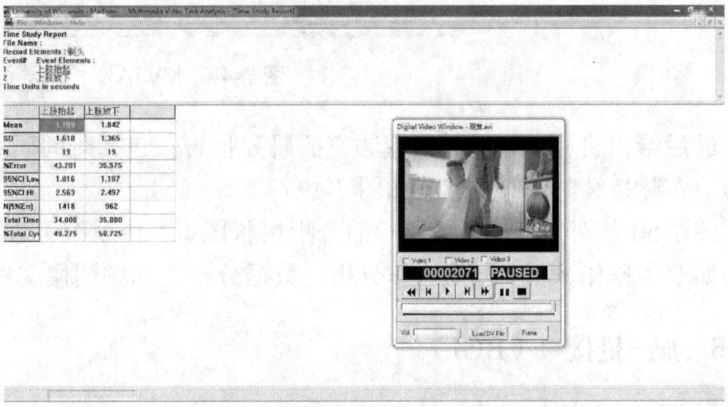

图 7-46　动作分析

（2）MVTA™行为及工效学任务分析系统

MVTA™（Multimedia Video Task Analysis™，多媒体视频任务分析）行为及工效学任务分析系统是一个基于影片分析的动作-时间研究和工效学分析系统（如图7-47）。

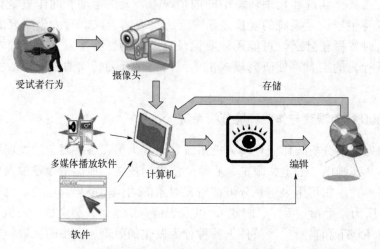

受试者行为　　摄像头　　　　　　　　　　存储

多媒体播放软件　　　计算机　　编辑

软件

图7-47　MVTA™行为及工效学任务分析系统

MVTA™系统通过摄像头获得视频图像，传送给计算机，用户在专业MVTA软件中能够用设置影片记录断点的方法进行动作识别（识别活动的开始和结束），对其动作进行定义和时间划分，影片可以以任意的速度和次序来进行记录和分析（实时、快/慢速、逐帧播放），研究行为观察、要素分析、事件分析、姿势分析、任务分析、微动分析、双手操作分析、细节工作分析、时间与动作研究、工作抽样、风险因素识别、量化作业重复度和持续时间等（如图7-48）。

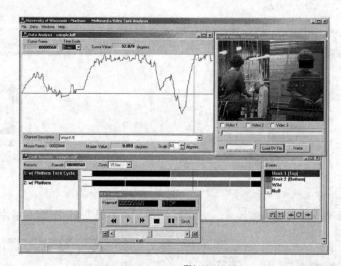

图7-48　MVTA™控制界面

最后给出目标动作的时间或频率的研究报告，包括时间研究（统计学）、频率（统计学）、实际断点时间、实际持续时间等内容（如图7-49）。

图7-50是对工人的任务进行的分析树状图解。该系统可进行任务分析、经典的等级分析、非等级分析，如双手操作分析和团队合作分析、数据分析、视频图像文件控制等。

7.3.5　脑-机接口（BCI）

脑-机接口（brain-computer interface，BCI，简称脑机接口）顾名思义就是在脑与机器之间建立连接

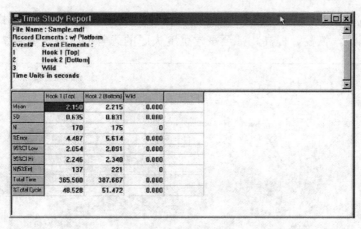

图 7-49　报告输出

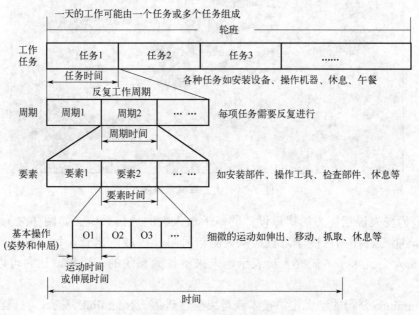

图 7-50　多任务分析

的系统，也叫作 BMI（brain-machine interface）。通过在头皮上、大脑表面上或大脑内的传感器检测电场或磁场、氧合血红蛋白或其他生理参数来进行量化。脑机接口的研究对运动、感觉等能力受损的群体具有非常重要的意义。近年来，强大的深度学习技术也被应用到脑机接口研究中，脑机接口也成为深度学习研究者的另一重要方向。

目前脑机接口技术已经进入第三阶段。第一阶段是科学幻想阶段，第二阶段是科学论证阶段，第三阶段主要聚焦用什么技术路径来实现脑机接口技术，也就是所谓的"技术爆发期"。脑机接口技术目前主要用于医疗，被认为有望帮助帕金森病、癫痫和其他神经退行性变性疾病患者提高感知、沟通和运动机能。随着深度学习技术的迅猛发展，越来越多的研究者也开始尝试用神经网络进行脑机接口研究，其中既有植入式研究，也包含对非植入式信号的解码。前者是在大脑中植入电极或者芯片；后者则是用电极从头皮上采集电信号。下面分别介绍这两种研究方法的区别以及成果。

（1）植入式脑机接口

植入式脑机接口主要用于重建特殊感觉（例如视觉）以及瘫痪病人的运动功能。这类脑机接口通常需要植入到大脑皮层，因此信号质量较高。BCI 最初出现的目标，是修复或恢复人类失去的部分功能。

人工耳蜗是较为成功的 BCI 应用案例，通过向体内植入电极系统，对位于耳蜗内、功能尚且完好的听觉神经施加脉冲电刺激，恢复、提高，甚至重建重度失聪的患者的听觉（如图 7-51）。

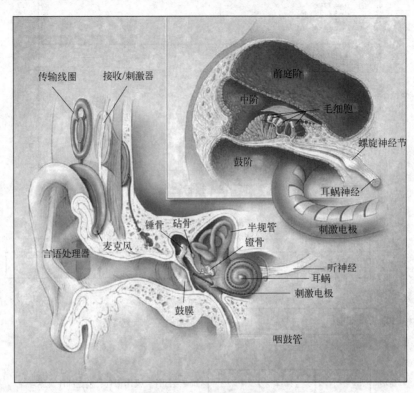

图 7-51　人工耳蜗示意图

UCSF 是一套为丧失说话能力的病患设计的基于植入物的通信系统（如图 7-52），致力于让这部分患者获得自然交流能力，使用深度学习直接从人脑信号里"提取"语音，每分钟"提取"单词数可达 150 个，接近正常人交流水平。研究人员表示，未来将扩大系统的词汇量，让它可以适用于更广泛的领域。

2019 年，Neuralink 公司的脑机接口技术获得突破性进展。Neuralink 表示，它已经用该技术对动物进行了多次手术，并且成功地放置了"细微的线"的电路，使机器能被动物的大脑控制（如图 7-53），有大约 87% 的成功概率。

与之前的技术相比，其对大脑的损伤更小，并且传输数据能力更强。实际上马斯克的最终目标是消除人们的思想转化为语言，随后通过键盘、鼠标等输入工具传入计算机中这一过程。直接的人机交互可以带来更快的通信速度，以及更大的"带宽"。

（2）非植入式脑机接口

Facebook 也在脑机接口（BCI）项目上取得了新的进展。不同的是，Facebook 最终想实现的是一种无需在人脑中植入电极的非植入式 BCI 解决方案（如图 7-54）。

神经元在活跃状态下会消耗氧气，因此如果能够检测大脑内氧水平的变化，人们也就可以间接测量大脑活动，以一种安全、非植入性的方式来测量大脑中血液的氧含量。这类似于在功能性磁共振成像（FMRI）中测量到的信号，但使用的是由消费级零件制成的便携式可穿戴设备。

当大脑和机器交互的速度比现在的人眼阅读、嘴巴讲话更快后，人们会把很多信息直接存储于贴在耳边的某个类似 U 盘的内存装置上。

这个内存装置可以轻松把人类世界几千年历史中的大部分知识储存，供大脑瞬间查询，使其几乎成为大脑记忆的一部分。麻省理工学院媒体实验室的一些研究人员为此设计了一个小工具可以帮助用户与计算机"对话"，且无需说话。

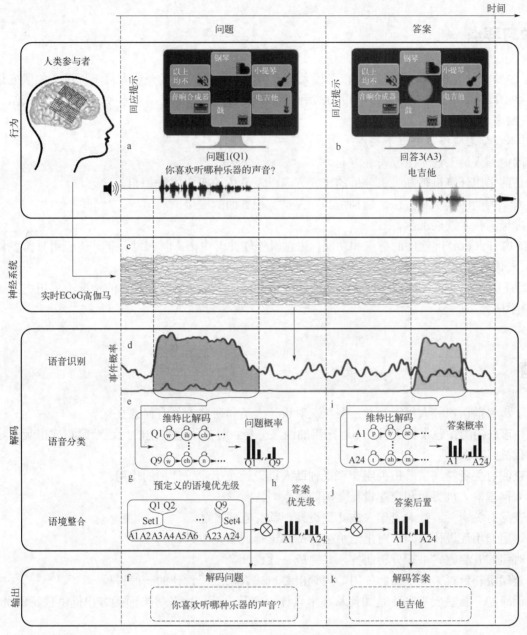

图 7-52 UCSF 系统测试流程

图 7-53 Neuralink 打造的用于
插线的机器人

图 7-54 Facebook 设计的原型机

本章学习要点

本章主要从计算机辅助人机工程和现代人机分析技术设备的角度介绍人机工程设计的研究进展，目的是给学生介绍人机工程学研究与应用的前沿，开阔学生的视野，在学习本章时建议读者查阅大量相关的技术文献来真正了解。

通过本章学习应该掌握以下要点：

1. 国内外人机工程学主要研究方向。

2. 目前采用计算机辅助人机分析的研究方向以及具体的研究方法和相关结论。

3. 人工智能的技术和方法，特别是其在人机工程方面的应用。

4. 虚拟人技术发展现状。

5. 国内外人机分析软件的特点和功能，注意国外软件无中国人体尺寸，在具体应用时需要依据国标建立中国人体模型。

6. 目前比较先进的人机分析设备的功能和应用领域，以便在今后有条件的情况下采用先进工具进行深入的科学研究。

思考题

1. 了解目前国内外人机工程学发展状况对设计人员和研究人员有何意义？

2. 对感兴趣的课题收集资料，作进一步的深入分析，对某一感兴趣的问题参照正式出版刊物的版面格式撰写综述论文。

3. 查阅有关资料，试分析说明计算机辅助人机设计在工业设计中的作用。

4. 如何理解人机界面和交互设计之间的关系？

5. 查阅有关资料，针对老年人或儿童设计一款交互式产品。

6. 运用通用性设计原则，对生活中某一产品进行通用化改进。

7. 对门的开启方式进行分析研究，并完成一款设计。

8. 查阅资料针对某一产品的使用，规划出参与式人机工程设计的一般过程。

9. 调查并分析星巴克咖啡是如何从环境设计、产品设计、服务等方面为客户提供独特消费体验的。

第2篇

人机工程学应用

8

装备类产品人机分析

党的二十大报告提出，坚持把发展经济的着力点放在实体经济上，推进新型工业化，加快建设制造强国、质量强国、航天强国、交通强国、网络强国、数字中国。推动战略性新兴产业融合集群发展，构建新一代信息技术、人工智能、生物技术、新能源、新材料、高端装备、绿色环保等一批新的增长引擎。

随着经济与科技高速发展，我国的工业装备设计水平不断提高。在能源利用、深海深空探测、中国制造新名片——高铁等很多新兴领域的装备设计中，人机工程学的应用必不可少。本章结合作者参与过的能源开采、资源探测、交通等方面人机工程设计科研案例，介绍从发现人机问题到解决问题的思路和方法，为读者提供一个借鉴。

8.1 石油钻机司钻控制人机设计

本案例分析意在讨论人机工程学应用于实际的一个科研案例，为有兴趣的同学介绍一个实际问题的研究过程，为其今后自主解决实际问题提供帮助。

司钻房位于钻井平台上（如图 8-1），司钻员通过司钻台控制整个钻机运转，构成了人-钻机的交互界面（如图 8-2）。石油钻机一旦开机就必须日夜工作，司钻员操作钻机时要求眼睛始终注视井口和指重表，并兼顾其他仪表，双手分别控制工作刹车和绞车给速手柄。每个司钻员每工作 12 小时进行换班，虽然有副司钻可以协助工作，但是每天保持注意力高度集中使司钻员感到非常疲惫。图 8-2（a）为我国早期石油钻机司钻控制台，司钻员以站姿的方式在露天环境下工作，其操作安全性较差，钻井效率较低，这种钻机在现代钻井中应用较少。二十世纪九十年代，研究者用刹车气缸取代驱动滚筒带刹车，使司钻实现入室操作，大大改善了司钻的工作环境，电驱动钻机的出现实现了绞车控制器远程操作，司钻控制房逐渐形成一个封闭的空间，不仅增加了司钻操作人员的操作安全性，也提高了操作者的工作环境的舒适性[如图 8-2（b）]。因此，司钻的工作环境——司钻控制房通常被誉为石油钻机的"心脏"。

国内钻机的司钻房基本上由各个油田、井队根据自己使用钻机的情况定制，没有统一规范。由于工作平台限制，预留司钻房空间狭小，司钻控制设计上还停留在将原来室外的仪器仪表搬到室内，因仪器仪表太多，布局混乱（如图 8-3）。

一个司钻控制人员每天在司钻房内要进行长达十几小时的工作，面对各种仪表、监视系统要保持高度的注意力，如果显示系统和操作设施设计不合理，使用操作繁琐，即使是经过培训的专业人员也难免疲劳、操作出错，而长时间的工作还可能造成职业疾病。出于安全考虑，司钻房距离井口要在 3m 以上（如图 8-4）。

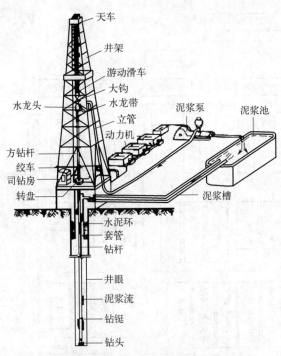

图 8-1 石油钻机主要部件分布图

(a) 老式钻机司钻员站姿工作

(b) 现代钻机司钻员坐姿工作

图 8-2 工作中的司钻员

图 8-3 石油钻机司控台

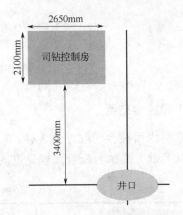

图 8-4 房体与井口位置要求

8.1.1 钻井现场设计调查

设计调查是设计的第一步。课题组于 2008 年 7、8 月及 2009 年 8 月先后到德阳市、成都市大邑县、达州、广元市苍溪县、西南石油大学实习井场进行现场调研，共调查 19 名司钻员。通过钻井现场走访、拍摄司钻台布局照片、观察专家用户操作、拍摄司钻员操作 DV 进行调研，还通过与他们交谈探寻他们的使用心理，并对他们的使用情况进行问卷调查。

通过调查得到司钻房内显示、操纵元件组成以及相互关系，多数钻机司钻台上的显示、操纵元件的层次关系列于图 8-5。总体来看，我国陆地钻机的井场作业平台比海洋钻机普遍狭窄，控制台上的显示元件和控制元件很多。根据对各个井场司钻房内显示元件布局的对比，发现我国石油钻机司钻控制房内的显示、操纵元件的类型还不能达到统一规格，司钻员对司钻控制台操作的不合理多有抱怨。

考虑设计的需要，应深入了解显示仪表、操纵元件的重要性、操作流程、使用频率等因素，以便按照使用频繁、使用较多和使用较少来划分元件区域，同时研究司钻员的作业姿势。另外重点了解司钻员希望的显示、操纵布局方式。

下面从几个方面对调查结果进行简述。

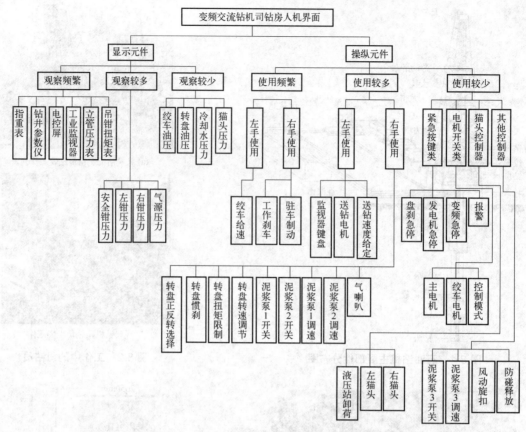

图 8-5　石油钻机显示、操纵元件层次分析

（1）司控台造型

司钻房内司控台一般分为 3 种，即前方主显示台、左右侧直型控制台，前方主显示台、左右扇形控制台，以及前方显示台配合比较先进的司钻椅控制。调查结果见表 8-1。

表 8-1　司钻显示控制台的整体造型

司钻显示控制台造型	井队
前方主显示台、左右侧直型控制台	川科 1 井、新 201 井、大邑 7 井、普光 P3011 井、普光 90102 井、普光 70161 井、普光 70735 井、普光 70618 井
前方主显示台、左右扇形控制台	新 5 井、大邑 2 井、大邑 4 井、元坝 102 井、元坝 2 井、　元坝 1 井
前方显示台、司钻椅控制	大邑 301 井、大湾 404 井

（2）操作中的人机问题

由于司钻员自身的责任重大，主要表现在对多个显示设备的注意方面，在白天和夜晚都需要保持清醒和良好的注意力，多数司钻员都觉得在白天工作效率更高，晚上容易困倦。操纵器中，控制类型相同的操纵器应该增加安装间距；旋钮的设计应该增加刻度定位，方便司钻员对操作效果的评价。多数钻机的司钻房内都没有专用的司钻椅，在操作时，司钻员手臂没有支承，一直悬空操作；而大部分司钻员在操作时身体都是前倾姿态，座椅靠背没有起到相应的作用。长时间操作后，司钻员的肩膀，尤其是上臂容易疲劳；长时间的操作可能导致眼睛疲劳，注意力不集中。司钻员的职业病包括颈椎病、腰痛、风湿病等。

（3）显示元件布局存在的问题

常用仪表位置调研结果显示如图 8-6。通过调查了解到：司钻员认为观察最频繁的指重表应尽量放置在正前方的观察中心上；参数仪、电控屏等钻井参数显示装置应分布在指重表的两侧位置；工业监视器放在左边较好，但是在悬挂时应尽量低，紧挨显示面板最好；经常观察的立管压力表等中号仪表尽量排布在前方显示台的上方；安全钳压力、左钳压力、右钳压力三个盘刹压力表是观察较多的小仪表，尽量向中心排布，同时与工作刹车手柄相对应；气源压力表相对于其他小号仪表观察较多，要尽量放置在前方的显示台上；其他小号仪表观察较少，可以布置在侧面的显示台上。调查还发现现有显示台正面的倾角设计不合理，在观察前方显示台时反光情况较为严重。

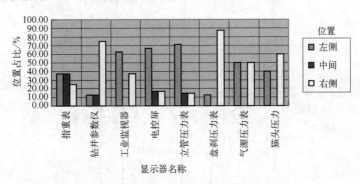

图 8-6　石油钻机常用显示元件的位置对比

（4）操纵元件布局存在的问题

图 8-7 统计了重要钻井设备的操纵器现有的布局情况。从司钻员多年的操作习惯考虑，工作刹车手柄仍布置在司钻员的右手边，绞车控制手柄布置在司钻员的左手边，其他使用频率较高的操纵器都布置在右侧，方便司钻员右手使用。虽然操纵器很多，但是可以根据操纵器的使用频率，结合手的伸展范围对操纵器距离身体的距离进行布置。另外，带有司钻椅的司钻控制房，大部分的控制操作都在指触电控屏上进行，只有少数的操纵器布置在扶手控制台上，在设计上要进行分区，同一项任务整合放在一起，并根据使用频率进行左、右扶手控制台布局。

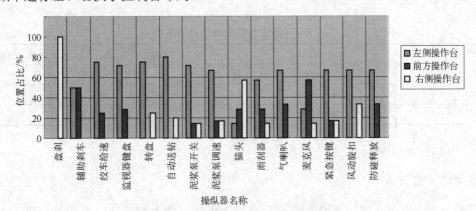

图 8-7　石油钻机操纵器的布局对比

（5）其他问题

在司钻椅设计上应该首先考虑设计司钻员的工作姿势，以保证他们在操作时是舒适的、自然的，并真正应用椅子的全部依托装置的功能。同时也应注意不能因为过度灵活或舒适而影响司钻员的基本操作，司钻椅不能设计得太舒适，这样会让司钻员在工作时精神松懈，甚至睡觉。司钻房体的材料选择上应注意保温隔热，考虑人体需要的细节设计，如提供水杯放置空间、安装防爆饮水机等。

8.1.2　司钻座椅位置设计

（1）司钻员作业姿势

依据前几章介绍的内容指导设计合理的作业姿势是产品人机设计的第一步。参照图 8-8，司钻员需要连续工作，工作时眼睛观察指重表、井口和其他仪表。主要活动上肢，双手需要随时操纵绞车给速和工作刹车，偶尔还要操作触摸屏和其他控制器。

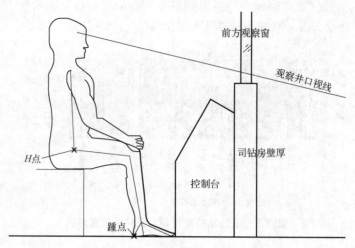

图 8-8　司钻员作业姿势

考虑到司钻员在操作钻机时需要手和脚并用，作业安全关系到钻井安全，作业持续时间较长，因电气化设备的使用而施力较小，精神压力较大，因此，司钻员应该采用坐姿作业。工作时腿部自然放松，使躯干略向后倾斜，背部靠在座椅的靠背上，小腿向前伸展，与大腿成 $100°\sim120°$。

由坐姿生物力学分析，最舒适的坐姿是臀部稍离靠背向前移，躯干略向上后倾斜，保持躯干与大腿间角在 $90°\sim115°$，同时，小腿向前伸，大腿与小腿、小腿与脚掌之间也应达到一定角度。其身体各部分关节的舒适夹角范围见表 8-2 和图 8-9。

表 8-2　身体各关节运动舒适角度

关节夹角	舒适角度范围	关节夹角	舒适角度范围
θ_1	$10°\sim20°$	θ_7	$-5°\sim5°$
θ_5	$100°\sim120°$	θ_8	$0°\sim28°$
θ_6	$85°\sim95°$		

注：$\theta_8+\theta_6=\theta_5-\theta_7$。

（2）确定司钻员的 H 点

H 点是以人为中心进行布局的重要基准点，决定人机环境的布局尺寸。如图 8-9 所示，H 点是二维和三维人体模板中的人体躯干和大腿中心线的铰接点，即胯点（hip point）。若以脚的踵点为坐标原点（相对坐标系），那么 H 点坐标方程为

$$X_H=-P_1K\cos\theta_8+KP_2\cos(180°-\theta_8-\theta_6)+P_2H\cos\theta_7 \quad (8\text{-}1)$$

$$Z_H=P_1K\sin\theta_8+KP_2\sin(180°-\theta_8-\theta_6)+P_2H\sin\theta_7 \quad (8\text{-}2)$$

式中　X_H，Z_H——H 点到踵点的横向距离和纵向距离。

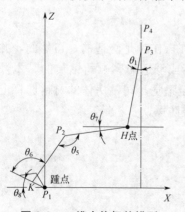

图 8-9　二维人体杆状模型

图 8-9 中　θ_1——躯干与 X 垂直面之间的夹角；

θ_5——大腿与小腿之间的夹角；

θ_6——小腿与踏平面之间的夹角；

θ_7——大腿与水平面之间的夹角以水平线为界，在水平线以下为正，以上为负；

θ_8——踏平面与地板之间的夹角。

司钻员的 H 点对司钻房内显示装置和操纵装置的布局、整个司控台的尺寸设计有着极其重要的作用。

（3）司钻座椅位置确定

从人机工程学角度考虑，司钻座椅安装后在水平方向上调节量的最大值应满足大百分位数（90 百分位数）司钻员的舒适调整范围，即司钻座椅水平方向最后位置就是 90 百分位数司钻员在关节舒适调整量达到最大值时的坐姿位置。而由关节舒适性调整的坐姿可以通过 H 点位置变化来表示，满足 90 百分位数的关节舒适性的最大调整量对应的就是 90 百分位数司钻员 H 点的最后位置。利用计算机仿真模拟的方法可以确定 90 百分位数司钻员 H 点的最后位置与现有司钻座椅的位置关系（如图 8-10）。

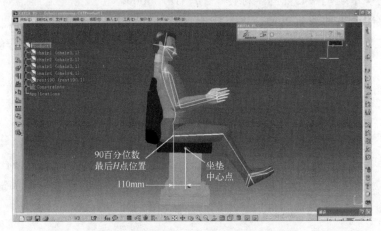

图 8-10　仿真测量 H 点与坐垫中心点距离

通过测量得到，90 百分位数司钻员 H 点的最后位置与司钻座椅坐垫中心点的距离约为 110mm。

① 确定 90 百分位数司钻员位于最后位置时的 H 点。参考图 8-11，以 X 轴与 Z 轴交点为原点，司钻员在正常操作时，人体中心线应在 Y 基准面上，踵点在 Z 基准面上。X_H 为 90 百分位数人体 H 点（与 ATRP 点重合）到踵点距离，当前状态座椅处于最后、最低点时，由式（8-1）得到 X_H'。

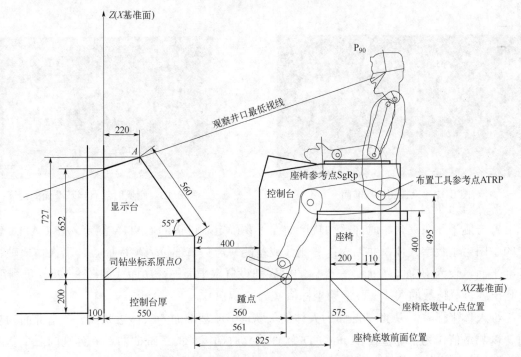

图 8-11　90 百分位数司钻员最后舒适位置

ATRP 为布置驾驶室内部空间的基准点

考虑 90 百分位数的人体脚长 B 与穿鞋修正量 A，取显示台到锤点 $L=A+B$，则 90 百分位数司钻员的 H 点最后位置的坐标

$$X_H=控制台的厚度+L+X'_H \tag{8-3}$$

由图 8-10 仿真可计算出坐垫调到最后位置时坐垫中心点位置 X_H-110。

② 确定司钻座椅的安装位置。以上确定的坐垫中心点是座椅在水平方向上达到向后最大调节量时的坐垫中心点的坐标。而在安装时，座椅的各项调整量都应该为 0，而座椅本身的水平向后调节的最大量为 200mm，座椅调节最低位置 Z_H 为 400mm，那么在安装座椅时，坐垫中心点在的 X 轴方向上应该再减去 200mm，即正常情况下坐垫中心点的坐标为（X_H-310，400）。

考虑司钻在紧急情况下的逃生需要，将座椅向后移动 200mm 作为逃生使用，因此，在设计中取坐垫中心点的坐标为（X_H-110，0，400），将 X_H 代入后，座椅底墩前面距离显示台的长度就得出了（如图 8-11）。

8.1.3　司钻员作业工位设计

人体上肢活动主要由肩关节、肘关节、上臂、前臂和手共同运动合成，而肩、肘和手臂各关节的活动角度都有相应的舒适角度和最大角度。在确定司钻座椅位置之后，必须确定上肢在各作业空间运动时，各部位关节活动的相应角度范围，从而确定司钻员的上肢伸及域、正常作业空间和最大作业空间。

（1）上肢伸及域

由前面介绍的有关人机工程学知识了解到上臂自然下垂，上臂与身体成 0°，前臂内收与上臂成直角时，作业速度最快，即这个角度下手臂活动尺寸范围最有利于作业。但是另一个对食品包装机的研究结果与以上的观点稍有不同，即坐姿下前臂在身体前方稳定操作时，以上臂外展 6°～25°操作较为舒适高效（如图 3-80）。从表 2-3 知道身体纵轴上，上臂前展与躯干成 15°～35°时较为舒适，前臂运动时与上臂之间的夹角在 85°～110°最为舒适，由此得出上肢伸及域范围、舒适作业范围、最大作业范围。

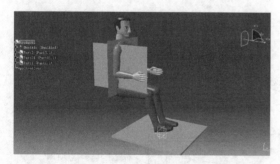

图 8-12　设置测量基准面

图 8-13　测量肘部点到基准面的距离

由于上臂与躯干存在夹角，肘部活动轨迹曲面不易确定，可借助 CATIA 测定。在 CATIA 软件中调入已建立的中国男子数字人体，并以人体右侧（或左侧）肩关节部位为坐标原点，沿人体横轴、纵轴分别插入基准平面，设为 W 面、V 面，在人体的脚底部设置水平面——H 面（如图 8-12）。可利用 CATIA 测试工具测出各百分位数的人体上肢运动坐标值（如图 8-13）。

建立三维人体坐标系，以 X 基准面为人体的矢状面，Y 基准面为人体冠状面，Z 基准面为与人体脚踏的地面。以测量值作为坐标值在 AutoCAD 软件建立肘部运动的三维曲面，并分别向三个基准面镜像后作投影，即可得到人体在舒适角度运动下，两肘部的活动区域范围。

参考 B 类车辆驾驶员的操纵可及范围标准 JB/T 3683—2011，在坐姿操作状态下身体的最大外伸角

度为20°。而后，在司钻员的舒适坐姿下，以肩关节为中心，以上臂与前臂伸直后的长度加上手长为半径形成的圆及圆内部分，即为舒适坐姿下身体不动时的操纵可及范围。在司钻员身体与大腿成90°的坐姿下，将身体前倾20°，再以肩关节为中心，以手臂加手功能长为半径作圆，圆周及圆内的部分即为身体外伸状态下的伸及域。最后，将舒适坐姿及身体外伸状态下的手运动圆弧及圆内的部分整合，得到司钻员的上肢最大作业空间区域。

（2）司钻坐姿舒适作业区域

司控台操作属于产品设计Ⅰ型尺寸，需要考虑大、小个头司钻员操作：既要求小个头司钻员在最前面、最高位置可以看到井口，舒适操作钻机；也要求大个头司钻员在最后、最低位置能看到井口，并舒适操作。

结合座椅调节范围和大、小个头司钻员伸及域最终确定作业范围如图8-14所示。图中弧线范围是司钻员的舒适（小弧线）与一般（大弧线）作业区域，最后将司控台按相同比例合成时，操纵元件均布置在便于操作的区域，满足设计要求。由司钻员作业姿势与作业空间最后得到钻机司控台的形状和尺寸效果如图8-15。

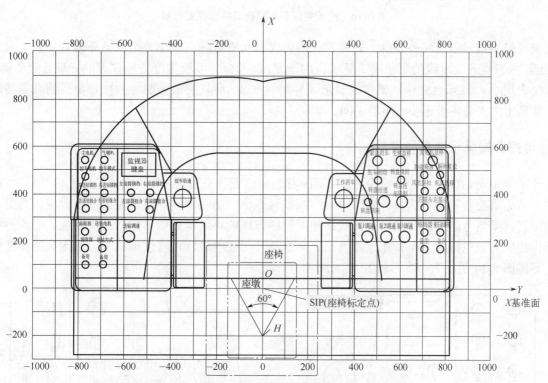

图 8-14　司钻员上肢作业区域

图 8-15　交流变频电驱动钻机司钻台效果图

8.1.4　司控台显示仪表布局设计

司钻操作流程繁杂，显示器、操纵器个数多是司钻员们觉得工作繁重、压力较大的主要原因。应综合考虑显示元件安装尺寸以及对司钻员现场调查结果，依据人眼的视野和视区特性，按照重要性、功能分区、使用频度的原则设计方案。图8-16是其中一个设计布局方案。

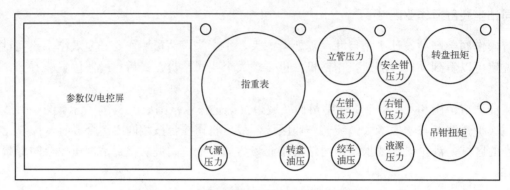

图8-16　交流变频石油钻机司钻台仪表布局

仪表一般由指示刻度的外表盘、安装零件的内表盘和安装线三个部分组成。外表盘安装在显示台面板的外面，内表盘和安装线的尺寸决定显示台的厚度，显示台外面板宽度依据仪表的外表盘尺寸确定（参看具体仪表尺寸）。显示台要保证最厚的显示元件顺利安装，所以应该按照参数仪触摸屏的总安装厚度来设计，并预留出安装各类连接线路的空间。

8.1.5　司控台操纵元件布局设计

设计调查中司钻员提出的司控台界面布局：首先考虑元件重要性；其次应该按照元件功能进行分区，明确的区域布置会使司钻员寻找、操作迅速并减少误操作；第三使用频率较高的操纵器应该布局在靠近手边的位置；最后考虑操纵器的控制方式，相同控制方式的操纵器集中布置，方便制造装配的需要。司钻员操作控制对象包括：绞车和泥浆泵电机、离合器、转盘电机、转盘惯性刹车、水龙头旋扣器以及液压猫头等，图8-17所示为一个布局方案。

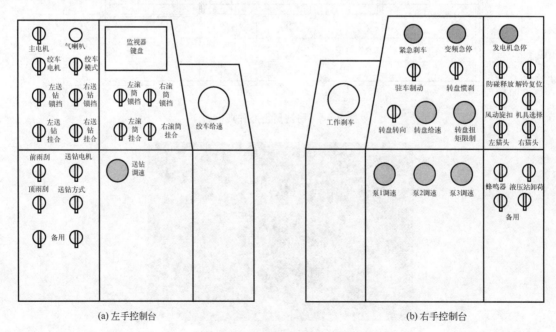

图8-17　操纵区分区布局设计

在布置操纵器时，主要考虑以下几个方面的内容：

（1）功能分区

功能相近的控制器按照分类集中布置。在正常钻井时，主要的操作任务包括转盘启停、泥浆泵操作、手动起钻下钻操作、手动送钻操作、自动送钻操作及紧急情况操作、对外通信等，完成同一工作的操纵元件尽量放在一起，便于操作。

（2）使用频率

按照司钻员正常操作时使用操纵器的次数布置，使用次数较多的布置在手边位置。通过现场调研观察发现，司钻员在工作中使用最多的是绞车给速和工作刹车两个手柄，而在换杆时使用较多的是转盘（或顶驱）、大钳（或猫头）、泥浆泵等相关的操纵器。

（3）控制方式

控制方式相同的操纵器集中布置在一起。例如直流电驱动钻机的滚筒高低速、猫头、气喇叭等都是通过气动控制实现的，通常安装在一侧控制台上。泥浆泵、转盘等电动控制操纵器都集中安装在一个电控柜上，考虑司钻员右手不离工作刹车手柄，电控柜一般与顶驱控制架安装在同一侧，并布置在顶驱控制器的下方。交流变频电驱动钻机的操纵器除了气喇叭外都是通过电动控制实现的，因此在控制方式设计上没有什么限制。

（4）显示器和操纵器的对应性

若操纵器有对应的显示器反馈信息，那么设计此操纵器时应该在空间上使显示器与其在同一方向上，并尽量集中布置。

（5）紧急操纵器位置

在发生非正常情况或重大事故时司钻员使用紧急操纵器，这时提供动力设备甚至是整个系统的工作都会被停止。虽然司钻员平时对此类的操纵器使用较少，但是它们对于司钻控制系统却很重要。必须将紧急操纵器布置在司钻员的手边位置，保证在突发事故时，司钻员能够迅速找到并及时有效地操作。同时，还要避免在日常操作中司钻员身体其他部位的误触碰导致意外激活等状况。

8.2 石油压裂作业人因可靠性分析

在油气开发领域，压裂作业是一种通过压裂设备向地层泵注高压液体，使地层产生裂缝，从而提高油气资源在地层中流动性的油气井增产技术。在国家能源安全战略的推动下，我国页岩气加大开发，页岩气资源是当前关注的热点。超过70%的页岩油气、致密油气等非常规油气井，需要进行压裂、酸化等储层工艺改造，才能获得产能。然而，在绝大多数工业领域中，50%~70%的事故都是由直接或间接的人为差错导致的，在化学和石油化工领域人为差错导致的事故比例甚至高达80%，人为差错已经成为导致事故的主要诱因。压裂作业是一项多工种、多设备、多工序大型联合施工作业。长时间、高强度、重复枯燥的作业任务，复杂恶劣的工作环境，高压危险的压裂设备等安全隐患都对压裂班组的安全行为水平造成严重影响。随着技术的不断改进，压裂设备的可靠性不断提升，而压裂作业人员的可靠性却没有得到根本的改善，人为因素成为导致压裂事故最主要的因素之一。

通过调研发现不同的公司组织架构不同，某公司压裂施工主要组织架构由一级总指挥、二级施工执行指挥和三级具体操作工（压裂操作工、混砂操作工等）组成。

① 压裂作业总指挥。如图 8-18，在单独监控室内，主要负责整体工程进展、安全监督，同步实时监控施工过程中施工曲线。施工曲线一般是以时间为横坐标，纵坐标显示油压曲线、套压曲线、施工排量曲线、加砂浓度（砂比曲线），或者显示泵注曲线、施工排量、加砂浓度。

图 8-18　压裂作业总指挥

② 压裂施工执行指挥。在整个压裂过程中，施工执行指挥在仪表车内监视施工过程（如图 8-19），根据设计方提供的压裂方案要求，监控压裂施工曲线。依据施工曲线上显示的套压、排量和输砂绞笼（砂比、出砂量），以及施工方提供的混砂车输砂绞笼排量显示结果计算总的压裂液排量，制定相应计划，指挥压裂操作工、混砂操作工实施具体压裂、混砂操作工作。执行指挥两侧一般是主压裂仪表工和泵枪仪表工。压裂仪表工负责监控压裂施工曲线，对比设计资料监控施工进程，给出压裂数据，记录压裂数据，维护仪表车设备；泵枪仪表工负责数据记录，协同测井指挥监控泵枪操作。在压裂开始时需要逐渐提升泵车排量到设计规定值，因为压裂作业开始时需要设定压力、排量上限值，在压裂中间一般不需要控制；在每一压裂段快结束时，需要先将井下管道内砂子顶出底层后，再逐渐降低排量。从降低成本，提高易损件使用寿命来考虑，现场施工一般采用部分压裂泵参与混砂，部分压裂泵打压裂液，整体压裂液和混砂车排液在井口混合，故施工指挥对混砂车指令混砂浓度高于井口需要的混砂浓度。

③ 压裂操作工。在仪表车根据执行指挥发出的指令进行变化泵速和排量作业（如图 8-20）。

图 8-19　压裂施工执行指挥

图 8-20　压裂操作工

作业是合闸后，依次对压裂泵进行超压设定以及对发动机、变速箱的参数设置安全报警值。启动后按照施工指挥指令挂挡、提油门以变化排量（挂挡与排量有一定对应关系），并且上报施工指挥。在压裂过程中，实时监测发动机、变速箱、压裂泵有关性能参数（压裂泵的供油压力、油温度、施工压力；发动机温度、油压、转速、挡位、水功率；变速箱油压和油温度），特别要注意套压变化情况，是否达到超压上线（接近超压上线，系统报警），以及发动机负载和转速（转速是否平稳），观察发动机、变速箱、压裂泵油温和油压。压裂操作工主要观察和操作压裂主界面，中途根据情况适时观察单泵操作界面。另外，参与阶段压裂过程中泵的维护工作。

④ 混砂操作工。在混砂车内实时监控，根据执行指挥发出的指令进行对砂比和混砂液排量控制（如图 8-21）。同时，监测混砂灌液面以及混砂设备的水温和油压。一般首先设定混砂车排出压力、输砂绞笼有关参数的超压值，再转换为自动操作。当压裂车在启泵、停泵时需要手动操作混砂车左、右

输砂绞笼，注意混合罐的液位情况。若液位高会产生溢流，液位低可能会造成压裂泵吸入空气，降低泵效。

(a) 混砂操作工

(b) 混砂罐液面

图 8-21　混砂操作工

8.2.1　压裂班组认知行为

压裂班组的一般行为流程：指挥人员通过人-机界面显示系统对系统信息进行观察/监视，并对比压裂设计要求，对系统当前状态进行识别。依据作业流程构建压裂班组认知行为模型如图 8-22。

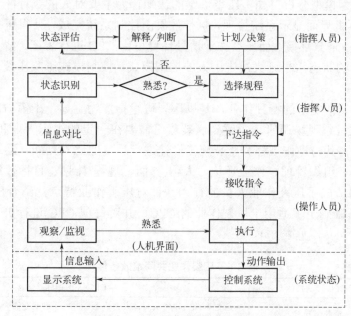

图 8-22　压裂班组认知行为模型

指挥人员对熟悉的系统状态选择对应的压裂规程，向操作人员下达指令；对不熟悉的系统状态，指挥人员则进入状态评估阶段，依靠自身的知识、经验对当前机组系统状态进行理解，根据对当前状态的理解和压裂设计要求做出相应判断并制定决策，选择对应的压裂规程或是直接向压裂操作人员下达操作指令。操作人员主要接收来自指挥人员的指令，按照操作规程和指令内容选择作业对象并执行。这一流程在压裂作业中不断循环，主要包括观察/监视、信息对比、状态识别、状态评估、解释/判断、计划/决策、选择规程、下达指令、接收指令与执行 10 个阶段（表 8-3）。

表 8-3　压裂认知行为过程

认知行为	具体内容
观察/监视	对压裂曲线和参数进行观察/监视
信息对比	将观察/监视得到的信息与压裂设计进行对比
状态识别	识别当前机组状态是否熟悉，熟悉则直接选择操作规程，否则进行状态评估

认知行为	具体内容
状态评估	对压裂机组状态进行分析并理解
解释/判断	对系统当前的状态进行解释/判断，并为后续决策阶段提供依据。
计划/决策	依据判断结果做出决策
选择规程	根据决策结果选择对应的规程或是直接下达指令
下达指令	依据规程或制定的决策对执行人员下达执行命令
接收指令	接收并理解指挥人员下达的指令
执行	依据操作规程和指令内容执行对应动作

8.2.2 压裂班组人因失误影响因素

（1）压裂作业 CPC 评估指标

人因可靠性分析理论普遍认为，人因失误不是由人自身原因导致的，而是由人所处的情景环境导致的，即各种情景环境因素是人因失误发生的根本原因。

由压裂班组认知行为模型分析可知，压裂班组的认知行为主要对人的执行能力产生影响，压裂机组系统状态的改变通过人-机界面显示系统呈现，执行效果由控制系统完成，使得压裂机组系统状态发生新变化，进而改变压裂作业情景环境。而压裂作业情景环境可由 CPC 进行表征，情景环境的改变直接导致 CPC 状态的改变，CPC 的状态水平则又决定了人的控制模式，控制模式影响压裂班组的认知功能，从而导致人因失误的发生。

压裂作业作为一门非常复杂的特种作业，是以压裂班组指挥为主导，指挥与压裂操作工相互配合，完成目标任务的。通过压裂现场调研，了解到压裂班组需要在一定的组织管理和物理环境中，依靠人-机界面获取系统信息并将其与操作规程和压裂施工设计进行反复的比对判断，通过班组沟通协作完成压裂操作。在这个过程中，组织管理、作业环境、人-机界面、规程/计划、目标数量、时间压力和班组交流合作相互作用等共同造成了压裂作业人员的行为。针对压裂作业特点，结合压裂专家访谈，以传统 CREAM 9 项 CPC 为基础确定了适用于压裂作业的 CPC，并对每项 CPC 进行更加细致的分解，确定了 CPC 评估指标及其具体含义，见表 8-4。

表 8-4 压裂作业共同绩效条件

CPC	CPC 评估指标	CPC 评估指标具体含义
组织管理因素 C_1	资源配置 C_{11}	信息资源、物资资源、人力资源、时间资源等是否合理组织和协调？是否可以保障压裂作业安全进行
	规章制度 C_{12}	规章制度健全程度，是否可以规范组织成员的作业行为，保障压裂作业安全、有序进行
	监督机制 C_{13}	监督机制的完善程度，是否可以及时发现危险信息以及采取有效措施阻止压裂事故发生
	职责与权力 C_{14}	组织结构、责任、权力的分配是否合理？组织成员权力和责任的相符程度
	安全文化 C_{15}	对安全的认同感与重视度，压裂作业人员是否有主动排查隐患，形成相互监督的安全作业氛围
压裂作业环境 C_2	作业环境 C_{21}	仪表车、指挥室、操作间等区域的光照、温度、湿度、噪声等是否达到标准？空间布置是否合理舒适
	危险及危险隔离 C_{22}	危险作业区域是否按照标准设置警示标志及安全防护措施？个人防护用品是否安全有效
	气候和地理条件 C_{23}	气候和地理条件是否会影响作业人员的行为准确度、情绪稳定性等
设备因素 C_3	显示系统设计 C_{31}	是否能提供完整、充足、高质量的实时监控数据，显示器清晰，仪表/标志简洁易读、含义明确
	控制系统设计 C_{32}	控制器的大小、形状、重量、操纵力度、操作方式等是否符合人机标准？按钮位置是否符合使用频率和操作习惯，触控灵敏可靠

CPC	CPC 评估指标	CPC 评估指标具体含义
设备因素 C_3	显示-控制界面布局 C_{33}	显示-布局位置是否符合使用频率和操作习惯？是否会影响操作人员信息获取及指令执行
	作业台设计 C_{34}	作业台的高度、大小、材质，物品摆放和功能排布等是否符合人机工程学？操作人员执行动作时是否舒适
	数字化人-机交互 C_{35}	人-机功能分配合理性，数字化人-机交互界面宜人性，报警系统的布置合理性及可用性
压裂规程/计划的可用性 C_4	规程/计划完善性 C_{41}	制定的压裂规程是否全面、系统，包括各种作业项目、工序、环节，符合压裂施工标准规范
	规程/计划可获取性 C_{42}	正常压裂作业及发生压裂事故时作业人员获取规程的容易程度
	规程/计划易理解性 C_{43}	压裂作业人员对操作规程的理解程度，操作规程是否逻辑清晰，流程简洁明确、标准化程度高，指导性强
	规程/可执行性 C_{44}	压裂作业人员对规程的熟悉度和执行程度
同时出现的目标数量 C_5	任务复杂性、新颖性 C_{51}	完成压裂作业任务的困难度以及作业强度，压裂作业流程的复杂性，任务的新颖程度
	多项压裂任务及转换 C_{52}	同时完成多项压裂任务时任务转换是否会消耗更多的认知加工时间？操作员注意力是否不断被干扰和中断
	数字化界面管理任务 C_{53}	不断切换数字化管理界面是否会增加作业人员的认知负荷和时间压力
	同时多事故 C_{54}	同时发生的事故数量，多项事故间的干扰程度，对控制和指挥人员的决策影响
时间压力 C_6	判断、决策时间 C_{61}	压裂作业指挥判断、决策时间的充足程度，时间安排是否均衡合理
	执行指令时间 C_{62}	压裂/混砂操作工执行指令时间的充足程度，心理压力水平
	任务完成时间 C_{63}	压裂班组协调完成任务时间的充足程度，时间安排是否合理
	事故处理时间 C_{64}	事故处理时间的充足程度，突发事故后果严重性及是否有补救措施
	作业时间段 C_{65}	不同时间段压裂作业时工人的生物节律调节情况，精神和工作状态对作业质量影响
培训和经验充分性 C_7	规范性和实用性 C_{71}	是否进行压裂作业技能培训，包括压裂设备的功能、操作方法、维护保养、组网调试、安全知识等？具备必要的文化水平、专业知识和业务能力；经培训考核持证上岗及岗前跟班实习
	领导重视程度和员工积极性 C_{72}	领导对压裂作业培训的重视程度，员工参与培训是否积极认真，有较强的安全意识和责任心，具备应急状况的处理能力
	培训教育实践频率 C_{73}	培训教育实践频率是否可以增强作业人员的安全意识和操作技能，促进压裂作业安全有效地进行
	安全绩效考核与奖惩 C_{74}	是否建立安全检查、监督、例会和考核制度，并实施严格的奖惩制度
班组成员及合作质量 C_8	成员生理心理因素、家庭和社会因素 C_{81}	成员年龄、身体条件、精神状态是否符合工作要求？作业情绪、风险意识、注意力集中程度、家庭支持以及社会对压裂工作的关注度、认可度、支持度、重视度是否可以使作业人员心态稳定、工作认真
	成员认知/经验/技能 C_{82}	压裂作业人员的认知能力是否良好？是否具备压裂作业经验？是否熟练掌握技术
	工作态度 C_{83}	班组成员的工作态度是否积极、认真，保证压裂施工质量
	合作协调程度 C_{84}	班组作为一个整体执行任务时在时间、空间以及命令、控制分配上的高效性，班组成员对任务贡献的和谐程度和同步程度
	沟通交流质量 C_{85}	指挥人员和操作人员的沟通交流质量，交流信息的工具、方法和机制的可用性，接收者收到的信息和发送者发送的信息的一致性
	压裂班组氛围 C_{86}	班组信息共享、班组凝聚力、信任程度，是否团结、和睦相处？是否相互信任、合作默契

（2）压裂作业 CPC 分类

在压裂作业情景环境下不同的 CPC 状态是不同的，其对压裂作业人员的认知和行为的影响效果也是不同的。本文综合考虑压裂现场情况，选择采用专家评判方式，得到压裂作业情景环境下 CPC 状态的优劣程度对人行为产生的不同影响程度。为了简化 CPC 评价过程，将 CPC 评价状态划分为 5 个等级：严重降低、降低、不明显、提高、显著提高。5 个等级具体内容及对应分值见表 8-5。

表 8-5　绩效因子 CPC 状态划分

等级状态	描述	分值
严重降低	指 CPC 指标当前状态严重影响压裂班组作业人员的正常工作，导致其行为水平严重下降	0
降低	指 CPC 指标当前状态能够导致压裂班组作业人员的行为水平下降，但这种影响并不严重	25
不明显	指 CPC 指标当前状态对压裂班组的行为水平没有明显影响	50
提高	指 CPC 指标当前状态对压裂班组作业人员的行为水平具有提高作用，但提高程度不高	75
显著提高	指 CPC 指标当前状态能够显著提高压裂班组作业人员的行为水平	100

单个 CPC 评估指标的专家综合评分可由式（8-4）计算得到

$$\text{score} = \frac{n_1 \times 0 + n_2 \times 25 + n_3 \times 50 + n_4 \times 75 + n_5 \times 100}{n} \tag{8-4}$$

式中　n_1——认为 CPC 评估指标对压裂班组的行为影响是"严重降低"的专家个数；

n_2——认为 CPC 评估指标对压裂班组的行为影响是"降低"的专家个数；

n_3——认为 CPC 评估指标对压裂班组的行为影响是"不明显"的专家个数；

n_4——认为 CPC 评估指标对压裂班组的行为影响是"提高"的专家个数；

n_5——认为 CPC 评估指标对压裂班组的行为影响是"显著提高"的专家个数；

n——评分专家的总数。

实地调研四川省某压裂作业现场，并以该压裂作业现场操作人员为分析对象，以本文压裂作业 CPC 因子为基础，结合压裂作业人因失误事故资料，设计相关调查问卷。问卷共包含 38 组题目，分别与 38 项 CPC 评估指标相对应，便于后续的分析和计算。此次调查访谈了由该压裂现场 5 名具有压裂作业安全管理及相关工作经验的压裂作业人员、施工管理人员以及高校相关领域研究人员组成的压裂作业 CPC 因子评分专家小组，具体问卷调查结果见表 8-6。

表 8-6　绩效因子 CPC 综合评分结果

绩效因子	评分结果	绩效因子	评分结果
C_{11}	100	C_{52}	30
C_{12}	90	C_{53}	75
C_{13}	95	C_{54}	0
C_{14}	85	C_{61}	70
C_{15}	75	C_{62}	60
C_{21}	70	C_{63}	65
C_{22}	85	C_{64}	65
C_{23}	65	C_{65}	15
C_{31}	25	C_{71}	75
C_{32}	35	C_{72}	95
C_{33}	30	C_{73}	85
C_{34}	20	C_{74}	90
C_{35}	10	C_{81}	40
C_{41}	85	C_{82}	65
C_{42}	80	C_{83}	60
C_{43}	90	C_{84}	65
C_{44}	95	C_{85}	80
C_{51}	35	C_{86}	80

压裂作业人员行为受各种 CPC 因子的影响，在具体的任务情景环境和不同类型的人因事件中，不同的 CPC 因子对作业人员行为的影响程度是不同的，即 CPC 因子之间的权重不同。CPC 因子的权重本质上体现了各指标项对压裂系统安全和班组绩效影响的程度和贡献地位，因此可以据此识别出 CPC 因子指标中对压裂系统安全和班组绩效贡献较大的因子，有针对性地对其提出安全对策与措施。

目前使用比较广泛的权重赋分方法主要有主观赋权法、客观赋权法和组合赋权法，本书综合考虑专家评价和信息因素采用主客观组合赋权法为 CPC 因子赋权。主观赋权方法采用序关系分析法（G1 法），根据专家经验确定 CPC 因子重要程度排序，通过对评价指标相对重要程度的比较，最终得出各评价指标的权重系数。将 CPC 因子设为 $\{x_1, x_2, \cdots, x_m\}$，若压裂作业 CPC 因子 x_k 相对于评价准则的重要性大于压裂作业 CPC 因子 x_t，则记为：$x_k > x_t$。压裂专家从 $\{x_1, x_2, \cdots, x_m\}$ 中依次挑选出可以作为首要因子的 CPC 因子，在 $m-1$ 次选择后来确定唯一序关系。记为

$$CPC_{x_1} > CPC_{x_2} > \cdots > CPC_{x_m}$$

为确定 CPC 因子的权重，得到各 CPC 因子的相对重要性，利用序关系中相邻指标的重要度之比来表示，设 x_{k-1} 与 x_k 的重要程度之比记为 r_k，且 $k = m, m-1, \cdots, 2$，指标间相对重要程度关系见表 8-7。

表 8-7　CPC 指标间相对重要程度关系

r_k 指标	说明	r_k 指标	说明
1	x_{k-1} 与 x_k 相比同样重要	1.6	x_{k-1} 比 x_k 强烈重要
1.2	x_{k-1} 比 x_k 稍微重要	1.8	x_{k-1} 比 x_k 极端重要
1.4	x_{k-1} 比 x_t 明显重要		

根据 CPC 因子的相对重要性，可计算出权重系数如下

$$w_m = \left[1 + \sum_{k-2}^{m} \prod_{i=k}^{m} r_i \right]^{-1} \tag{8-5}$$

$$w_{k-1} = r_k w_k \tag{8-6}$$

式中　w_m——第 m 个 CPC 因子指标的权重；

　　　w_k——第 k 个 CPC 因子指标的权重；

　　　r_i, r_k——CPC 因子指标间的相对重要程度。

综上将运用 G1 法得到的 CPC 指标权重向量记为

$$\boldsymbol{w}^a = (w_1^a, w_2^a, \cdots, w_n^a)$$

客观赋权方法综合运用信息熵理论，计算各项 CPC 评估指标在隶属度矩阵中所反映信息价值的高低程度，即各项 CPC 评估指标权重。

计算第 i 个压裂作业 CPC 因子下第 j 个评估指标的比重 p，首先对各项指标的分值依据式（8-7）进行标准化处理

$$p_{ij} = \frac{u_{ij}}{\sum_{j=1}^{n} u_{ij}} \tag{8-7}$$

式中，$i = 1, 2, \cdots, m$；$j = 1, 2, \cdots, n$。

依据标准化处理结果，根据式（8-8）确定第 i 个 CPC 因子熵值

$$e_i = -k \sum_{j=i}^{n} p_{ij} i \ln p_{ij} \tag{8-8}$$

式中，k 为信息熵系数，$k = \dfrac{1}{\ln n}$。

依据 CPC 因子的熵值，通过式（8-9）计算第 i 个 CPC 因子的熵权

$$w_i^b = \frac{1-e_i}{\sum_{i=1}^{m}(1-e_i)} \qquad (8\text{-}9)$$

式中　w_i^b——指标间的客观权重；

　　　e_i——行为形成因子的信息熵。

综上将运用熵权法得到的压裂 CPC 因子的客观权重向量记为

$$\boldsymbol{w}^b = (w_1^b, w_2^b, \cdots, w_m^b)$$

既能兼备决策者经验性的优势，又能够尽量避免赋权的随意主观性，使得赋权结果更为客观准确，有关学者提出了一种将主、客观赋权进行组合的赋权方法，该方法体现了系统分析的思想。其利用主观与客观赋权法相结合得到的组合赋权法来确定压裂作业绩效因子的权重集以弥补各自的不足，既避免了 G1 法的主观性，又克服了熵权法的客观性，确定出了压裂作业绩效因子更合理科学的权重集。

先根据 G1 法和熵权法分别得到的压裂作业绩效因子权重向量 $\boldsymbol{w}^a$、$\boldsymbol{w}^b$，进而根据线性赋权法确定压裂作业绩效因子权重的组合权重，计算公式如下

$$w_i = \alpha w_i^a + \beta w_i^b \qquad (8\text{-}10)$$

式中，α 表示 G1 法所确定的主观赋权值占组合权重的比例；β 表示熵权法确定的客观赋权值占组合权重的比例；系数 α 和 β 利用差异系数法进行求解，计算如下

$$\alpha = \frac{n}{n-1}\left[\frac{2}{n}\left(P_1 + 2P_2 + \cdots + nP_n\right) - \frac{n+1}{n}\right] \qquad (8\text{-}11)$$

$$\beta = 1 - \alpha \qquad (8\text{-}12)$$

式中，$P_i(i=1,2,\cdots,n)$ 即主观权重依照升序排序后依次的向量，n 即评价因子数目。

综上可得，通过组合赋权方法得到的压裂作业绩效因子权重向量

$$\boldsymbol{w} = (w_1, w_2, \cdots, w_m)$$

根据上述方法，确定压裂作业绩效因子的组合权重向量结果，如表 8-8 所示。

表 8-8　CPC 二级指标权重

CPC	二级指标	w^a	w^b	w_i
	C_{11}	0.028	0.0000	0.0070
	C_{12}	0.015	0.0022	0.0053
C_1	C_{13}	0.015	0.0014	0.0047
	C_{14}	0.018	0.0024	0.0062
	C_{15}	0.018	0.0053	0.0083
	C_{21}	0.021	0.0082	0.0115
C_2	C_{22}	0.034	0.0024	0.0103
	C_{23}	0.021	0.0136	0.0156
	C_{31}	0.027	0.0644	0.0550
	C_{32}	0.068	0.1186	0.1059
C_3	C_{33}	0.027	0.0650	0.0555
	C_{34}	0.027	0.0518	0.0456
	C_{35}	0.038	0.2127	0.1690

CPC	二级指标	w^a	w^b	w_i
	C_{41}	0.028	0.0024	0.0088
C_4	C_{42}	0.034	0.0066	0.0134
	C_{43}	0.047	0.0022	0.0134
	C_{44}	0.047	0.0014	0.0128
	C_{51}	0.020	0.0312	0.0285
C_5	C_{52}	0.028	0.0650	0.0558
	C_{53}	0.017	0.0000	0.0042
	C_{54}	0.045	0.0000	0.0114
	C_{61}	0.060	0.0225	0.0319
	C_{62}	0.033	0.0149	0.0195
C_6	C_{63}	0.019	0.0136	0.0148
	C_{64}	0.033	0.0136	0.0185
	C_{65}	0.010	0.1186	0.0915
	C_{71}	0.027	0.0186	0.0208
C_7	C_{72}	0.038	0.0014	0.0106
	C_{73}	0.023	0.0024	0.0075
	C_{74}	0.023	0.0022	0.0073
	C_{81}	0.016	0.0518	0.0429
	C_{82}	0.027	0.0351	0.0331
C_8	C_{83}	0.019	0.0316	0.0285
	C_{84}	0.016	0.0136	0.0142
	C_{85}	0.016	0.0017	0.0053
	C_{86}	0.016	0.0017	0.0053

根据表 8-8 绩效因子二级指标的组合赋权结果，通过计算可以得到绩效因子一级指标的组合权重，结果如表 8-9 所示。

表 8-9　CPC 一级指标组合权重结果

CPC	权重	CPC	权重	CPC	权重
C_1	0.032	C_4	0.048	C_7	0.046
C_2	0.037	C_5	0100	C_8	0.129
C_3	0.431	C_6	0.176		

从表 8-9 中可以看出，压裂系统人-机交互界面（0.431）、作业时间（0.176）、班组成员及合作质量（0.129）和同时出现的目标数量（0.1），这 4 个绩效因子对压裂作业系统安全运行的影响最大，应着重考虑这 4 个方面的人因可靠性改进。

8.2.3　压裂作业人因失误概率量化

压裂作业情景环境是通过影响班组作业人员的认知行为过程从而导致人因失误的，压裂班组人员的认知行为过程是压裂作业情景环境与班组人因失误发生的纽带。CREAM 将人的认知行为过程通过控制模式来表示，将情景环境通过 CPC 来进行表征。因此，结合模糊化的 CREAM 要实现人因失误概率定量计算，则需要构建压裂作业情景环境与人因失误概率之间的映射关系。一方面需要建立压裂作业 CPC 因子与控制模式之间的映射关系，另一方面需要建立控制模式与人因失误概率之间的映射关系。

传统的 CREAM 模型中各 CPC 因子的描述水平界限模糊，并且人因失误概率区间范围相当广泛，相邻控制模式人因失误概率区间有交叠，造成评估结果不稳定的问题。因此，本节根据压裂作业特点，将 CREAM 模型和模糊理论相结合，对压裂作业进行人因可靠性分析。

（1）模糊化处理

本书以正态分布反映实际情境环境，采用高斯隶属度函数进行模糊化处理

$$f(x) = \exp\left[-\frac{(x-\mu)^2}{2\sigma^2}\right] \tag{8-13}$$

式中，μ 为期望值；σ 为标准差。

根据式（8-13）及表 8-4，分析相关数据资料，拟合确定参数 μ 和 σ 的取值，进而得到各项 CPC 评估指标描述水平的隶属度函数。以 CPC 评估指标"沟通交流质量"为例，通过高斯隶属度函数，将"沟通交流质量"的模糊集合划分为不满意、可接受、较满意、满意 4 类语言描述水平

$$\begin{cases} f_1(x) = \exp\left[-\frac{(x-0)^2}{2\times18^2}\right] & x \in [0,30] \\ f_2(x) = \exp\left[-\frac{(x-40)^2}{2\times18^2}\right] & x \in [10,70] \\ f_3(x) = \exp\left[-\frac{(x-60)^2}{2\times18^2}\right] & x \in [30,90] \\ f_4(x) = \exp\left[-\frac{(x-100)^2}{2\times18^2}\right] & x \in [70,100] \end{cases} \tag{8-14}$$

式中，f_1、f_2、f_3、f_4 依次对应不满意、可接受、较满意、满意 4 类 CPC 描述水平的隶属度；x 为 CPC 的评价值。

为增强集合置信度，在隶属度为 0.25 处对函数进行了截断，"沟通交流质量"隶属度函数曲线如图 8-23 所示。

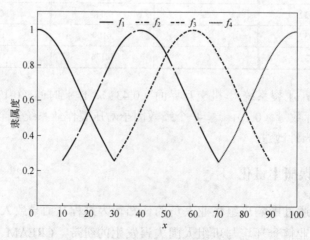

图 8-23 "沟通交流质量"隶属度函数曲线

CREAM 将人的控制模式划分为 4 种类型，每种控制模式都对应相应的失误概率区间，具体分类及对应失误概率区间见表 5-18。

相邻的控制模式均存在失误概率的重叠区间，需要使用模糊数学方法解决这种固有的不确定性。根据表 5-18 及式（8-13），可以得到控制模式的隶属度函数，即

$$
\begin{cases}
Z_1(p) = \exp\left(-\dfrac{[P-(-0.5)]^2}{2\times 0.3^2}\right) & p \in [-1.0,\ 0] \\[3mm]
Z_2(p) = \exp\left(-\dfrac{[P-(-1.15)]^2}{2\times 0.51^2}\right) & p \in [-2.0,-0.3] \\[3mm]
Z_3(p) = \exp\left(-\dfrac{[P-(-2)]^2}{2\times 0.6^2}\right) & p \in [-3.0,-1.0] \\[3mm]
Z_4(p) = \exp\left(-\dfrac{[P-(-3.5)]^2}{2\times 0.9^2}\right) & p \in [-5.0,-2.0]
\end{cases}
\tag{8-15}
$$

式中，为了方便计算，对压裂班组人因失误概率 P 统一取以 10 为底的对数，用 p 表示；Z_1、Z_2、Z_3、Z_4 分别代表压裂班组的 4 种控制模式。

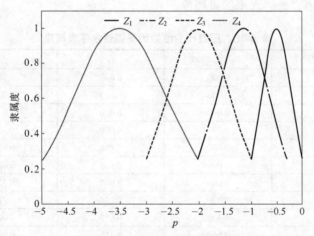

图 8-24　控制模式隶属度函数曲线

同样对控制模式的隶属度函数在隶属度为 0.25 处进行截断，得到隶属度函数曲线，如图 8-24 所示。

（2）模糊计算

对 38 个 CPC 评价指标评分结果通过式（8-14）进行模糊计算，得到 CPC 评价指标的隶属度矩阵

$$
(\lambda_{ij})_{m\times n} =
\begin{bmatrix}
\lambda_{11} & \lambda_{12} & \cdots & \lambda_{1n} \\
\lambda_{21} & \lambda_{22} & \cdots & \lambda_{2n} \\
\vdots & \vdots & & \vdots \\
\lambda_{m1} & \lambda_{m2} & \cdots & \lambda_{mn}
\end{bmatrix}
\tag{8-16}
$$

式中　λ_{ij}——第 i 项 CPC 评价指标隶属于第 j 类 CPC 描述水平的程度，$i=1,2,\cdots,m$；$j=1,2,\cdots,n$。

为了确定控制模式所属的集合和对应的隶属度，需要对各项 CPC 评价指标隶属于第 j 类 CPC 描述水平的程度进行加权集结

$$
Z_p = \sum_{i=1}^{m} w_i \lambda_{ij},\quad p=j
\tag{8-17}
$$

得到压裂班组 4 种控制模式的隶属度向量为

$$\boldsymbol{Z} = (Z_1, Z_2, Z_3, Z_4)$$

（3）去模糊化

去模糊化主要是建立四种控制模式与人因失误概率之间的映射关系。在不同的控制模式中，人的行为特点是不同的，所可能发生的人因失误概率也具有差异性。从表 5-18 可知，人的控制模式与人因失误概率区间是一一对应的。

为了准确计算压裂班组的人因失误概率值，需要对控制模式隶属度进行去模糊化处理，找到最具代表性的模糊集合的单值。实现去模糊化的过程一般有两种常用的方法：最大隶属函数法和重心法。由于最大隶属函数法使用最大点的平均值，会存在较大的结果误差。本节采用重心法计算压裂班组人因失误概率，计算公式为

$$p = \frac{\int Z(p)p\,\mathrm{d}p}{\int Z(p)\,\mathrm{d}p} \tag{8-18}$$

将绩效因子二级指标的专家评价结果的代入 4 种语言描述水平的隶属度函数公式，获得绩效因子 4 种语言描述水平的隶属度。为了方便计算，再对其进行归一化处理，结果如表 8-10 所示。f_1、f_2、f_3、f_4 依次对应绩效因子的 4 种语言描述水平的隶属度。

表 8-10　压裂作业绩效因子描述水平隶属度

CPC	二级指标	f_1	f_2	f_3	f_4
C_1	C_{11}	0.000	0.000	0.000	1.000
	C_{12}	0.000	0.000	0.225	0.775
	C_{13}	0.000	0.000	0.000	1.000
	C_{14}	0.000	0.000	0.350	0.650
	C_{15}	0.000	0.000	0.650	0.350
C_2	C_{21}	0.000	0.184	0.632	0.184
	C_{22}	0.000	0.000	0.350	0.650
	C_{23}	0.000	0.284	0.716	0.000
C_3	C_{31}	0.350	0.650	0.000	0.000
	C_{32}	0.650	0.350	0.000	0.000
	C_{33}	0.184	0.632	0.184	0.000
	C_{34}	0.500	0.500	0.000	0.000
	C_{35}	0.775	0.225	0.000	0.000
C_4	C_{41}	0.000	0.000	0.350	0.650
	C_{42}	0.000	0.000	0.500	0.500
	C_{43}	0.000	0.000	0.225	0.775
	C_{44}	0.000	0.000	0.000	1.000
C_5	C_{51}	0.000	0.716	0.284	0.000
	C_{52}	0.184	0.632	0.184	0.000
	C_{53}	0.000	0.000	0.650	0.350
	C_{54}	1.000	0.000	0.000	0.000
C_6	C_{61}	0.000	0.184	0.632	0.184
	C_{62}	0.000	0.350	0.650	0.000
	C_{63}	0.000	0.284	0.716	0.000
	C_{64}	0.000	0.284	0.716	0.000
	C_{65}	0.650	0.350	0.000	0.000
C_7	C_{71}	0.000	0.000	0.650	0.350
	C_{72}	0.000	0.000	0.000	1.000
	C_{73}	0.000	0.000	0.350	0.650
	C_{74}	0.000	0.000	0.225	0.775

CPC	二级指标	f_1	f_2	f_3	f_4
C_8	C_{81}	0.000	0.650	0.350	0.000
	C_{82}	0.000	0.284	0.716	0.000
	C_{83}	0.000	0.350	0.650	0.000
	C_{84}	0.000	0.284	0.716	0.000
	C_{85}	0.000	0.000	0.500	0.500
	C_{86}	0.000	0.000	0.500	0.500

根据表 8-10 压裂作业绩效因子的 4 种语言描述水平的隶属度和确定的绩效因子二级指标权重结果，对压裂作业绩效因子进行模糊计算，得到压裂班组的 4 种控制模式隶属度向量 Z 为

$$Z = (0.333, 0.337, 0.222, 0.108) \quad (混乱型,机会型,战术型,战略性)$$

4 种行为模式隶属度向量 Z 值代入式（8-18），通过重心法对压裂作业人员控制模式的隶属度进行去模糊化处理，获得正常作业下压裂班组人因失误概率为

$$p = 0.0048$$

由压裂班组的 4 种行为模式隶属度可知，在压裂作业过程中，压裂班组对混乱型和机会型隶属度较高，说明压裂班组成员在正常压裂作业情景环境下控制模式为混乱型和机会型，如表 8-11 所示。

表 8-11 压裂班组成员控制模式状态解释

控制模式	解释
混乱型	在混乱型的控制模式下，操作人员对当前的情景环境非常不熟悉，基本丧失了思考和判断能力，盲目地对系统进行判断和操作。这种控制模式通常出现在事故状态下
机会型	在机会型控制模式下，操作人员对当前的情景环境不是很熟悉，对系统状态只能进行有限的计划或期望性判断，主要依赖自己的经验对当前系统状态进行判断和操作
战术型	在战术型控制模式下，操作人员对当前的情景环境比较熟悉，可以基于当前系统状态做出相应的计划，并且其行为的选择有可以参考的规程或规则
战略型	在战略型控制模式下，操作人员对当前的情景环境非常熟悉，并且有充足的时间根据当前系统状态执行相应的动作，行为的执行较少受到当前情景环境的影响和制约

8.3 舱室人机界面布局设计与评估优化

本文所定义的舱室是一种较为复杂的人-机-环境系统，由人、机器和工作空间组成，是一种半封闭或全封闭的作业场所，如航空航天载人舱、深海潜水器舱室、工程机械驾驶室、汽车驾驶室、石油钻机司钻控制室、核电站控制室等。如图 8-25 所示，这类舱室的显示操纵装置较多、结构复杂，而且操作空间一般较小。

(a) 飞机驾驶舱

(b) 石油钻机司钻控制室

图 8-25 舱室示例

舱室是执行任务观察、操纵控制的区域，集中了显示仪表、操纵器、信号、警报等终端界面。人机界面作为操作者与机器设备交流和沟通的最主要的通道，是操作系统中人和机器交互的直接平台，在系统运行安全方面起着重要的作用。操作者需要依靠视觉、听觉和触觉，通过显示界面获取外界与系统运行信息，然后经大脑快速做出决定，并通过运动器官将操纵信号传递到系统。因而，感觉器官与显示器之间、运动器官与操纵器之间都需要有良好的适配性关系。设计不当的舱室人机界面可能引发重大安全事故，人机界面布局是影响人机界面设计质量的一个主要因素。舱室人机界面布局设计是指将显示装置、操纵装置合理地布置在显示、控制面板上，满足布局空间的约束和人的认知特性的要求，符合人机工效设计准则。

8.3.1　遗传-蚁群算法求解舱室操纵器布局优化

对于布局问题的研究开始于 1831 年，高斯（Gauss）展开了"格"（lattice）的研究。布局设计是将待布物体布置在给定的布局空间中，满足设定的约束条件，并以实现面积利用率、成本、性能等某种或多种指标最优为目标。布局设计问题涉及生产和生活中的许多领域，具有较为广泛的工程应用背景，例如，装箱问题（bin packing problem）、下料问题（strip packing problem）、切断问题（cutting stock problem）、办公室布局设计、厂房布局设计、设备布局等。布局问题按照维数分为二维布局和三维布局；按照待布物体的形状分为规则物体布局和不规则物体布局；按照约束情况分为无性能约束布局和带性能约束布局。

目前求解布局问题的思路一般是先将上述实际工程问题简化为数学模型，然后通过计算机算法求解。例如，李广强针对卫星舱布局设计提出了人机合作的免疫算法、蚁群算法、遗传算法等方法，获得了工程满意解和较为优越的计算效率。宗立成建立了载人潜水器舱室布局优化数学模型，提出了基于 Pareto 的遗传算法（Pareto genetic algorithm）进行多目标优化计算；提出了使用人工鱼群算法求解深潜器舱室人员布局优化问题。范文利用蚁群算法进行了主控台布局优化设计。颜声远提出了基于模拟退火算法的核电站控制室操纵器排列优化方法。王运龙建立了船舶舱室布局优化数学模型，利用改进的遗传算法实现了舱室内待布置物的自动布局。

可见，对于布局问题的不同应用领域，需要采用不同的方法求解。因此，本节将从认知心理学角度出发研究人的认知特性，将布局原则融合到优化目标函数中，运用遗传-蚁群算法实现舱室操纵器布局的智能化。

8.3.1.1　布局设计问题描述

布局设计的过程是通过数学模型描述布局问题的约束和求解目标，将形式化的描述转变为具体的数据描述。舱室布局问题的基本要素包括布局空间、待布物体、约束条件和求解目标。

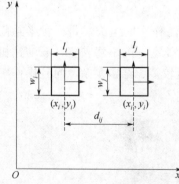

图 8-26　布局示意简图

（1）布局空间和待布物体

将舱室布局设计简化为二维布局问题处理，在二维面板上进行显示器、操纵器的布局优化。将布局空间和待布物体简化为矩形、圆形等简单几何形体。布局示意简图如图 8-26 所示。L 代表面板总长度，W 代表面板总宽度。设有 n 个待布物体，l_i 和 w_i 分别代表待布物体 i 的长和宽，(x_i, y_i) 代表待布物体 i 在面板上的坐标值。待布物体 i 和待布物体 j 之间的距离可通过下式计算

$$d_{ij} = \sqrt{(x_i - x_j)^2 + (y_i - y_j)^2} \tag{8-19}$$

（2）约束条件和求解目标

从组合优化角度来看，显示器、操纵器位置布局优化设计即是寻求待布物体的最优位置组合，在满

足布局约束情况下实现多目标相对最优。本节将待布物体序列变量 H 作为优化设计变量，各布局位置序号所属位置布置一个待布物体，布局位置序号和待布物体序号一一对应。由待布物体序号形成一个布局方案，待布物体序列 H 表达为

$$H = \{h_1, h_2, \cdots, h_n\}$$

$$\begin{cases} h_k = \{h \mid h \in \mathbf{N}^+, 1 \leqslant h \leqslant n\} \\ h_i \neq h_j (i, j = 1, 2, \cdots, n; i \neq j) \end{cases}$$

式中，h_k 为 k 位置对应的待布物体序号。

将符合认知特性的布局原则用数学模型描述成 pri_i（$i=1$，2，$\cdots$，m），m 代表布局原则数目。在布局模型的建立过程中，以符合布局原则最大化为模型的优化设计目标，同时保证待布物体在布局过程中不发生干涉。求解目标通常是多目标的，其表达式表示如下

$$\max[f(x)] = \max\left(\sum_{i=1}^{m} \varphi_i \mathrm{pri}_i\right) \tag{8-20}$$

式中，φ_i 为各布局原则权重。

式（8-20）要满足

$$\begin{cases} \dfrac{l_i + l_j}{2} - |x_j - x_i| \leqslant 0 \\ \dfrac{w_i + w_j}{2} - |y_j - y_i| \leqslant 0 \end{cases}$$

$$\begin{cases} x_j + \dfrac{l_j}{2} - L \leqslant 0 \\ y_j + \dfrac{w_j}{2} - W \leqslant 0 \end{cases}$$

8.3.1.2 布局优化方法概述

从分析人的思维过程入手，充分考虑人的生理和心理特性，根据认知工效总结布局设计原则。在此基础上，采用智能优化算法求解组合最优问题，利用遗传算法和蚁群算法的各自优势，构建基于遗传-蚁群算法的舱室操纵器布局设计模型。

求解思路如图 8-27 所示。首先，利用遗传算法的随机性、快速性和全局收敛性，生成若干个舱室操

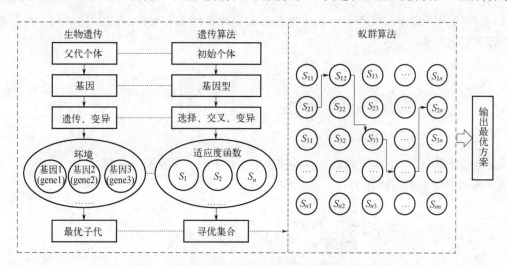

图 8-27　舱室操纵器布局优化流程

纵器布局方案初始解,将其转化为初始信息素轨迹强度分布;然后,采用蚁群算法对布局方案进行再次优化,利用蚁群算法的并行性、正反馈机制等特性,提高求解效率。

8.3.1.3 根据布局原则确定优化目标

(1) 总结布局原则

即以人的思维特性为基础,运用人的信息组织、视觉搜索和记忆特性等规律,使得舱室操纵器布局符合操作者对界面信息的认知能力。总结舱室操纵器布局设计涉及的一些认知规律,并将其转化为布局的指导原则。

① 认知和客观相符合(按功能分区排列)。如果采用符合操作者习惯的处理方式,使得布局与操作者的经验和知识背景一致,可以减少学习和记忆时间,避免失误的发生。例如,将具有相似功能的操纵器布置在同一区域,当需要使用该区域中的某一操纵器时,操作者的注意会以自动的方式搜索到该熟悉区域,从而找到该操纵器。

② 任务流设计(按操作顺序布置)。任务流设计即操作流程设计,通过设计操纵顺序流程,而使操作者的工作量减少,工作效率提高。其针对操作者需要完成的任务,分析其中的主要操作过程,然后根据操作者的认知习惯合并、减少以及规划操作动作,从而减轻操作者的认知负荷和认知时间。既要加快信息处理速度,又要提高操作者信息处理的质量。

③ 与操作者的认知策略相匹配(按重要性和操作频率布置)。由于人的认知具有动态特性,布局方案很难适应各类操作者的动态认知差异,所以应该根据操作者知识水平、认知能力和使用习惯,通过判断不同层次操作者的认知策略来进行布局设计,实现对操作者的认知过程动态适应。例如,根据记忆特性,将重要的、观察与操纵频繁的显示和操纵器布置于便于观察和操纵舒适的范围之内,能够减轻操作者的短期记忆负担,有利于直觉、模板和推理层之间合理分配认知负荷,避免造成遗忘、记忆错误等后果。

④ 符合信息组织规律(成组相关排列)。视觉的组织特性是指在视野中离散的刺激可以由于它们彼此之间的某种关系组织到一起而形成一个整体的视觉。可利用视觉组织的相似性原则、邻近性原则和封闭性原则指导布局设计。例如,当大量操纵器需要布置时,可利用邻近性原则将相关的操纵器靠近排布或者利用相似性原则将相关的操纵器用相同颜色表示,从而形成整体感,让操作者可以快速搜索到。

(2) 布局优化目标函数

舱室操纵器布局设计的目标是在给定的空间范围内,实现给定待布物体的最优排列,即搜索出最符合布局原则的布局方案。以舱室操纵器布局为例,分别针对各布局原则构建布局优化数学模型和目标函数。

① 操作顺序原则。在操作过程中,如果操纵器在操作程序上有顺序要求,按其顺序进行布局设计。操作顺序矩阵可以表示为

$$\boldsymbol{t}=[t_{ij}]=\begin{bmatrix} t_{11} & t_{12} & \cdots & t_{1g} \\ t_{21} & t_{22} & \cdots & t_{2g} \\ \vdots & \vdots & & \vdots \\ t_{n1} & t_{n2} & \cdots & t_{ng} \end{bmatrix}$$

式中,n 为操纵器个数;g 为工况数;t_{ij} 为操纵器 i 在工况 j 下的操作顺序。

操作顺序原则的数学模型描述为

$$T_i=\sum_{j=1}^{g}\left(\frac{t_{ij}}{\sum\limits_{i=1}^{n}t_{ij}}W_{Ti}\right) \quad (i=1,2,\cdots,n;\ j=1,2,\cdots,g) \tag{8-21}$$

式中，W_{Ti} 为操纵器 i 的权重。

② 重要性和操作频率原则。将重要的、操纵频繁的操纵器布置在操作者的最佳控制区域，例如紧急制动等按钮。

不同操纵器的重要程度通过重要度矩阵表达

$$\boldsymbol{I} = [I_{ij}] = \begin{bmatrix} I_{11} & I_{12} & \cdots & I_{1r} \\ I_{21} & I_{22} & \cdots & I_{2r} \\ \vdots & \vdots & & \vdots \\ I_{n1} & I_{n2} & \cdots & I_{nr} \end{bmatrix}$$

式中，r 为专家人数；I_{ij} 为操纵器 i 经专家 j 评估的重要度。

重要度由经验丰富的舱室设计、使用、维护等方面的专家来决定。为了降低专家个体差异对评估结果的影响，需要对专家评估确定权重。专家权重矩阵可表示为

$$\boldsymbol{W}_{Z} = [W_{Z1}\ W_{Z2}\ \cdots\ W_{Zr}]^{\mathrm{T}}$$

考虑专家权重后的操纵器 i 的重要度可表示为

$$\boldsymbol{Z}_i = I_{ij}\boldsymbol{W}_Z \tag{8-22}$$

不同操纵器的操纵频繁度通过频率矩阵表达

$$\boldsymbol{F} = [f_{ij}] = \begin{bmatrix} f_{11} & f_{12} & \cdots & f_{1g} \\ f_{21} & f_{22} & \cdots & f_{2g} \\ \vdots & \vdots & & \vdots \\ f_{n1} & f_{n2} & \cdots & f_{ng} \end{bmatrix}$$

式中，f_{ij} 为操纵器 i 在工况 j 下的操纵频繁度。

每个工况的权重由其发生的概率决定，表示为

$$\boldsymbol{W}_{C} = [W_{C1}\ W_{C2}\ \cdots\ W_{Cg}]^{\mathrm{T}}$$

考虑工况权重后的操纵器 i 的操作频率可表示为

$$\boldsymbol{C}_i = f_{ij}\boldsymbol{W}_C \tag{8-23}$$

因此，根据式（8-22）和式（8-23），重要性和操作频率原则的数学模型可以描述为

$$\begin{cases} \boldsymbol{S}_i = u\boldsymbol{Z}_i + v\boldsymbol{C}_i \\ u + v = 1 \end{cases} \tag{8-24}$$

式中，u 和 v 分别表示重要性与操作频率的权重。

③ 相关性原则。相关性反映了操纵器之间关系的密切程度，关系越密切的操纵器布局距离越靠近。操纵器间的距离根据式（8-19）计算。

操纵器的相关性矩阵可以表示为

$$\boldsymbol{O} = [o_{ij}] = \begin{bmatrix} o_{11} & o_{12} & \cdots & o_{1n} \\ o_{21} & o_{22} & \cdots & o_{2n} \\ \vdots & \vdots & & \vdots \\ o_{n1} & o_{n2} & \cdots & o_{nn} \end{bmatrix}$$

式中，o_{ij} 为操纵器 i 和操纵器 j 的关联程度。

操纵器 i 和其余操纵器的相关性的数学模型描述为

$$O_i = \sum_{j=i+1}^{n} (o_{ij} / d_{ij}) \tag{8-25}$$

④ 目标函数。在既定的待布空间中，便于操纵的位置有限，无法将每个操纵器都布置到最佳位置。因此，在构建目标函数时需要综合考虑上述布局原则，并添加系数进行调控。优化目标是要使得方案解的整体评价值最高，在布局约束条件下使所确定的系统目标函数得到极大值。综合考虑上述布局原则数学模型式（8-21）、式（8-24）、式（8-25），以及根据式（8-20）将目标函数定义为

$$f(i)_{\text{best}} = \max\left[\sum_{i=1}^{n}(\delta_1 T_i + \delta_2 S_i + O_i)\right] \tag{8-26}$$

$$\delta_1 = 1 - i/n$$

$$\delta_2 = 1 - d_{ik}/d_{k\max}$$

式中，n 为待布操纵器数；δ_1 和 δ_2 为位置控制系数；d_{ik} 为操纵器 i 的位置坐标和最佳布置点 k 间的距离；$d_{k\max}$ 为待布区域中与最佳布置点 k 的最大距离。

8.3.1.4 遗传-蚁群算法在舱室操纵器布局优化中的应用

（1）遗传-蚁群算法思想

遗传算法和蚁群算法都具有全局搜索、概率随机搜索等优点。但是，遗传算法存在冗余迭代，计算量大导致求解效率低。蚁群算法由于初期信息素缺乏，从而搜索时间长，而且容易出现停滞现象。根据对遗传和蚁群算法的研究和实验得出如图 8-28 所示的速度-时间曲线。遗传算法在搜索初期（$t_0 \sim t_a$）的收敛速度较快，进化到一定程度时（t_a 之后）其收敛速度大幅下降；相反，蚁群算法在搜索初期（$t_0 \sim t_a$）收敛速度非常缓慢，但是当信息素的累积达到一定程度后（t_a 之后），蚂蚁的搜索活动会呈现一定的规律性，收敛速度迅速提高。因此，本文将针对上文构建的布局优化目标函数，利用遗传算法生成布局方案的次优解，并作为蚁群算法所需的初始信息分布，期望通过混合算法获得较好的优化性能和时间性能。

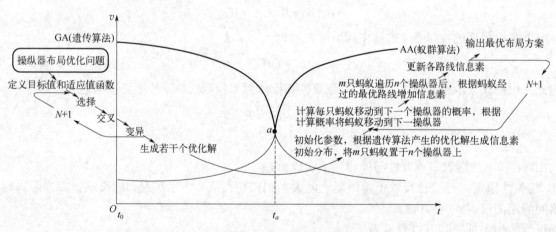

图 8-28 遗传-蚁群算法流程

（2）遗传算法确定初始信息素

① 编码。采用序列编码的形式对操纵器进行编码，便于进行优化计算。代码串格式如下

$$\boldsymbol{C}_p = [c_{p1}, c_{p2}, c_{p3}, \cdots, c_{pq}, s]$$

式中，p 为染色体数目，即种群大小（布局方案数量）；q 为操纵器数量；c_{pq} 为位于染色体（布局方案）p 的第 q 个位置上的基因（操纵器）；s 为每排布置操纵器数目。

② 构造适应度函数。操纵器布局问题属于组合优化问题，将每一种排列组合方式作为一个个体，从

操纵器的不同排列组合方案中寻求最满足布局原则的布局方案。适应度值是量化群体中个体优劣的唯一指标，决定了个体的生存机会。根据目标函数公式［式（8-26）］确定适应度函数

$$\text{fitness}(i) = \sum_{i=1}^{n}(\delta_1 T_i + \delta_2 S_i + O_i) - \text{Con}$$

式中，Con 为特定的常数值，为目标函数的最小值。

③ 确定进化机制。遗传算法求解舱室操纵器布局流程如图 8-28 左部分所示。从随机产生的初始种群出发，不断重复执行选择、交叉和变异的操作过程，按照优胜劣汰的原则，使种群一代一代地沿着既定的目标方向进化。根据个体的适应度值大小，采用轮盘赌选择法从当前种群中选择出优良的个体形成新的种群。采用顺序交叉对父代个体进行交叉操作，互相交换部分基因，从而形成新个体。采用互换变异对个体进行变异操作，保证种群的多样性，防止出现非成熟收敛现象。交叉和变异操作仅在隶属于同一布局区域的操纵器之间进行。

④ 遗传算法与蚁群算法的融合。在遗传算法中设置最小进化代数 $\text{Gen}_{\min}$、最大进化代数 $\text{Gen}_{\max}$ 和子代群体最小进化率 Gen_p。然后在遗传算法运行过程中，根据下式统计子代群体的进化率。在设定的进化代数范围内，如果连续 Gen_q 代，子代群体的进化率都小于 Gen_p，则终止遗传算法，进入蚁群算法。

$$\text{EV}^k = \frac{\sum_{i=1}^{\text{sca}}(f_i^k - f_i^{k-1})/f_i^{k-1}}{\text{sca}} \; ; \; k=2,3,\cdots,n$$

式中，EV^k 为第 k 代群体的进化率；sca 为种群规模；k 为进化代数；f_i^k 为第 k 次迭代中个体 i 的适应度值。

（3）蚁群算法求解

① 优化目标。舱室操纵器布局优化求解的目的是搜索出最能综合满足上述布局原则的最优方案，优化目标是得到式（8-26）的最大值。而在蚁群系统模型中，每个可行解是由一只蚂蚁走过的路径表示的，也就是要找出一条从操纵器 i 到操纵器 j 的最优路径，求解的是最短路径问题。所以，将蚁群算法中的目标函数定义为遗传算法目标函数的倒数。

$$\text{Len}_k = 1/f(i)_{\text{best}}$$

② 状态转移规则。蚁群算法求解舱室操纵器布局流程如图 8-28 右部分所示。设 $b_i(t)(i=1,2,\cdots,n)$ 是在 t 时刻操纵器 i 的蚂蚁数目，$m=\sum_{i=1}^{n}b_i(t)$ 是全部蚂蚁数目，n 是操纵器个数。设 tabu_k 表示蚂蚁 k 的禁忌表，随着蚂蚁寻优过程作动态调整。初始阶段，将 m 只蚂蚁随机地置于 n 个操纵器上。每一只蚂蚁的禁忌表的第一个元素设置为它所在的第一个操纵器。在每次迭代过程中，每只蚂蚁通过重复地应用状态转移规则选择下一个操纵器，经过 $n-1$ 次这样的选择，最后产生一组操纵器布局排列。蚂蚁 k 在 t 时刻从操纵器 i 转移到操纵器 j 的概率为

$$\text{pro}_{ij}^k(t) = \begin{cases} \dfrac{[\tau_{ij}(t)]^{\alpha}[\eta_{ij}]^{\beta}}{\sum_{l \in U}[\tau_{il}(t)]^{\alpha}[\eta_{il}]^{\beta}} & j \in U \\ 0 & j \notin U \end{cases}$$

$$\eta_{ij} = 1/\text{CW}_{ij}$$

$$\text{CW}_{ij} = |T_i - T_j| + |S_i - S_j| + |O_i - O_j|$$

式中，$\tau_{ij}(t)$ 为 t 时刻操纵器 i 和操纵器 j 之间的信息素；η_{ij} 为从操纵器 i 转移到操纵器 j 的可见度（启发信息）；CW_{ij} 为操纵器 i 和操纵器 j 对于布局原则的综合权值的差值；α 为 τ 的相对重要性（$\alpha \geq 0$）；

β 为 η 的相对重要性（ $\beta \geqslant 0$ ）；U 为可行点集，即 t 时刻蚂蚁 k 所能选择的操纵器的集合。

③ 信息素和启发信息。采用比利时学者 Thomas 提出的最大-最小蚂蚁系统（max-min ant system，MMAS）。由于融合了遗传算法，不同于 MMAS 中信息素轨迹强度初始化为 $\tau_{\max}$ ，在初始时刻，信息素初始值设置为

$$\tau_{ij}(0) = \tau_{C} + \tau_{G}$$

式中， τ_{C} 为信息素常量，等同于 MMAS 中 $\tau_{\min}$ ； τ_{G} 为遗传算法求解的布局方案转换得到的信息素值。

蚂蚁选择下一个操纵器的依据主要是信息素 $\tau_{ij}(t)$ 和启发信息 η_{ij} 。 η_{ij} 是由所要求解的布局问题给出的，受 CW_{ij} 的影响，但这个量在算法运行中保持不变。蚂蚁在经过的路径上释放信息素，信息素 $\tau_{ij}(t)$ 是不断变化的。由于过多的残留信息会淹没启发信息，当蚂蚁遍历完所有的操纵器，需要对留存在环境中的信息素进行更新，更新方程为

$$\tau_{ij}(t+1) = (1-\rho)\tau_{ij}(t) + \Delta\tau_{ij}(t)$$

$$\Delta\tau_{ij}(t) = \sum_{k=1}^{m}[\Delta\tau_{ij}^{k}(t)]$$

$$\Delta\tau_{ij}^{k}(t) = \begin{cases} Q/\text{Len}_{k}, & \text{蚂蚁 } k \text{ 经过操纵器 }(i,j) \\ 0, & \text{其他} \end{cases}$$

式中， ρ 为信息素挥发系数（ $0 \leqslant \rho \leqslant 1$ ）； $\Delta\tau_{ij}^{k}(t)$ 为蚂蚁 k 在本次循环中在操纵器 i 和 j 之间释放的信息素量； $\Delta\tau_{ij}(t)$ 为本次循环后在操纵器 i 和 j 之间信息素的增量； Q 代表信息素总量，为常数；Len_{k} 为蚂蚁 k 在本次循环中所遍历形成的操纵器布局排列对应的目标函数值。

一次循环中只有形成本轮最优布局方案（Len_{k} 值最小）的蚂蚁才进行信息素更新。将每条边上的信息量限制在 $[\tau_{\min}, \tau_{\max}]$ 范围内，超出此范围则被强制设置为 $\tau_{\min}$ 或 $\tau_{\max}$ 。随着所有蚂蚁完成对操纵器的遍历，信息素不断地积累与挥发，直到达到迭代次数或者现有适应度值达到某值为止，蚂蚁构建的最优路径即为最佳布局方案。

8.3.2 面向舱室布局优化的上肢操作舒适性评估

舱室作为一种较为复杂的人-机-环境系统，是执行任务观察、操纵控制的区域。在这种状态下，操作姿势的舒适性是影响操作者工作负荷、疲劳和健康甚至是安全的重要因素，是舱室人机界面设计中需要重点考虑的内容。布局合理的人机界面可以提高舒适性，减少操作的疲劳程度，确保系统运行的安全。因此，操作舒适性是评价舱室人机界面布局方案的重要参考。

8.3.2.1 上肢操作舒适性评估问题描述

舒适的操作姿态有利于人的运动器官和操纵器之间保持良好的适配性关系，而不舒适感会随着时间和疲劳持续的时间而加剧。舱室的操纵器应该布置在操作可达域内，与人体运动轨迹与运动速度特性相符。这样可以提高操作的舒适性，减少操作的疲劳程度，确保系统运行的安全。

各国学者普遍认为舒适性虽然是生理与心理两种过程所结合后而产生的一种主观感受，但可以通过生理上的客观测量结果来评估主观心理感受。主观评价具有实验成本低、操作步骤简单等优点。但是，依赖不同被试者的主观描述，再经统计分析得到的舒适性评价结果受被试者自身感觉、忍耐差异、情绪等个人主观因素以及测试环境的影响，不同被试者可能给出差别较大的评价结果。客观评价可以通过制造样机或在模拟环境下采集数据，通过三维动作捕捉系统、压力分布测量系统等人机工效实验设备对人体生理形态、生物力学特性、压力分布、操作姿势等进行测量，结果较为客观。但是，这种方法耗时长、

成本高，导致难以实现，且不能用于设计过程早期。再者，目前多数操作姿势舒适性评估方法主要是基于人体关节角度的简单评估。生物力学的观点认为人体的不舒适主要是由所受内力或外力作用引起的，仅考虑关节角度难以从本质上揭示姿势不舒适产生的原因。在操作过程中，关节力矩是影响姿势舒适性的重要因素。

鉴于主观与客观评价的优缺点，为了在设计前期对舱室人机界面布局设计方案进行工效评价，减少设计返工和实物原型的制作，缩短从设计到制造的周期和成本。本书采用CATIA软件作为实验平台，以人体参数为基础建立中国成年人虚拟人体模型，进行人体操作姿势仿真，分析上肢运动规律，通过姿势变量来预测肌肉负荷，进而预测和评价静态姿势舒适性，以上肢关节舒适性评估布局方案。

8.3.2.2 上肢操作舒适性评估方法概述

在舱室中各种操纵器的不同布局位置直接决定了人体的操作姿势，而不同的操作姿势又直接影响操作者的操作舒适性、方便性和工作效率。

如图 8-29 所示，上肢操作舒适性评估方法包括以下三个步骤：首先，以国标人体尺寸为依据构建符合中国人体特征的 CATIA 人体模型，与虚拟样机结合，进行操作姿势的预测分析；然后，根据上肢运动轨迹，针对关节力矩是操作过程中不可忽略的因素，应用生物力学理论和 Kane 动力学方程建立上肢的动力学模型，求解上肢操作时的关节力矩，并在此基础上借助 NASA 力量模型将关节力矩因素引入到舒适性评估中，建立基于关节力矩的上肢操作舒适性评估模型。最后，基于关节力矩分析关节舒适性，据此评估布局的合理性。

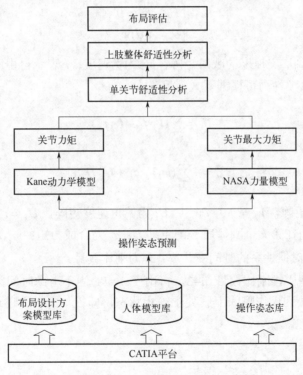

图 8-29 上肢操作舒适性评估流程

8.3.2.3 上肢操作舒适性评估原理

（1）上肢几何模型

关节连接不同肢体，是人体运动时传递力和扭矩的枢纽，从而使人体能正常运动。将人体骨骼体系进行简化处理，将关节看成点，关节之间的骨头看成是链，这样将人体躯干和四肢等连接起来，构成人体建模的骨骼系统。人体上肢可以分为手、前臂和上臂三部分。上肢的运动主要由肩关节、肘关节和腕关节的相对运动来实现。为了便于描述操作者的上肢空间位置，建立如下坐标系：e 为惯性参考系，其坐标原点位于肩关节，从后背到前胸的方向为 e_1 的正向，从躯干外侧到内侧的方向为 e_2 的正向，从下到上为 e_3 的正向。若忽略运动时各部分的形变，将其视为刚性杆，可将人体上肢系统简化为 3 个连杆组成的铰链机构。忽略手指部分的自由度，建立上肢的三连杆七自由度模型（如图 8-30），腕关节自由度数目为 2（弯曲伸展、桡尺偏斜），肘关节自由度数目为 2（弯曲伸展、旋前旋后），肩关节自由度数目为 3（弯曲伸展、外展内收、旋内旋外）。设肩关节弯曲伸展角为 θ_1、外展内收角为 θ_2、旋内旋外角为 θ_3；肘关节弯曲伸展角为 θ_4、旋前旋后角为 θ_5；腕关节弯曲伸展角为 θ_6、桡尺偏斜角为 θ_7。在计算中，考虑人体的质量构造，刚性杆的质心和形心不重合。杆长度尺寸根据中国成年人人体尺寸确定，质量、质心、转动惯量、关节活动范围根据运动生物力学研究确定。

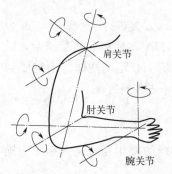

图 8-30　人体上肢几何模型

（2）Kane 动力学模型

建立上肢的动力学模型，根据上肢运动链各个环节的速度、加速度和位移计算出关节力矩。Kane 方法是建立多自由度系统动力学方程的一种规格化的方法。根据达朗贝尔原理，广义主动力 $\boldsymbol{F}_r$ 和广义惯性力 $\boldsymbol{F}_r^*$ 的和为 0，Kane 动力学方程可以表示为

$$\begin{cases} \boldsymbol{F}_r + \boldsymbol{F}_r^* = 0 \\ \dot{\boldsymbol{\theta}} = \boldsymbol{A}(\theta)w_r \end{cases} \tag{8-27}$$

式中，$\boldsymbol{A}(\theta)$ 为伪速度到广义速度的映射矩阵；w_r 为伪速度；r 表示自由度。
系统广义主动力和广义惯性力可根据下式计算

$$\boldsymbol{F}_r = \sum_{k=1}^{n}(\boldsymbol{V}_k \boldsymbol{f}_k + \boldsymbol{U}_k \boldsymbol{\tau}_k) \tag{8-28}$$

$$\boldsymbol{F}_r^* = -\sum_{k=1}^{n}(m_k \boldsymbol{V}_k^{\mathrm{T}} \boldsymbol{a}_k + \boldsymbol{U}_k^{\mathrm{T}} \dot{\boldsymbol{H}}_k) \tag{8-29}$$

式中，$\boldsymbol{V}_k$ 为偏线速度矩阵，$\boldsymbol{V}_k = \partial v_k / \partial w_k^{\mathrm{T}}$；$\boldsymbol{U}_k$ 为偏角速度矩阵，$\boldsymbol{U}_k = \partial \omega_k / \partial w_k^{\mathrm{T}}$；$\partial v_k$ 为偏线速度；$\partial \omega_k$ 为偏角速度；$\boldsymbol{f}_k$ 为作用在第 k 个刚体质心的主动力；$\boldsymbol{\tau}_k$ 为合成力矩；m_k 为第 k 个刚体的质量；$\boldsymbol{a}_k$ 为质心加速度；$\dot{\boldsymbol{H}}_k$ 为角动量对惯性系的时间变化率；n 为刚体数目。

在构建的上肢几何模型中，刚体数目 $n=3$，自由度 $r=7$。当不考虑时间因素时，静态姿势舒适性变成了瞬态姿势舒适性，可认为操作瞬间上肢处于静止状态，即 $\boldsymbol{F}_r^* = 0$。通过求解 $\boldsymbol{F}_r = 0$ 获取上肢三关节在每个自由度上的力矩。

（3）NASA 力量模型

人体肌肉的收缩是运动的基础，借助于骨杠杆的作用，才能产生运动。肌肉-骨骼构成了杠杆系统，和骨骼相连的肌肉的伸张和收缩产生了对关节点的力矩。NASA 研究人员为了分析航天员的操作任务，通过大量的试验，并将试验结果进行回归分析，建立了肌肉动态力量模型。在某操作姿势下，某一关节在某一转动方向上，按照一定的角速度转动时，某一角度 θ 下的最大力矩 $\tau_{\max}$ 可根据下式计算

$$\tau_{\max} = a_0 + a_1\theta + a_2\theta^2 \tag{8-30}$$

式中，θ 为关节角度；a_0、a_1 和 a_2 分别为最小二乘法的拟合系数。

8.3.2.4　考虑关节力矩的关节舒适性评估模型

（1）单关节舒适性评估

在实际操作过程中关节处的绝对力矩大小并不能全面地表示人体的舒适性，应该采用实际所用力矩 τ_r 和最大可用力矩 $\tau_{r\,max}$ 之间的相对关系来描述，并将其定义为关节的不舒适性 D_r。

$$D_r = \frac{\tau_r}{\tau_{r\,max}}\qquad\qquad（8\text{-}31）$$

舒适就是没有不舒适的感觉。因此，将关节舒适性 C_r 定义为

$$C_r = 1 - D_r\qquad\qquad（8\text{-}32）$$

可见，实际关节力矩 τ_r 越小，C_r 就越大，即操作姿势越舒适。相关文献认为从能量利用的角度来看，使用最大肌力一半时能量利用率最高，较长时间工作也不会感到疲劳。若取 $C_r=0.4$，即当实际关节力矩值不大于最大力矩值的60%时的操作姿势是舒适的。

（2）上肢操作舒适性评估

上肢操作舒适性评估应该综合肩关节、肘关节和腕关节的舒适性。当操作者肢体处于某个操作姿势时，其上肢综合舒适性可以通过下式计算

$$C_r^{\text{upper limb}} = \sum_{i=1}^{n} W_i C_{ri}\qquad\qquad（8\text{-}33）$$

式中，n 为关节数目；W_i 为关节权重；C_{ri} 为单关节舒适性。

8.3.2.5　仿真实验

（1）操作姿势仿真

CATIA 人机工程模块提供了人体模型构造、人体测量编辑、人体行为分析和人体姿态分析四个子模块，可以较好地分析人-机-环境之间的关系。先建立具有中国人体特征的虚拟人体模型，调节人体关节角度，使人体模型处于操作状态，模拟常见的操作。

根据表8-12中的人体尺寸数据和姿势变量值，即可推算所有关节点的坐标。进而根据上肢运动链各环节的位移、速度、加速度，求解关节力矩。

表 8-12　90 百分位数男性上肢各体段生物力学参数

名称	上臂	前臂	手
长度/mm	333	253	193
相对质量/%	2.43	1.25	0.64
质心相对位置 L_{CS}/%	47.8	42.4	36.6
质心相对位置 L_{CX}/%	52.2	57.6	63.4
体重/kg	70		

注：L_{CS} 指各环节质心上部尺寸占本环节全长的百分率；L_{CX} 指各环节质心下部尺寸占本环节全长的百分率。

（2）上肢操作舒适性分析

上肢操作姿势主要由肩关节弯曲伸展角 θ_1、肩关节外展内收角 θ_2 和肘关节弯曲伸展角 θ_4 决定，故本案例将这三个变量作为主要的研究对象。

如果固定肩关节外展内收角 $\theta_2=19°$、旋内旋外角 $\theta_3=5°$，肘关节弯曲伸展角 $\theta_4=76°$、旋前旋后角

θ_5=136°、腕关节弯曲伸展角 θ_6=0°、桡尺偏斜角 θ_7=0°，肩关节弯曲伸展角 θ_1 在 0°～168°范围内变化，研究关节角度变化对关节舒适性的影响。θ_1 以 3°作为增量改变关节角度，在 CATIA 中进行姿势仿真，输出坐标值，计算出关节舒适性，将计算结果通过 SPSS（社会科学统计包）软件进行拟合得到如图 8-31 所示的肩关节舒适性与肩关节弯曲伸展角 θ_1 的变化关系图。从图 8-31 中可以看出，随着关节角度 θ_1 的增大，关节舒适性先逐渐降低，当关节角度增大到一定程度后，关节舒适性又逐渐增加。肩关节外展内收角 θ_2、肘关节弯曲伸展角 θ_4 与舒适性变化关系曲线如图 8-32 和图 8-33。

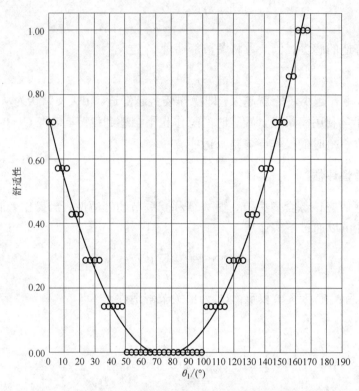

图 8-31　肩关节弯曲伸展角 θ_1 与舒适性关系曲线

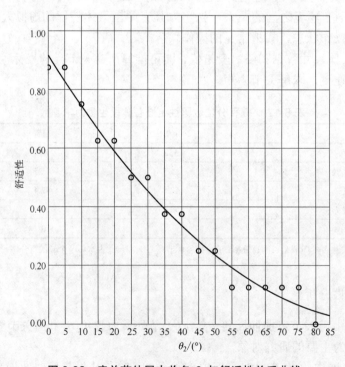

图 8-32　肩关节外展内收角 θ_2 与舒适性关系曲线

从图 8-31 可以看出，随着 θ_1 的增大，舒适性先降低后又增加。

如要满足 $C_r > 0.4$，那么 θ_1 不能超过 20°，或大于 130°。肩关节外展内收角 θ_2 增大，舒适性降低，为保证舒适性，θ_2 角不能超过 35°（如图 8-32）。肘关节弯曲伸展角 θ_4 增大，舒适性先逐渐降低，当关节角度增大到 95° 后，关节舒适性又逐渐增大（如图 8-33）。考虑关节力矩的关节舒适活动范围见表 8-13。

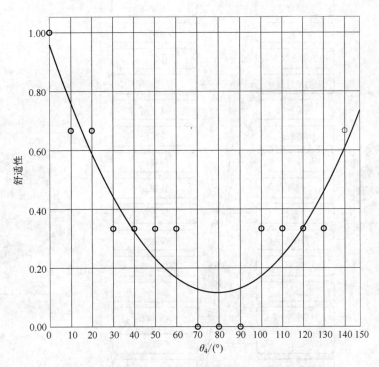

图 8-33 肘关节弯曲伸展角 θ_4 与舒适性关系曲线

表 8-13 考虑关节力矩舒适性的关节角度对比

关节	活动方式	最大活动范围/(°)	考虑关节力矩的舒适活动范围/(°)
肩关节	弯曲、伸展	−40～+140	0～20 130～140
	外展、内收	−45～+180	0～35
肘关节	弯曲、伸展	0～+145	0～25 95～145

因此，不是只要关节处于活动范围内的操作姿势都能满足关节力矩舒适性要求。在舱室布局中，应该以动力学分析作为基础，以满足一定的关节力矩舒适性指标作为布局优化的目标。

8.4 高铁座椅舒适性分析

高速列车座椅作为旅客使用最频繁的车内设施之一，其舒适性评价与旅客群体的身材尺寸特征具有密切的关系。考虑到人体尺寸的差异性，以及坐姿行为等影响因素，不同身材尺寸特征的旅客在使用统一尺寸设置的座椅时会产生不同的舒适性感受。本节以高铁座椅为实际案例，结合动作捕捉、虚拟仿真、压力分布等技术，介绍人因研究方法在高铁座椅舒适性分析中的应用过程。

8.4.1 人-椅系统

在进行高铁座椅的舒适性分析之前，应明确旅客与高铁座椅所形成的旅客界面人-椅系统及其相互关系。人-椅尺寸参数对应关系如图 8-34 所示。

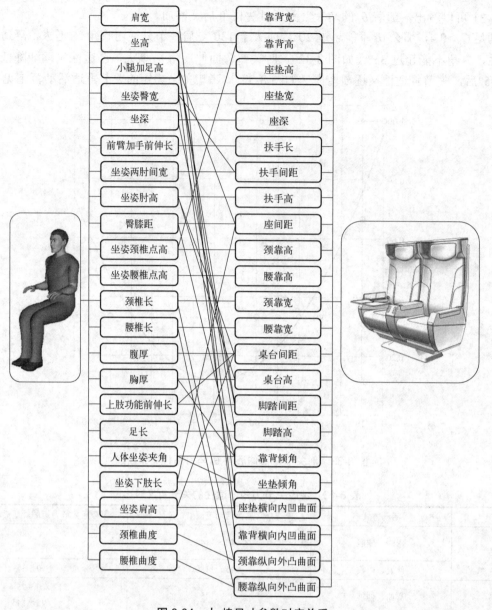

图 8-34　人-椅尺寸参数对应关系

高速列车旅客座椅的功能结构主要包括内部骨架、靠背、坐垫、头靠、腿靠、扶手、脚踏、桌台、书报网兜、调节模块、旋转机构、阅读灯和视听模块等。根据不同的车厢等级，座椅的功能配置也有所不同（如图 8-35）。

8.4.2　坐姿动作捕捉

在高速列车旅客车厢人-椅系统的特定环境中，人机尺寸的相互影响关系最直观地体现在旅客坐姿行为的变化上。因此，首先对旅客使用座椅时的坐姿行为进行实验模拟采集，并转化生成可以输出到虚拟仿真软件进行下一步编辑和分析的三维人体数据。

旅客乘车的坐姿行为捕捉采用美国魔神运动分析技术公司的光学动作捕捉及分析系统。该系统主要包括 12 台红外光学实时采集镜头和 Cortex 操作及分析处理软件等。被试志愿者进行乘车坐姿行为的模拟、定位与采集，采集过程如图 8-36 所示。

在 Cortex 软件中进行后处理及数据分析，软件后处理界面如图 8-37。最后将校正好的人体坐姿数据计算生成具有三维人体骨骼系统的 Segments 数据（如图 8-38）。

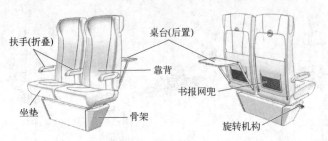

(a) 二等车厢座椅

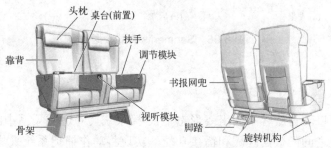

(b) 一等车厢座椅

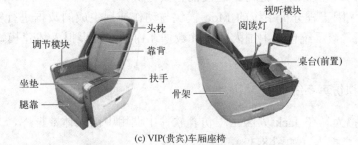

(c) VIP(贵宾)车厢座椅

图 8-35　高速列车座椅的功能配置

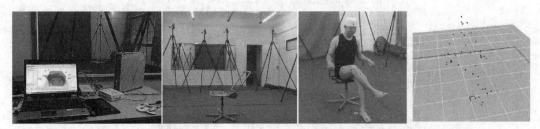

(a) 实验采集平台　　　　　　　　　　　(b) 坐姿捕捉采集过程

图 8-36　实验采集平台及坐姿捕捉采集过程

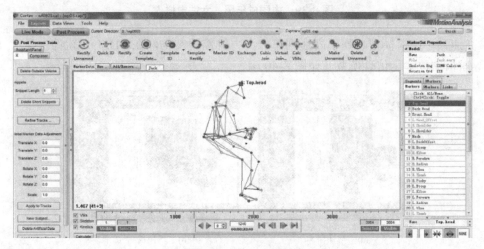

图 8-37　Cortex 后处理

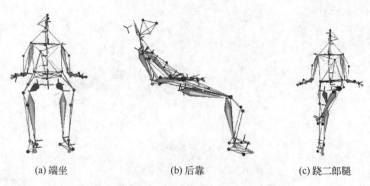

(a) 端坐　　　　　　　　(b) 后靠　　　　　　　(c) 跷二郎腿

图 8-38　Segments 骨骼数据

8.4.3　虚拟仿真分析

通过虚拟仿真分析可以获得旅客不同坐姿形态下人-椅系统尺寸适配关系中的舒适度相关参数。利用不同的人为因素分析系统之间的数据匹配和衔接功能，实现将动作捕捉系统采集并生成的三维人体骨骼 Segments 数据加载到虚拟仿真系统中进行舒适度的相关分析。

采用西门子 Jack 人因工程分析系统的 Moc 模块与动作捕捉生成的数据进行实时匹配，对高速列车座椅进行虚拟仿真分析。该系统包含中国人体尺寸数据在内的三维虚拟人体建模，并支持 CAD、3DMax 等软件模型的导入。

（1）创建人-椅虚拟仿真系统

①　建立数字化虚拟人。在 Jack 人因工程仿真软件中调用中国人体数据库，并建立符合中国人体尺寸百分位数的男、女性虚拟人（如图 8-39）。

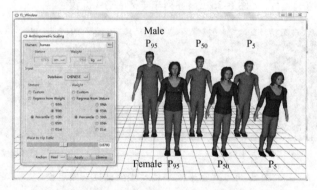

图 8-39　中国成年男、女性虚拟人

②　建立高速列车座椅模型。基于高速列车一、二等座椅实物，在 3DMax 软件中建立 1∶1 的高速列车一、二等座椅的数字化仿真模型（如图 8-40）。

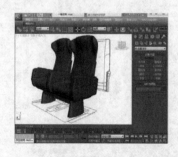

(a) 一等座椅　　　　　　　　　　　　　　(b) 二等座椅

图 8-40　高速列车座椅模型

③ 建立动作捕捉与 Jack 的数据连接。Jack 系统与动作捕捉系统成功连接后，会在 Jack 软件中同步显示出 Segments 骨骼数据及对应的坐标，在虚拟人与动作捕捉数据之间建立约束，数据连接过程如图 8-41 所示。

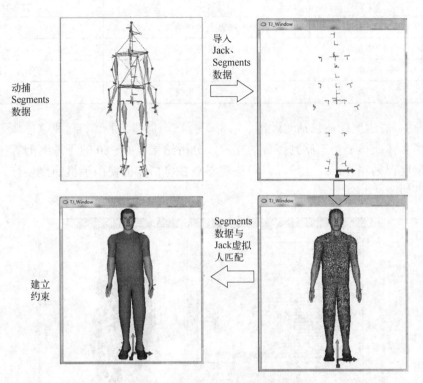

图 8-41　Cortex 与 Jack 的连接过程

④ 生成人-椅虚拟仿真系统。基于 Jack 虚拟仿真技术建模生成的高速列车人-椅系统如图 8-42。

（2）虚拟仿真分析

在生成人-椅虚拟仿真系统的基础上，通过 Jack 软件可以进行下背部脊柱受力分析（lower back analysis）、舒适度评估（comfort assessment）等人机工效学分析。下面以旅客斜靠在座椅一侧使用手机的坐姿形态为例进行介绍。

① 下背部脊柱受力分析。下背部脊柱受力分析包括对 L4/L5（第四腰椎/第五腰椎）位置的腰椎的受力，以及对竖脊肌、腹外斜肌、腹内斜肌、腹直肌和背阔肌等肌肉张力的综合分析。对旅客斜靠在座椅右侧使用手机的坐姿形态进行虚拟仿真及下背部脊柱受力分析的结果如图 8-43。

图 8-42　人-椅虚拟仿真系统

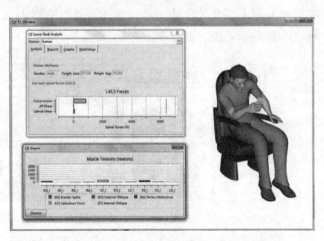

图 8-43　虚拟人坐姿仿真的下背部脊柱受力分析

同理，对旅客不同坐姿下的下背部脊柱受力仿真分析结果见表 8-14。

表 8-14 不同乘车坐姿的下背部脊柱受力对比

序号	坐姿	行为特征	下背部脊柱受力/N
1	正坐	观望/使用扶手	390
2	后靠	休息/观望/使用扶手	471
3	斜靠	个人休闲/使用扶手	723
4	前倾	个人休闲/使用扶手	826

② 舒适度评估。舒适度评估包括对颈部、肩部、背部、臀部、手臂、腿和总体疲劳等疲劳指数的评估，疲劳指数是指人体在该姿势下感到疲劳的程度，分析结果以 0~80 的无量纲的等级形式显示出来，数值越高表明舒适度评估越差，反之越好。对旅客斜靠在座椅左侧使用手机的坐姿行为进行虚拟仿真及舒适度评估的结果如图 8-44。

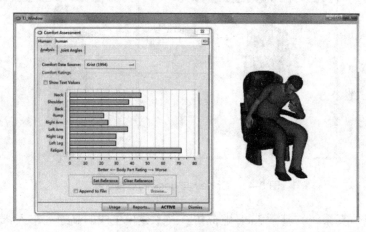

图 8-44 舒适度评估分析

8.4.4 坐姿人体压力分布

人-椅系统的人机尺寸适配关系可以通过人体与座椅之间产生的压力分布特征来表达。

（1）实验采集系统

实验采用美国 Tekscan 公司开发的 BPMS（body pressure measure system，身体压力测量系统），该系统可实时显示采集的压力分布轮廓图，并具有对力度、压力、面积与时间、距离、帧数等采集数据的分析与图形展示功能（如图 8-45）。

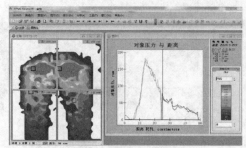
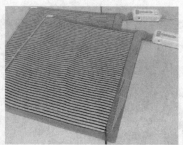

(a) BPMS操作界面　　　　　　　　(b) 压力传感器的感测垫

图 8-45 压力分布测量

（2）体压分布测试

座椅靠背与坐垫的不同尺寸参数在与人体直接接触时会产生不同的压力数值，最大压力、平均压力和接触面积的体压分布测试指标数据可在 BPMS 中通过作用力校核后直接读取，并生成可视化的压力分布热力图，可以更直观地显示出接触区域内压力分布的情况。下面以靠背倾角和坐垫高度的不同设置情况为例，得到压力分布二维轮廓图，显示结果如下：

① 靠背倾角。靠背倾斜角度设置为 0°、30°和 60°时压力分布情况如彩插 8-46 所示。

② 坐垫高度。坐垫高度设置为 360mm、420mm 和 480mm 时压力分布情况如彩插图 8-47 所示。

综上所述，高铁座椅的舒适性评价是在明确高铁座椅旅客界面人-椅系统及其相互关系的基础上，对旅客的坐姿行为进行动作捕捉采集及虚拟仿真分析，并结合坐姿人体压力分布进行多维度人因分析的研究过程。

动作捕捉与虚拟仿真的人因研究方法可以进行高铁座椅的肩靠、脚踏、扶手和桌台尺寸以及座椅面高度、靠背和坐垫倾角等人-椅适配关系的舒适性分析。

坐姿人体压力分布的人因研究方法可以进行高铁座椅的靠背横向内凹圆弧、坐垫横向内凹圆弧、颈靠纵向外凸圆弧和腰靠纵向外凸圆弧，以及靠背倾角、坐垫倾角、坐垫高、座深、颈靠高和腰靠高等人-椅适配关系的舒适性分析。

8.5 数控机床人机评价

数控机床作为其他机器零件的母机，以其现代化的生产技术、高效率、多品种等特点广泛应用于现代机械化生产加工中。近年来随着经济的发展机床技术也得到了提高，但是使用者在操作时的安全性和舒适性并没有得到充分的重视，长时间的操作造成了使用者的身体疲劳和心理压力，降低了工作效率。

图 8-48 是某高校针对学生实习而自制研发的 MCNC-1 多功能数控车床，可以实现手动和数控操作，达到训练的目的。通过图中可以看到操作者面对的主要人机界面可以分为两部分，一是数控系统操作面板；二是机床操作区。数控系统操作面板由显示器和输入键盘组成，用来输入编程指令，观察机床反馈信息，使人可以对机床的操作做出有效的评价和决定。机床操作区包括工件的装夹、刀具的更换等手动控制和操作。高校本着降低成本的原则，只是简单设计制作了一个实现功能的车床体，数控系统是外购件，被简单地放置在床头箱上。整个加工单元裸露在外，工作台面过矮，数控面板过高不便操作，背后导线之间还有操纵手柄，各单元连线裸露在外，存在安全隐患。

图 8-48 MCNC-1 车床外观

考虑到篇幅，不对此做过多的分析，本节以该数控机床作为专题案例，结合产品的实际尺寸，仅对数控车床的操作面板和更换刀具的操作姿态进行仿真评价和舒适性分析。

8.5.1 课题分析与前期准备

图 8-49 给出针对机床进行人机仿真评价流程。在具体的人机操作分析之前，要进行两个前期准备工作。

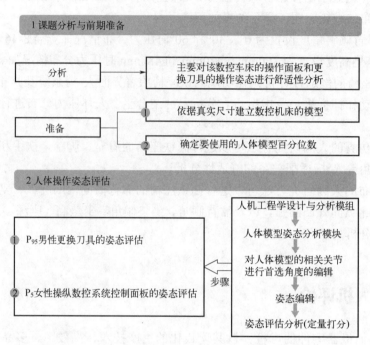

图 8-49 数控机床人机仿真评价流程

首先，依据真实尺寸建立数控机床的模型（如图 8-50），人机界面尺寸必须严格符合实际产品，才能使人机操作的评价更为准确有效。其次，确定要使用的人体模型百分位数，建立中国人体数字模型。

考虑到操纵数控机床的人员有男、女，参考国家标准 GB/T 12985—1991《在产品设计中应用人体百分位数的通则》，对于成年男女通用的产品，大百分位数选用男性的 P_{95}，小百分位数选用女性的 P_5，这样不仅能兼顾男女差异，还可以为尺寸上、下限值设计提供改进的依据。百分位数选择好后，参照国标 GB 10000—1988 中国人体尺寸数据，在 CATIA 中利用人体模型测量编辑模块的高级命令建立数字人体模型（如图 8-51）。

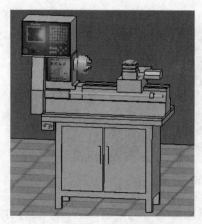

图 8-50 MCNC-1 的电子模型

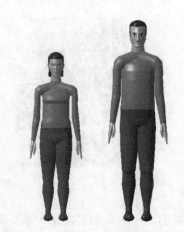

图 8-51 女性 P_5 和男性 P_{95} 人体模型

8.5.2 人体操作姿态评估

（1）P₉₅男性更换刀具的姿态评估

在 Assembly Design（装配设计）平台下装配完成数控车床后，在菜单栏中逐次单击 Start（开始）→ Ergonomics Design & Analysis（人机工程学设计与分析）→Human Builder（建立人体模型），进入创建人体模型设计界面。点击工具栏中 Inserts a new manikin（插入新人体模型） ⚇ 按钮，在弹出的 New Manikin（新建人体模型）对话框中，有 Manikin（人体模型）和 Optional（选项）两个选项栏，按照图 8-52 中所示进行设置，单击 OK 插入一个 95 百分位数的男性人体模型（如图 8-53）。

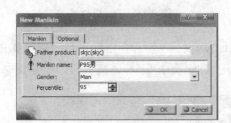 

图 8-52　新建 P₉₅ 男性人体模型对话框

使用 Place Mode（放置功能）⚇ 将人体模型放置到合适的位置（如图 8-54），为后面的姿态分析做好准备。根据作业姿态评估步骤，首先建立人体模型各个部位的首选角度。分析数控车床的操作流程，确定操作者在工作时主要频繁运动的部位是前臂、上臂、头部、胸部和腰部。由于人体的关节在一定范围内运动是舒适角度的，因此可利用这些舒适限定值对各运动关节活动设定舒适度分值，作为判断人体活动中舒适的界限。

 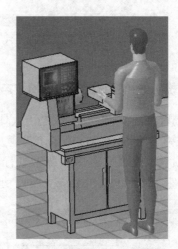

图 8-53　插入 P₉₅ 男性人体模型　　　　　　图 8-54　放置在适当的位置

具体操作是在人体姿态分析模块下运用首选角度编辑命令，例如选中上臂为编辑对象，在前后伸展自由度（DOF1）下，将活动范围划分为 5 个区域并分别编辑不同的颜色和设定分值。0°～35°为舒适运动范围，设定分值为 90 分，颜色显示为蓝色，偏离中心位置向前或向后依次为次舒适范围设定为 80 分显示黄色、不舒适范围设定为 60 分显示红色（如图 8-55），具体角度的划分见表 2-3。

同理，编辑不同自由度下的前臂、头部、胸部和腰部的首选角度，然后，通过姿态编辑器将人体模型的操作姿态编辑成更换刀具的动作，通过操作者的身体部位皮肤表面颜色的变化，可以直观地判断操作者是否处于舒适的姿势下工作。如图 8-56 所示，P₉₅ 男性人体模型腰部皮肤变黄，表明腰部现处于次舒适的角度。

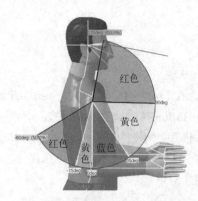

图 8-55　设定上臂首选角度

图 8-56　P$_{95}$男性更换刀具

在工具栏上单击■按钮，打开 Postural Score Analysis（姿态评估分析）对话框（如图 8-57），可以看到所编辑部位的舒适度具体分值。图 8-57 是 P$_{95}$男性对应于图 8-56 更换刀具的姿态评估分析。

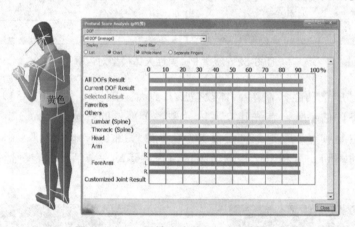

图 8-57　P$_{95}$男性姿态评估分析对话框

（2）P$_5$女性操纵数控系统控制面板的姿态评估

重复上述步骤，新建一个 P$_5$女性电子人体模型。点击工具栏中 Inserts a new manikin（插入新人体模型）按钮，在弹出的 New Manikin（新建人体模型）对话框中，有 Manikin（人体模型）和 Optional（选项）两个选项栏，按照图 8-58 中所示进行设置，单击 OK 插入一个如图 8-59 中所示的 5 百分位数的女性人体模型。然后使用 Place Mode（放置功能）将人体模型放置到合适的位置（如图 8-60）。

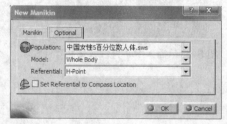

图 8-58　新建 P$_5$女性人体模型对话框

图 8-61 是对女性人体模型的前臂进行首选角度的设定：0°～105°为舒适运动范围，设定分值为 90 分，颜色显示为蓝色；105°～115°为次舒适运动范围，设定分值为 80 分，颜色显示为黄色；115°～140°为不舒适运动范围，设定分值为 60 分，颜色显示为红色。参照表 2-3 设置人体模型上臂、头部等的首选角度。

图 8-59　插入 P5 女性人体模型

图 8-60　放置在适当的位置

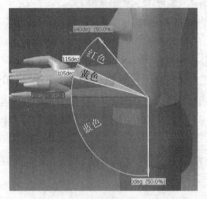

图 8-61　设定前臂首选角度

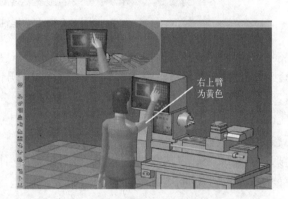

图 8-62　P5 女性操纵数控系统控制面板

通过姿态编辑器将人体模型的操作姿态编辑成操作数控系统控制面板的动作，如图 8-62 所示，P5 女性人体模型上臂皮肤变黄，说明上臂现处于次舒适的角度。

最后，在工具栏上单击 按钮，打开 Postural Score Analysis（姿态评估分析）对话框（如图 8-63），可以看到所编辑部位的舒适度具体分值。

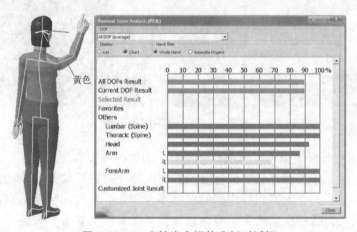

图 8-63　P5 女性姿态评估分析对话框

8.5.3　快速上肢评价

在人体运动分析模块下打开 RULA（上肢快速评估）分析命令，可以看到人体模型上肢运动的分析结果对话框（如图 8-64）。在对话框内进行高级模式编辑，根据实际情况改写是否需要提高肩部、手臂是否外扩、手腕是否扭曲等默认姿态。系统通过操作姿态的设定，将会自动评定上肢各部位的运动分值。

315

1～2分表示该姿态可以接受，3～4分表示该姿态可能需要改进，5～6分表示要尽快研究和改变姿态，7分表示要立即改变姿态。最后，系统会给出上肢操作的总分值，整体评定该动作是否被接受。

图 8-64　P_{95} 男性 RULA 分析

现对一车工更换刀具动作进行 RULA 分析，刀具质量不超过 1kg，更换动作属于断续作业，作业姿势前倾。在 CATIA 人体运动分析模块下，选中 P_{95} 男性人体模型，单击工具栏中的 RULA Analysis（上肢快速评估）按钮，弹出如图 8-64 所示的 RULA 分析对话框，选择 Posture（姿势）项的类型和输入负载（Load），RULA 分析对话框左下方给出在该姿势下上肢操作分析得分为 2 分，表示 P_{95} 男性更换刀具的姿态是可以被接受的。

同理得到图 8-65，操纵控制键盘属于连续动作，计算机仿真得到上肢操作分数为 4 分，表示 P_5 女性操作数控系统控制面板的姿态需要进一步研究，可能需要改变。

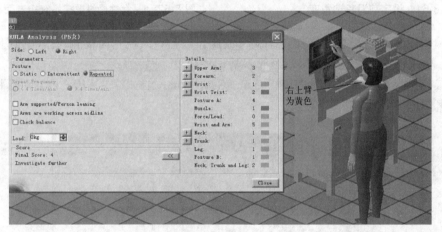

图 8-65　P_5 女性 RULA 分析

由姿态评估和 RULA 分析结果可以看出：MCNC-1 的数控面板高度过高，致使小百分位数的人使用很不舒适；机床操作区的工作台面过低，大百分位数的人操作时需要弯腰容易疲劳，高度的设计有待改进以方便操作者更好地施力；显示器和操作器的尺寸不合理，人长时间使用后容易疲劳。CATIA V5 软件的人机设计与分析模块为数控机床的人机界面设计提供了有效的评价，方便了我们验证设计中的人机系统舒适性，确保操作者保持舒适的工作姿势，达到最好的工作效率。

9

生活类产品人机分析

9.1 学生公寓人机尺寸设计

　　由于经济条件限制，学生宿舍只简单地提供学生基本生活的条件，没有进一步人性化地考虑宿舍单元内空间的设计。学生的生活空间的人机问题涉及人的生理、心理、精神需求、社会等等方面因素，在这里以案例分析形式就如何研究计算学生应有的合理生活空间的尺寸进行探讨，引导学生将所学习内容用于实践验证。

　　目前学生宿舍多采用上下分隔方式，即上为睡卧空间，下为学习、储物、交往活动的空间。它利用竖向的分隔来增强学生的私密性和领域感，减少外界对其的影响和干扰，但是仍然存在缺少足够的交友围合空间，使来访的朋友没有立足感和亲切交谈感。宿舍内部的家具布置过于集体化，没有给当代大学生一个自我的、个性的发挥空间，使个体与集体的需求发生矛盾。学生居住环境大多较乱，衣服、鞋子、书籍、电线到处可见。在这样的生活环境中，怎样才能给学生一个健康的成长空间呢？

　　例 9-1：参考图 9-1 中学生公寓床，对其各主要部分确定出最小人机尺寸。

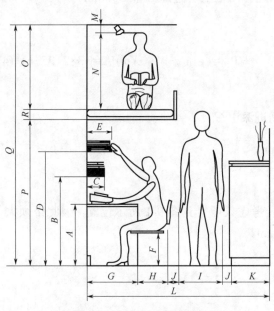

图 9-1　学生公寓整体床

分析： 学生公寓是按统一规格设计建造的，而入住对象可能是男生或女生，既可能是大个头学生，也可能是小个头学生，因此，在设计时要统一考虑。在设计中绝不能都采用男女某一尺寸的平均值，必须根据具体情况分析产品尺寸类型。（说明：在后面分析中没注明的单位都默认为毫米。）

解： 由 3.3.3 节中桌面高度设计知道，合理桌面高度=坐高+桌椅高度差，办公桌椅高度差=坐高/3−(20～30)mm，考虑到现实中难以区别男用或女用等因素，我国国家标准 GB/T 3326—2016 规定的桌高范围为 H=680～760mm，级差 $\varDelta$=20mm。因此得到以下几个规格的桌高：680mm、700mm、720mm、740mm、760mm。

（1）桌面高度 A

考虑到学生年龄和身体发育，建议选择学生用桌面高度 A=720mm。

（2）吊柜下层高度 B

吊柜下方放置常用物品，为了使小个头女子能轻松拾取吊柜上的书或纸张，坐姿眼高部位是查看的最高极限，因此吊柜下层高度采用小个头女子坐姿眼高加上小腿加足高：

$$B=P_{10\,女坐姿眼高}+P_{10\,小腿加足高}=704+350=1054(mm)$$

（3）吊柜下层进深 C

考虑放置 A4 纸，取 C=220mm。

（4）吊柜上层高度 D

吊柜上层放置不常用的书籍和纸张，可按照小于小个头女子坐姿下前臂上摆 35°时手能够到的位置。

$$D=P_{10\,女坐姿肩高}+P_{10\,女小腿加足高}+P_{10\,女上肢前伸长}\times\sin35°=526+350+415=1291(mm)$$

推荐值：1250～1350mm。

桌面和吊柜之间为 $D−A$=571mm，足以放置一台 19 寸显示器，当然也可将吊柜设计为高度可调的，更方便不同个头的学生使用。

（5）吊柜上层进深 E

考虑 A4 纸长 297mm，因此，吊柜上层进深 E 取 300mm。

（6）椅面高度 F

$$F=[(P_{50\,男小腿加足高}+X_{鞋}−X_{衣})+(P_{50\,女小腿加足高}+X_{鞋}−X_{衣})]/2=[(382+25−6)+(413+20−6)]/2=414(mm)$$

推荐值：360～480mm。

（7）书写桌进深（脚空间进深）G

一般推荐值：550～700mm。

（8）椅背桌沿距离 H

椅背桌沿距离 H 的确定要考虑人能坐到图 9-1 所示位置，因此必须大于 610mm（男 P_{99} 臀膝距），入座后可以有：$H=P_{99\,男坐深}=510mm$。

推荐值：440～560mm。

（9）通道者体宽 I

$$I=P_{95\,男最大肩宽}+X_{衣}+P_{95\,男两肘略张开}=469+2\times13+2\times80=655(mm)$$

（10）人行侧边余裕 J

$$J=50\sim100mm（测试结果）$$

（11）书柜进深 K

$$K=300\sim500mm（文件柜标准）$$

（12）学习单元进深 L

$$L=G+H+2J+I+K$$

（13）上铺床上净空 O

N 是人体尺寸坐高，考虑大个头男子在坐的过程中不发生碰头，N 采用男子 P_{95} 的坐高计算。

$$N=P_{95男}+X_衣=964mm$$

考虑大个头男子在坐的过程中不发生碰头和心理修正量，头顶余裕空间 M 可通过实测获得，一般推荐值为 $50\sim100mm$。

$$O=N+M=964+100=1064(mm)$$

O 推荐值：$1015\sim1065mm$。

（14）床板褥垫厚度 R

考虑夏天铺席子，冬天需要棉絮等，一般取 $80\sim120mm$。

（15）学习单元高度 P

目前学校公寓多采用上下分隔式家具，下方主要为学习空间，其高度够高就可避免高个学生碰头，但是太高又增加建楼成本和爬到上铺的难度。因此，采用男女平均身高加修正量确定 P。

$$P=[(P_{50男身高}+X_鞋)+(P_{50女身高}+X_鞋)]/2+X_{心理修正}=[(1678+25)+(1570+20)]/2+100=1746.5\approx1750(mm)$$

（16）学生公寓室内高度 Q

$$Q=P+O+R=1750+1064+120=2934(mm)$$

所以学生公寓室内层高不得低于 2934mm。

通过对学生床铺分析，可以看到在人机分析时，首先，根据设计调查将设计对象表达出来（画出人在某种姿势状态图），分析出组成各部分尺寸以及尺寸类型，选定人体尺寸百分位数，再由国标中有关人体部位尺寸值来确定物品的人机尺寸。

有学者通过调查研究，在布置整体家具的宿舍内，室内净高定为 3.05m，床铺下方空间高为 1.75m，考虑人在上铺坐姿需求，上铺床面距离房顶 1.3m，头顶距房顶 0.4m，桌面距床板 1m。这样设计比较符合人体工程学，使学生在桌前学习和床上休息都有一个较好的舒适的空间（图9-2）。

总结：在遇到实际问题时要根据具体情况，选取相应的用户和人体百分位数，绘制人体姿势图，根据人体相关部位的尺寸计算相对应的产品尺寸。

常见家居推荐人机尺寸列于附录 G，便于同学在今后设计时参考检验用。

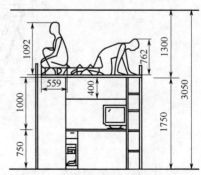

图9-2　合理的学生公寓整体家具

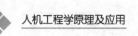

9.2 自行车人机分析

随着人们环保意识的增强，越来越多的人选择自行车为代步工具。自行车设计已经有上百年的历史，自行车与人的接触密切，其部件尺寸与人体尺寸的匹配问题是整个自行车设计中的一个重要问题，本节以自行车某些零部件尺寸的确定为例，介绍如何运用人机学知识解决设计中的问题。

9.2.1 人机设计

人在骑车时组成了人-车-环境系统，在该系统中人与自行车的支承部分和接受动力部分进行界面交互，其组成如图9-3。

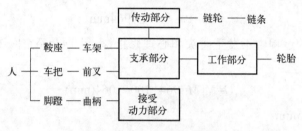

图 9-3 人-车界面关系

在自行车设计中不仅要考虑到人自身的特点、人体尺寸（如身高、肢体长度等），更要考虑到人的生理特点，如视觉特征、不同体位下的蹬力、人体动作用力的特点、人体动作的灵活性等人的因素影响。而影响自行车性能的因素有人体尺寸、人体关节活动范围、人体的施力、人体的功率、脚踏速度、人体自身平衡问题。在这里作为分析案例，考虑到篇幅限制，只分析车架中的曲柄高度、中轴高度、立管长度、上管长度尺寸。

（1）骑车姿势分析

图9-4是一人骑自行车示意图，正确的骑车姿势是由骑车人和自行车三个接点位置决定的，鞍座位置、车把位置、脚蹬位置如图所示。按三点调整法，$AB \approx AC$，一般 $AB = (AC-3)$cm，A 点略低于 B 点约5cm。鞍座装得过低，骑行时双脚始终呈翘曲状态，腿部肌肉得不到放松，时间长了就会感到疲软无力；鞍座装得过高，骑行时腿部的肌肉拉得过紧，脚趾部分用力过多，双脚也容易疲劳。

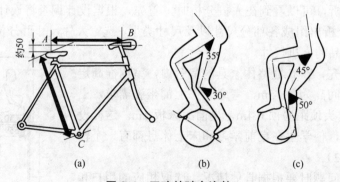

图 9-4 正确的骑车姿势

设计或校正鞍座位置高低最常用的方法，是使手臂的腋窝部位中心紧靠鞍座中部，使手的中指能触到装配链轮的中轴心为宜。人体各部尺寸都有一定的联系，只要腋窝中心至中指的长度确定下来，鞍座高度便可大致确定。行驶较慢的车，鞍座位置要向前移动；行驶较快的车，鞍座位置要向后移动，否则都不利于骑行，如图 9-4（b）、（c）所示。有资料研究表明骑车者手臂与前胸躯干夹角为 50°时最为舒适（如图 9-5）。

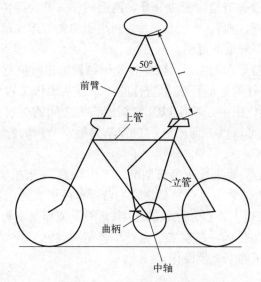

图 9-5 自行车与人体尺寸匹配

（2）车架尺寸

① 曲柄长度。曲柄的长度决定了骑行者蹬踏所产生的圆周直径，合适的曲柄长度应使骑乘者的膝盖屈伸幅度在 20°左右。国标规定了曲柄长度系列：165mm、167.5mm、170mm、172.5mm、175mm 五种。

一般曲柄尺寸是车轮尺寸的一半，即

$$l_{曲柄} = r_{车轮}/2 \tag{9-1}$$

如 660mm 车轮半径是 330mm，故曲柄长度为 165mm。

② 中轴到地面高度。若满足自行车运动性能要求，中轴到地面距离 $h_{中轴}$

$$l_{曲柄} < h_{中轴} < r_{车轮}$$

GB 3565—2005 规定曲柄与地面应保持一定距离，如 660mm 车轮 $h_{中轴}$

$$h_{中轴} = l_{曲柄} + 95 \times r_{车轮}/330 = 260(mm)$$

③ 上管长度。由图 9-5 可见上管与人体前胸躯干、前臂近似构成三角形，上管长度 $l_{上管}$

$$l_{上管} = \sqrt{(l_{手臂})^2 + l^2 - 2 \times l_{手臂} \times l \times \cos 50°} \tag{9-2}$$

若以第 95 百分位数成年男子为例，$l \approx 701$(坐姿颈椎点高)-100(修正量)$=601$(mm)

$$l_{手臂} = l_{上臂} + l_{前臂} - X_{修正} = 338 + 258 - 56 = 540(mm)$$

$$l_{上管} = \sqrt{(540)^2 + 601^2 - 2 \times 540 \times 601 \times \cos 50°} = 485.366 \approx 485(mm)$$

④ 立管长度。按照经验公式立管长度约小于腿长减去曲柄长度，一般取

$$l_{立管} \approx l_{腿长} - 1.8 \times l_{曲柄} \tag{9-3}$$

9.2.2 人机评价

根据第 3 章中介绍的姿态评估步骤，首先建立人体模型各个部位的首选角度。由人机工程学可以知

道，肢体活动存在最大活动角度和一个舒适的角度调节范围，在这里需要依据舒适、次舒适、不舒适对人体肢体活动角度范围进行设置，并设定相应的舒适度分值。一般骑行姿势应为上体前倾，腰部稍屈曲，头部不过分伸出，两臂屈曲，肘关节稍向两边分开，两腿的膝关节保持稍屈曲姿势。所以，这里就需要对人体模型的头部、胸部、腰部、前臂、上臂、大腿和小腿的关节运动范围进行角度编辑，划分关节舒适的范围、次舒适的范围以及不舒适的范围。

自行车骑姿是由骑乘者与自行车的把手、鞍座以及脚踏板的相对位置来决定的。骑乘者的手、臀部、脚在车上的相对位置决定了骑行的舒适程度和骑行的效率。从人机工程学观点出发，要提高自行车骑行时的舒适性，就应该合理定位把手、鞍座以及脚踏板三者之间的位置，让骑行者在骑行过程中身体各部分尽可能处于自然状态。可以以市场已有的自行车为例，分析骑行者在骑行过程中身体各部分的舒适程度。

在具体的人机操作分析之前，要进行两个前期准备工作。首先，依据实际尺寸建立自行车的模型（如图9-6）。其次，确定要使用的人体模型百分位数。因为自行车是男女通用型的产品，参考国家标准GB/T 12985—1991《在产品设计中应用人体百分位数的通则》，对于成年男女通用的产品，大百分位数选用男性的 P_{95}，小百分位数选用女性的 P_5。在建立了自行车模型和确定了分析所要使用的人体模型百分位数之后，就可以开始进行人机分析的下一步操作。

图 9-6　自行车模型

在 Assembly Design（装配设计）平台下装配完成自行车模型后，在菜单栏中逐次单击 Start（开始）→Ergonomics Design & Analysis（人机工程学设计与分析）→Human Builder（建立人体模型），进入创建人体模型设计界面。

点击工具栏中 Inserts a new manikin（插入新人体模型）按钮，在弹出的 New Manikin（新建人体模型）对话框中，有 Manikin（人体模型）和 Optional（选项）两个选项栏，按照图9-7中所示进行设置。在 Manikin（人体模型）选项栏中，Gender（性别）选择 Man（男性），Percentile（百分位数）右侧设置为95。在 Optional（选项）选项栏中，Population（人群）选择自定义的中国人体模型。单击 OK 即可插入一个95百分位数的男性人体模型（如图9-8）。

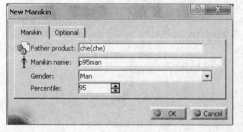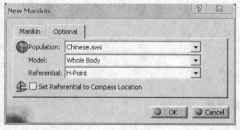

图 9-7　新建 P_{95} 男性人体模型

接下来在人体模型姿态分析模块中进行骑行姿态评估。在菜单栏中逐次单击 Start（开始）→Ergonomics Design & Analysis（人机工程学设计与分析）→Human Posture Analysis（人体模型姿态分析）选项，单击前面建立的 P95 男性人体模型任意部位后，系统自动进入人体模型姿态分析界面。

具体操作是运用首选角度编辑 命令，例如选中头部为编辑对象，在自由度 DOF1 下，将活动范围划分为 3 个区域并分别编辑不同的颜色和设定分值。舒适运动范围设定分值为 90 分，颜色显示为蓝色；次舒适范围设定为 80 分，显示黄色；不舒适范围设定为 70 分，显示红色（如图 9-9）。具体角度的划分见表 2-3。同理编辑不同自由度下的胸部、腰部、前臂、上臂、大腿和小腿的首选角度。

图 9-8　插入 P95 男性人体模型

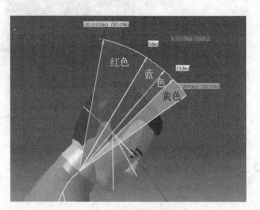

图 9-9　设定头部首选角度

单击工具栏中的 Posture Editor（姿态编辑）按钮，选中要编辑的部位，调整人体模型的姿态，将其编辑成如图 9-10 所示的骑行姿态。将编辑部位表面的颜色设定为只显示不在最舒适区域的颜色。图中人体模型身体部位的颜色是默认的蓝色说明该部位处于最舒适区域；显示黄色说明该身体部位处于次舒适区域；若身体某一部位处在不舒适区域，系统会自动使该部位显示红色。通过图 9-11 中骑行者身体部位皮肤表面颜色的变化，可以直观地判断骑行者是否处于舒适的姿势。例如，P95 男性人体模型腰部和胸部皮肤变红，表明腰部和胸部现处于不舒适的角度。

图 9-10　编辑人体模型姿态

图 9-11　P95 男性人体模型骑行姿态

在工具栏上单击 按钮，打开 Postural Score Analysis（姿态评估分析）对话框（如图 9-12），可以看到所编辑部位的舒适度具体分值。该分值是对 P95 男性当前姿态的定量评估。同理，还可以对 P5 女性骑行姿态进行评估分析。

可以从人体的尺寸、动作范围以及运动生理等方面出发，改进影响骑姿的把手、鞍座以及脚踏板三大部件之间的相对位置。改进后的骑姿在身体各部分之间进行合理的功能分配，脚踩踏板驱动自行车前行，臀部和腰支承上体的体重，手操纵把手控制前行方向。在此基础上进行的车架设计能提高骑行的舒适性。

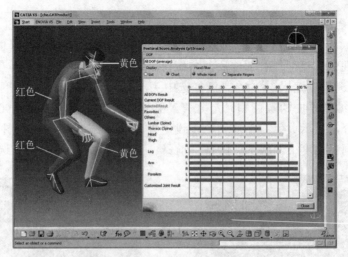

图 9-12　P$_{95}$男性骑行姿态评估分析

9.3　家具产品人机分析

9.3.1　客厅家具人机分析

客厅的主要功能是满足家庭公共活动的需要，是家庭成员生活、娱乐和会客的场所，客厅家具主要由沙发、茶几、电视柜组成，沙发在客厅中占据重要的位置，这里主要对沙发进行人机分析。沙发可以让人放松身体、享受生活，随着生活水平的提高，人们对沙发的舒适性和功能性有了更高的要求。因此，沙发设计要关注舒适性、活动自由度和便利性，以及沙发与其他家具的位置关系。

（1）沙发的座宽 B

座宽，指扶手内侧的座面宽度。宽度大，便于人在沙发上自由活动，但太宽会过多地占用客厅的空间。因此，沙发需要设计合适的尺寸，同时满足人的需求和室内空间要求，沙发座宽按大身材人群设计（如图 9-13）。首先计算人体最大宽度 A，在此基础上适当增加一定的就座者的间距，二者之和即为沙发的座宽。

$$A=P_{95\,男坐姿两肘间宽}+X_{男衣}=489+20=509(mm)$$

$$B=A+活动空间余量=509+200=709(mm)$$

人体最大宽度 A 一般取 520mm，为了保证大多数人有足够的空间自由地调整坐姿，沙发座宽 B 要大于人体最大宽度 A，常取 710mm。

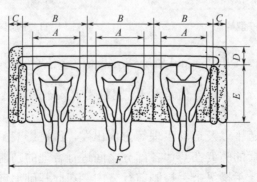

图 9-13　三人座沙发尺寸

（2）沙发的座深 E

座深，指沙发坐垫前端到靠背的距离。座深太深，人的腰部难以靠到沙发靠背，久坐后腰部难受；座深不足，大腿悬空较多，且不方便人斜躺。另外，考虑到男女的通用性，沙发座深按中等身材的男女进行设计。

$$E=\frac{(P_{50男坐深}+X_{衣修正})+(P_{50女坐深}+X_{衣修正})}{2}=\frac{(457+18)+(433+18)}{2}=463(mm)$$

由于人在坐姿时，背部一般会呈一定斜度，所以座深应大于 463mm，一般取 500～600mm。为了体现沙发的豪华感，或考虑高大身材的人坐，或方便背部斜靠着躺在沙发上，一些沙发的座深达到了 650mm。沙发一般配有不同大小的靠枕，如果身材矮小，可以放置靠枕在背部，减少座深。

图 9-14　沙发座高

（3）沙发的座高 H

座高，指地面到坐垫表面的高度。沙发座高按中等身材人群设计（如图 9-14）。由于沙发坐垫软硬程度不一样，还应考虑下沉余量，一般取 350～430mm。但沙发不宜过软，否则人有陷落感，且不利于调整坐姿。

$$H=\frac{(P_{50男小腿加足高}+X_{鞋修正}-X_{衣修正})+(P_{50女小腿加足高}+X_{鞋修正}-X_{衣修正})}{2}$$

$$=\frac{(413+25-6)+(382+20-6)}{2}=414(mm)$$

（4）沙发布局

沙发在摆放时，如果两个沙发之间要过人，除了考虑人体最大宽度 520mm，还应考虑到人行走时手的摆动，适当增加余量（如图 9-15、图 9-16）。单人通行区宽度应大于 520mm，双人通行区宽度一般取 1220～1520mm。

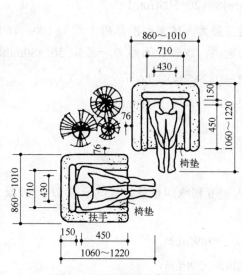

图 9-15　拐角处沙发椅布置

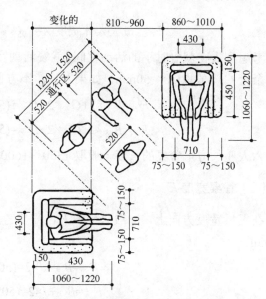

图 9-16　可通行的拐角处沙发椅布置

（5）沙发与茶几的间距 L

沙发与茶几的间距（如图 9-17），既要考虑人体最大宽度 A，又要考虑坐在沙发上人的脚长，一般取 $760\sim910$mm。

$$L=A+P_{95\text{男足长}}+X_\text{鞋}=515+264+25=804(\text{mm})$$

9.3.2 餐厅家具人机分析

餐厅的主要功能是就餐，其次是作为厨具和食物的储藏空间。餐厅家具主要包括餐桌、餐椅和餐边柜，餐桌的形态主要有方形和圆形，其中大多数家庭选用的是方形餐桌，便于在餐厅中摆放，人少时可以靠墙使用，增加餐厅活动空间。

餐桌尺寸要考虑到人体宽度、手的活动空间、人与人的间距等（如图 9-18）。

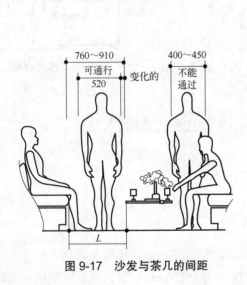

图 9-17 沙发与茶几的间距　　　　图 9-18 六人长方形餐桌尺寸

（1）餐桌长度 E

$$\text{最大人体宽度 } A=P_{95\text{男坐姿两肘间宽}}+X_\text{衣}=489+20=509(\text{mm})$$

考虑到人在就餐时手的活动空间，就餐活动宽度 B 一般在最大人体宽度的基础上增加 $100\sim160$mm；横向余量 C 一般取 $30\sim50$mm，如果太长，不方便侧面的人夹菜；就餐者间距 D 一般取 $50\sim80$mm。

$$E_\text{小}=B_\text{大}\times2+C_\text{小}\times2+D_\text{小}=(509+100)\times2+30\times2+50=1328(\text{mm})$$

$$E_\text{大}=B_\text{大}\times2+C_\text{大}\times2+D_\text{大}=(509+160)\times2+50\times2+80=1518(\text{mm})$$

六人座长方形餐桌的长度一般取 $1350\sim1600$mm。

（2）餐桌宽度 F

在餐桌宽度方向上，一般只坐一人，需要考虑人体最大宽度和纵向余量，纵向余量 J 一般取 $90\sim130$mm。

$$F_\text{小}=B_\text{大}+J\times2=(509+100)+90\times2=789(\text{mm})$$

$$F_\text{大}=B_\text{大}+J\times2=(509+160)+130\times2=929(\text{mm})$$

取整后，方形餐桌的宽度一般取 $800\sim950$mm。

（3）餐桌其他尺寸

餐桌离椅背的距离 H 一般为440～580mm，就餐区域长度 G 一般为2230～2700mm，就餐区域宽度 I 一般为1680～2100mm。

9.3.3　厨房家具人机分析

厨房的主要功能是烹饪食物，其次是收纳厨卫用具，是家庭使用最频繁、家务劳动最集中的地方（如图9-19）。厨房家具主要是橱柜，包括地柜和吊柜。

图9-19　厨房工作场景

（1）地柜高度 D

地柜高度，指地面到地柜台面的高度。直接影响人切菜煮饭，由于需要弯腰操作，容易疲劳。人切菜时前臂和上臂应呈一定夹角，这样可以最大程度地调动身体。通过实测、统计分析，不同身高的人在操作时对地柜台面高度的要求不同，身高相差5cm，舒适操作高度相差2.5cm左右，见表9-1。

表9-1　不同身高的人与舒适操作高度

单位：cm

身高	150	153	155	158	160	163	165	168	170
舒适操作高度	79	80	81.5	83	84	85.7	86.5	88	89

另外，也常采用以下公式计算地柜高度：$D=E/2+50mm$。这可方便不同身高的使用者得出符合自己身高的橱柜高度。考虑到家庭男女主人的使用，常见的地柜高度为800～850mm。有些 L 型、U 型台面设计成不一样高，比如部分操作台设计成 800mm，部分设计成 850mm，以满足家庭不同成员的操作舒适度。

（2）地柜深度 B

地柜深度，指台面前端到后端（墙面）的距离（如图9-20）。地柜内侧靠墙，墙面一般安装有插座、开关，有些还开有窗户，人手经常会在墙面进行操作，比如插电器、打开窗户等。因此，地柜深度 B 应参考上肢功能前伸长的尺寸，按小身材女性进行计算

$$B=P_{10\text{女上肢功能前伸长}}-P_{90\text{女胸厚}}=724-230=494(\text{mm})$$

由于身体还能前倾，可增加功能前伸的距离，并不费力，地柜深度一般不低于450mm。经试验，在距离身体 500mm 的范围内取物比较轻松。考虑到大部分人的身体尺寸，洗菜盆、灶具和抽油烟机的尺寸，以及人在地柜台面的操作、存放物品的需要等，在实际设计时，地柜深度 B 一般为 600～650mm，常取 600mm，但具体尺寸应根据厨房空间大小确定（如图9-21）。

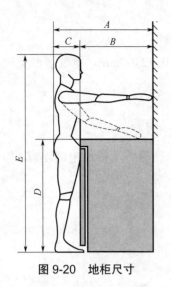

图 9-20 地柜尺寸

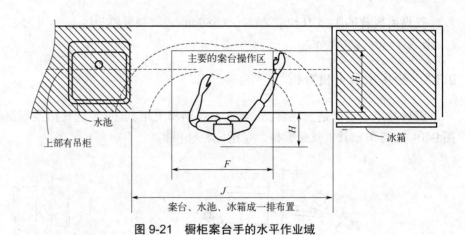

图 9-21 橱柜案台手的水平作业域

（3）吊柜高度

吊柜为成年男女通用家具，其高度应该按照小个头女子计算。考虑到手伸进橱柜拿取物品，在手举高时，应计算手的功能长度。由于人在地柜台面操作时身体会前倾，为了避免碰头，吊柜会推后 250～300mm。

按小个头女性进行吊柜高度的计算，肩到腹部的距离 S 取 100mm，地柜深度 K 取 600mm（如图 9-22）。

肩离吊柜面板的距离 $R=S+(K-L)=100+(600-300)=400(mm)$

$$Y=P_{10 \text{女双臂功能上举高}}-P_{10 \text{女肩高}}=1766-1211=555(mm)$$

$$O=\sqrt{Y^2-R^2}=\sqrt{555^2-400^2}\approx385(mm)$$

$$T=O+P_{10 \text{女肩高}}+X_{\text{女鞋}}=385+1211+20=1616(mm)$$

计算可得，小身材女性的手功能高为 1616mm，在吊柜里抓取

图 9-22 吊柜尺寸

物品比较方便。根据经验，在实际设计时，吊柜最低高度 Z 一般取 1500mm，吊柜深度 L 一般取 300～350mm，具体尺寸可根据使用者身材进行定制。

9.3.4 卧室家具人机分析

9.3.4.1 床的人机分析

床的设计，不能以人体外廓尺寸为准，而要关注人的睡眠行为，及人在非睡眠状态时活动的自由与便利性，还要注意安全问题。在睡眠时身体活动空间大于身体本身，研究发现：人处于将要入睡的状态时床宽需要约 50cm，熟睡后需要频繁地翻身，通过摄像机对睡眠时的动作进行研究发现，翻身所需要的幅宽约为肩宽的 2.5～3 倍（如图 9-23）。

（1）床宽

如图 9-24 所示，通过脑波（EEG）观测睡眠深度与床宽的关系，发现床宽最小界限是 70cm，比这宽度再窄时，翻身次数和睡眠深度明显减少，影响睡眠质量。床宽小于 50cm 时，翻身次数减少约 30%，睡眠深度受到更明显的影响。床宽 47cm 和 70cm 相比，显然 70cm 时睡眠深度要好得多。

图 9-23 睡眠时的活动空间（不规则的图形）

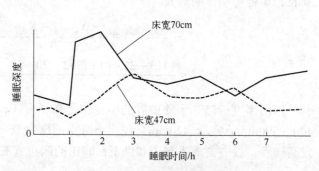

图 9-24 脑波（EEG）观测睡眠深度与床宽的关系

床的合理宽度应为人体仰卧时最大肩宽的 2.5～3 倍，即

$$W=B\times(2.5\sim3)$$

式中，W 为床宽；B 为最大肩宽。

$$W=B\times2.5=P_{男95最大肩宽}\times2.5=469\times2.5\approx1173(mm)$$

国标 GB 3328—2016《床类主要尺寸》规定：单人床宽度为 700～1200mm，家用单人床一般取 1200mm；双人床宽度为 1350～2000mm。

（2）床长

为了使床适应大部分人的身长，长度应以较高的人体尺寸作为标准设计，另外还应考虑枕头和脚端被子所占空间，需要留有一定的余量，床的整体长度应比人体最大高度要多一些（如图 9-25）。

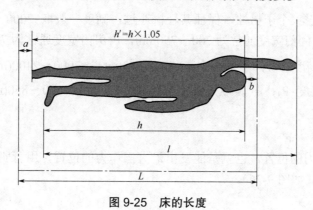

图 9-25 床的长度

$$L=h\times1.05+a+b$$

式中　L——床的长度；

　　　　h——人体长度；

　　　　a——脚部余量（脚到床尾），常取 50mm；

　　　　b——头部余量（头到床屏），常取 100mm。

床的长度 L（不含床屏）一般以大个头的男性进行设计：

$$L=P_{95男身高}\times1.05+a+b=1775\times1.05+50+100\approx2014(mm)$$

GB 3328—2016 规定，非嵌垫式床铺面长度为 1900～2200mm，嵌垫式床铺面长度为 1900～2220mm。

（3）床高

床高指床面距地面的垂直高度。一般与椅高一致，使之具有坐、卧功能，同时也要考虑就寝、起床、宽衣、穿鞋等动作的需要。

$$H = \frac{(P_{50男小腿加足高} + X_{鞋修正} - X_{衣修正}) + (P_{50女小腿加足高} + X_{鞋修正} - X_{衣修正})}{2}$$

$$= \frac{(413 + 25 - 6) + (382 + 20 - 6)}{2} = 414(\text{mm})$$

床面高度应略高于使用者的小腿加足高（男 P_{50} 为 413mm），使人上、下床感到方便，床高一般为 400～500mm，常取 420mm。民用小卧室的床宜低一些，以减少室内的拥挤感，使居室开阔；医院的床宜高一点，以方便病人起床和卧下；宾馆的床也宜高一点，以便于服务员清扫和整理卧具。

（4）床屏尺寸

在床的设计中，床屏的设计最为重要，床屏对人的头部、颈部、背部、腰部起到支承作用，其造型的美观性直接影响床的整体形态，最具视觉表现。床屏的第一支承点是腰部，腰部到臀部的距离是 230～250mm。第二支承点是背部，背部到臀部的距离是 500～600mm。第三支承点是头部，当倾角 110°时，人体依靠最舒适。床屏倾斜角度一般取 90°～120°。

床屏高度=床常用高度+背部到臀部的距离=420+（500～600）=920～1020（mm）

儿童家具尺寸一般小于成人尺寸，床屏的高度取 800～1000mm。儿童家具要帮助青少年培养良好的生活习惯，躺于床上看书影响青少年的视力，因而可以设计成直板倾角为 90°的床屏。

9.3.4.2 卧室门的人机分析

（1）卧室门整体尺寸

卧室门的尺寸应该考虑大个子男性，保证其轻松通过，高度一般取 2000～2400mm，门宽度通常为 800～850mm。另外，卫生间门宽度通常为 700～750mm，厨房门宽度通常为 750～800mm。

门高度=$P_{99男身高}$+$X_{鞋}$+余量=1814+25+余量=2000～2400（mm）

门宽度=$P_{99男最大肩宽}$+$X_{衣}$×2+余量=486+26+余量=800～850（mm）

（2）卧室门把手高度

门把手要设置在最省力的位置，也就是能发出最大操作力的位置，用背肌活动度测定适宜操作的位置，得到立姿操作的位置（如图 9-26）。

门把手水平高度

$$H = \frac{(P_{50男立姿肘高} + X_{鞋修正}) + (P_{50女立姿肘高} + X_{鞋修正})}{2} = \frac{(1024 + 20) + (960 + 25)}{2} \approx 1015(\text{mm})$$

中等身材的人，身体距离门把手 200mm 左右比较合适，门把手高度 1000mm 比较合适，这也是常用高度。根据不同身高，高度一般选取 900～1100mm。

9.3.5 书房家具人机分析

9.3.5.1 书桌的人机分析

书房家具一般包括书桌和书柜，其中书桌的使用频率相对较高。如果书桌表面过低，工作或学习时身体将更加弯曲，影响颈椎，长期呈这种状态会造成不良的后果。如果桌面过高，手臂在桌面上工作时，肘部、肩部被托起，肌肉会有一定的紧绷，容易造成疲劳，手臂不舒服。

如图 9-27 所示，书桌合理高度的确定方法是座高加上桌面椅面高度差，即桌高=座高+桌椅高度差。

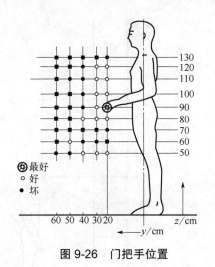

图 9-26 门把手位置

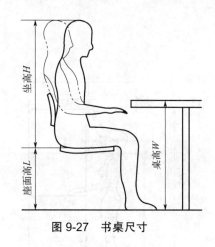

图 9-27 书桌尺寸

经测试研究表明，书写桌椅高度差=$\dfrac{坐高}{3}$-(20～30)，办公用桌椅高度差=$\dfrac{坐高}{3}$。

$$坐高=\frac{(P_{50男小腿加足高}+X_{鞋修正}-X_{衣修正})+(P_{50女小腿加足高}+X_{鞋修正}-X_{衣修正})}{2}=414mm$$

$$桌椅高度差=\frac{(P_{50男坐高}+X_{衣修正})+(P_{50女坐高}+X_{衣修正})}{6}=296mm$$

$$办公桌表面高度=坐高+桌椅高度差=710mm$$

$$书写桌高度=坐高+桌椅高度差-30=680mm$$

根据人体尺寸，GB/T 3326—2016 规定桌面的高度范围为 680～760mm，共有以下几个规格的高度：680mm、700mm、720mm、740mm、760mm。

考虑高个头男子和低个头女子适合坐的椅子座高差值大，达到 110mm 之多，影响到坐姿舒适性，所以一些椅子设计为座面高度可调。

9.3.5.2 书柜的人机分析

书柜设计主要考虑书的存放高度，过高不便于拿取书籍，过矮存放量又较少，摸高应该按照女子 10 百分位数考虑（如图 9-28）。

$$W_{最小}=P_{10女中指指尖点上举高}+X_{鞋}=1870+20=1890(mm)$$

$$W_{最小}=P_{10女双臂功能上举高}+X_{鞋}=1766+20=1786(mm)$$

酒柜、衣柜的设计可参考此人机尺寸。

9.3.6 陈列柜人机分析

如图 9-29 所示，展示陈列区域：一般从距地面 800mm 起，上至高约 3200mm；因人视觉的限制，展品陈列高度不宜超过 3500mm，常为 800～2400mm。

最佳陈列区域：标准视线以上 200mm 和以下 400mm 之间。

如图 9-30 所示，观看展品全貌区域：眼睛离展示墙面或板面的距离一般保持在展品高度的 1.5～2 倍，竖向视角一般为 26°，横向视角一般为 45°。陈列柜应根据人体尺寸、视野确定展品摆放位置，设计展柜尺寸，最终确定展品和人的位置关系。

陈列设计时，视觉关系除了展品的远近、高低，观看的动线外，还包括展品陈列的密度以及光线明暗、方向等。由于人的眼睛习惯从左到右，从上到下，所以展品横向陈列比垂直陈列更符合观众的视觉移动规律（如图 9-31），横向动线也更易引导观众的移动，避免通道堵塞。

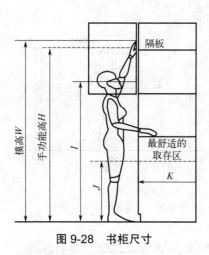

图 9-28　书柜尺寸

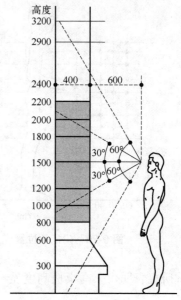

图 9-29　辨认视界

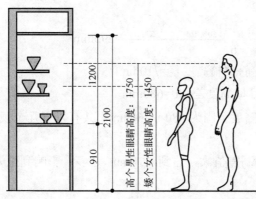

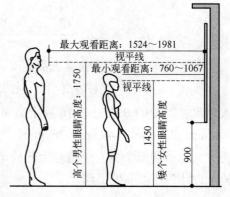

图 9-30　展柜陈列尺度

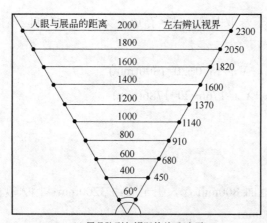

(a) 展品陈列与视野的关系(水平)

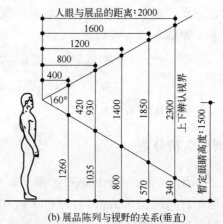

(b) 展品陈列与视野的关系(垂直)

图 9-31　展品陈列与视野的关系

附录

附录 A　人机工程学主要国家技术标准

A.1　人的因素

GB/T 5703—2010 用于技术设计的人体测量基础项目

GB/T 5704—2008 人体测量仪器

GB 10000—1988 中国成年人人体尺寸

GB/T 2428—1998 成年人头面部尺寸

GB/T 16252—1996 成年人手部号型

GB/T 13547—1992 工作空间人体尺寸

GB/T 12985—1991 在产品设计中应用人体尺寸百分位数的通则

GB/T 15759—1995 人体模板设计和使用要求

GB/T 14779—1993 坐姿人体模板功能设计要求

GB/T 14777—1993 几何定向及运动方向

GB/T 17245—2004 成年人人体惯性参数

GB/T 15241—1994 人类工效学　与心理负荷相关的术语

GB/T 15241.2—1999 与心理负荷相关的工效学原则　第 2 部分：设计原则

A.2　信息显示设计

A.2.1　字符与图形设计

（1）基础标准

GB/T 7291—2008 图形符号　基于消费者需求的技术指南

GB/T 12103—1990 标志用图形符号的制订和测试程序

GB/T 14543—1993 标志用图形符号的视觉设计原则

GB/T 15565—2020 图形符号　术语

GB/T 16900—2008 图形符号表示规则　总则

GB/T 16901.1—2008 技术文件用图形符号表示规则　第 1 部分：基本规则

GB/T 16901.2—2013 技术文件用图形符号表示规则　第 2 部分：图形符号（包括基准符号库中的图

形符号）的计算机电子文件格式规范及其交换要求

GB/T 16902.1—2017 设备用图形符号表示规则　第 1 部分：符号原图的设计原则

GB/T 16902.2—2008 设备用图形符号表示规则　第 2 部分：箭头的形式和使用

GB/T 16903—2021 标志用图形符号表示规则　公共信息图形符号的设计原则与要求

GB/T 20001.2—2015 标准编写规则　第 2 部分：符号标准

（2）公共信息图形符号标准

GB/T 10001.1—2012 公共信息图形符号　第 1 部分：通用符号

GB/T 10001.2—2021 公共信息图形符号　第 2 部分：旅游休闲符号

GB/T 10001.3—2021 公共信息图形符号　第 3 部分：客运货运符号

GB/T 10001.4—2021 公共信息图形符号　第 4 部分：运动健身符号

GB/T 10001.5—2021 公共信息图形符号　第 5 部分：购物符号

GB/T 10001.6—2021 公共信息图形符号　第 6 部分：医疗保健符号

GB/T 10001.10—2014 公共信息图形符号　第 10 部分：通用符号要素

（3）公共信息导向系统标准

GB/T 15566.1—2020 公共信息导向系统　设置原则与要求　第 1 部分：总则

GB/T 15566.2—2007 公共信息导向系统　设置原则与要求　第 2 部分：民用机场

GB/T 15566.3—2020 公共信息导向系统　设置原则与要求　第 3 部分：铁路旅客车站

GB/T 15566.4—2020 公共信息导向系统　设置原则与要求　第 4 部分：公共交通车站

GB/T 15566.5—2007 公共信息导向系统　设置原则与要求　第 5 部分：购物场所

GB/T 15566.6—2007 公共信息导向系统　设置原则与要求　第 6 部分：医疗场所

GB/T 15566.7—2007 公共信息导向系统　设置原则与要求　第 7 部分：运动场所

GB/T 15566.8—2007 公共信息导向系统　设置原则与要求　第 8 部分：宾馆和饭店。

GB/T 20501.1—2013 公共信息导向系统　要素的设计原则与要求　第 1 部分：图形标志及相关要素

GB/T 20501.2—2013 公共信息导向系统　要素的设计原则与要求　第 2 部分：文字标志及相关要素

GB/T 20501.3—2017 公共信息导向系统　要素的设计原则与要求　第 3 部分：平面示意图和信息板

GB/T 20501.4—2018 公共信息导向系统　要素的设计原则与要求　第 4 部分：街区导向图

GB/T 20501.5—2006 公共信息导向系统　要素的设计原则与要求　第 5 部分：便携印刷品

（4）安全标志标准

GB/T 2893.1—2013 图形符号　安全色和安全标志　第 1 部分：工作场所和公共区域中安全标志的设计原则

（5）设备用图形符号标准

GB/T 16273.1—2008 设备用图形符号　通用符号

GB/T 16273.2—1996 设备用图形符号　机床通用符号 26/52

GB/T 16273.3—1999 设备用图形符号　电焊设备通用符号

GB/T 16273.4—2010 设备用图形符号　第 4 部分：带有箭头的符号

GB/T 16273.5—2002 设备用图形符号　第 5 部分：塑料机械通用符号

GB/T 16273.6—2003 设备用图形符号　第 6 部分：运输、车辆检测及装载机械通用符号

GB/T 4026—2019 人机界面标志标识的基本方法和安全规则

A.2.2　灯光信号显示设计

GB/T 1251.2—2006 人类工效学险情视觉信号一般要求、设计和检验

A.2.3　色彩显示设计

GB/T 5698—2001 颜色术语
GB/T 3977—2008 颜色的表示方法
GB/T 15608—2006 中国颜色体系
GB 2893—2008 安全色
GB 14778—2008 安全色光通用规则
GB/T 8417—2003 灯光信号颜色

A.2.4　听觉显示设计

GB/T 1251.1—2008 人类工效学　公共场所和工作区域的险情信号　险情听觉信号
GB/T 1251.2—2006 人类工效学　险情视觉信号　一般要求、设计和检验
GB/T 1251.3—2008 人类工效学　险情和信息的视听信号体系
GB 12800—1991 声学　紧急撤离听觉信号

A.3　操纵控制设计

GB/T 14775—1993 操纵器一般人类工效学要求
GB/T 14777—1993 几何定向及运动方向

A.4　计算机交互界面设计

GB/T 16260—2006 信息技术 软件产品评价　质量特性及其使用指南
GB/T 18976—2003 以人为中心的交互系统设计过程
GB/T 21051—2007 人-系统交互工效学　支持以人为中心设计的可用性方法
GB/T 18978.1—2003 使用视觉显示终端（VDTs）办公的人类工效学要求　第 1 部分：概述
GB/T 18978.2—2004 使用视觉显示终端（VDTs）办公的人类工效学要求　第 2 部分：任务要求指南
GB/T 18978.10—2004 使用视觉显示终端（VDTs）办公的人类工效学要求　第 10 部分：对话原则
GB/T 18978.11—2004 使用视觉显示终端（VDTs）办公的人类工效学要求　第 11 部分：可用性指南
GB/T 20527.1—2006 多媒体用户界面的软件人类工效学　第 1 部分：设计原则和框架
GB/T 20527.3—2006 多媒体用户界面的软件人类工效学　第 3 部分：媒体选择与组合
GB/T 20528.1—2006 使用基于平板视觉显示器工作的人类工效学要求　第 1 部分：概述

A.5　作业器具设计

GB/T 14774—1993 工作座椅一般人类工效学要求

A.6　作业空间设计

GB/T 14776—1993 人类工效学工作岗位尺寸设计原则及其数值
GB/T 18717.1—2002 用于机械安全的人类工效学设计　第 1 部分：全身进入机械的开口尺寸确，定原则
GB/T 18717.2—2002 用于机械安全的人类工效学设计　第 2 部分：人体局部进入机械的开口尺寸确定原则
GB/T 18717.3—2002 用于机械安全的人类工效学设计　第 3 部分：人体测量数据

A.7　作业环境设计

A.7.1　热环境

GB/T 18048—2008 热环境　人类工效学代谢率的测定

GB/T 17244—1998 热环境　根据 WBGT 指数（湿球黑球温度）对作业人员热负荷的评价

GB/T 18977—2003 热环境人类工效学　使用主观判定量表评价热环境的影响

GB/T 18049—2017 中等热环境 PMV 和 PPD 指数的测定及热舒适条件的规定

GB/T 5701—2008 室内热环境条件

GBZ 1—2010 工业企业设计卫生标准

GB 50019—2015 采暖通风与空气调节设计规范

GB 934—2009 高温作业环境气象条件测定方法

GB 935—1989 高温作业允许持续接触热时间限值

GB/T 13459—2008 劳动防护服防寒保暖要求

A.7.2　声环境

GB 3096—2021 声环境质量标准

GB 12348—2008 工业企业厂界环境噪声排放标准

GB 22337—2008 社会生活环境噪声排放标准

A.7.3　振动环境

GB/T 16440—1996 振动与冲击　人体的机械驱动点阻抗

GB/T 13441—1992 人体全身振动环境的测量规范

GB/T 13442—1992 人体全身振动暴露的舒适性降低界限和评价准则

A.7.4　照明环境

GB/T 12984—1991 人类工效学　视觉信息作业基本术语

GB/T 12454—2017 视觉环境评价方法

GB/T 5697—1985 人类工效学照明术语

GB/T 5699—2017 采光测量方法

GB/T 5700—2008 照明测量方法

GB/T 5702—2019 光源显色性评价方法

GB/T 3978—2008 标准照明体和几何条件

GB/T 8415—2001 昼光模拟器的评价方法

GB/T 13379—2008 视觉工效学原则　室内工作系统照明

GB 50034—2013 建筑照明设计标准

GB/T 50033—2013 建筑采光设计标准

GB 7793—2010 中小学校教室采光和照明卫生标准

A.8　人机系统设计

GB/T 16251—2008 工作系统设计的人类工效学原则

GB/T 5703—2010 用于技术设计的人体测量基础项目（等效于 ISO 7250：1996）

GB/T 5704.1—5704.4—1985 人体测量仪器

GB/T 10000—1988 中国成年人人体尺寸

GB/T 12985—1991 在产品设计中应用人体尺寸百分位数的通则

GB/T 13547—1992 工作空间人体尺寸

GB/T 14776—1993 工作岗位尺寸设计原则及其数值

GB/T 16252—1996 成年人手部号型

GB/T 2428—1998 成年人头面部尺寸

GB/T 17245—2004 成年人人体质心

GB/T 14775—1993 操纵器一般人类工效学要求

GB/T 14774—1993 工作座椅一般人类工效学要求

GB/T 3976—2014 学校课桌椅功能尺寸

GB/T 15759—1995 人体模板设计和使用要求

GB/T 14779—1993 坐姿人体模板功能设计要求

GB/T 15241—1994 人类工效学　与心理负荷相关的术语

GB/T 15241.2—1999 与心理负荷相关的工效学原则　第 2 部分：设计原则（等同于 ISO 10075—2：1996）

GB/T 12330—1990 体力搬运重量限值

GB/T 5697—1985 人类工效学照明术语

GB/T 13379—2008 视觉工效学原则　室内工作系统照明

GB/T 12984—1991 人类工效学　视觉信息作业基本术语

GB/T 12454—1990 视觉环境评价方法

GB/T 8417—2003 灯光信号颜色

GB/T 1251.2—2006 人类工效学　险情视觉信号一般要求　设计和检验

GB/T 1251.3—2008 人类工效学　险情和非险情声光信号体系

GB/T 1251.1—2008 工作场所的险情信号　险情听觉信号

GB/T 18978.1—2003 使用视觉显示终端（VDTs）办公的人类工效学要求　第 1 部分：概述

GB/T 5701—2008 室内空调至湿温度

GB/T 934—2008 高温作业环境气象条件测定方法

GB/T 18049—2017 中等热环境 PMV 和 PPD 指数的测定及热舒适条件的规定

GB/T 18977—2003 热环境人类工效学　使用主观判定量表评价热环境的影响

GB/T 17244—1998 热环境　根据 WBGT 指数（湿球黑球温度）对作业人员热负荷的评价

GB/T 18048—2008 人类工效学　代谢产热量的测定

GB/T 13441—1992 人体全身振动环境的测量规范

GB/T 13442—1992 人体全身振动暴露的舒适性降低界限和评价准则

GB/T 15619—2005 人体机械振动与冲击术语

GB/T 16440—1996 振动与冲击　人体的机械驱动点阻抗

GB/T 16441—1996 振动与冲击　人体 z 轴向的机械传递率

GB/T 19368—2001 卧姿人体全身振动舒适性的评价

GB/T 14777—1993 几何定向及运动方向

GB/T 18717.1—2002 用于机械安全的人类工效学设计　第 1 部分：全身进入机械的开口尺寸确定原则

GB/T 18717.2—2002 用于机械安全的人类工效学设计　第 2 部分：人体局部进入机械的开口尺寸确定原则

GB/T 18717.3—2002 用于机械安全的人类工效学设计　第 3 部分：人体测量数据

GB/T 3326—2016 家具　桌、椅、凳类主要尺寸

GB/T 3327—2016 家具　柜类主要尺寸

GB/T 3328—2016 家具　床类主要尺寸

GB/T 15705—1995 载货汽车驾驶员操作位置尺寸

GB/T 13053—2008 客车驾驶区尺寸

GB/T 6235—2004 农业拖拉机驾驶座及主要操纵装置尺寸

GB/T 12265.1—1997 机械安全　防止上肢触及危险区的安全距离（1SO/DIS 13852）

GB 12265.2—2000 机械安全　防止下肢触及危险区的安全距离（1SO/DIS 13853）

GB 12265.3—1997 机械安全　避免人体各部位挤压的最小间距（1SO/DIS 13854）

GB 18209.1—2010 机械安全　指示、标志和操作　第 1 部分：关于视觉、听觉和触觉信号的要求（等同于 IEC 61310—1：1995）

GB/T 16902.1—2017 图形符号表示规则　设备用图形符号　第 1 部分：图形符号的形成（等效于 ISO 3451—1：1998）

GB/T 16901.1—2008 图形符号表示规则　技术文件用图形符号　第 1 部分：基本规则（等效于 ISO/IEC 11714—4：1996）

附录 B　人体尺寸与身高的近似比例关系

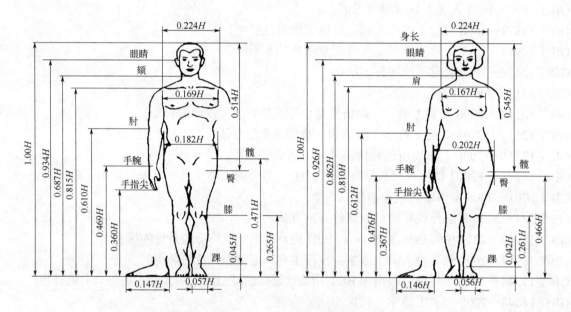

附表 B-1　中国人体男子、女子手部控制部位尺寸的回归方程　　　　单位：mm

控制部位项目	男子回归方程	女子回归方程	控制部位项目	男子回归方程	女子回归方程
掌长	$Y=7.89+0.53X_1$	$Y=3.20+0.55X_1$	食指近位指关节宽	$Y=6.89+0.14X_2$	$Y=12.80+0.05X_2$
虎口食指叉距	$Y=4.92+0.21X_1$	$Y=3.66+0.20X_1$	中指近位指关节宽	$Y=8.65+0.12X_2$	$Y=12.01+0.06X_2$
拇指长	$Y=-4.96+0.32X_1$	$Y=-2.79+0.32X_1$	无名指近位指关节宽	$Y=6.88+0.13X_2$	$Y=11.09+0.05X_2$
食指长	$Y=-0.85+0.38X_1$	$Y=-0.25+0.38X_1$	小指近位指关节宽	$Y=6.96+0.10X_2$	$Y=10.38+0.04X_2$
中指长	$Y=-5.04+0.44X_1$	$Y=-3.52+0.44X_1$	掌围	$Y=29.30+2.12X_2$	$Y=122.68+0.81X_2$
无名指长	$Y=-6.19+0.42X_1$	$Y=-4.81+0.42X_1$	拇指关节围	$Y=26.01+0.48X_2$	$Y=40.08+0.25X_2$
小指长	$Y=5.02+0.28X_1$	$Y=-11.12+0.37X_1$	食指近位指关节围	$Y=22.58+0.49X_2$	$Y=40.82+0.21X_2$
尺侧半掌宽	$Y=10.10+0.37X_2$	$Y=34.67+0.02X_2$	中指近位指关节围	$Y=23.72+0.50X_2$	$Y=41.11+0.22X_2$
大鱼际宽	$Y=10.64+0.59X_2$	$Y=34.32+0.23X_2$	无名指近位指关节围	$Y=21.92+0.46X_2$	$Y=36.79+0.22X_2$
掌厚	$Y=6.51+0.27X_2$	$Y=9.23+0.21X_2$	小指近位指关节围	$Y=17.63+0.43X_2$	$Y=34.36+0.17X_2$

注：1. X_1 为手长，X_2 为手宽，Y 为各对应项目的尺寸。

2. 表中 20 个手部控制部位尺寸项目的图示和测量方法说明，可查阅 GB/T 16252。

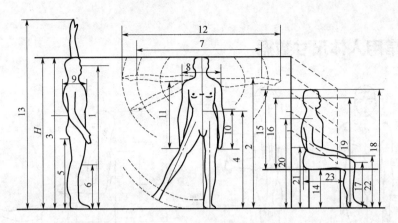

附表 B-2　世界人体尺寸与身高的近似比例关系

序号	名称	立姿			
		男		女	
		亚洲人	欧洲人	亚洲人	欧洲人
1	眼高	0.933H	0.937H	0.933H	0.937H
2	肩高	0.844H	0.833H	0.844H	0.833H
3	肘高	0.600H	0.625H	0.600H	0.625H
4	脐高	0.600H	0.625H	0.600H	0.625H
5	臂高	0.467H	0.458H	0.467H	0.458H
6	膝高	0.267H	0.313H	0.267H	0.313H
7	腕—腕距	0.800H	0.813H	0.800H	0.813H
8	肩—肩距	0.222H	0.250H	0.213H	0.200H
9	胸深	0.178H	0.167H	0.133~0.177H	0.125~0.166H
10	前臂长（包括手）	0.267H	0.250H	0.267H	0.250H
11	肩—指距	0.467H	0.438H	0.467H	0.438H
12	双手展宽	1.000H	1.000H	1.000H	1.000H
13	手举起最高点	1.278H	1.259H	1.278H	1.250H
14	坐高	0.222H	0.250H	0.222H	0.250H
15	头顶—座距	0.533H	0.531H	0.533H	0.531H
16	眼—座距	0.467H	0.458H	0.467H	0.458H
17	膝高	0.267H	0.292H	0.267H	0.292H
18	头顶高	0.733H	0.781H	0.733H	0.781H
19	眼高	0.700H	0.708H	0.700H	0.708H
20	肩高	0.567H	0.583H	0.567H	0.583H
21	肘高	0.356H	0.406H	0.356H	0.406H
22	腿高	0.300H	0.333H	0.300H	0.333H
23	座深	0.267H	0.750H	0.267H	0.275H

附录 C　部分常用人体尺寸数据

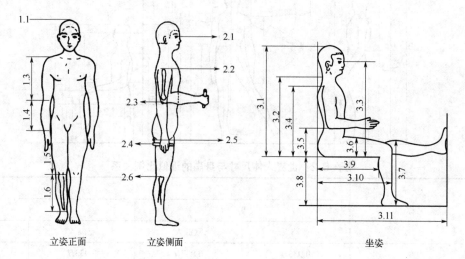

立姿正面　　　　　立姿侧面　　　　　　　坐姿

附表 C-1　人体主要尺寸　　　　　　　　　　单位：mm

年龄分组 百分位数 测量项目	男（18～60 岁）							女（18～55 岁）						
	1	5	10	50	90	95	99	1	5	10	50	90	95	99
1.1 身高/mm	1543	1583	1604	1678	1754	1775	1814	1449	1484	1503	1570	1640	1659	1697
1.2 体重/kg	44	48	50	69	71	75	83	39	42	44	52	63	66	74
1.3 上臂长/mm	279	289	294	313	333	338	349	252	262	267	284	303	308	319
1.4 前臂长/mm	206	216	220	237	253	258	268	185	193	198	213	229	234	242
1.5 大腿长/mm	413	428	436	465	496	505	523	387	402	410	438	467	476	494
1.6 小腿长/mm	324	338	344	369	396	403	419	300	313	319	344	370	376	390

附表 C-2　立姿主要人体尺寸　　　　　　　　　单位：mm

年龄分组 百分位数 测量项目	男（18～60 岁）							女（18～55 岁）						
	1	5	10	50	90	95	99	1	5	10	50	90	95	99
2.1 眼高	1436	1474	1495	1568	1643	1664	1705	1337	1371	1388	1454	1522	1541	1579
2.2 肩高	1244	1281	1299	1367	1437	1455	1494	1166	1195	1211	1271	1333	1350	1385
2.3 肘高	925	954	968	1024	1079	1096	1128	873	899	913	960	1009	1023	1050
2.4 手功能高	656	680	693	741	787	801	828	630	650	662	704	746	757	778
2.5 会阴高	701	728	741	790	840	856	887	648	673	686	732	779	792	819
2.6 胫骨点高	394	409	417	444	472	481	498	363	377	384	410	437	444	459

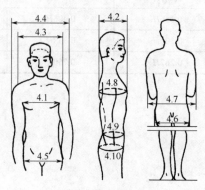

坐姿人体水平尺寸

附表 C-3 坐姿主要人体尺寸   单位：mm

年龄分组 百分位数 测量项目	男（18～60岁）							女（18～55岁）						
	1	5	10	50	90	95	99	1	5	10	50	90	95	99
3.1 坐高	836	858	870	908	947	958	970	789	809	819	855	891	901	920
3.2 坐姿颈椎点高	599	615	621	667	691	701	710	563	579	587	617	618	657	675
3.3 坐姿眼高	729	749	761	798	836	847	868	678	695	701	739	773	783	803
3.4 坐姿肩高	539	557	566	598	631	641	659	504	518	526	556	586	594	609
3.5 坐姿肘高	214	228	235	263	291	298	312	201	215	223	257	277	284	299
3.6 坐姿大腿厚	101	112	116	130	146	151	160	107	113	117	130	146	151	160
3.7 坐姿膝高	441	456	461	493	523	532	549	410	424	431	458	485	493	507
3.8 小腿加足高	372	383	389	413	439	448	463	331	342	350	382	399	405	417
3.9 坐深	407	421	429	457	486	494	510	388	401	408	433	461	469	485
3.10 臀膝距	499	515	524	554	585	595	613	481	497	502	529	561	570	587
3.11 坐姿下肢长	892	921	937	992	1046	1063	1096	826	851	865	912	930	975	1005

附表 C-4 坐姿人体水平尺寸   单位：mm

年龄分组 百分位数 测量项目	男（18～60岁）							女（18～55岁）						
	1	5	10	50	90	95	99	1	5	10	50	90	95	99
4.1 胸宽	242	253	269	280	307	315	331	219	233	239	260	289	299	319
4.2 胸厚	176	186	191	212	237	245	261	159	170	176	199	230	239	260
4.3 肩宽	330	344	351	375	397	403	415	301	320	328	351	371	377	387
4.4 最大肩宽	383	398	405	431	460	469	486	347	363	371	397	428	438	458
4.5 臀宽	273	282	288	306	327	334	346	275	290	296	317	340	346	360
4.6 坐姿臀宽	284	295	300	321	347	355	369	295	310	318	344	374	382	400
4.7 坐姿两肘间宽	353	371	381	422	473	489	518	325	348	360	404	460	478	509
4.8 胸围	762	791	806	867	944	970	1018	717	745	760	825	919	949	1005
4.9 腰围	620	650	665	735	859	895	960	622	650	680	772	904	950	1025
4.10 臀围	780	805	820	875	948	970	1009	795	824	840	900	975	1000	1044

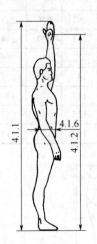
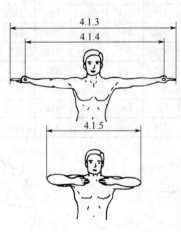
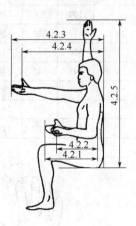

立姿人体功能尺寸   坐姿人体功能尺寸

附表 C-5　立姿人体功能尺寸　　　　　　　　　　　　　　单位：mm

测量项目	男（18~60岁）							女（18~55岁）						
年龄分组　百分位数	1	5	10	50	90	95	99	1	5	10	50	90	95	99
4.1.1 中指指尖点上举高	1913	1971	2002	2108	2214	2245	2309	1798	1845	1870	1968	2063	2089	2143
4.1.2 双臂功能上举高	1815	1869	1899	2003	1108	2138	2203	1696	1741	1766	1860	1952	1976	2030
4.1.3 两臂展开宽	1528	1579	1605	1691	1776	1802	1849	1414	1457	1479	1559	1637	1659	1701
4.1.4 两臂功能展开宽	1325	1374	1398	1483	1568	1593	1640	1206	1248	1269	1344	1418	1438	1480
4.1.5 两肘展开宽	791	816	828	875	921	936	966	733	756	770	811	856	869	892
4.1.6 立腹厚	149	160	166	192	227	237	262	139	151	158	186	226	238	258

附表 C-6　坐姿人体功能尺寸　　　　　　　　　　　　　　单位：mm

测量项目	男（18~60岁）							女（18~55岁）						
年龄分组　百分位数	1	5	10	50	90	95	99	1	5	10	50	90	95	99
4.2.1 前臂加手前伸长	402	416	422	447	471	478	492	368	383	390	413	435	442	454
4.2.2 前臂加手功能前伸	295	310	318	343	369	376	391	262	277	283	306	327	333	346
4.2.3 上肢前伸长	755	777	789	834	879	892	918	690	712	724	764	805	818	841
4.2.4 上肢功能前伸长	650	673	685	730	776	789	816	586	607	619	657	696	707	729
4.2.5 坐姿中指指尖点上举高	1210	1249	1270	1339	1407	1426	1467	1142	1173	1190	1251	1311	1328	1361

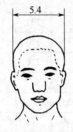
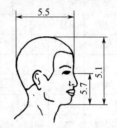
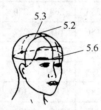

人体头部尺寸

附表 C-7　人体头部尺寸　　　　　　　　　　　　　　单位：mm

测量项目	男（18~60岁）							女（18~55岁）						
年龄分组　百分位数	1	5	10	50	90	95	99	1	5	10	50	90	95	99
5.1 头全高	199	206	210	223	237	241	249	193	200	203	216	228	232	239
5.2 头矢状弧	314	324	329	350	370	375	384	300	310	313	329	344	349	358
5.3 头冠状弧	330	338	344	361	378	383	392	318	327	332	348	366	372	381
5.4 头最大宽	141	145	146	154	162	164	168	137	141	143	149	156	158	162
5.5 头最大长	168	173	175	184	192	195	200	161	165	167	176	184	187	191
5.6 头围	525	536	541	560	580	586	597	510	520	525	546	567	573	585
5.7 形态面长	104	109	111	119	128	130	135	97	100	102	109	117	119	123

人体手部尺寸　　　　　　　　　　　人体足部尺寸

附表 C-8　人体手部尺寸　　　　　　　　　　　　　　　　　　单位：mm

测量项目	男（18～60 岁）							女（18～55 岁）						
百分位数	1	5	10	50	90	95	99	1	5	10	50	90	95	99
6.1 手长	164	170	173	183	193	196	202	154	159	161	171	180	183	189
6.2 手宽	73	76	77	82	87	89	91	67	70	71	76	80	82	84
6.3 食指长	60	63	64	69	74	76	79	57	60	61	66	71	72	76
6.4 食指近位指关节宽	17	18	18	19	20	21	21	15	16	16	17	18	19	20
6.5 食指远位指关节宽	14	15	15	16	17	18	19	13	14	14	15	16	16	17

附表 C-9　人体足部尺寸　　　　　　　　　　　　　　　　　　单位：mm

测量项目	男（18～60 岁）							女（18～55 岁）						
百分位数	1	5	10	50	90	95	99	1	5	10	50	90	95	99
7.1 足长	223	230	234	247	260	264	272	208	213	217	229	241	244	251
7.2 足宽	86	88	90	96	102	103	107	78	81	83	88	93	95	98

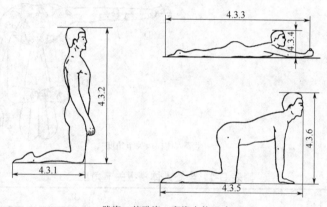

跪姿、俯卧姿、爬姿人体尺寸

附表 C-10　男子跪姿、俯卧姿、爬姿人体尺寸　　　　　　　　单位：mm

测量项目	18～60 岁						
百分位数	1	5	10	50	90	95	99
4.3.1 跪姿体长	577	592	599	626	654	661	675
4.3.2 跪姿体高	1161	1190	1206	1260	1315	1330	1359
4.3.3 俯卧姿体长	1946	2000	2028	2127	2229	2257	2310
4.3.4 俯卧姿体高	361	364	366	372	380	383	389
4.3.5 爬姿体长	1218	1247	1262	1315	1369	1384	1412
4.3.6 爬姿体高	745	761	769	798	828	836	851

附表 C-11　女子跪姿、俯卧姿、爬姿人体尺寸　　　　　　　　单位：mm

测量项目	18～55 岁						
百分位数	1	5	10	50	90	95	99
4.3.1 跪姿体长	544	557	564	589	615	622	636
4.3.2 跪姿体高	1113	1137	1150	1196	1244	1258	1284
4.3.3 俯卧姿体长	1820	1867	1892	1982	2076	2102	2153
4.3.4 俯卧姿体高	355	359	361	369	381	384	392
4.3.5 爬姿体长	1161	1183	1195	1239	1284	1296	1321
4.3.6 爬姿体高	677	694	704	738	773	783	802

附录 D 人体关节角度

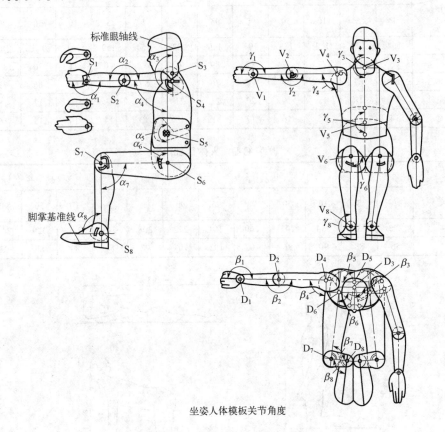

坐姿人体模板关节角度

附表 D-1 坐姿人体模板关节角度

身体关节	调节范围					
	侧视图		俯视图		正视图	
S_1, D_1, V_1 腕关节	α_1	140°~200°	β_1	140°~200°	γ_1	140°~200°
S_2, D_2, V_2 肘关节	α_2	60°~180°	β_2	60°~180°	γ_2	60°~180°
S_3, D_3, V_3 头/颈关节	α_3	130°~225°	β_3	55°~125°	γ_3	155°~205°
S_4, D_4, V_4 肩关节	α_4	0°~135°	β_4	0°~110°	γ_4	0°~120°
S_5, D_5, V_5 腰关节	α_5	168°~195°	β_5	50°~130°	γ_5	155°~205°
S_6, D_6, V_6 髋关节	α_6	65°~120°	β_6	86°~115°	γ_6	75°~120°
S_7, D_7 膝关节	α_7	75°~180°	β_7	90°~104°	γ_7	—
S_8, D_8, V_8 踝关节	α_8	70°~125°	β_8	90°	γ_8	165°~200°

附表 D-2 人体主要关节活动范围

关节	身体部位	活动方式	最大角度/(°)	最大活动范围/(°)	舒适调节范围/(°)
颈关节	头至躯干	低头、仰头	+40~-35[①]	75	+12~-25
		左歪、右歪	+55~-55[①]	110	0
		左转、右转	+55~-55[①]	110	0
胸关节 腰关节	躯干	前弯、后弯	+100~-50[①]	150	0
		左弯、右弯	+50~-50[①]	100	0
		左转、右转	+50~-50[①]	100	0
髋关节	大腿至 髋关节	前弯、后弯	+120~-15	135	0（+85~+100）[②]
		外拐、内拐	+30~-15	45	0
膝关节	小腿对大腿	前摆、后摆	+0~-135	135	0（-95~-120）[②]
脚部关节组合	脚至小腿	上摆、下摆	+110~+55	55	+85~+95

关节	身体部位	活动方式	最大角度/(°)	最大活动范围/(°)	舒适调节范围/(°)
髋关节 小腿关节组合 脚部关节组合	脚至躯干	外转、内转	+110～-70[①]	180	+0～+15
肩关节 （锁骨）	上臂至躯干	外摆、内摆 上摆、下摆 前摆、后摆	+180～-30[①] +180～-45[①] +140～-40[①]	210 225 180	0 （+15～+35）[③] +40～+90
肘关节	下臂至上臂	弯曲、伸展	+145～0	145	+85～+110
腕关节	手至前臂	外摆、内摆 弯曲、伸展	+30～-20 +75～-60	50 135	0[⑤] 0
肩关节 下臂	手至躯干	左转、右转	+130～-120[①④]	250	-30～-60

① 单独给出关节活动的叠加值。

② 括号内为坐姿值。

③ 括号内为在身体前方的操作。

④ 开始的姿势为手与躯干侧面平行。

⑤ 拇指向下，全手对横轴的角度为12°。

附录 E　环境中的人机因素

附表 E-1　不同时间、材料对应的允许接触最高温度

接触时间	材料种类	最高温度/℃
1h 以下	金属	50
	玻璃、陶瓷、混凝土	55
	塑料（有机玻璃、聚四氟乙烯）、木材	60
10min 以下	所有材料	48
8h 以下	所有材料	43

附表 E-2　空间与对应的空气变化值

工作属性	个人需所要空间/m³	新鲜空气供应率/(m³/h)
非常轻体力	10	30
轻体力	12	35
适中体力	15	50
重体力	18	60

附表 E-3　城市区域环境噪声标准　　　　　　　　　单位：dB

类别	昼间	夜间
0	50	40
1	55	45
2	60	50
3	65	55
4	70	55

注：1. 各类标准的适用区域如下：

0 类标准适用于疗养区、高级别墅区、高级宾馆区等特别需要安静的区域。位于城郊和乡村的这一类区域分别按严于 0 类标准 5dB 执行。

1 类标准适用于以居住、文教机关为主的区域。乡村居住环境可参照执行该类标准。

2 类标准适用于居住、商业、工业混杂区。

3 类标准适用于工业区。

4 类标准适用于城市中的道路交通干线道路两侧区域，穿越城区的内河航道两侧区域。穿越城区的铁路主、次干线两侧区域的背景噪声（指不通过列车时的噪声水平）限值也执行该类标准。

2. 夜间突发的噪声最大值不准超过标准值 15dB。

附表 E-4　各种场合噪声最大允许值

作业场合	声压级/dB	作业场合	声压级/dB
非技术性的体力劳动（例如做清洁）	80	使用通信设备的简单管理工作（例如打印室的工作）	60
技术性的体力劳动（例如在车库的技术工作）	75	脑力性的管理工作（例如绘图和设计工作）	55
高技术性的体力劳动（例如维修工作）	70	高集中性的脑力劳动（例如办公室的工作）	45
日常管理工作（非全日制的职业）	70	高集中性的脑力劳动（例如图书馆卫的阅读）	35
使用精密设备的体力工作（例如精磨）	60		

附表 E-5　工业企业厂界噪声标准　　　　　　　单位：dB

类别	昼间	夜间	类别	昼间	夜间
Ⅰ	55	45	Ⅲ	65	55
Ⅱ	60	50	Ⅳ	70	55

注：1．各类标准适用范围的划定：

Ⅰ类标准适用于以居住、文教为主的区域。

Ⅱ类标准适用于居住、商业、工业混杂区及商业中心区。

Ⅲ类标准适用于工业区。

Ⅳ类标准适用于交通干线道路两侧区域。

2．夜间频繁突发的噪声（如排气噪声），其峰值不准超过标准值 10dB（A）。

3．夜间偶然突发的噪声（如短促鸣笛声），其峰值不准超过标准值 15 dB（A）。

附表 E-6　人对亮度差异的感受

亮度比	感受	亮度比	感受
1	无差异	30	过高
3	适中	100	太高
10	高度	300	极不愉快

附录 F　操纵元件有关数据

附表 F-1　常用操纵器的适用范围

操纵运动	操纵器名称	操作方式	要求的控制或调节工况											
			两个工位	多于两个工位	无级调节	操纵器保持在某个工位	某一工位的快速调整	某一工位的准确调整	占空间少	单手同时操纵若干个操纵器	位置可见	位置可及	阻止无意识操作	操纵器可固定
转动	曲柄	手抓、握	○	○	★	★	○	○			○	○		○
	手轮	手抓、握	○	★	★	★	○	★						★
	旋塞	手抓	★	★	★	★	○	★	○		★	○	○	○
	旋钮	手抓	★	★	★		○	★	★		○		○	
	钥匙	手抓	★	○		★	○	○	○		★	○	○	
摆动	开关杆	手抓	★	★	○	○	★	○			★	★		
	调节杆	手握	★	★	○	○	○	○			★	★	○	
	杠杆电键	手触、抓	★			○	★		○	★		○		
	拨动式开关	手触、抓	★	○			★		★	★	★	★	★	
	摆动式开关	手触	★				★		★	★	○	○		
	脚踏板	全脚踏上	★	○	★	★	★	○						○
按压	按钮	手触或脚踏	★				★		★	○	★	○	○	
	按键	手触或脚踏	★			★	★		★	○	★			
	键盘	手触				★	★		★	○	★			
	钢丝脱扣器	手触	★		○	○			★				★	
滑动	手阀	手触或抓捏	★	★	★	○	★	○		○	★	★		○
	指拨滑块（形状决定）	手触或手抓	★	★	★	★	○	○	○	○	★	★		
	指拨滑块（摩擦决定）	手触	★				○	○	★		★		○	

操纵运动	操纵器名称	操作方式	要求的控制或调节工况											
			两个工位	多于两个工位	无级调节	操纵器保持在某个工位	某一工位的快速调整	某一工位的准确调整	占空间少	单手同时操纵若干个操纵器	位置可见	位置可及	阻止无意识操作	操纵器可固定
牵拉	拉环	手握	★	○	○	★	★	○			★			★
	拉手	手握	★	○	○	○	○	○	○		★	○	○	○
	拉圈	手触、抓	★	○	○	★	○	○	○		★	○	○	
	拉钮	手抓	★	○	○	○	○	○	○		★	○	○	

注：1．★表示"很适用"，○表示"适用"，空格表示"不适用"。

2．在适合性判断中，凡列为"适用"或"不适用"的操纵器，若结构设计适当，且又不可能使用其他形式的操纵器的情况下，则可视为"很适用"或"适用"，这在"阻止无意识操作"情况下，尤其如此。

3．对"某一工位的快速调整"情况的适用性判断，考虑了接触时间。

附表 F-2 按钮尺寸

操纵器及操作方式	基本尺寸/mm		操纵力/N	工作行程/mm
	直径 d（圆形）	边长 $a×b$（矩形）		
按钮，用食指按压	3～5	10×5	1～8	<2
	10	12×7		2～3
	12	18×8		3～5
	15	20×12		4～6
按钮，用拇指按压	18～30		8～35	3～8
按钮，用手掌按压	50		10～50	5～10

注：1．戴手套用食指操作的按钮最小直径为18mm。

2．更多数据见 GB/T 14775。

附表 F-3 常见旋钮尺寸和操作力矩

操纵方式	直径 D/mm	厚度 H/mm	操作力矩/(N·m)
捏握和连续调节	10～100	12～25	0.02～0.5
指握和断续调节	35～75	≥15	0.2～0.7

注：更多数据见 GB/T 14775。

附表 F-4 手轮尺寸

操纵器	操纵方式	手轮直径/mm（优选值）	轮缘直径/mm（优选值）	手柄尺寸/mm（优选值）	
				直径	长度
手轮	双手扶轮缘	320～400	25～30		
手轮	单手扶轮缘	70～80	15～30		
带柄手轮	手握手柄	200～320		15～35	100～120
带柄手轮	手指捏握手柄	75～100		12～18	45～50

注：更多数据见 GB/T 14775。

附表 F-5 手轮的操纵力

单位：N

操纵方式	每班操纵次数					微调或快速转动时
	>960	960～241	240～17	16～5	<5	
	最大作用力					
主要用手或手指	—	—	—	—	—	10
主要用手及前臂	5	10	20	30	60	20
单手臂（肩、前臂、手）	10	20	40	40	150	40
双手臂	40	50	80	80	200	—

注：1．对精细调节，为增强手感，最小阻力为9～20N。

2．管道阀门在开启(或关闭)的瞬间，施于手轮上最大作用力允许达450N。

3．更多数据见 GB/T 14775。

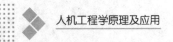
附录 G　家居推荐尺寸

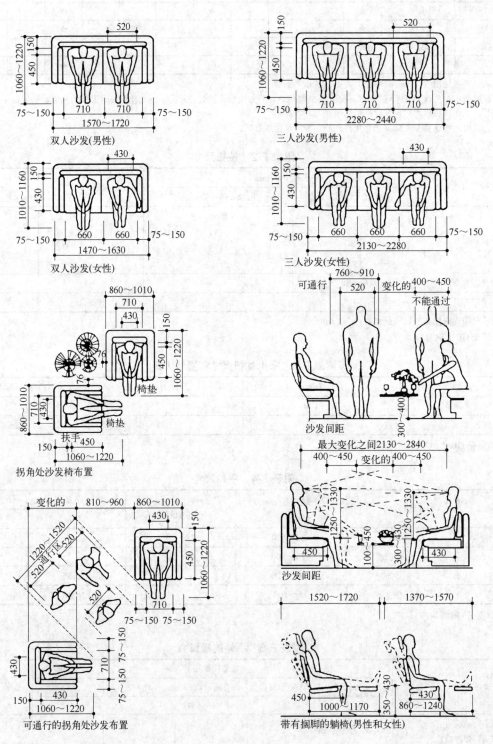

双人沙发(男性)

三人沙发(男性)

双人沙发(女性)

三人沙发(女性)

拐角处沙发椅布置

沙发间距

可通行的拐角处沙发布置

沙发间距

带有搁脚的躺椅(男性和女性)

客厅家具尺度

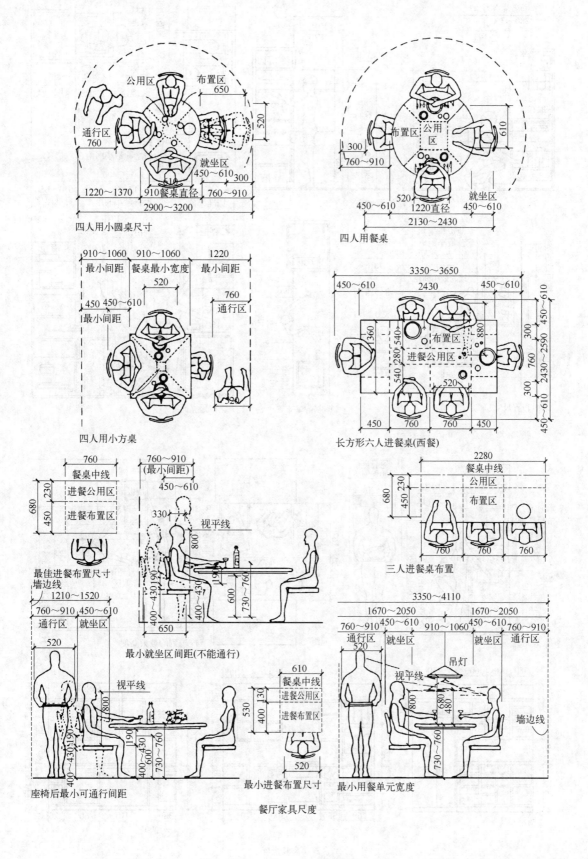

四人用小圆桌尺寸

四人用餐桌

四人用小方桌

长方形六人进餐桌(西餐)

三人进餐桌布置

最佳进餐布置尺寸

最小就坐区间距(不能通行)

座椅后最小可通行间距

最小进餐布置尺寸

餐厅家具尺度

最小用餐单元宽度

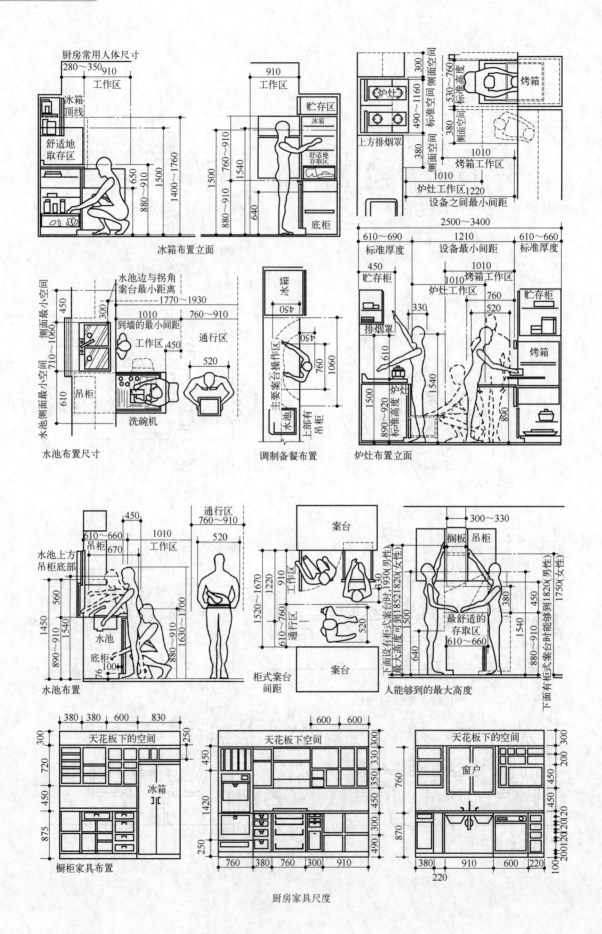

厨房常用人体尺寸
冰箱布置立面

水池布置尺寸

水池布置

橱柜家具布置

调制备餐布置

炉灶布置立面

柜式案台间距

人能够到的最大高度

厨房家具尺度

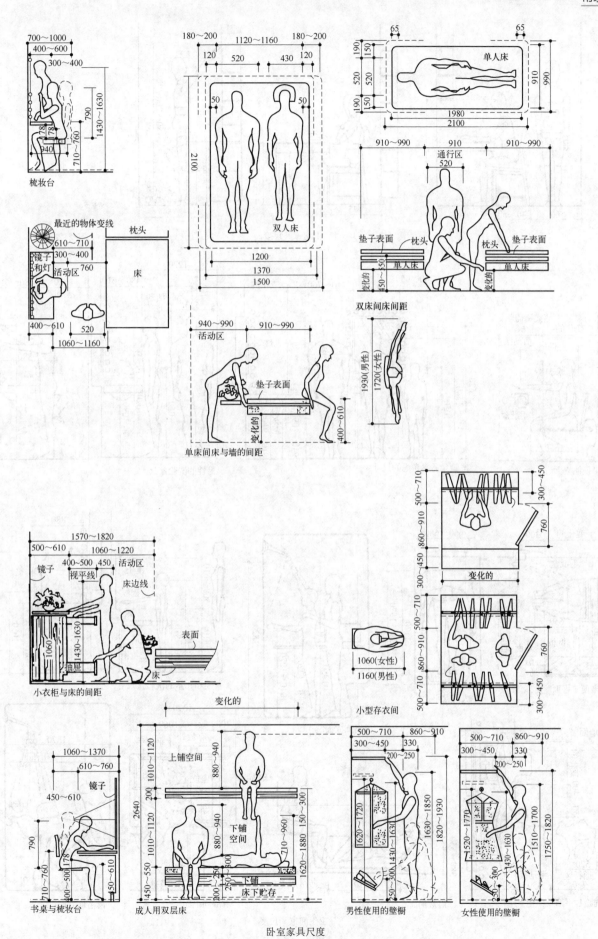

梳妆台

最近的物体变线

镜子和灯

活动区

床

枕头

双人床

单人床

通行区

垫子表面 枕头 枕头 垫子表面

单人床 单人床

双床间床间距

活动区

垫子表面

变化的

单床间床与墙的间距

1930(男性)
1720(女性)

镜子
视平线
床边线

抽屉 床

表面

小衣柜与床的间距

变化的

小型存衣间

镜子

书桌与梳妆台

上铺空间

下铺空间

下铺
床下贮存

成人用双层床

男性使用的壁橱

女性使用的壁橱

卧室家具尺度

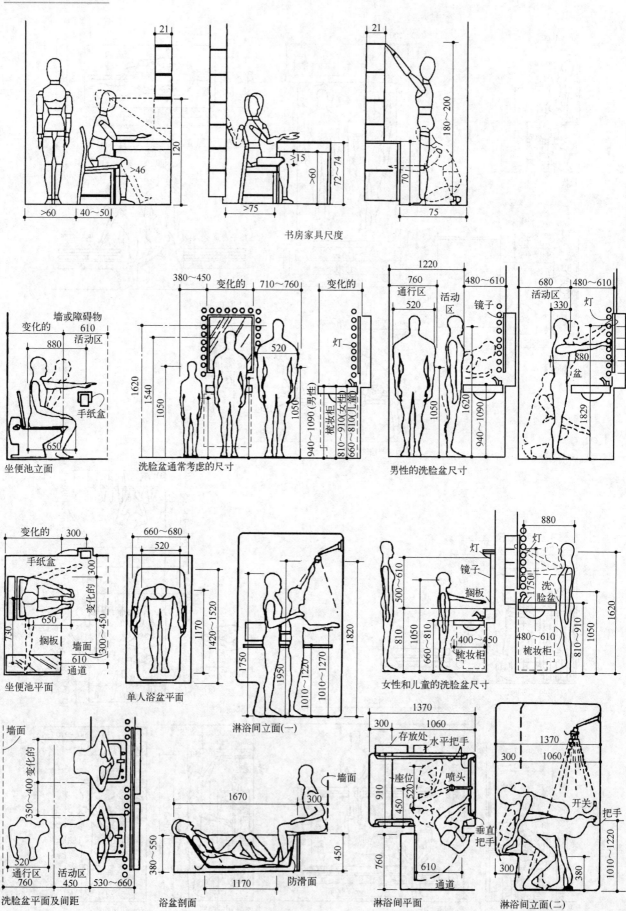

书房家具尺度

坐便池立面

洗脸盆通常考虑的尺寸

男性的洗脸盆尺寸

坐便池平面

单人浴盆平面

淋浴间立面(一)

女性和儿童的洗脸盆尺寸

洗脸盆平面及间距

浴盆剖面

淋浴间平面

淋浴间立面(二)

卫生间家具尺度

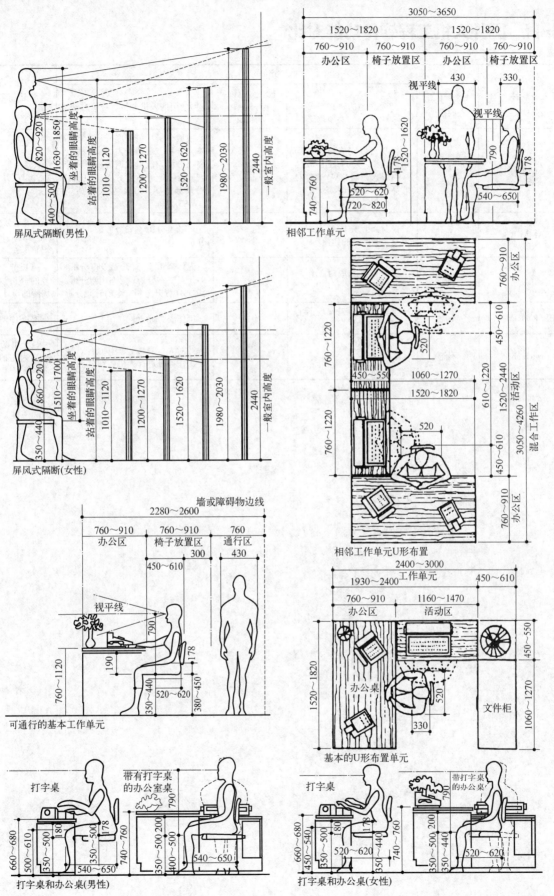

屏风式隔断(男性)

屏风式隔断(女性)

相邻工作单元

相邻工作单元U形布置

可通行的基本工作单元

基本的U形布置单元

打字桌和办公桌(男性)

打字桌和办公桌(女性)

开放式办公家具尺度

附录 H　国外人机工程软件功能对比

人机软件	功能				适用范围
	能否建立人的模型	产品模型的建立方式	能否建立人-机-环境系统的仿真	所使用的人机分析、评价方法	
Jack	能	自身可以完成对工作场所的建模,也可以通过软件接口导入其他 CAD 软件对产品的模型	能	视域分析、可及度分析、静态施力分析、低背受力分析、作业姿势分析、能量代谢分析、疲劳恢复分析、舒适度分析、NIOSH 提升分析、RULA 姿态分析、OWAS 分析等	汽车、公交车、卡车、飞机、办公系统、座椅、家用电器等
SAMMIE	能	自身可以完成对工作场所及某些产品的建模	能	可及度分析、姿势分析、视域分析	汽车、公交车、卡车、飞机、办公系统、控制室等
Ergo	能	自身可以完成对工作场所的建模	能	人体测量学分析、可及度分析、RULA 姿态分析、新陈代谢分析、NIOSH 提升分析、运动时间分析	擅长劳工作业任务的分析以及工作场所的设计
ERGONOM	不能	可建立二维工作场所的布局模型	不能	工作姿势分析	擅长工作空间设计
ErgoTech	不能	不能建立	不能	针对人、器械、工作场所、环境、任务等进行人机咨询分析	是一个以 Checklist 方法为主的人机咨询系统

参考文献

[1] 宋应星. 天工开物[M]. 北京: 中国社会出版社, 2004.

[2] 闻人军. 考工记译注[M]. 上海: 上海古籍出版社, 1993.

[3] Dul J, Weerdmeester B. 人机工程学入门——简明参考指南[M]. 连香姣, 刘建军, 译. 原书第3版. 北京: 机械工业出版社, 2011.

[4] 威肯斯 C D, 李 J D, 刘乙力, 等. 人因工程学导论[M]. 2版. 上海: 华东师范大学出版社, 2007.

[5] 哈德森. 产品的诞生: 从概念到生产产品50例[M]. 刘硕, 译. 北京: 中国青年工业出版社, 2009.

[6] 丁玉兰. 人机工程学[M]. 3版. 北京: 北京理工大学出版社, 2005.

[7] 阮宝湘, 邵祥华. 工业设计人机工程[M]. 北京: 机械工业出版社, 2005.

[8] 郑午. 人因工程设计[M]. 北京: 化学工业出版社, 2006.

[9] 陈波, 李冬屹, 张茹新, 等. 基于CATIA V5的中国成年人数字人体模型研究[J]. 人类工效学. 2011, 17(01): 51-54.

[10] 孙远波. 人因工程基础与设计[M]. 北京: 北京理工大学出版社, 2010.

[11] 阿尔文, 亨利·德雷福斯事务所. 设计中的男女尺度[M]. 修订版. 天津: 天津大学出版社, 2008.

[12] 童时中. 人机工程设计与应用[M]. 北京: 中国标准出版社, 2007.

[13] 王继成. 产品设计中的人机工程学[M]. 北京: 化学工业出版社, 2004.

[14] 孙远波, 李敏, 石磊. 人因工程基础与设计[M]. 北京: 北京理工大学出版社, 2010.

[15] 吕杰锋, 陈建新, 徐进波. 人机工程学[M]. 北京: 清华大学出版社, 2009.

[16] 马广韬. 人因工程学与设计应用[M]. 北京: 化学工业出版社, 2013.

[17] 陈波, 邓丽, 李陵. 使用人机工程学[M]. 2版. 北京: 中国水利水电出版社, 2017.

[18] 诺曼. 设计心理学[M]. 梅琼, 译. 北京: 中信出版社, 2010.

[19] 周承君. 设计心理学[M]. 武汉: 武汉大学出版社, 2008.

[20] Weinchenk S. 设计师要懂心理学[M]. 徐佳, 马迪, 余盈亿, 译. 北京: 人民邮电出版社, 2013.

[21] 王保国, 王新泉, 刘淑艳, 等. 安全人机工程学[M]. 2版. 北京: 机械工业出版社, 2016.

[22] 赵江平. 安全人机工程学[M]. 西安: 西安电子科技大学出版社, 2014.

[23] 孙守迁, 徐江, 曾宪伟, 等. 先进人机工程与设计——从人机工程轴向人机融合[M]. 北京: 科学出版社, 2016.

[24] 詹雄. 机器艺术设计[M]. 湖南: 湖南大学出版社, 1999.

[25] 小原二郎. 什么是人体工学[M]. 罗筱筱, 樊美筱, 译. 上海: 三联书店, 1990.

[26] 孟祥旭, 李学庆, 杨承磊. 人机交互基础教程[M]. 2版. 北京: 清华大学出版社, 2010.

[27] 罗仕鉴, 朱上上, 孙守迁. 人机界面设计[M]. 北京: 机械工业出版社, 2002.

[28] Williams H L. Reliability evaluation of the human component in man-machine. system[J]. Electrical Engineering, 1958, 12(1): 78-82.

[29] 张力等. 数字化核电厂人因可靠性[M]. 北京: 国防工业出版社, 2019.

[30] 李鹏程, 陈国华, 张力, 等. 人因可靠性分析技术的研究进展与发展趋势[J]. 原子能科学技术, 2011, 45(3):329-340.

[31] Meister D. A critical review of human performance reliability predictive methods[J]. IEEE Transactions on Reliability, 1973, 22(3): 116-123.

[32] Reason J. Human error: models and management[J]. Western Journal of Medicine, 2000, 172(6):393-396.

[33] Swain A D, Guttmann H E. Handbook of human reliability analysis with emphasis on nuclear power plant applications[R]. Washington D C: U. S. Nuclear Regulatory Commission, 1983.

[34] 廖可兵, 刘爱群, 童节娟, 等. 人的认知失误事件定量分析法的进展及应用[J]. 原子能科学技术, 2009, 43(4): 322-327.

[35] Mosleh A, Chang Y H. Model-based human reliability analysis: prospects and requirements[J]. Reliability Engineering and System Safety, 2004, 83(2): 241-253.

[36] Boring R L, Griffith C D, Joe J C. The measure of human error: direct and indirect performance shaping factors[C]. // Proceedings of the 8th IEEE Conference on Human Factors and Power Plants and HPRCT 13th Annual Meeting. Monterey, CA, USA: IEEE. 2007.

[37] 高佳, 黄祥瑞, 沈祖培. 人的可靠性分析：需要、状况和进展[J]. 中南工学院学报, 1999, 13(2):11-25.

[38] 姜黎黎, 王保国, 刘淑艳, 等. 人的可靠性研究中的定量分析方法及其评价[C]. //人-机-环境系统工程研究进展(第七卷). 北京: 海洋出版社, 2005.

[39] 谢红卫, 孙志强, 李欣欣, 等. 典型人因可靠性分析方法评述[J]. 国防科技大学学报, 2007, 29(2): 101-107.

[40] Hanaman G W, Spurgin A J, Lukic Y. Human cognitive reliability model for PRA analysis[R]. Palo Alto: Electric Power Research Institute, 1984.

[41] Chadwick L, Fallon E F. Human reliability assessment of a critical nursing task in a radiotherapy treatment process[J]. Applied Ergonomics, 2012, 43(1): 89-97.

[42] Dunjó J, Fthenakis V, Vílchez J A, et al. Hazard and operability (HAZOP) analysis: a literature review［J］. Journal of Hazardous Materials, 2010, 173(1/3): 19-32.

[43] Wreathall J. Operator action trees: an approach to quantifying operator error probability during accident sequences[R]. San Diego: NUS Corporation, 1982.

[44] 孙倩琳. 基于 SEM-BN 模型的核电厂操纵员行为形成因子优化[D]. 衡阳: 南华大学, 2021.

[45] Hollnagel E. Cognitive reliability and error analysis method: CREAM[M]. Amsterdam, NL: Elsevier, 1998.

[46] 柴松, 余建星, 马维林, 等. 基于 CREAM 和不确定推理的人因可靠性分析方法[J]. 天津大学学报, 2012, 45(11):958-962.

[47] 田彬, 胡瑾秋, 王海涛, 等. 页岩气压裂作业人因失误结构化辨识方法研究[J]. 中国安全科学学报, 2015, 25(02):128-134.

[48] 卢兆麟, 汤文成. 工业设计中的人机工程学理论、技术与应用研究进展[J]. 工程图学学报, 2009, 30(06):1-9.

[49] 徐孟, 孙守迁. 计算机辅助人机工程研究进展[J]. 计算机辅助设计与图形学学报, 2004(11): 1469-1474.

[50] 罗仕鉴, 孙守迁, 唐明晰, 等. 计算机辅助人机工程设计研究[J]. 浙江大学学报(工学版), 2005(06): 805-809, 829.

[51] 陈波, 张旭伟, 李冬屹, 等. 浅谈我国石油钻机司钻控制系统存在的问题[J]. 石油矿场机械, 2007, 217(4).

[52] 陈波, 张旭伟, 李冬屹. 试论我国石油钻机司钻控制人性化设计[J]. 石油机械, 2007, 346(12).

[53] 陈波, 张茄新, 栾苏, 等. 石油钻机司钻的 H 点研究[J]. 石油机械, 2009, 37(7).

[54] 陈波, 李冬屹, 张旭伟, 等. 石油钻机司钻工作空间设计[J]. 石油矿场机械, 2007, 222(9).

[55] 肖晓华, 李冬屹, 陈波. 基于模糊理论的司钻控制房人机界面的综合评价[J]. 石油矿场机械, 2009, 38(3): 1-5.

[56] Chen Bo, Deng Li, Li Ling. Research on product design driven by reach area[J]. 2010 International Symposium on Computational Intelligence and Design, 2010, 1: 178-181.

[57] Chen Bo, Deng Li. Computer-aided working space design for driller control cab[J]. Applied Mechanics and Materials, 2010, 34-35: 1223-1227.

[58] Chen Bo, Deng Li. The application of genetic algorithm in layout design of oil rig driller console[J]. Advanced Materials Research, 2011, 216: 171-175.

[59] 林春花. 基于压裂作业的班组人因失误影响因素研究[D]. 成都: 西南石油大学, 2021.

[60] 田彬, 胡瑾秋, 王海涛, 等. 压裂作业人因事故影响因素指标体系研究与案例分析[C]. //第三届行为安全与安全管理国际学术会议会议集, 2015:192-197.

[61] 庞茜月. 基于压裂人因失误机理的班组情景意识增强设计研究[D]. 成都: 西南石油大学, 2022.

[62] 蒋英杰. 认知模型支持下的人因可靠性分析方法研究 [D]. 长沙: 国防科学技术大学, 2012.

[63] 邓丽. 舱室人机界面布局设计与评估优化方法研究 [D]. 西安: 西北工业大学, 2016.

[64] 查建中, 唐晓君, 陆一平. 布局及布置设计问题求解自动化的理论与方法综述[J]. 计算机辅助设计与图形学学报. 2002, 14(8): 705-712.

[65] 祝恒云, 叶文华. 模拟退火粒子群算法在动态单元布局中的应用[J]. 中国机械工程. 2009, 20(2): 181-185.

[66] 李广强. 布局方案设计中的若干理论、方法及其应用[D]. 大连: 大连理工大学机械工程学院, 2003: 7-14.

[67] 钱志勤, 滕弘飞, 孙治国. 人机交互的遗传算法及其在约束布局优化中的应用[J]. 计算机学报. 2001, 24(5): 553-559.

[68] 宗立成, 余隋怀, 孙晋博, 等. 基于鱼群算法的舱室布局优化问题关键技术研究[J]. 机械科学与技术. 2014, 33(2): 257-262.

[69] 张峻霞, 王新亭. 人机工程学与设计应用[M]. 北京: 国防工业出版社, 2010.

[70] 朱轶蕾, 杨昌鸣. 浅析高校学生宿舍内部空间的环境设计[J]. 重庆建筑大学学报, 2007, (6).

[71] 孙守迁. 设计信息学[M]. 北京: 机械工业出版社, 2008.

[72] Vink P, Koningsveld E A P, Molenbroek J F. Positive outcomes of participatory ergonomics in terms of greater comfort and higher productivity[J]. Applied Ergonomics, 2006, 37(4):537-546.

[73] Kogi K. Participatory methods effective for ergonomic workplace improvement[J]. Applied Ergonomics, 2006, 37(4):547-554.

[74] 黄群. 无障碍通用设计[M]. 北京: 机械工业出版社, 2009.

[75] 袁泉. 智能车辆人机工程[M]. 北京: 清华大学出版社, 2021.